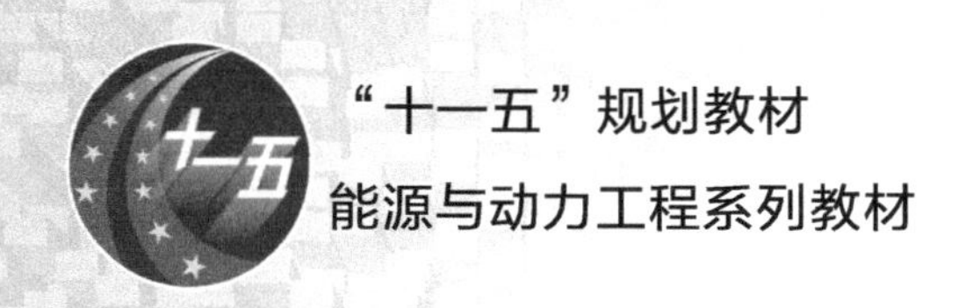

能源环境化学

编著 周基树 延 卫 沈振兴
杨树成 刘萍萍 梁继东

图书在版编目(CIP)数据

能源环境化学/周基树等编著. —西安:西安交通大学出版社,2011.2(2023.8 重印)
ISBN 978-7-5605-3731-3

Ⅰ.①能… Ⅱ.①周… Ⅲ.①能源-应用化学②环境化学 Ⅳ.①TK01②X13

中国版本图书馆 CIP 数据核字(2010)第 185915 号

书　　名 能源环境化学
编　　著 周基树　等
责任编辑 王　欣

出版发行 西安交通大学出版社
(西安市兴庆南路 1 号　邮政编码 710048)
网　　址 http://www.xjtupress.com
电　　话 (029)82668357　82667874(市场营销中心)
(029)82668315(总编办)
传　　真 (029)82668280
印　　刷 西安日报社印务中心

开　　本 727mm×960mm　1/16　**印张** 26.375　**字数** 492 千字
版次印次 2011 年 2 月第 1 版　2023 年 8 月第 7 次印刷
书　　号 ISBN 978-7-5605-3731-3
定　　价 45.00 元

如发现印装质量问题,请与本社市场营销中心联系。
订购热线:(029)82665248　(029)82667874
投稿热线:(029)82664954
读者信箱:jdlgy@yahoo.cn

前　言

本书内容涵盖了能源及环境的化学知识，是为学习能源、动力工程、环境工程、环境科学、化学工程等专业的本科学生编写的。重点兼顾能源与环境化学，以及相关科学的基本知识，包括有机物化学基础、化学平衡重点及应用、能源化学、能源及清洁煤工艺、石油化学、生物圈及生物质能、水及土壤化学、基本核化学及安全、大气化学及空气污染、光电化学概念及太阳能的转化等。本书以化学应用的知识为主，使相关专业的学生了解与掌握能源及环境方面的基础化学观念，并对新的发展动向有广泛的了解。正因为涉及的内容相当广泛，教师及学生宜掌握专业所需的重点来教导及学习，根据学生的程度及专业要求有所侧重与取舍，并通过参考资料及课外阅读来扩展视野，以达到通识教育的效果。尤其是，在新能源的发展及全球环保的动向方面，由于新的资料在不断推出，需要经常地跟踪和更新。在使用本书时，我们建议读者参读大学化学、能源科学及环境化学类的教科书，以进一步加强和理解相关的化学知识。

由于目前国内外涵盖能源及环境的单本书籍还在萌芽阶段，本书在编写上的挑战相对是较大的，在内容的取舍方面因为篇幅的考虑，也难免有鱼和熊掌不能兼得的情况。由于能源环境相关知识的快速发展，本书提供了一些国内和国际的重要专业讯息网站，以便查考最新的发展资料。

本书的另一个特色是提供了较丰富的附录作为参考，包括常用的能源单位换算、日用化学品的特性及安全资料、重要工业化学品、各种燃料特性及热值、石油炼制工艺的英文介绍等。附录中有关实验室化学药品及安全使用的内容是为帮助学生进行相关实验及未来科研工作所提供的。为了提高学生对专业英语的熟悉程度，本书附加了能源环境英语相关的专有名词的注解，以及常用词汇英汉对照说明，作为课外阅读或进修之用。

编　者

2010 年 8 月

目　录

第1章　能源环境化学及可持续性发展

本章对世界与中国能源、环境现况与危机以及可持续性发展的各方面作了概括性的介绍。包括世界能耗现况及展望、中国能源和环境资源的特征与挑战，以及中国能源形势和未来的可持续性发展。

1.1　世界能耗现况及展望

在过去的150年里，世界能源主要来自化石能源：石油、天然气及煤需求上升了20倍（见图1－1和图1－2）。能源危机和环境污染对全球产生了三个巨大影响。

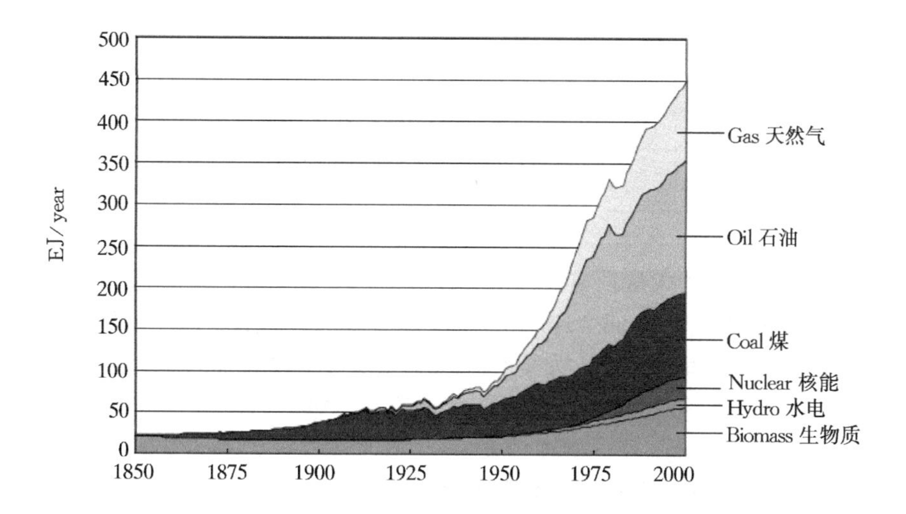

图1－1　世界能耗在过去150年(1850—2000)增加了20倍($1EJ=10^{18}J$)

① 因为石油和天然气所占的比例是整个一次能源消耗量的一半以上（见表1－1），其供应及短缺引起了全球性经济问题及地缘政治冲突。

②由化石能源的使用所导致的空气污染及酸雨的威胁，对都市居民健康、农业生产、土壤及水资源、人居环境和生态等造成了明显损害，并且其不良影响仍在扩

大之中。

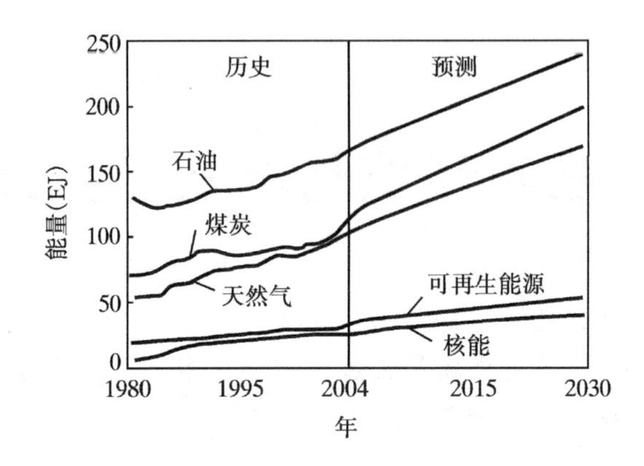

图 1-2 世界能源市场及来源分布（EIA 2007 报告）
（EIA，美国 Energy Information Administration 能源信息署）

表 1-1 世界一次能源或主要能源（primary energy）的使用量及来源分布

2005 年	一次能源/EJ	石油/%	天然气/%	煤/%	核能/%	水力发电/%	生物质及其他/%
世界	514	34	21	26	6	2	11
美国	106	40	24	25	8	1	3
中国	80	18	2	62	0.6	2	15

③ 化石能源用于大量发电及燃烧（见图 1-3）导致大气中温室气体二氧化碳的明显上升（见图 1-4），使全球气候变暖的趋势加剧，已造成的严重后果，包括水旱灾、大台风和热浪的增加、气候反常、海平面上升以及农产渔产的损害等。

联合国政府间气候变化专门委员会（IPCC）分别在 1990 年、1995 年、2001 年和 2007 年发表了 4 份全球气候评估报告，2007 年公布的最新的《全球气候变化评估报告》指出，全球气候变暖已是毫无争议的事实，并预测从 2007 到 2100 年，全球平均气温上升最乐观的估计也将达到 1.8～4℃。全球气候变暖将给人类生存带来严重威胁，预计届时全球平均海平面将上升 14～44 cm，将有 11～32 亿人的饮水可能遇到问题，2～6 亿人将面临饥饿威胁，每年沿海地区 2～7 亿居民将可能遭受洪涝灾害。

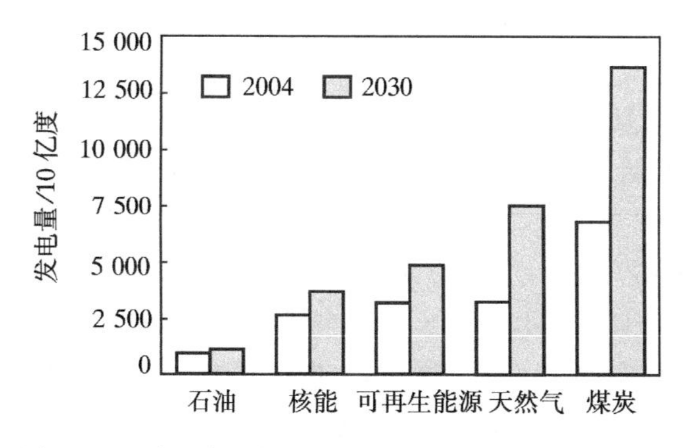

图 1-3　世界发电燃料来源分布图(EIA 2007 报告)

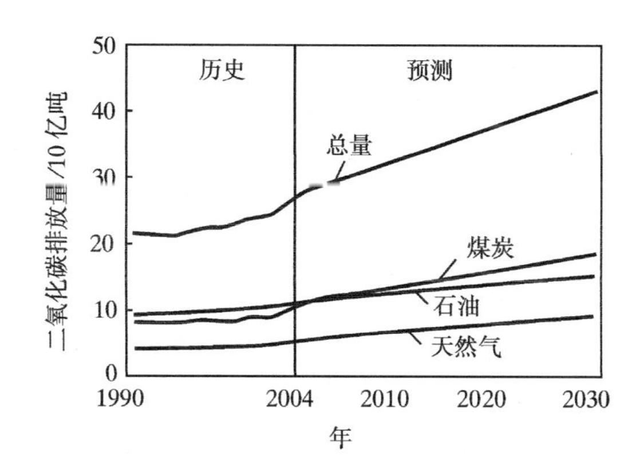

图 1-4　人为燃烧产生的二氧化碳增长趋势
(EIA 2007 报告)

1.2　中国能源和环境资源的特征与挑战

在经济和工业化的快速发展下,中国的人均能源和环境资源凸现出以下特点。这些特点制约着中国社会与经济的发展,但同时挑战与机遇也是并存的。

① 中国人均水资源仅为世界人均水资源的四分之一,长江以北及西部的土地占全国面积的 64%,水资源仅有全国的 19%。西北地区严重缺水,其总面积为全国面积的 35%,而水资源仅为全国的 4.6%。

② 有灌溉的农地比例偏低:中国耕种土地仅 40%有灌溉,生产四分之三的粮食及五分之四的经济作物。由于农田基本设施建设的落后,中国 18 亿余亩耕地中仅 2 亿亩有较为完备的灌溉设施,其余大部分土地要靠天吃饭。如果进口粮食、食用油和

饲料,则受国际市场价格影响甚大。供粮的安全是国家政策重要及优先的考虑。

③ 水资源在地域及时间分布上极不平均。水资源中约三分之二雨水成为洪水,因为70%的降雨量集中在短暂的雨季,其中大部分流失。而与此同时,部分地区缺水现象严重,如从1990年以来,部分黄河河段干涸期平均每年达107天。

④ 青藏高原约250万平方公里的地区自1980年以来均温上升0.9℃,冰川面积以每年约7%的速度减少,严重影响江河的水资源源头。

⑤ 国内有检测记录的河流50%受污染,90%以上的城市水体受污染,排放污水仅有四分之一经过处理达到排放标准。中国的出口工业结构能耗及水耗甚大,并集中在沿海地区。太湖及巢湖水质已被严重污染,在2007年发生湖中蓝藻暴长,引发居民饮用水供应问题。而水循环使用比例小于25%。

⑥ 我国能源效率约为31%,与先进国家相差10个百分点。据统计,中国八个高耗能行业的单位产品能耗平均比世界先进水平高47%,而这些行业的能源消费占工业能源消费总量的73%。中国房屋单位面积采暖能耗是同纬度国家的两倍,各类汽车平均百公里油耗比发达国家高20%以上。中国现今的能耗/GDP比值约为发达国家的4~9倍(见表1-2)。煤火力发电量即将超过美国。中国已在2007年超过美国成为二氧化碳第一排放大国。

表1-2 能源消费量/GDP比值

国家	中国	美国	日本	英国	法国
公斤油当量/GDP	1.43	0.38	0.16	0.29	0.23

⑦ 中国生物质能源的使用方法落后,浪费大,能效低。直接燃烧秸杆、树叶更造成城乡空气的严重污染。

⑧ 中国洁净能源如天然气生产及人均消耗均远低于发展中国家(见表1-3),核能所占比例也非常低(2%)。工商业及人口密集地区城市空气严重污染。

表1-3 2005年人口大国的化石能耗

国家	总能耗 EJ	相对人均能耗(以美国为100%)	原油消耗 EJ	原油进口 MB/d	总发电量 TWh	煤火力发电量	化石能源产生的 CO_2 MtC
美国	106	100%	42	12	4 200	50%	1 700
中国	80	17%	15	3.4	2 500	80%	1400
印度	28	7.1%	5	1.7	700	70%	300

⑨ 中国能源在 2008 年约 70%以上来自煤炭，而 60%的煤用于发电，其中大部分使用非洁净工艺，造成严重的空气和环境污染，对居民健康形成直接的威胁。煤产地多在华北及西北地区，而东部及东南沿海电厂密集的地区离产地远，以致煤炭运输对铁路交通的运力造成极大负荷，2008 年初的电煤紧张即为显著的例子。煤矿安全问题及其对产地居民的健康和居住环境的污染问题也日益突出。2008 年，全国 6 000 千瓦及以上发电生产设备容量为 72 639 万千瓦，其中水力发电 13 576万千瓦(18.7%)，火力发电 57 318 万千瓦(79%)，核电量 885 万千瓦(1.2%)。根据英国石油公司《BP 世界能源统计 2008》显示，中国在 2007 年的能源消费增长率为 7.7%。表 1－4 列出了未来 20 年全世界煤火力发电的发展趋势。从表中可以看到，未来 20 年中，全世界的煤火力发电将增加一倍，这将消耗大量煤碳资源，如果不采用洁净的煤利用工艺，将会对环境造成极其严重的破坏，需要引起我们的高度关注。

表 1－4　煤、火力发电容量的估计

(至 2030 年，单位:GWe)

年份	美国	中国	印度	世界
2003	310	239	67	1 120
2010	319	348	95	1 300
2020	345	531	140	1 600
2030	457	785	161	2 000

(EIA 2006 报告)

⑩ 从能源及水源的经济结构来看，取暖费、电费和水费皆偏低，人们普遍缺乏节水节能的意识，付费结构对节水节能缺少鼓励性。建设资源节约型社会需要节能建筑及人民的节能意识，但现在中国的节能建筑大约不到 5%，而且居民节能意识落后。我国每年建筑增长量为 16～20 亿平方米，节能建筑及节能使用亟需达到大量降低能耗的目标。

1.3　中国能源形势和未来的可持续性发展

自 1977 年以来，中国经济的快速发展是以资源的高消耗和环境的严重破坏为代价的。在 GDP 提升以后，这种粗放的产业结构已不能使经济持续健康发展，能源对经济的良性发展已构成严重制约。为此，“十一五”发展目标有两个最重要的指标:一是人均国内生产总值 2010 年要比 2000 年加倍；二是单位国内生产总值能源消耗比“十五”期末降低 20%。基于中国能源资源形势和世界对新型能源的研究开发现状，中国能源利用应致力于能源利用的多样化和高效化，同时在产业结构上需要降低高能耗的产业比例。

由社会科学文献出版社出版的《中国能源发展报告(2009)》指出，能源资源总量少、人均占有量低是中国能源供应前景堪虞的主要表现之一。蓝皮书显示，中国能源资源总量约为世界的10%，人均资源量为世界平均水平的40%；另一个表现则是优质资源少，保证程度低。中国煤炭剩余储量的保证程度不足100年；石油剩余储量的保证程度不足15年；天然气剩余储量的保证程度不足30年。而世界平均水平分别为230年、45年和61年。以上能源资源保证程度是以中国目前的能源消费量计算的，如果按照2020年的能源需求预测量估算的话，煤炭、石油和天然气的资源保证程度，则将分别下降到30年、5年和10年。在传统能源不能满足中国经济发展的情况下，中国必须要寻找替代能源，发展新能源和可再生能源。

中国主要的储藏及使用能源资源是煤炭和石油，二者占能源总消耗约80%以上。生物质、水力发电及天然气次之。煤层气、核能、太阳能和风能所占比例很小(如表1-1)。

1. 煤炭

我国煤炭储量丰富，按目前的开采规模，可供开采百年以上。但煤炭开采最大的问题一是浪费严重，二是环境成本巨大。据载，国有煤矿每采出1吨煤平均要动用2.5吨的煤炭储量，损耗2.5吨的水资源。以煤炭大省山西为例，每年挖5亿吨煤，就使约12亿立方米水资源受到破坏，相当于山西省引黄工程的总引水量。平均每生产1亿吨煤造成水土流失影响面积约245平方公里。2002年以来，山西省煤炭开采每年造成的资源浪费、环境污染、生态破坏及地表塌陷等损失超过300多亿元，即每生产1吨煤的代价超过70元。1980—2004年，山西省煤矿安全事故死亡17 000多人。20年中累计排放烟尘达1 743万吨，地下采空区已达2万多平方公里，占山西省面积的七分之一。已经发生地质灾害的土地面积达6 000平方公里。如果再加上煤炭燃烧过程中对环境的污染，煤炭利用成本更高。这样的状况对中国的经济持续健康发展及国民健康造成了很大的损失。环境品质及持续提供其功能往往具有不可逆性，破坏之后很难修复。所以中国今后必须限制煤炭过度开采以及不合理的开采，降低煤炭在能源消费结构中的比例，积极推进清洁煤技术，以缓解煤炭对环境的污染和破坏。

2. 石油

2005年石油生产为全国能源产量的18%(折合为标准煤)。中国已探明石油储量有限，对外依存度逐年加大，受国际原油市场波动和国际政治局势影响较大。据估计，全国石油可采资源总量200亿吨左右。在世界石油剩余可采储量中中国占 2.1%。1993 年中国开始成为石油净进口国，石油进口量逐年增加，2005 年进口原油超过 1 亿吨。当年中国原油产量同比增长 2.9%，而消费量同比增长 16.8%，产量增长远落后于消费增长。而到了 2008 年，我国原油进口量已达 1.89 亿吨。近年来油耗大的公务车浪费严重，应受到制约以示政府的节能决心。

3. 天然气

天然气为最清洁的化石能源，天然气替代煤炭具有巨大的环保作用，但中国天然气开发及利用水平较低。据有关方面统计，2005 年在传统能源的生产总量中，天然气占 2%，而世界平均值为 21%。所以，今后中国应提高天然气的开发和利用水平及天然气在能源消费中的比例。从中亚及俄罗斯的陆上管线及海上输入液化天然气以供应主要都市的能源需求亦成为发展的趋势。

4. 煤层气及焦炉煤气

煤层气是一种与煤炭相伴生的以甲烷为主要成分的气体，也称为瓦斯，其燃烧值与天然气相当。有效利用煤矿瓦斯，既可以缓解能源紧张，又有助于环境保护，还可以降低煤矿安全事故。中国埋藏深度 2 000 米以内的煤层气地质资源总量为 34 万亿立方米，与天然气资源量相当，居世界第三位。焦炉煤气为炼焦生产的副产物，但往往未实现综合利用而直接排空，形成极大浪费。举例来说，作为煤炭大省，山西煤层气、焦炉煤气资源丰富，但目前清洁高效利用的步伐缓慢，不利于资源利用和节能减排。目前，山西全省每年因采煤排放的煤层气(瓦斯)约 60 亿立方米，价值达 100 亿元，但年利用率不足 10%；同时在焦炭生产过程中，山西省每年仍有大量(约 70 亿立方米)的焦炉煤气未实现综合利用而直接排空。

5. 水电

中国水力发电从 1978 年到 2001 年，年发电量增加了 4 倍多。但相对于中国水利能源总量，这个比例仍然很低。在水能利用方面，中国不论在技术上还是在规模上都处于世界前列，而且仍具潜力。根据初步完成的《可再生能源中长期发展规划》，到 2020 年，水电总装机容量将达到 2.9 亿千瓦，开发程度达到 70%左右。

6. 核电

中国铀矿资源相对来说比较丰富，中国大可以进一步发展核电。在世界局势缓和以及科学技术提高的背景下，核能已经成为一种高效、比较安全、不产生温室气体和一般空气污染物的能源，世界各国近年来都在大力发展。全球核电发电量占所有发电量的 17%；美国 103 个核电机组，占其总发电量的 19%；法国 59 台机组，占其总发电量的 80%；日本核电发电量占总发电量的$\frac{1}{3}$，韩国占 28%。而我国迄 2008 年五月已投产核电装机容量约 900 万千瓦，占电力总装机的 1.3%，比例很低。在 2007 年底,国家批准了《核电中长期发展规划》,到 2020 年,核电运行装机容量争取达到 4 000 万千瓦,届时,我国核电装机容量将达到全国电力总量的 5%左右,在建核电容量应保持 1 800 万千瓦左右。现有的核电中长期发展规划还可能根据需要进一步修改提高。

在 2006 年底,我国与美国西屋公司签署先进三代核电 AP1000 的合作及技术转让合作备忘录;2007 年,国家核电技术公司正式成立,其使命是通过对 AP1000 技术引进、消化、吸收以及再创新,最终形成中国自主品牌的三代核电技术;2008 年,浙江三门、山东海阳两个自主化依托项目工程相继动工。全球首座最先进三代核电站将在我国建成。

7. 可再生能源

可再生能源是人类能源的未来希望。可再生能源,是指风能、太阳能、水能、生物质能、地热能、海洋能等非化石能源。这类能源可再生,用之不竭,又有利于环保。各能源消费大国,甚至产油国均越来越重视这类能源的研究、开发及利用。随着技术进步和规模扩大,可再生能源开发利用的成本将会逐步降低,对煤炭、石油等传统能源的替代会越来越大。据《21 世纪可再生能源政策周刊》2008 年的报告显示,全球可再生能源使用量每年的增速都大于 10%。报告指出,2007 年除了大型的水电以外,全球可再生能源的发电能力已达到 2 370 亿瓦,比前年增长了 15%,约占世界总发电能力的 5.5%。其中,风能发电能力及太阳能发电能力增长最快。在非电用途的可再生能源中,生物乙醇产量增长了 16%,达到 116 亿加仑(1 加仑=3.785 升);而生物柴油产量增长了$\frac{1}{3}$,超过了 20 亿加仑。到 2015 年,全球使用可再生能源的人口可能达到 10 亿。

以下以各发达国家为例子加以说明。

日本政府制定的目标是,要求到 2010 年可再生能源供应量和常规能源的节能量要占能源供应总量的 10%,2030 年分别达到 34%。目前日本风力发电量居世界第三位,到 2010 年将达到 200 万千瓦。

德国 2004 年明确提出,到 2020 年使可再生能源发电量占总发电量的 20%;能源长期的目标是,到 2050 年一次能源的总消费量中可再生能源至少要供应 50%。德国风力发电占可再生能源发电量的 54%,满足全国 4%的用电需求,占全世界风能发电量的$\frac{1}{3}$。欧盟及法国到 2010 年可再生能源发电比例计划将达到 22%;英国到 2010 年将达到 10%,2020 年达到 20%;丹麦目前风能发电比例已达到 20%,而且还在继续发展。法国制定了在 2010 年,全国可再生能源生产应占全国能源生产 10%的目标。澳大利亚到 2010 年可再生能源发电比例将达到12.5%;

美国能源部产业研究室最新研究预测，美国到 2030 年风力发电将从现在的 1%增加到 20%。如果风电达到 20%的份额，到 2030 年，天然气消耗将可能减少 11%，煤炭消耗可能减少 18%，碳排放量有望每年减少 8.25 亿吨。这相当于 1.4 亿辆汽车的年排放量。

中国可再生能源资源丰富，在今后 20～30 年内，具备开发利用条件的可再生能源预计每年可达 7 亿～8 亿吨标准煤。到 2020 年，我国除水电以外的可再生能源所占比重将争取从目前不足 5%提高到 15%左右，且主要依赖太阳能及风能。生物质能年利用量仅占一次能源消费量的 1%。

在风力方面，据国家发改委提供的数据，截至 2007 年底，中国风电装机累计已达到 605 万千瓦，在建的风电装机 420 万千瓦，其风电规模已居世界第五位。2008 年中国风力发电装机将达到 1 000 万千瓦，2010 年有望达到 2 000 万千瓦，力争 2020 年风电装机规模达到 3 亿千瓦左右。我国目前尚未完全掌握大型风力发电机的核心技术，国内生产大型风电的技术要赶上欧洲先进国家的水平还有很长的路要走。中国陆地及近海的风力资源是可观的，发展风电能源大有可为。

在太阳能利用方面，我国太阳能热水器保有量现已达到 9 000 万平方米，覆盖 4 千多万家庭约 1.5 亿人，在规模上居世界第一。目前，中国光伏电池效率达到 21%，其中可商业化光伏组件效率为 14%～15%，一般商业化电池效率为 10%～13%。目前我国可能将比预计的 2016 年提前成为世界第一大光伏电池生产国家，但太阳能光伏的原料多晶硅产能过剩以及生产过程的环境污染是近年的一个大问题。

可再生能源成本的估算至关紧要。表 1-5 的估计显示出各个可再生能源的潜力及发电成本的可能范围。北美最大的风电涡轮机制造商 GE 公司估计风电正在成为主流能源。目前风电成本大约在每千瓦时 8～10 美分之间，太阳能发电仍然太高，超过 30 美分/千瓦时。而煤炭和燃气及核能发电的成本在 5～10 美分之间。

表 1-5　可再生能源成本现状及未来趋势的估计

技术	交钥匙投资成本/美元	目前能源成本/(美分/度电)	未来可能能源成本/(美分/度电)
生物质发电	900～3 000	5～15	4～10
生物质供热	250～750	1～5	1～5
乙醇		8～25 美元/GJ	6～10 美元/GJ
风电	1 100～1 700	5～13	3～10

续表 1－5

技术	交钥匙投资成本/美元	目前能源成本/(美分/度电)	未来可能能源成本/(美分/度电)
光伏发电	5 000～10 000	25～125	6～25
太阳热发电	3 000～4 000	12～18	4～10
低温太阳热	500～1 700	3～20	3～10
大型水电	1 000～3 500	2～8	2～8
小型水电	1 200～3 000	4～10	3～10
地热发电	800～3 000	2～10	1～8
地热供热	200～2 000	0.5～5	0.5～5
潮汐能	1 700～2 500	8～15	8～15
波浪能	1 500～3 000	8～20	不清楚

8. 天然气水合物

天然气水合物也称甲烷水合物,俗称"可燃冰",是近年来在海底和冻土带发现的新型洁净能源。它是甲烷分子和水分子在一定的温度和压力条件下相互作用所形成的冰状的可以燃烧的固体。据估算,世界上天然气水合物所含有机碳的总资源量相当于全球已知煤、石油和天然气的 2 倍。国土资源部于 2009 年 9 月公布,我国在青海省祁连山南缘永久冻土带(初略估算),可燃冰的远景资源量至少有 350 亿吨油当量。我国是世界上第三冻土大国,冻土区总面积达 215 万平方公里,具备良好的天然气水合物储存条件和资源前景。可燃冰的开采面临两个问题:一是效益问题,即开采的经济价值;二是技术及环保问题。由于甲烷是一种可以导致气候变暖的物质,其温室效应是二氧化碳的 20 倍以上。如果在空气中扩散,将造成严重后果。所以,目前来看天然气水合物仍只是一种未来有潜力的能源。

9. 未来展望

中国国家能源局 2008 年的报告显示,未来中国要解决能源问题,科技创新是根本途径。2008～2030 年,科技研究与开发重点的趋势是在以下三方面:

①煤炭的清洁高效利用;

②能源结构多样化,使可再生能源由辅助走向主流;

③提高能源系统总效率,包括采集、转化、终端利用效率。

因为中国一次能源人均占有率较低;能源消费随经济发展而迅猛增长;以煤为主的能源结构短期难以改变;生态环境及缺少水资源的压力明显增大——这些仍

是中国能源领域的实际情况和亟待解决的关键问题。

习　题

1.1　下载并浏览英国石油公司 BP 2008 世界能源统计(pdf) www.bp.com/productlanding.do? categoryId=6929&contentId=7044622.

1.2　浏览国际能源署(IEA，http://www.iea.org)、美国能源部 Energy Information Administration，EIA，http://www.doe.eia.gov)有关能源统计资料。

1.3　浏览“中国新能源与可再生能源网”有关能源信息 http://www.crein.org.cn/.

第 2 章　有机化学

2.1　概述

有机化学作为一门科学是在 19 世纪产生的，它是化学的一个重要分支，是研究有机化合物性质、形态与行为的化学。有机化合物(organic compounds)就是碳化合物，其主要特征就是它们都含有碳原子，因此有机化学就是研究碳化合物的化学。绝大多数的有机物中都含有氢，除此之外，常见的元素还有氧、氮、卤素、硫和磷。少数含碳化合物如二氧化碳、一氧化碳、碳酸盐、碳化钙、金属碳基化合物、二硫化碳、氢氰酸、氰酸及它们的盐等仍被看作是无机化合物。

2.1.1　有机化合物的特点

有机化合物与无机化合物之间，没有绝对的界限，二者可以互相联系、互相转化。由于碳原子在周期表中的特殊位置，决定了有机化合物具有以下特点。

1. 可燃性

绝大多数有机化合物都可以燃烧。如汽油、棉花、油脂、酒精等。

2. 熔点低、热稳定性差

有机化合物主要以共价键结合，分子间作用力小，所以熔点沸点低，热稳定性差。在常温下多为气体、液体或低熔点固体。其熔点一般在 400℃以下。

3. 不导电

有机化合物一般是非电解质，在溶解或熔化状态下都不能导电。如苯、蔗糖、油脂等。

4. 在水中溶解度小

根据相似相溶原理，极性大的物质易溶于极性大的溶剂，极性小的物质易溶于极性小的溶剂。水是极性溶剂，而有机化合物大都是非极性化合物，所以大多数有机化合物一般难溶于水而易溶于有机溶剂。但是，少数极性较强的有机化合物，如酒精、丙酮、蔗糖等也能溶于水，甚至与水以任意比例互溶。

5. 反应速度慢，副反应多

无机化学反应是离子碰撞反应，瞬间完成。而有机化学反应是分子碰撞反应，经过共价键的断裂和形成，需要一定的时间，所以反应慢，有些反应往往需要几天甚至更长的时间才能完成。同时由于分子结构复杂，反应并不限定于某一特定的部位，所以副反应多。在有机反应中，常常采取加热、加催化剂或搅拌等措施以提高反应速度和主反应的产率。

6. 组成元素简单，结构复杂，化合物数量多

组成无机物的元素有一百多种，而组成有机物的只有 C，H，O，N，S，P，X（卤素）B，Si，As 及少量金属元素。有机化合物结构一般比较复杂，有链式结构、环式结构、单键、双键及叁键。普遍存在同分异构现象，即碳链异构、位置异构、官能团异构、顺反异构、构象异构和旋光异构等，造成了有机化合物的数目极其庞大。例如维生素 B_{12} 就是一个典型的复杂结构的有机化合物。

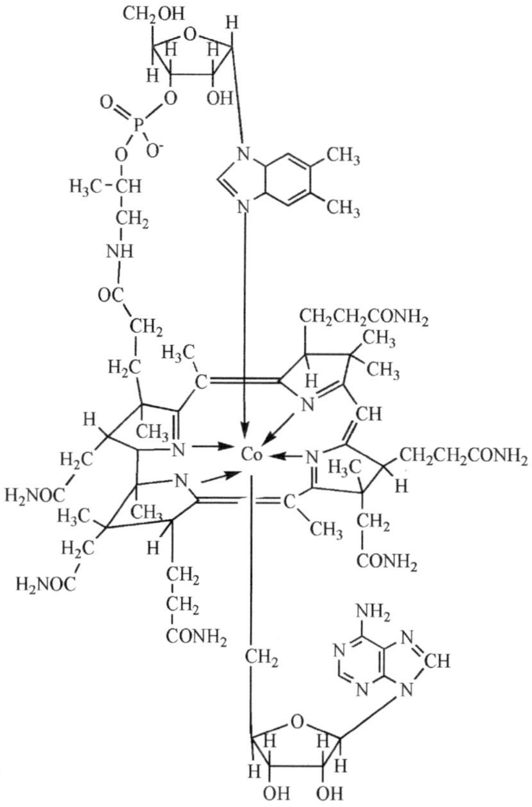

维生素 B_{12} 的结构

2.1.2 有机化合物的结构特点——同分异构现象

分子式相同而结构相异导致其性质存在一定差异的不同化合物，称为同分异构体，这种现象叫做同分异构现象。

有机物中的同分异构体分为构造异构和立体异构两大类。具有相同分子式，而分子中原子或基团连接的顺序不同的，称为构造异构(constitution isomerism)；在分子中原子的结合顺序相同，而原子或原子团在空间的相对位置不同的，称为立体异构(stereoi somerism)。

构造异构又分为(碳)链异构、位置异构和官能团异构(异类异构)。立体异构又分为构象(configuration)和构型(conformation)异构，而构型异构还分为顺反异构和旋光异构。

同分异构在有机化合物中普遍存在。同分异构体的组成和分子量完全相同，而分子的结构、物理性质和化学性质皆不相同，例如 C_2H_6O 就可以代表乙醇和二甲醚两种不同性质的化合物：

```
   H  H            H       H
   |  |            |       |
H-C-C-OH       H-C-O-C-H
   |  |            |       |
   H  H            H       H
```

C_2H_6O C_2H_6O

乙醇 二甲醚

又例如，C_4H_{10}可代表丁烷和异丁烷这两个不同结构的同分异构体：

```
                                 H
                                 |
   H  H  H  H          H  H-C-H  H
   |  |  |  |          |    |    |
H-C-C-C-C-H      H-C----C----C-H
   |  |  |  |          |    |    |
   H  H  H  H          H    H    H
```

C_4H_{10} C_4H_{10}

丁烷 异丁烷

显然，一个化合物含碳原子越多和原子种类越多，分子中原子的排列方式越多，它们的同分异构体也越多。分子式 C_7H_{16} 的同分异构体有 9 个；C_8H_{18} 的同分异构体有 18 个；C_9H_{20} 的同分异构体为 35 个；$C_{10}H_{22}$ 的同分异构体可达 75 个。从这些例子可以看出，同分异构现象的存在是有机化合物种类数目众多的主要原因。

2.1.3　有机化合物中的共价键

有机化合物的性质取决于其结构，要说明有机化合物的结构，必须讨论有机化合物中普遍存在的共价键。

两个原子之间成键时，采用各出一个电子配对而形成的共用电子对，这样生成的化学键叫做共价键。例如，碳原子和氢原子形成四个共价键而生成甲烷：

$$\cdot\dot{\underset{\cdot}{C}}\cdot + 4H\cdot \longrightarrow H:\overset{H}{\underset{H}{\overset{..}{\underset{..}{C}}}}:H \quad 即 \quad H-\overset{H}{\underset{H}{\overset{|}{\underset{|}{C}}}}-H$$

有机分子中的原子主要是以共价键相结合的。一般说来，原子核外未成对的电子数，也就是该原子可能形成的共价键的数目。例如，氢原子外层只有一个未成对的电子，所以它只能与另一个氢原子或其他一价的原子结合形成双原子分子，而不可能再与第二个原子结合，这就是共价键的饱和性。

量子力学的价键理论认为，共价键是由参与成键原子的电子云重叠形成的，电子云重叠越多，则形成的共价键越稳定，因此电子云必须在各自密度最大的方向上重叠，这就决定了共价键的方向性。

相同元素的原子间形成的共价键没有极性。不同元素的原子间形成的共价键，由于共用电子对偏向于电负性较强的元素的原子而具有极性。

键长、键角、键能和共价键的极性是共价键的基本性质，根据这些数据，对化合物的性质及其立体构型可以有进一步的了解。

1. 键长

键长是两个原子轨道重叠，也就是把两个原子核“拉”到一定的距离，使两个原子有了稳定的结合，形成共价键的两个原子的原子核之间，保持一定的距离，这个距离称为键长(键距)。不同原子之间形成的不同类型的共价键具有不同的键长。但即使是同一类型的共价键，在不同化合物的分子中，它的键长也可能稍有不同。因为由共价键所连接的两个原子在分子中不是孤立的，它们受到整个分子的相互影响。应用 X 射线单晶衍射、光谱等现代分析手段，可以测定各种键的键长。

2. 键角

共价键有方向性，因此任何一个两价以上的原子，与其他原子所形成的两个共价键之间都有一个夹角，这个夹角就叫做键角。键角随着分子结构的改变而变化，如果键角与正常角度相比变化很大，分子就会出现一些特殊性能。例如，甲烷分子中的碳是饱和碳原子，其四个键指向一正四面体的四个顶点，四个 C—H 共价键两两之间的键角都是 109.5°。而环丙烷中碳碳键之间的夹角则为 60°，因此环丙烷的性质与甲烷明显不同。含有双键和叁键的烯烃和炔烃，其性能也与烷烃很不相同。表 2－1 列举了一些常见化合物分子的键角数据，这些数据都是通过实验测得的。

表 2－1 几种常见分子的键角和立体图形

化合物类型	分子图形	键角	化合物类型	分子图形	键角
 水	V 型	$\alpha=105°$	 乙炔	直线	$\alpha=180°$
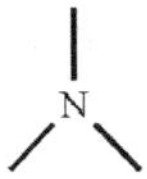 氨	三角锥型	$\alpha=107°$	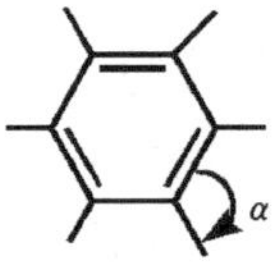 苯	平面	$\alpha=120°$
 甲烷	正四面体	$\alpha=109°28'$	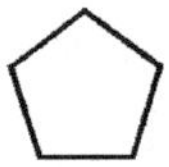 环戊烷	碳原子不在同一平面上	因分子结构而异
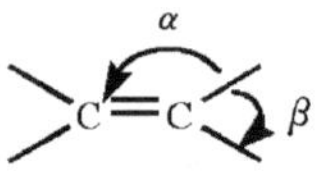 乙烯	平面	$\alpha=121°$ $\beta=118°$	 环已烷	碳原子不在同一平面上	因分子结构而异

键角的大小也与所连接的基团大小有关，例如水的键角为 105°，而二甲醚的键角为 111°，这是因为所连接基团的大小不同所致。二甲醚上的甲基基团远远大于水分子中的氢，因此所占的体积也相对更大；互相间的排斥力大，所以键角较大。

3. 键能

将两个用共价键连接起来的原子拆开成原子状态时所需吸收的能量，称为键能。键能是对一个键的强度的衡量，其单位用 kJ/mol 表示。气态时原子 A 和原子 B 结合成 A—B 分子（气态）所放出的能量，也就是 A—B 分子（气态）离解为 A 和 B 两个原子（气态）是所需要吸收的能量，这个能量就是键能，不同原子间形成的共价键的键能不同。

键能表示两个原子的结合程度，结合程度越高，强度越大，拆开它时所需的能量也越大，因此键能也越大。例如，σ 键是沿着键轴重叠的，比 π 键采取平行方式重叠更有效，所以 σ 键的键能就要大于 π 键的键能。

4. 共价键的极性

共价键的极性决定于组成这个键的元素的电负性。一种元素的原子吸引电子能力的大小,叫做这个元素的电负性。电负性数值大的原子具有强的吸引电子的能力。由两个相同原子形成的共价键(如 H—H,Cl—Cl),其成键电子云是对称分布于两个原子之间的,这样的共价键没有极性。但当两个不同的原子结合成共价键时,由于这两个原子电负性不同,因此对于键电子的吸引力不完全一样,这就使得共价键的一端带电荷多些,而另一端带电荷少些。这样我们就可以认为一个原子带一部分负电,而另一个原子则带一部分正电。这种由于电子云的不完全对称而呈现极性的共价键叫做极性共价键。极性共价键就是构成共价键的两个原子具有不同电负性的结果(一般相差 0.6～0.7)。电负性相差越大,共价键的极性也越大。可以用箭头来表示这种极性键,也可以用 δ^- 和 δ^+ 来表示构成极性共价键的原子的带电情况。例如

$$\overset{\delta^+}{H}\longrightarrow\overset{\delta^-}{Cl}\qquad \overset{\delta^+}{H_3C}\longrightarrow\overset{\delta^-}{Cl}$$

在分子中,由于原子的电负性不同,电荷分布不很均匀,某部分带正电荷多些,其他部分负电荷多些。正电中心与负电中心不相重合,这种在空间具有大小相等、符号相反的电荷的分子就构成了一个偶极。正电中心或负电中心的电荷 q 与两个电荷中心之间的距离 d 的乘积叫做偶极矩 μ。即

$$\mu = q \times d$$

偶极矩的单位为 D(德拜,Debye),其值的大小表示一个键或一个分子的极性。偶极矩有方向性,一般用符号 $\leftarrow\!\!\!+$ 来表示。箭头表示从正电荷到负电荷的方向。偶极矩的大小也是表示有机分子极性强弱的,其数值可以通过一些方法来测定。

在由两原子组成的分子中,键的极性就是分子的极性,键的偶极矩就是分子的偶极矩。在多原子组成的分子中,分子的偶极矩就是分子中各个键的偶极矩的向量之和。因此在有的分子中,虽然各化学键有极性,但各化学键的极性刚好抵消时,这个分子就没有极性。例如二氧化碳和乙炔。一切饱和烃,不论其结构如何,各个 C—H 键虽有很小的极性,但正好相互抵消,因此分子的偶极矩为零。

H—Cl	H_3C—Cl	H—C≡C—H
$+\!\!\!\longrightarrow$	$+\!\!\!\longrightarrow$	$+\!\!\!\longrightarrow\ \longleftarrow\!\!\!+$
$\mu = 1.03$ D	$\mu = 1.87$ D	$\mu = 0$

2.1.4　共价键的断裂——均裂与异裂

在有机化学反应中，总是伴随着一部分旧的共价键的断裂和新的共价键的生成。共价键的断裂可以有两种方式，即均裂和异裂。

在共价键断裂时，如果共用电子对被均匀地分给两个成键原子，两个原子各保留一个电子，这种断裂方式称为均裂。均裂生成两个带有未成对电子的原子或基团，称为游离基或自由基(free radical)。

$$A{:}B \longrightarrow A\cdot + \cdot B$$

$$Cl{:}Cl \longrightarrow Cl\cdot + \cdot Cl$$

$$H{:}\overset{H}{\underset{H}{\ddot{\underset{\cdot\cdot}{C}}}}{:}H + Cl\cdot \longrightarrow H{:}\overset{H}{\underset{H}{\ddot{\underset{\cdot\cdot}{C}}}}\cdot + H{:}Cl$$

自由基的性质很活泼，可以引起一系列的后续反应，称为自由基反应，也叫链锁反应。在污染物降解、材料合成、燃料燃烧和生物化学等诸多方面都存在有大量的自由基反应过程。

在共价键断裂时，两个成键原子间的共用电子对完全转移到其中的一个原子上，这种断裂方式叫做键的异裂。异裂的结果就产生了带正电和带负电的离子，即正离子和负离子。

$$A{:}B \longrightarrow A^{+} + B^{-}$$

$$H_3C-\overset{CH_3}{\underset{CH_3}{\overset{|}{\underset{|}{C}}}}\ {:}Cl \longrightarrow H_3C-\overset{CH_3}{\underset{CH_3}{\overset{|}{\underset{|}{C^{+}}}}} + Cl^{-}$$

带电荷的离子也很活泼，可以进一步发生一系列反应，这种由共价键异裂产生离子而进行的反应，叫做离子型反应。需要注意的是，有机化学中的“离子型”反应，一般发生在极性分子之间，通过极性共价键的异裂形成一个离子型的中间体来完成，与无机物的离子反应不同。

2.1.5　分子间力

分子型物质能由气态转变为液态，由液态转变为固态，这说明分子间存在着相互作用力，这种作用力称为分子间力或范德华力。范德华力是存在于分子间的一种吸引力，它比化学键弱得多。一般来说，某物质的范德华力越大，则它的熔点和沸点就越高。对于组成和结构相似的物质，范德华力一般随着相对分子质量的增大而增强。氨气、氯气、二氧化碳等气体在降低温度、增大压强时能够凝结成液态或固态，就是由于存在分子间作用力。

从本质上来说，分子间力是一种静电作用力，主要来自于分子的偶极间的相互作用。分子间作用力有三种来源，即取向力、诱导力和色散力。

1. 取向力

取向力产生于具有永久偶极的极性分子之间，也被称为偶极-偶极作用力(dipole-dipole interactions)。它发生在极性分子与极性分子之间。由于极性分子的电性分布不均匀，一端带正电，一端带负电，形成偶极。因此，当两个极性分子相互接近时，由于它们偶极的同极相斥、异极相吸，两个分子必将发生相对转动。这种偶极子的互相转动，就使两个偶极子上的相反的极相对，叫做“取向”。由于相反的极相距较近，同极相距较远，结果引力大于斥力；两个分子靠近，当接近到一定距离之后，斥力与引力达到相对平衡。这种由于极性分子的取向而产生的分子间的作用力叫做取向力。

2. 诱导力

在极性分子和非极性分子之间以及极性分子和极性分子之间都存在诱导力。

在极性分子和非极性分子之间，由于极性分子偶极所产生的电场对非极性分子产生影响，使非极性分子电子云变形(即电子云被吸向极性分子偶极的正电的一极)，结果使非极性分子的电子云与原子核发生相对位移，本来非极性分子中的正、负电荷重心是重合的，相对位移后就不再重合，使非极性分子产生了偶极。这种电荷重心的相对位移叫做“变形”，因变形而产生的偶极叫做诱导偶极，以区别于极性分子中原有的固有偶极。诱导偶极可以和固有偶极相互吸引，这种由于诱导偶极而产生的作用力叫做诱导力。

同样，在极性分子和极性分子之间，除了取向力外，由于极性分子的相互影响，每个分子也会发生变形，产生诱导偶极。其结果使分子的偶极矩增大，既具有取向力，又具有诱导力。在有机阳离子和有机阴离子之间也会出现诱导力。

诱导力的大小与非极性分子极化率和极性分子偶极距的乘积成正比。

3. 色散力

当非极性分子相互接近时，由于每个分子的电子不断运动和原子核的不断振动，经常发生电子云和原子核之间的瞬时相对位移，也即正、负电荷重心发生了瞬时的不重合，从而产生瞬时偶极。而这种瞬时偶极又会诱导邻近分子也产生和它相吸引的瞬时偶极。虽然瞬时偶极存在时间极短，但上述情况在不断重复着，使得分子间始终存在着引力，这种力可从量子力学理论计算出来，而其计算公式与光色散公式相似，因此把这种力叫做色散力。极性分子间也同样存在色散力。

综上所述，分子间作用力的来源是取向力、诱导力和色散力。一般说来，极性分子与极性分子之间，取向力、诱导力和色散力都存在；极性分子与非极性分子之间，主要存在诱导力和色散力；非极性分子与非极性分子之间，则只存在色散力。这三种类型的力的比例大小，决定于相互作用分子的极性和变形性。一般分子量愈大，分子内所含的电子数愈多，分子的变形性愈大，色散力亦愈大。诱导力是分子的固有偶极与诱导偶极间的作用力，它的大小与分子的极性和变形性等有关。取向力是分子的固有偶极间的作用力，它的大小与分子的极性和温度有关。极性分子的偶极矩愈大，取向力愈大；温度愈高，取向力愈小。

实验证明，对大多数分子来说，色散力是主要的，因此有时也将色散力称为范德华力。只有偶极矩很大的分子(如水)，取向力才是主要的；而诱导力通常是很小的。分子间作用力的大小可从作用能反映出来。

4. 氢键(hydrogen bond)

当氢原子与一个原子半径较小、电负性很强并带未共用电子对的原子 Y(Y 主要是 F,O,N 等原子)结合时，由于 Y 的极强的拉电子作用，使得 H—Y 间电子出现的概率密度主要集中在 Y 一端，而使氢原子几乎成为裸露的质子而显电正性。这样，带部分正电荷的氢便可与另一分子中电负性强的 Y 相互吸引而与其未共用电子对以静电引力相结合，形成 X—H --- Y 结构，这种分子间的作用叫做氢键。氢键的键能一般在 42 kJ/mol 以下，比一般的化学键的键能小得多，但大于分子间作用力。

氢键不同于范德华引力，它具有饱和性和方向性。由于氢原子特别小而原子 X 和 Y 比较大，所以 X—H 中的氢原子只能和一个 Y 原子结合形成氢键。同时由于负离子之间的相互排斥，另一个电负性大的原子 Y′就难于再接近氢原子，这就是氢键的饱和性。

氢键具有方向性则是由于电偶极矩 X—H 与原子 Y 的相互作用，只有当 X—H--- Y 在同一条直线上时最强，同时原子 Y 一般含有未共用电子对，在可能范围内氢键的方向和未共用电子对的对称轴一致，这样可使原子 Y 中负电荷分布最多的部分最接近氢原子，且形成的氢键最稳定。

2.1.6　有机化学中的酸碱概念

物质的酸碱性是化学上最引人关注的问题之一。阿仑尼乌斯(Arrhenius)把在水溶液中能够电离产生氢离子的物质称为酸；能够电离产生氢氧根离子的物质称为碱。这种酸碱理论对有机化合物不甚适用，因为许多有机化合物不溶于水，多数有机反应也不在水溶液中进行。有机化学中常应用的是 Brönsted 酸碱质子理论和 Lewis 酸碱电子理论。

1923 年丹麦化学家 Brönsted 提出了酸碱质子理论，即：凡是能给出质子的任何分子或离子都是酸；凡能与质子结合的分子或离子均称为碱。酸失去质子，剩余

的基团就是它的共轭碱；碱得到质子，生成的物质就是它的共轭酸。例如

$$CH_3COOH + H_2O \rightleftharpoons H_3O^+ + CH_3COO^-$$

$$CH_3COOH + NH_3 \rightleftharpoons NH_4^+ + CH_3COO^-$$

$$CH_3CH_2OH + OH^- \rightleftharpoons H_2O + CH_3CH_2O^-$$

酸　　碱　　共轭酸　共轭碱

酸越强，对应的共轭碱就越弱；酸越弱，对应的共轭碱就越强。由于乙醇是比水更弱的酸，所以 $CH_3CH_2O^-$ 是比 OH^- 更强的碱。

给出质子能力强的酸就是强酸，接受质子能力强的碱就是强碱。以 HCl 而言，它在水中可以完全给出质子（给予 H_2O），所以 HCl 作为一个酸，它是个强酸；H_2O 作为一碱，在此它是一个强碱，它的碱性比 Cl^- 强得多，所以 Cl^- 是个弱碱。

1938 年，美国化学家 Lewis 从电子对的转移提出了更为广泛的酸碱定义。即凡是能接受外来电子的都叫做酸，凡是能给予电子的都叫做碱。例如 NH_3，它可以接受质子，所以是布伦斯特定义的碱；但它在和 H^+ 结合时，是它的氮原子给予电子而和 H^+ 成键，所以它又是路易斯碱。

路易斯酸则和布伦斯特酸略有不同。例如质子 H^+，按布伦斯特定义它不是酸，按路易斯定义它能接受外来电子所以是酸。又例如，按布伦斯特定义，HCl，H_2SO_4 等都是酸，但按路易斯定义，它们本身不能成为酸，而它们所给出的质子才是酸。例如

路易斯酸　路易斯碱

$$H^+ + :Cl^- \longrightarrow HCl$$

$$H^+ + :OSO_2OH \longrightarrow H_2SO_4$$

$$H^+ + :OH^- \longrightarrow H_2O$$

$$H^+ + :OH_2 \longrightarrow H_3O^+$$

反之，有些化合物按布伦斯特定义不是酸，但按路易斯定义却是酸。例如，在有机化学中常见的试剂氟化硼和三氯化铝。

路易斯酸　路易斯碱

$$\mathrm{F{:}\overset{F}{\underset{F}{B}}} + :NH_3^- \longrightarrow F_3B-NH_3$$

$$\mathrm{Cl{:}\overset{Cl}{\underset{Cl}{Al}}} + :Cl^- \longrightarrow Cl_3Al-Cl = AlCl_4^-$$

在有机化学中，讨论物质的酸性和碱性，常指 Brönsted 概念的酸和碱。在讨论有机反应机理时常应用 Lewis 酸碱理论，因为大多数有机反应都是按离子型历

程进行的。反应中常涉及的亲电试剂(electrophilic reagent)属于 Lewis 酸,而亲核试剂(nucleophilic reagent)属于 Lewis 碱。

2.1.7 有机化合物的分类

有机化合物虽然数目庞大、结构复杂,但它们相互之间总有一定的内在联系。这种内在联系主要表现在相同的元素组成、相似的结构特征和相似的理化性质。为了研究方便起见,人们根据它们的这种内在联系,将巨大数目的有机化合物进行分门别类。常用的分类方法是按碳架和官能团分类。

1. 按碳架分类

有机化合物可以根据其分子中的碳架(碳原子所组成的骨架)分成三类。

(1)开链化合物(脂肪族化合物)(open chain compounds, acyclic compounds)

这类化合物分子中碳原子间相互结合而成碳链,不成环状。例如

$H_3C-CH_2-CH_2-CH_3$　　$H_3C-CH_2-\underset{\displaystyle CH_3}{\underset{|}{CH}}-CH_3$　　$CH_3-CH_2-CH=CH-CH_3$

正丁烷　　2-甲基丁烷　　2-戊烯

由于脂肪分子中的碳原子有类似的结合方式,习惯上把开链化合物称为脂肪族化合物(acyclic compounds),也称为无环化合物。

(2)碳环族化合物(carbocyclic compounds)

这类化合物分子中具有由碳原子彼此连接而成的环状结构的化合物。碳环族化合物又可分为两类。

① 脂环族化合物(alicyclic compounds)。这类化合物可以看作是由开链族化合物连接闭合成环而得。它们的性质和脂肪族化合物相似,所以又叫脂环族化合物。例如

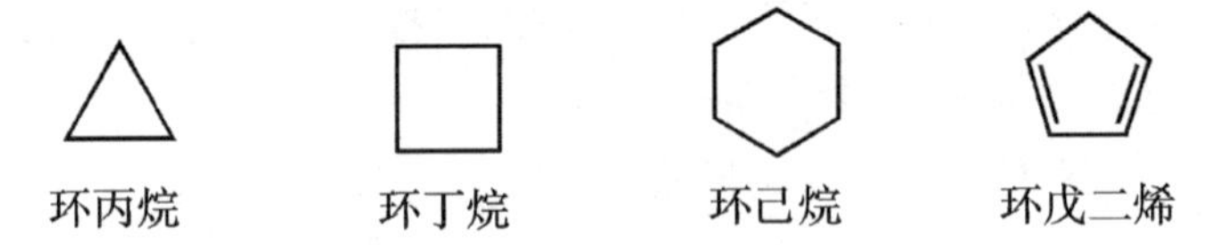

环丙烷　　环丁烷　　环己烷　　环戊二烯

② 芳香族化合物(aromatic compounds)。这类化合物分子中含有苯环,其性质与脂环化合物有很大的差别,例如

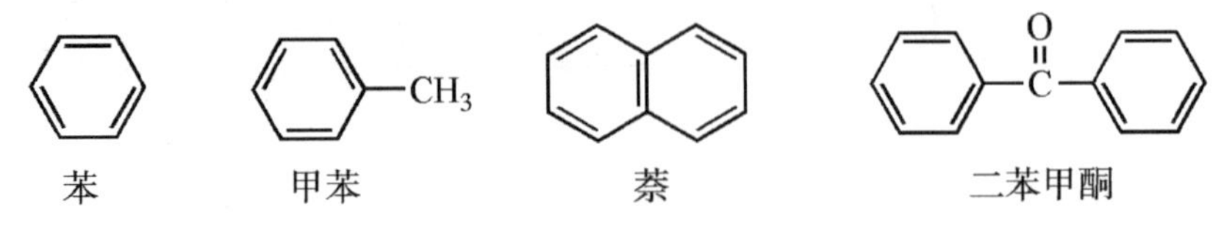

苯　　甲苯　　萘　　二苯甲酮

(3)杂环族化合物(heterocyclic compounds)　这类化合物也具有环状结构，但成环原子除含碳原子以外，还含有其他原子(如氧、硫、氮等)彼此结合共同组成环状化合物。例如

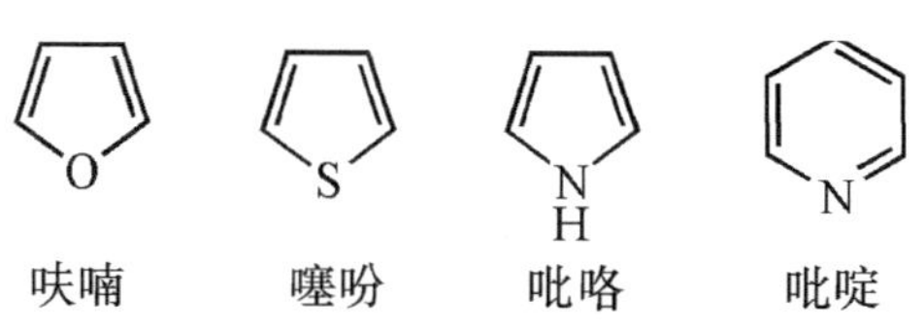

2. 按官能团分类

在上述每一类化合物中，又可按分子中含有相同的、容易发生某些特征反应的原子(如卤素原子)、原子团(如羟基—OH、羧基—COOH)或某些特征化学键结构(如双键 >C=C<，叁键—C≡C—)等来进一步分类。这些决定有机化合物化学性质的原子或原子团称为官能团。官能团常是分子结构中对反应最敏感的部分，故有机化合物的主要反应多数发生在官能团上。官能团的种类很多，一些常见和较重要的官能团列于表 2-2 中。有机化合物按官能团可大致分为烯烃、炔烃、卤代烃、醇、酚、醚、醛、酮、羧酸、酯、酰卤、酰胺、胺、硝基化合物、腈、偶氮化合物、磺酸等。

表 2-2　一些重要的官能团及其结构

有机化合物类别	官能团结构和名称		举例	
烯烃类	>C=C<	双键	$CH_2=CH_2$	乙烯
炔烃类	—C≡C—	叁键	CH≡CH	乙炔
卤代烃类	—X	卤素	$CH_3—CH_2—Cl$	氯乙烷
醇	—OH	羟基	$CH_3—CH_2—OH$	乙醇
酚类	—OH，Ar—	羟基 芳基	C_6H_5—OH	苯酚
醚类	C—O—C	醚键	$CH_3—CH_2—O—CH_2—CH_3$	乙醚
醛和酮类	>C=O	羰基	$CH_3—C(=O)—H$	乙醛

续表 2-2

有机化合物类别	官能团结构和名称		举例	
			$CH_3-C(=O)-CH_3$	丙酮
羧酸类	$-C(=O)-OH$	羧基	$CH_3-C(=O)-OH$	乙酸
酯类	$-C(=O)-OR$	酯基	$CH_3-C(=O)-O-CH_3$	乙酸甲酯
胺类	$-NH_2$	氨基	CH_3-NH_2	甲胺
硝基化合物	$-NO_2$	硝基	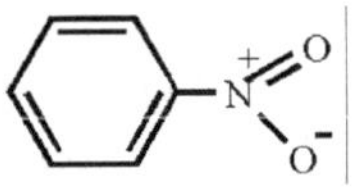 $C_6H_5-N^+(=O)-O^-$	硝基苯
腈类	$-C\equiv N$	氰基	CH_3-CN	乙腈
偶氮化合物	$-N=N-$	偶氮基	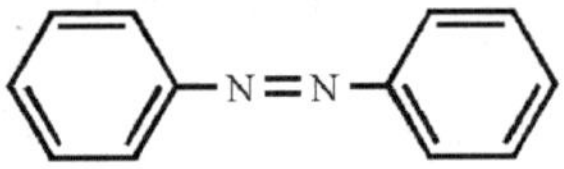 $C_6H_5-N=N-C_6H_5$	偶氮苯
硫醇和硫酚类	$-SH$	巯基	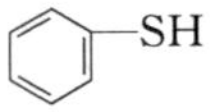 C_6H_5-SH	苯硫酚
磺酸类	$-SO_3H$	磺基	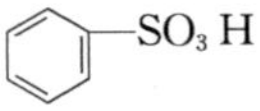 $C_6H_5-SO_3H$	苯磺酸

2.2 烃(hydrocarbon)

只含碳和氢两种元素的化合物称为碳氢化合物，简称为烃。烃是最简单的有机化合物，其他的化合物都可以看作是烃的衍生物。

2.2.1 烷烃

1. 烷烃的通式、同系列和构造异构

烷烃(alkane)分子中碳原子以单键互相连接成键，其余的价完全与氢原子相连，分子中的氢的含量也达到最高限度，因此是一类饱和烃(saturated hydrocarbon)。

在烷烃系列化合物中，最简单的烷烃是甲烷，它由一个碳原子和四个氢原子组成，而其他烷烃中，碳原子的四个共价键，除以单键与其他碳原子结合成碳链外，其余价键与氢原子结合，完全为氢原子饱和。

含有一个碳原子的叫甲烷，随着碳原子数的递增，其他烷烃依次分别称为乙烷、丙烷、丁烷、戊烷等。它们的结构和性质相似，通常称为烷烃的同系列，每个烷烃的分子式都是由 n 个 CH_2 组基加上两个氢原子，故可用通式 C_nH_{2n+2} 表示。任何两个烷烃分子式之差为 CH_2 或其倍数。由于石蜡是烷烃的混合物，所以烷烃又称为石蜡烃。

在烷烃同系列中，乙烷可以看作是甲烷分子中的一个氢原子被—CH_3 基（称为甲基）取代而形成的。丙烷可以看作是乙烷分子中的一个氢被—CH_3 取代而形成的。同理，丙烷分子中的一个氢原子被—CH_3 取代可形成丁烷，但丙烷分子中有两种不同类型的氢原子，因此被—CH_3 取代所形成的丁烷是不同的。

丙烷 →（链端碳上氢原子被—CH_3 取代）→ $CH_3CH_2CH_2CH_3$ 正丁烷

丙烷 →（中间碳上氢原子被—CH_3 取代）→ $H_3C-CH(CH_3)-CH_3$ 异丁烷

正丁烷和异丁烷有相同的分子式 C_4H_{10}，但它们的构造不同，即分子中各原子的连接方式和次序不同，其性质也不同，故称它们为同分异构体，属构造异构。

烷烃分子中的碳原子，按照它们所连碳原子数目的不同，可分为四类：只连有一个碳原子的称为伯碳原子（或称第一碳原子），通常也用“1°”来表示；连有两个碳原子的称为仲碳原子（或称第二碳原子），常用“2°”表示；连有三个碳原子的称为叔碳原子（或称第三碳原子），常用“3°”表示；连有四个碳原子的称为季碳原子（或称第四碳原子），常用“4°”表示。与伯、仲、叔碳原子相连的氢原子，分别称为伯、仲、叔氢原子。例如

$CH_3(1°)-CH_2(2°)-CH(3°)(CH_3, 1°)-C(4°)(CH_3)_2-CH_3(1°)$

为了方便有机物命名或说明结构，常需要对一些基团给予一定的名称。甲烷去掉一个氢原子的原子团—CH_3，叫做甲基；乙烷去掉一个氢原子的原子团—CH_2CH_3，叫做乙基；丙烷分子中，去掉一个氢原子后，由于去掉的氢原子位置的不同，可以得到两种构造异构的丙基，分别称为正丙基和异丙基。

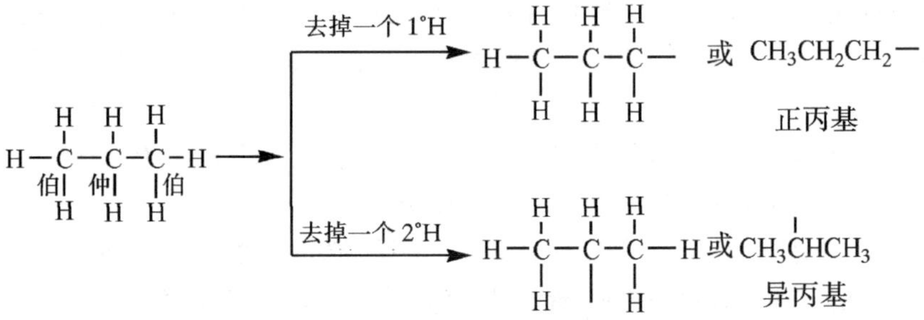

丙烷（伯、仲、伯）→ 去掉一个1°H → 或 $CH_3CH_2CH_2$—　正丙基

丙烷（伯、仲、伯）→ 去掉一个2°H → 或 $CH_3\overset{|}{C}HCH_3$　异丙基

同理，由正丁烷可得到两种构造异构的丁基，即正丁基和仲丁基，而由异丁烷则可得到另外两种构造异构的丁基，即异丁基和叔丁基。

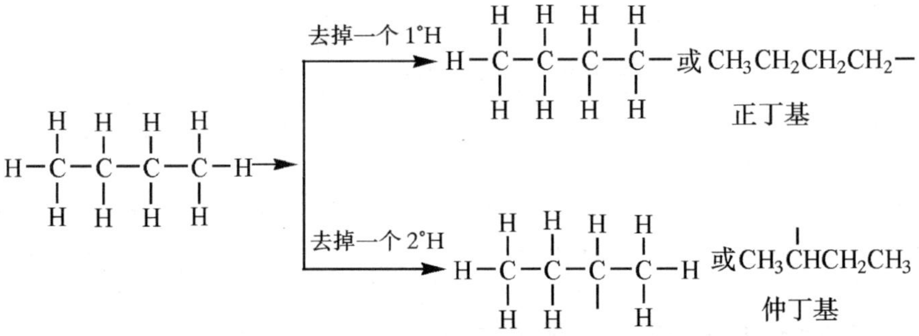

正丁烷 → 去掉一个1°H → 或 $CH_3CH_2CH_2CH_2$—　正丁基

正丁烷 → 去掉一个2°H → 或 $CH_3\overset{|}{C}HCH_2CH_3$　仲丁基

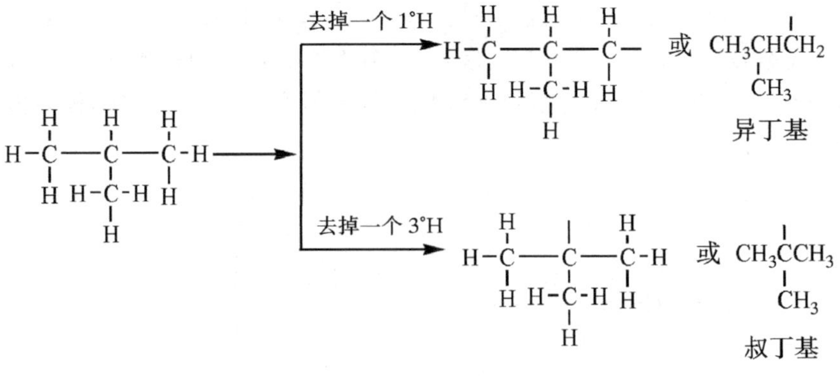

异丁烷 → 去掉一个1°H → 或 $CH_3CH\overset{|}{C}H_2$（CH_3 位于中间 C 上）　异丁基

异丁烷 → 去掉一个3°H → 或 $CH_3\overset{|}{C}CH_3$（CH_3 位于中间 C 上）　叔丁基

总地来说，烷烃去掉一个氢原子后的原子团叫做烷基，常用 R—（C_nH_{2n+1}—）表示。所以烷烃又可用 RH 来代表。

2. 烷烃的命名

(1)习惯命名法

烷烃最早是根据碳原子数目来命名的，例如甲烷、乙烷、丙烷等。后来发现了异构体，就冠以不同形容词以示区别，例如丁烷的两个异构体，直链的叫做正丁烷，带有支链的叫做异丁烷；戊烷的三个异构体中，除正戊烷外，带有一个支链的叫做异戊烷，带有两个支链的叫做新戊烷。

这种命名方法现在常称为习惯命名法。由于习惯命名不能很好反映出分子的结构，所以对于碳原子数较多导致异构体也较多的烷烃来说，习惯命名法很难适用。

$CH_3CH_2CH_2CH_2CH_3$　正戊烷

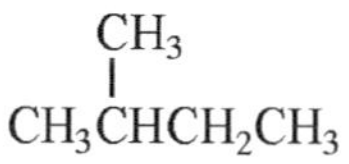

$CH_3CH(CH_3)CH_2CH_3$　异戊烷

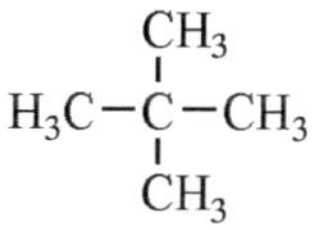

$C(CH_3)_4$（$H_3C-C(CH_3)_2-CH_3$）　新戊烷

(2)甲烷衍生物命名法

将所有烷烃看作是甲烷的烷基衍生物来命名。在命名时，选择连有烷基最多的碳原子作为甲烷碳原子，而把与此碳原子相连的基团作为甲烷氢原子的取代基。例如，异丁烷可叫做三甲基甲烷，异戊烷和新戊烷可以分别叫做二甲基乙基甲烷和四甲基甲烷。

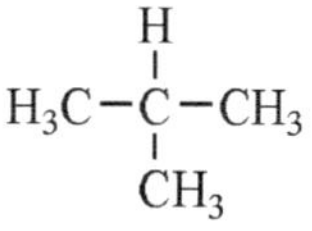

$H_3C-CH(CH_3)-CH_3$　异丁烷　三甲基甲烷

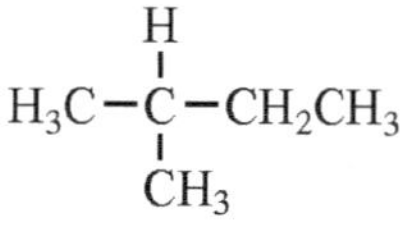

$H_3C-CH(CH_3)-CH_2CH_3$　异戊烷　二甲基乙基甲烷

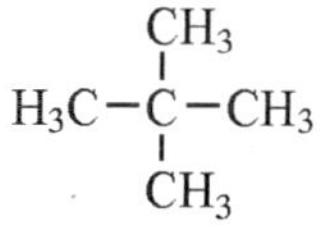

$H_3C-C(CH_3)_2-CH_3$　新戊烷　四甲基甲烷

这种甲烷衍生物命名法，对于更复杂的烷烃，仍不适用。

(3)烷烃的系统命名法

目前，有机化合物最常用的命名法是国际纯粹化学和应用化学联合会(International Union of Pure and Applied Chemistry，IUPAC)制订的系统命名法。我国现用的系统命名法，基本上就是根据 IUPAC 规定的原则，再结合我国文字上的特点而制订的。

烷烃的系统命名法规则如下。

① 直链烷烃按碳原子数命名，碳原子数在十以内时，依次用天干(甲、乙、丙、丁、戊、已、庚、辛、壬、癸)来代表碳原子数，在十以上时直接用中文数字如十一、十

二……来表明碳原子数。

$CH_3(CH_2)_4CH_3$　　CH_3CH_3　　$CH_3(CH_2)_{10}CH_3$

己烷　　乙烷　　十二烷

② 带有支链的烷烃。支链烷烃命名时把它看作是直链烷烃的烷基衍生物。其命名从直链烷烃导出：

a. 选择主链，把构造式中连续的最长碳链作为母体，称为某烷。把构造式中较短的链作为支链，看作取代基。命名时将取代基名放在母体名称的前面，称为某基某烷。如果构造式中较长碳链不止一条时，则选择带有最多取代基的一条为主链。

b. 将主链上的碳原子编号，从最接近取代基的一端开始，将主链碳原子用阿拉伯数字 1，2，3…编号。例如

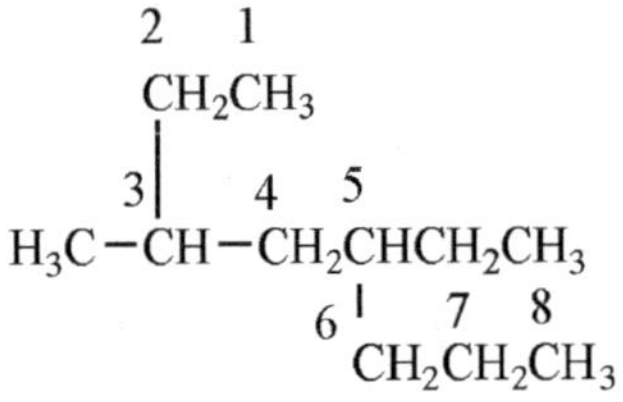

2 1
CH_2CH_3
3| 4 5
$H_3C-CH-CH_2CHCH_2CH_3$
6| 7 8
$CH_2CH_2CH_3$

编号正确

7 8
CH_2CH_3
6| 5 4
$H_3C-CH-CH_2CHCH_2CH_3$
3| 2 1
$CH_2CH_2CH_3$

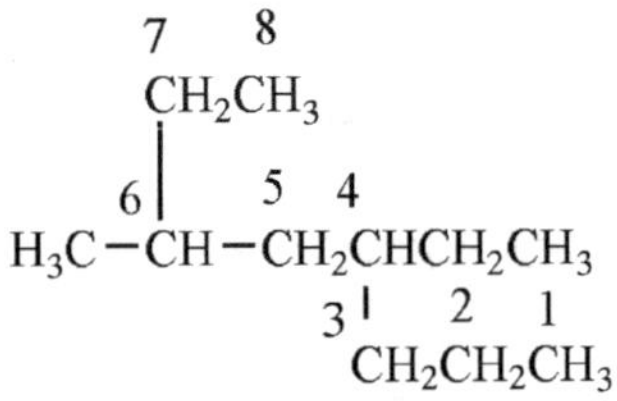

编号不正确

c. 命名取代基时，把它们在母体链上的位次作为取代基的前缀。如果带有几个不同的取代基，命名时将简单的基团名称放在前面，复杂的基团名称放在后面(英文名称则以取代基名称的首字母 A，B，C…为次序)。常见一些烷基的排列顺序如右：甲基、乙基、丙基、丁基、戊基、异戊基、异丁基、新戊基、异丙基、仲丁基、叔丁基。如果带有几个相同的取代基，则可以合并。但应在基团名称之前写明位次和数目，数目需用汉字二、三……来表示。

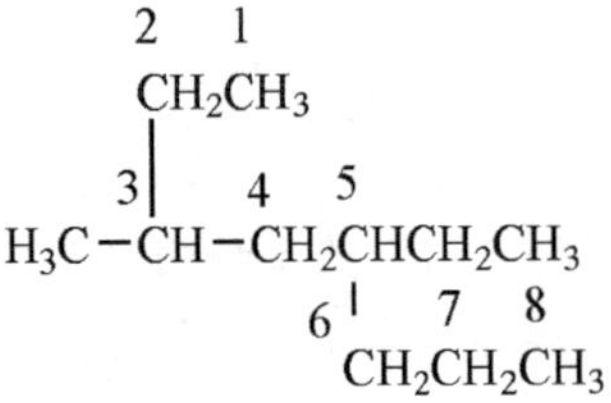

2 1
CH_2CH_3
3| 4 5
$H_3C-CH-CH_2CHCH_2CH_3$
6| 7 8
$CH_2CH_2CH_3$

取代基：3－甲基－5－乙基

3 4
$CH_3CH_2CH-CHCH_2CH_3$
2| 5|
H_3C-CH　$CHCH_3$
1| 6|
CH_3　CH_3

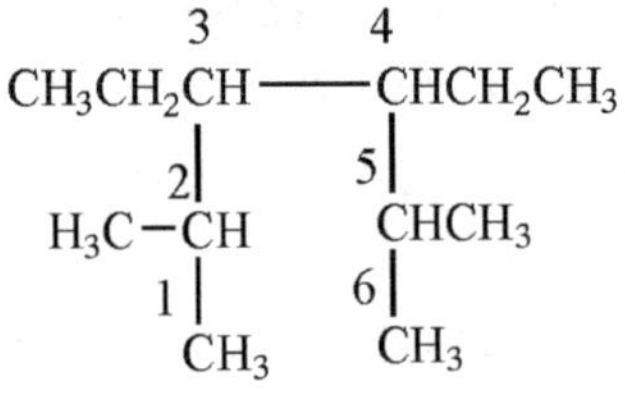

取代基：2，5－二甲基－3，4－二乙基

d. 命名全称。当选择好主链、支链、编好号码后，就可准确书写烷烃的名称。

3. 烷烃的物理性质

有机化合物的物理性质主要包括化合物的物理状态、沸点、熔点、相对密度、溶解度和折光率等。在一定条件下，化合物的物理性质是定值，故称为物理常数。表 2－3 中列出了部分直链烷烃的物理常数。

表 2－3　部分直链烷烃的物理常数

中文名	英文名	沸点/℃	熔点/℃	相对密度/d_4^{20}	折射率/n_D^{20}
甲烷	methane	−161.5	−182.6	0.424	
乙烷	ethane	−88.6	−183.3	0.456	
丙烷	propane	−42.1	−187.7	0.501	1.289 8
丁烷	n-butane	−0.5	−138.4	0.579	1.332 6
戊烷	n-pentane	36.1	−129.8	0.626	1.357 5
己烷	n-hexane	68.7	−95.3	0.659	1.374 9
庚烷	n-heptane	98.4	−90.6	0.684	1.387 6
辛烷	n-octane	125.7	−56.8	0.703	1.397 4
壬烷	n-nonane	150.8	−53.5	0.718	1.405 4
癸烷	n-decane	174.1	−29.7	0.730	1.411 9
十一烷	n-undecane	195.9	−25.6	0.740	1.417 6
十二烷	n-dodecane	216.3	−9.6	0.749	1.421 6
十三烷	n-tridecane	235.5	−5.5	0.756	1.423 3
十四烷	n-tetradecane	253.6	5.9	0.763	1.429 0
十五烷	n-pentadecane	270.7	10	0.769	1.431 5
十六烷	n-hexadecane	287.1	18.2	0.773	1.434 5
十七烷	n-heptadecane	302.6	22	0.778	1.436 9
十八烷	n-octadecane	317.4	28.2	0.777	1.439 0
十九烷	n-nonadecane	329	32.1	0.777	1.440 9
二十烷	n-eicosane	343	36.8	0.786	1.442 5

(1)物理状态

在常温(20℃)和标准压力(101 325 Pa)下，含 1～4 个碳原子直链烷烃的是气体；含 5～16 个碳原子的是液体；含 17 个及以上碳原子的是蜡状固体。

(2)沸点

沸点与分子间的作用力成正比。烷烃分子间的作用力主要是色散力，随着分子量增加，色散力增大，使沸点升高。直链烷烃的沸点随分子量的增加而有规律的升高，相邻两个烷烃的组成均相差一个 CH_2，但它们的沸点差值并不相等，低级烷烃差值较大，随分子量的增加，沸点差值逐渐减小。各异构体中，一般是直链烷烃的沸点最高，支链愈多，沸点愈低。其主要是由于支链的存在阻碍了分子间相互接近，使得分子间的作用力减弱所致。

(3)熔点

直链烷烃的熔点随分子量的增加而升高。其中偶数碳原子的升高多一些，以致含奇数和含偶数碳原子的烷烃分别构成两条熔点曲线。偶数在上，奇数在下(甲烷除外)，随着分子量的增加，两条曲线渐趋于一致。这是因为晶体分子间作用力不仅取决于分子大小，而且也与它们在晶格中的排列情况有关。偶数碳原子的烷烃具有较高的对称性，在晶格中，其分子排列比奇数原子的紧密，故分子间的作用力更大。因此，含偶数碳的烷烃的熔点比含奇数碳的升高多一些。一般而言，熔点随分子的对称性增加而升高，这种现象也存在于其他的同系物中。

有的原油含有较多石蜡，当原油从油井中喷出时，往往由于温度降低，石蜡从原油中析出，导致油井堵塞。在冬天用输油管输送原油时，必须采取特别的保温、加热或加入填加剂等措施，以防管道被石蜡堵塞。

为使航空煤油和润滑油在低温下不致凝固，必须经过“脱蜡”工序，以除去其中凝固点高的烷烃。

(4)密度

烷烃的相对密度都小于1。甲烷为0.424 $kg \cdot m^{-3}$，三十烷为0.78 $kg \cdot m^{-3}$，其他烷烃的密度在这一范围内。直链烷烃的相对密度随分子量的增加而略有增加。这是因为随分子量的增加，分子间引力增大，分子间距离减小，所以相对密度增大。

(5)溶解度

烷烃属非极性化合物，不溶于极性的水，而易溶于氯仿、苯等弱极性或非极性溶剂之中，即服从“相似相溶”经验规律。由于烷烃比水轻，又不溶于水，所以在开采石油时可以采取注水的方法多采油。

4. 烷烃的化学性质

烷烃是一类不活泼的有机化合物。在室温条件下与强酸、强碱、强氧化剂等都不反应。但在一定条件下，例如高温、高压、光照或催化剂的存在下，烷烃也能发生一系列化学反应。

(1)氧化反应

在室温和大气压下，烷烃与氧不发生反应，如果点火引发，则烷烃可以燃烧生成二氧化碳和水,同时放出大量的热。这是汽油、柴油作为内燃机燃料的基本变化与根据。纯粹的烷烃完全燃烧所放出的热量称为燃烧热(heat of combustion)。燃烧热可以精确测量,是重要的热化学数据。直链烷烃每增加一个 CH_2,燃烧热平均约增加 659 $kJ \cdot mol^{-1}$。含有相同数目碳原子的烷烃异构体中,直链烷烃的燃烧热最大,支链越多,燃烧热越小。

$$CH_4 + 2O_2 \longrightarrow CO_2 + 2H_2O, \quad \Delta H = -881\ kJ/mol$$

$$2CH_3CH_3 + 7O_2 \longrightarrow 4CO_2 + 6H_2O, \quad \Delta H = -1\ 538\ kJ/mol$$

在一定的条件下,烷烃也可以只氧化为一定的含氧化合物。例如在 $KMnO_4$,MnO_2 或脂肪酸锰盐的催化作用下,小心用空气或氧气氧化高级烷烃,可制得高级脂肪酸,其中 $C_{10} \sim C_{20}$ 的脂肪酸可代替天然油脂制取肥皂。

$$RCH_2CH_2R' \xrightarrow[\text{锰酸},1.5\sim3\ MPa]{O_2,\ 120℃} RCOOH + R'COOH$$

(2)异构化反应

由一个化合物转变为其异构体的反应叫做异构化反应。例如,正丁烷在三溴化铝及溴化氢的存在下,在 27℃时可发生异构化反应而生成异丁烷。

$$\underset{20\%}{CH_3CH_2CH_2CH_3} \xrightleftharpoons{AlBr_3,\ HBr,\ 27℃} \underset{80\%}{H_3C-\overset{\displaystyle CH_3 \atop |}{CH}-CH_3}$$

炼油工业上往往利用烷烃的异构化反应,使石油馏分中的直链烷烃异构化为支链烷烃,以提高汽油的质量。

(3)热解反应

在高温下使烷烃分子发生裂解的过程称为热解。热解反应是一个复杂的过程。烷烃分子中所含有的碳原子数越多,热解产物也越复杂。反应条件不同时,产物也不相同。但全部都是由烷烃分子中 C—C 键和 C—H 键的断裂形成复杂的混合物,其中既含有较低级的烷烃,也含有烯烃和氢。

$$CH_3CH_2CH_2CH_3 \longrightarrow \begin{cases} CH_4 + CH_3CH = CH_2 \\ CH_2 = CH_2 + CH_3CH_3 \\ H_2 + CH_3CH_2CH = CH_2 \end{cases}$$

在工业上,利用烷烃的热解使高沸点的重油转变为低沸点的汽油,这一过程称为裂化(cracking)。近年来热裂化已为催化裂化所代替,在催化剂条件下实现较低温度下的热解或定向热解过程。

(4)取代反应

烷烃与某些试剂发生反应,烷烃分子中的氢原子可被其他原子或原子团所取代,这种反应叫做取代反应。被卤素取代的反应叫做卤代反应,也称为卤化反应。

甲烷和氯在黑暗中不起反应，如果在强烈的日光照射下，则起剧烈的反应，甚至发生爆炸，生成氯化氢和碳。

$$CH_4 + 2Cl_2 \xrightarrow{\text{强烈日光}} 4HCl + C + \text{热量}$$

在漫射光、热或某些催化作用下，甲烷与氯发生氯代反应，氢原子被氯原子取代，生成氯甲烷和氯化氢，同时有热量放出。

$$CH_4 + Cl_2 \xrightarrow{\text{漫射光}} CH_3Cl + HCl$$

氯甲烷能进一步发生取代反应，生成二氯甲烷、三氯甲烷和四氯化碳。

$$CH_3Cl + Cl_2 \xrightarrow{\text{漫射光}} \underset{\text{二氯甲烷}}{CH_2Cl_2} + HCl$$

$$CH_2Cl_2 + Cl_2 \xrightarrow{\text{漫射光}} \underset{\text{三氯甲烷}}{CHCl_3} + HCl$$

$$CHCl_3 + Cl_2 \xrightarrow{\text{漫射光}} \underset{\text{四氯化碳}}{CCl_4} + HCl$$

通常甲烷的氯化反应得到的是四种氯代产物的混合物。

5. 烷烃的主要来源与用途

烷烃的主要工业来源为石油和天然气。石油为复杂的混合物，其主要成分是烷烃和环烷烃。天然气的主要成分是甲烷，且含有少量的乙烷和丙烷。

煤或一氧化碳在高温高压及催化剂存在条件下加氢可以得到烃类化合物。由于世界上石油资源的不断减少，而煤的蕴藏量丰富，这种方法对煤的清洁转化与综合利用有着重要的意义。

$$nC + (n+1)H_2 \xrightarrow[450℃,\ 70\ MPa]{FeO} C_nH_{2n+2}$$

$$2nCO + (4n+1)H_2 \xrightarrow[250℃]{Co-Th} 2nH_2O + C_nH_{2n} + C_nH_{2n+2}$$

甲烷是沼气的主要组分，沼气是由沼泽地或湿地冒出的气体，沼气中的甲烷是由腐烂的植物受厌氧菌的作用而产生的。天然气和石油是甲烷的主要来源。从油田开采出来未经加工的石油称为原油，原油一般为褐红色至黑色的粘稠液体，具有特殊气味，相对密度为0.75～1.0，不溶于水。天然气的主要成分是甲烷，根据甲烷的含量不同，天然气可分为两种：一种称为干天然气，含甲烷86%～99%（体积）；另一种称为湿天然气，除含甲烷（60%～70%）外，尚含有一定量的乙烷、丙烷、丁烷等气体。天然气是很好的气体燃料（液化天然气（LNG）是海上运输的主要燃料）；同时，天然气也是重要的化工原料。在油井中，除有石油外，还有一种称为油田气的气体，开采时随石油逸出，其主要成分也是低级烷烃，如甲烷、乙烷、丙烷、丁烷和戊烷。

在煤田开采中，也会出现大量的甲烷，学名称为煤层气，俗称瓦斯。如果在采煤以前，先将甲烷抽出予以充分利用，则成为一种很好的能源。如果开采技术不过关，则成为一种危害矿工的有害气体。在国外，煤层气的应用技术已非常成熟，而我国在这方面的利用才刚刚起步。

甲烷的另外一个来源是农业生产，主要是水稻种植与畜牧业。水稻在生长过程中会释放甲烷气体。牛羊等反刍型家畜在消化食物的过程中，胃里也会释放大量甲烷气体，这已经成为甲烷气的一个重要来源。甲烷是产生温室效应的气体之一，其温室效应比 CO_2 要大很多，约为 CO_2 的 20～25 倍。

甲烷除做燃料以外，工业上的主要用途是作为合成氨和甲醇的原料。

$$CH_4 + H_2O \longrightarrow CO + 3H_2$$

$$CO + 2H_2 \longrightarrow CH_3OH$$

$$N_2 + 3H_2 \longrightarrow 2NH_3$$

乙烷也存在于天然气中，但含量比甲烷少得多。原油直接蒸馏所产生的气体中也含有乙烷。乙烷最重要的工业用途是与丙烷一起作为生产乙烯的原料，亦可用来生产氯乙烯。

丙烷存在于石油、天然气和石油裂化气中，其最重要的用途是液化后成为液化石油气(LPG)而作为车辆的燃料。液化石油气的主要成分是丙烷和丁烷。丙烷也用作溶剂和制冷剂。

丁烷和异丁烷都是轻汽油的成分。在工业上丁烷用来生产乙烯、丙烯和丁二烯。异丁烷可以用来生成高辛烷值的 C_7 和 C_8 支链烷烃。

戊烷是汽油中的主要成分，但正戊烷含量很少。更高级的烷烃以各种石油馏分的形式用作燃料、润滑剂和化工原料。

某些高级烷烃构成一些植物的叶或果实(如烟叶、苹果等)表面防止水分蒸发的保护层。有些烷烃是某些昆虫的信息素(pheromone)。所谓“昆虫信息素”是同种昆虫之间借以传递各种信息而分泌的有气味的化学物质，可利用其诱捕有害昆虫。烷烃除能被少数细菌或微生物代谢外，绝大部分生物是不能吸收或使它们代谢的，这和烷烃对大多数试剂的相对稳定性是一致的。

2.2.2 烯烃(alkenes)

1. 烯烃的通式、构造异构与命名

含有碳碳双键的不饱和烃叫做烯烃，其通式为 C_nH_{2n}，这与单环环烷烃相同。

含相同碳原子的烯烃与单环环烷烃互为构造异构体，它们都比含有相同碳原子的烷烃少两个氢原子，即含有一个不饱和度。烯烃的多数反应发生在双键上，碳碳双键是烯烃的官能团。

最简单也是最广泛应用的烯烃是乙烯(C_2H_4)。乙烯分子中所有原子在同一平面上，其 C—H 键长为 110 pm，C═C 键长为 134 pm，键角∠HCH 为 117.2°，∠HCC 为 121.4°。

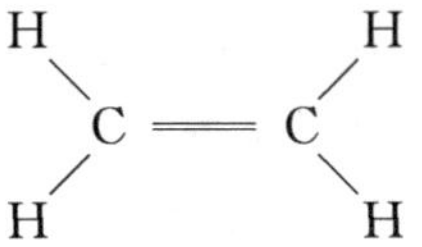

$$\begin{matrix} H & & & & H \\ & \diagdown & & \diagup & \\ & C & = & C & \\ & \diagup & & \diagdown & \\ H & & & & H \end{matrix}$$

烯烃由于碳架不同和双键在碳架上的位置不同而有各种构造异构体，如丁烯的三个同分异构体为：

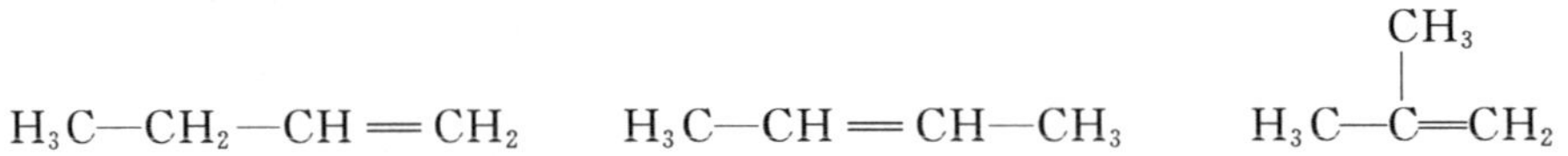

$$H_3C—CH_2—CH=CH_2 \qquad H_3C—CH=CH—CH_3 \qquad H_3C—\overset{\overset{CH_3}{|}}{C}=CH_2$$

前两者是官能团位置不同而引起的，后者为碳链的构造不同而引起的，例如戊烯的五个异构体中，其中两个是直链戊烯，只是位置不同；另三个是具有支链的甲基丁烯，区别也在于双键位置不同。

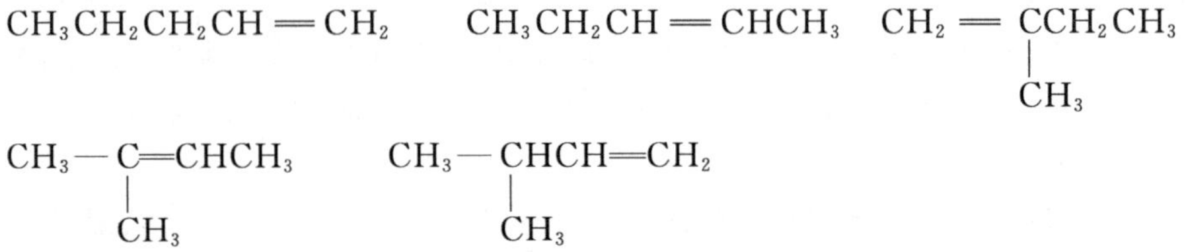

$$CH_3CH_2CH_2CH=CH_2 \qquad CH_3CH_2CH=CHCH_3 \qquad CH_2=\underset{\underset{CH_3}{|}}{C}CH_2CH_3$$

$$CH_3—\underset{\underset{CH_3}{|}}{C}=CHCH_3 \qquad CH_3—\underset{\underset{CH_3}{|}}{C}HCH=CH_2$$

上述化合物的命名中，如果双键在第一个碳上，在不引起误会的情况下，阿拉伯数字“1”可省略。

烯烃的命名和烷烃相似：

①选择含碳碳双键最长的碳链作为主链，根据碳原子数目称为某烯；

②编号从靠近双键一端开始，把双键上第一个碳原子编号加在烯烃名称前表示双键位置；

③支链作取代基，表示方法与烷烃相同。

根据命名规则，丁烯的三个异构体在上图中从左至右依此为 1-丁烯、2-丁烯和 2-甲基丙烯。戊烯的五个异构体在图中依此从左至右命名为 1-戊烯、2-戊烯、2-甲基丁烯、2-甲基-2-丁烯和 3-甲基丁烯。

2. 顺反异构现象

由于双键不能自由旋转，且双键两端碳原子连接的四个原子处于同一平面上，因此，当双键的两个碳原子各连接不同的原子或基团时，就有可能生成两种不同的异构体。

$$\begin{array}{c} a \quad\quad a \\ \diagdown \quad \diagup \\ C = C \\ \diagup \quad \diagdown \\ b \quad\quad b \end{array} \qquad\qquad \begin{array}{c} a \quad\quad b \\ \diagdown \quad \diagup \\ C = C \\ \diagup \quad \diagdown \\ b \quad\quad a \end{array}$$

顺式　　　　　　　　反式

如上所示，a，b 是两个大小不同的基团，大基团处于双键同侧叫做顺式，反之则为反式。基团的大小根据元素周期表中原子序数的大小进行区别，原子序数越大，则基团越大，如果第一个元素大小相同就比较第二个，依此类推。这种由于双键的碳原子连接不同基团而形成的异构现象叫做顺反异构现象，形成的同分异构体叫做顺反异构体。

顺反异构体的分子构造相同的，即分子中各原子连接次序是相同的，但分子中各原子在空间的排列方式（构型）不同。由不同的空间排列方式引起的异构现象叫做立体异构现象，顺反异构现象是立体异构的一种。

3. 烯烃的反应

（1）加成反应

烯烃分子中决定反应性能的主要结构单位是碳碳双键，它由一个 σ 键和一个 π 键组成。π 键的强度比 σ 键小，容易通过在双键碳原子上加两个原子或原子团而转变成 σ 键，因此烯烃的典型反应是加成反应。

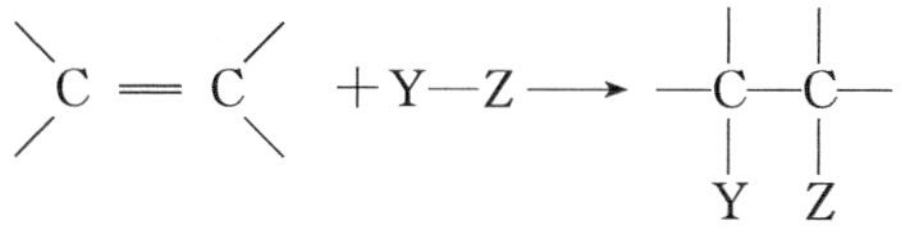

$$\gt C = C \lt + Y{-}Z \longrightarrow -\underset{Y}{\underset{|}{\overset{|}{C}}}-\underset{Z}{\underset{|}{\overset{|}{C}}}-$$

例：$H_2C = CH_2 + Cl{-}Cl \longrightarrow \underset{Cl}{\underset{|}{CH_2}}{-}\underset{Cl}{\underset{|}{CH_2}}$，　$\Delta H = -171\ kJ/mol$

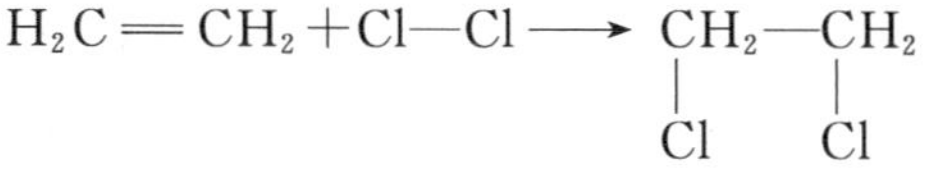

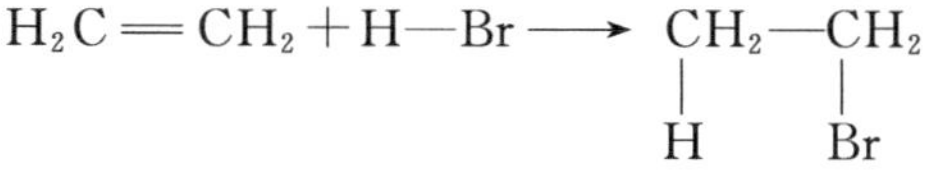

$H_2C = CH_2 + H{-}Br \longrightarrow \underset{H}{\underset{|}{CH_2}}{-}\underset{Br}{\underset{|}{CH_2}}$，　$\Delta H = -69\ kJ/mol$

加成反应是放热的，且许多加成反应活化能低，所以烯烃容易发生加成反应。这是烯烃的一个特征反应，如乙烯在催化剂作用下可以加水反应生成乙醇。

碳碳双键的存在使烯烃具有很高的化学活性，碳碳双键是烯烃的官能团，大部分烯烃的化学反应都发生在双键上，此外，α-碳原子（和官能团直接相连的碳原子）上的氢原子（α-H）也容易发生被取代的反应，这也是因双键的存在而引起的。

（2）聚合反应

烯烃可以在催化剂或引发剂的作用下，双键断裂而相互加成，得到长链的大分子或高分子化合物。由低相对分子质量的有机化合物相互作用而生成高分子化合物的反应叫做聚合反应。聚合反应中，参加反应的低相对分子质量的化合物叫做单体，生成的高相对分子质量化合物叫做聚合物，也叫高分子化合物，简称高分子。乙烯作为单体得到的聚合物叫做聚乙烯，聚丙烯则由单体丙烯聚合而成。

$$nH_2C{=}CH_2 \xrightarrow[\substack{100\sim250℃ \\ 150\sim300\ \mathrm{MPa}}]{\text{引发剂}} \left[\cdots CH_2{-}CH_2\cdots+\cdots CH_2{-}CH_2\cdots+\cdots CH_2{-}CH_2\cdots\right]$$

$$\longrightarrow \left[\!-H_2C-H_2C-\!\right]_n$$

聚乙烯

$$nHC(CH_3){=}CH_2 \xrightarrow{\text{引发剂}} \left[\!-HC(CH_3)-H_2C-\!\right]_n$$

聚丙烯

在聚合过程中，乙烯通过双键的断裂而相互加成，这种聚合反应叫做加聚反应。分子间相互加成是一个放热反应。反应一经引发，就很容易进行。聚合反应生成的聚合物的分子量并不完全相同，而是不同分子量的混合物。由相同单体在不同反应条件下聚合，不仅分子量不同，而且高分子的链结构及堆积方式也有很大的不同，它们的性能和用途也不同，这是高分子聚合物材料改性与应用的基础。

聚乙烯耐酸，耐碱，抗腐蚀，具有优良的电绝缘性，是目前大量生产的优良高分子材料。低压和高压聚乙烯按照性质不同，都各有其合适的应用场合。低密度聚乙烯(LDPE) 通常用高压法(147.17～196.2 MPa)生产，故又称为高压聚乙烯。由于用高压法生产的聚乙烯分子链中含有较多的长短支链(每 1 000 个碳链原子中含有的支链平均数为 21)，所以结晶度较低(45%～65%)，密度较小(0.910～0.925)，质轻，柔性，耐低温性、耐冲击性较好。LDPE 广泛用于生产薄膜、管材(软)、电缆绝缘层和护套、人造革等。高密度聚乙烯(HDPE) 主要是采用低压生产，故又称低压聚乙烯。HDPE 分子中支链少，结晶度高(85%～90%)，密度高(0.941～0.965)，具有较高的使用温度，硬度、力学强度和耐化学药品性较好。适用于中空吹塑、注塑和挤出各种制品(硬)，如各种容器、网、打包带，并可用作电缆覆层、管材、异型材、片材等。

聚烯烃还可以由不同的两种单体共同聚合而得，这种聚合反应叫做共聚反应。由共聚反应得到的聚合物叫共聚物，根据共聚方式的不同，可分为无规共聚物和嵌段共聚物。人们可以利用共聚反应来定向设计与合成具有特殊性质的聚合物，用

于不同的生产及生活领域。例如

$$nH_2C{=}CH_2 + n\underset{\displaystyle CH_3}{\underset{|}{HC}}{=}CH_2 \longrightarrow \left[H_2C{-}H_2C{-}\underset{\displaystyle CH_3}{\underset{|}{CH}}{-}CH_2 \right]_n$$

此聚合物有橡胶性质,叫做乙丙橡胶。

在一定反应条件下,烯烃可以由两个、三个或少数分子进行聚合,得到的聚合物叫做二聚体、三聚体等。例如,异丁烯用 50% H_2SO_4 吸收后,在 100℃时,可以得到二聚体。

$$CH_3{-}\overset{\displaystyle CH_3}{\overset{|}{C}}{=}CH_2 + H_2C{=}\overset{\displaystyle CH_3}{\overset{|}{C}}{-}CH_3 \longrightarrow H_3C{-}\overset{\displaystyle CH_3}{\overset{|}{\underset{\displaystyle CH_3}{\underset{|}{C}}}}{-}CH{=}\overset{\displaystyle CH_3}{\overset{|}{C}}{-}CH_3$$

$$\longrightarrow H_3C{-}\overset{\displaystyle CH_3}{\overset{|}{\underset{\displaystyle CH_3}{\underset{|}{C}}}}{-}CH_2{-}\overset{\displaystyle CH_3}{\overset{|}{C}}{=}CH_2$$

4. 烯烃的工业来源与用途

石油裂解工业提供和保证了乙烯、丙烯和丁烯作为重要工业原料的来源。这些烯烃在一个国家的产量往往代表着这个国家化学工业的水平和规模。但是发展是不平衡的,乙烯的需求量更多一些,因此在石油裂解工业的设计中,丙烯、丁烯以及戊烯等往往作为副产品生产。在实际生产过程中往往要根据各种产品需求量的变化来调整生产的工艺过程。

乙烯、丙烯和丁烯都是最重要的烯烃,它们是有机合成中的重要基本原料,都是高分子合成中的重要单体。他们是合成树脂、合成纤维和合成橡胶中的主要原料。同时聚烯烃(如聚乙烯、聚乙烯胺)也是固体火箭推进剂的重要组成部分。

乙烯最重要的用途是生产分子量由一千到五百万的各种聚乙烯,这需要纯度在 99.9%以上的高纯乙烯作原料。此外乙烯还用作合成环氧乙烷、乙醛、醋酸乙烯酯、氯乙烷、乙醇等的原料。

由烃类热裂生产的丙烯纯度较高,主要用作合成丙烯腈、环氧丙烷、异丙醇、异丙苯等。由炼厂气回收的丙烯纯度较低,主要用来生产辛烷值较高的支链烷烃,加在汽油里作燃料。

高纯度的异丁烯主要用来生产高辛烷值的支链烷烃。

直链的高级烯烃(C_8—C_{20})主要用于生产高级醇、合成洗涤剂的中间体和合成高级润滑油。支链的高级烯烃主要用来合成醇和合成洗涤剂。

2.2.3　双烯烃及多烯烃(diene and polyene)

1. 定义

分子中含有两个或两个以上的碳碳双键的烃,按双键数目的多少,分别叫做二烯烃、三烯烃……以至多烯烃等。其中以二烯烃最为重要,二烯烃的通式为 C_nH_{2n-2},与炔烃相同。

2. 二烯烃的分类与命名

按分子中两个双键相对位置的不同,二烯烃可以分为以下三类。

① 累积二烯烃。两个双键连接在同一碳原子上,例如

$$H_2C=C=CH_2$$

丙二烯

② 共轭二烯烃。两个双键之间,有一个单键相隔,例如

$$H_2C=CH-CH=CH_2$$

1,3-丁二烯

③ 隔离二烯烃。两个双键之间有两个或两个以上的单键相隔,例如

$$H_2C=CH-CH_2-CH=CH_2$$

1,4-戊二烯

二烯烃命名与烯烃相似,两个双键的位置须以阿拉伯数字标识,并列于二烯名称前。阿拉伯数字以最小为原则。累积二烯烃与隔离二烯烃这里不讨论。共轭二烯烃则具有特殊的结构和性质。

代表性物质为1,3-丁二烯。其结构为

$$\begin{array}{ccccc} H_2C & & & & H \\ & \backslash\backslash & & / & \\ & & C - C & & \\ & / & & \backslash\backslash & \\ H & & & & CH_2 \end{array}$$

3. 共轭二烯烃的化学性质

(1)1,2-加成和1,4-加成

共轭二烯烃和卤素、氢卤酸都容易发生加成反应,但可产生两种加成产物,如下式所示

$$CH_2=CH-CH=CH_2+Br_2 \longrightarrow \underset{\displaystyle Br}{\underset{|}{CH_2}}-\underset{\displaystyle Br}{\underset{|}{CH}}CH=CH_2 + \underset{\displaystyle Br}{\underset{|}{CH_2}}-CH=CH-\underset{\displaystyle Br}{\underset{|}{CH_2}}$$

$$CH_2=CH-CH=CH_2+HBr \longrightarrow \underset{\substack{|\\H}}{CH_2}-\underset{\substack{|\\Br}}{CH}CH=CH_2+\underset{\substack{|\\H}}{CH_2}-CH=CH-\underset{\substack{|\\Br}}{CH_2}$$

1,2-加成产物　　　1,4-加成产物

(2)聚合反应

在催化剂存在下,共轭二烯烃可以聚合为高分子化合物。例如,1,3-丁二烯在金属钠催化下聚合成聚丁二烯。这种聚合物具有橡胶的性质,即它具有伸缩和弹性,所以也叫做弹性体。它是最早发明的合成橡胶,又称为丁钠橡胶。

$$nCH_2=CH-CH=CH_2 \xrightarrow[60℃]{Na} \left[CH_2-CH=CH-CH_2\right]_n$$

天然橡胶属于天然高分子化合物,是异戊二烯(2-甲基-1,3-丁二烯)的聚合体,其平均相对分子质量在60 000～350 000间,相当于1 000至5 000个异戊二烯的单体。在天然橡胶中,异戊二烯间以头尾相连,形成一个线型分子,而且所有双键的构型都是顺式的。分子的构型和机械性能有很大关系,如杜仲胶也是异戊二烯的聚合体,但双键的构型都是反式的,它就不像天然橡胶那样有弹性,但硬度较大。由于橡胶制品广泛用于工农业、交通运输、国防及日常生活中,所以需求量极大。而且在工业、国防、科研中常需要一些具备特殊性能的弹性材料,如耐油、耐酸、耐高温或低温等。因此在天然橡胶结构的基础上,研发了合成橡胶,如顺丁橡胶、氯丁橡胶等,前者为1,3-丁二烯的聚合体,后者为2-氯-1,3-丁二烯的聚合体。但在某些性能方面,合成橡胶并不能完全取代天然橡胶,因此,"合成天然橡胶"也是一项重要的研究任务,目前使用特殊的催化剂可以使异戊二烯按顺式聚合的成分达95%以上,其性能与天然橡胶极为接近。

2.2.4 炔烃(alkynes)

分子中含有碳碳叁键的烃叫做炔烃。其通式为C_nH_{2n-2},这与二烯烃的通式相同,都含有两个不饱和度。

1. 炔烃的异构和命名

乙炔分子中四个原子在一条直线上,是直线型分子。乙炔 $HC\equiv CH$ 和丙炔 $H_3C-C\equiv CH$ 都没有异构体,从丁炔开始有异构现象。炔烃的构造异构现象是由于碳链不同和叁键位置不同引起的,但由于在碳链分支的地方,不可能有叁键存在,所以炔烃的构造异构体比碳原子数目相同的烯烃少些。例如,丁烯有三个构造异构体,而丁炔只有两个。

$$CH_3CH_2C{\equiv}CH \qquad CH_3C{\equiv}CCH_3$$

1-丁炔　　　　2-丁炔

由于叁键碳上只可能连有一个取代基，因此炔烃不存在顺反异构现象。戊炔有三个构造异构体，也比戊烯的构造异构体数目（五个）少。

$$CH_3CH_2CH_2C{\equiv}CH \qquad CH_3CH_2C{\equiv}CCH_3 \qquad CH_3\underset{\underset{CH_3}{|}}{C}HC{\equiv}CH$$

1-戊炔　　　　2-戊炔　　　　3-甲基-1-丁炔

炔烃的系统命名法与烯烃一样，即以包含叁键在内的最长的碳链为主链，按主链的碳原子数目命名为某炔，代表叁键位置的阿拉伯数字以最小的为原则而置于名词之前，侧链作为主链的取代基来命名。如

$$CH_3CH_2C{\equiv}CCH_3 \qquad CH_3(CH_2)_9C{\equiv}CCH_2CH_3 \qquad (CH_3)_2CHC{\equiv}CH$$

2-戊炔　　　　3-十四碳炔　　　　3-甲基丁炔

含有双键的炔烃命名时，先命名烯，再命名炔。碳链编号以表示双键与叁键位置的两个数字之和取最小的为原则。例如

$$H_2C{=}CH{-}C{\equiv}CH \qquad H_3C{-}CH{=}CH{-}C{\equiv}CH$$

1-丁烯-3-炔　　　　3-戊烯-1-炔

（不是：2-戊烯-4-炔）

2. 炔烃的物理性质

乙炔、丙炔和1-丁炔在室温下是气体。炔烃的沸点比含有相同数目碳原子的烯烃约高10～20℃，碳架相同的炔烃中，三键在链端的沸点较低。炔烃的密度小于1，在水中的溶解度很小，易溶于烷烃、四氯化碳、乙醚等有机溶剂。

3. 炔烃的化学性质

炔烃的化学性质与烯烃相似，可以发生加成、氧化、聚合等不饱和烃的的反应，炔烃加成可以加成两分子试剂，反应活性较烯烃低。末端炔氢具有弱酸性，可与金属反应形成金属炔化物。

(1)催化加氢

炔烃催化加氢，生成烯烃；进一步加氢生成烷烃。

$$R{-}C{\equiv}C{-}R' \xrightarrow[\text{催化剂}]{H_2} R{-}CH{=}CH{-}R' \xrightarrow[\text{催化剂}]{H_2} RCH_2CH_2R'$$

催化剂常用的是铂、钯、镍等。在氢气过量的情况下，反应往往不易停留在烯烃阶段。从氢化热可以比较烯烃与炔烃的加氢难易程度。

$$H{-}C{\equiv}C{-}H + H_2 \longrightarrow H_2C{=}CH_2 \qquad \text{氢化热}=175\ kJ/mol$$

$$H_2C{=}CH_2 + H_2 \longrightarrow H_3C{-}CH_3 \qquad \text{氢化热}=137\ kJ/mol$$

所以烯烃比炔烃更易加氢。如果只希望反应停留在烯烃阶段，需要使用活泼性较低的催化剂。

(2)氧化反应

炔烃和氧化剂反应，往往可以使叁键断裂，最后得到完全氧化的产物——羧酸或二氧化碳。例如

$$HC\equiv CH \xrightarrow[H_2O]{KMnO_4} CO_2\uparrow + H_2O$$

$$RC\equiv CR' \xrightarrow[100℃]{KMnO_4} RCOOH + R'COOH$$

(3)聚合反应

一般情况下，炔烃只生成由几个分子聚合的聚合物，例如，在不同条件下乙炔可生成链状的二聚物或三聚物，也可生成环状的三聚物或四聚物。

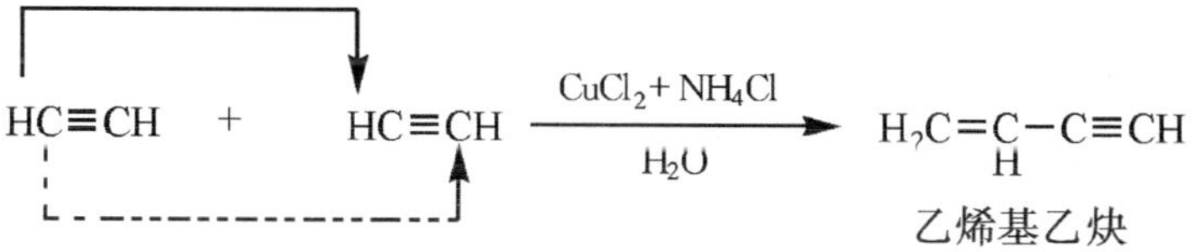

$$HC\equiv CH + HC\equiv CH \xrightarrow[H_2O]{CuCl_2 + NH_4Cl} H_2C=CH-C\equiv CH$$

乙烯基乙炔

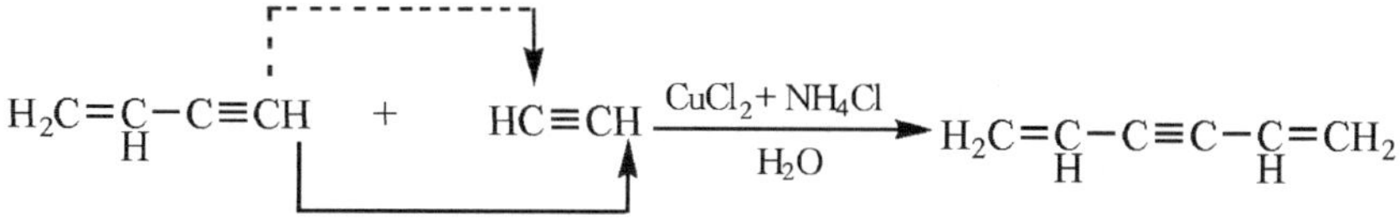

$$H_2C=CH-C\equiv CH + HC\equiv CH \xrightarrow[H_2O]{CuCl_2 + NH_4Cl} H_2C=CH-C\equiv C-CH=CH_2$$

二乙烯基乙炔

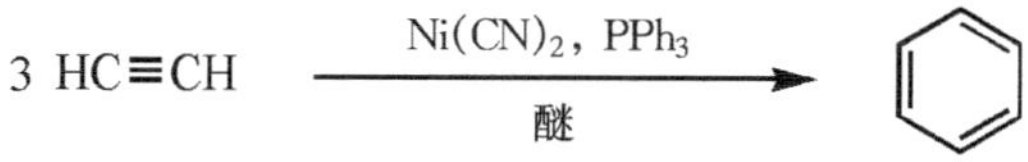

$$3\ HC\equiv CH \xrightarrow[\text{醚}]{Ni(CN)_2,\ PPh_3} \text{(benzene)}$$

苯

$$4\ HC\equiv CH \xrightarrow[\text{醚}]{Ni(CN)_2} \text{(cyclooctatetraene)}$$

环辛四烯

乙炔的二聚物与氯化氢加成，得到 2-氯-1,3-丁二烯，它是合成氯丁橡胶的单体。

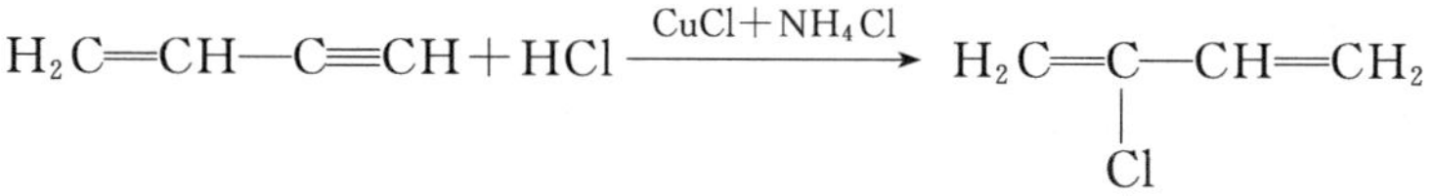

$$H_2C=CH-C\equiv CH + HCl \xrightarrow{CuCl + NH_4Cl} H_2C=C(Cl)-CH=CH_2$$

2-氯-1,3-丁二烯

4. 重要的炔烃——乙炔

炔烃的代表性物质为乙炔 C_2H_2。其结构式为

$$\underset{单键}{H—}\underset{叁键}{C≡C}\underset{单键}{—H}$$

乙炔是最重要的炔烃,它不仅是一种有机合成的重要基本原料,而且是大量地被用作高温氧炔焰的燃料。工业上可用煤、石油或天然气作为原料生产乙炔,所以乙炔是可以大量生成而又成本低廉的工业产品。

(1)碳化钙法生产乙炔

焦炭和石灰在高温下反应,得到碳化钙(电石)。电石与水反应,得到乙炔。

$$3C+CaO \xrightarrow[2\ 000℃]{} CaC_2+CO$$

$$CaC_2+2H_2O \longrightarrow Ca(OH)_2+HC\equiv CH$$

此法在工业上使用已久,耗电量大,但生产工艺较简单。纯粹的乙炔为无色气体,由碳化钙制得的乙炔由于含有磷化氢、硫化氢等杂质而有臭气和毒性。

(2)由天然气或石油生产乙炔

甲烷是天然气的重要成分,在 1 500℃的高温下,甲烷能通过一系列的反应生成乙炔,这是一个强烈的吸热反应。因此工业上又使一部分甲烷同时被氧化(加入氧气),由此产生的热供给甲烷合成乙炔所需的大量的热。所以此法又叫做甲烷的部分氧化法。

$$2CH_4 \xrightarrow[0.01\sim0.1\ s]{1\ 500℃} HC\equiv CH+3H_2$$

$$4CH_4+O_2 \longrightarrow HC\equiv CH+2CO+7H_2$$

分离乙炔后得到一氧化碳和氢气的混合物,俗称合成气,可作为基本有机合成(例如甲醇)的基本原料。

乙炔在水中有一定的溶解度,1 L 水于 0℃时溶解 1.7 L 乙炔,在 15.5℃能溶解 1.1 L 乙炔,易溶于有机溶剂(如丙酮)。乙炔与一定空气相混合,可形成爆炸性的混合物,乙炔的爆炸极限为 3%~80%(体积)。为避免爆炸危险,一般可用浸有丙酮的多孔物质(如石棉、活性炭)吸收乙炔后储存于钢瓶,这样便于运输和使用。乙炔在燃烧时放出大量的热。

$$2HC\equiv CH+5O_2 \longrightarrow 4CO_2+2H_2O,\ \Delta H=-270\ kJ/mol$$

乙炔通过叁键加成可以转变为许多工业上有用的原料或单体,因此是有机合成的重要基本原料。

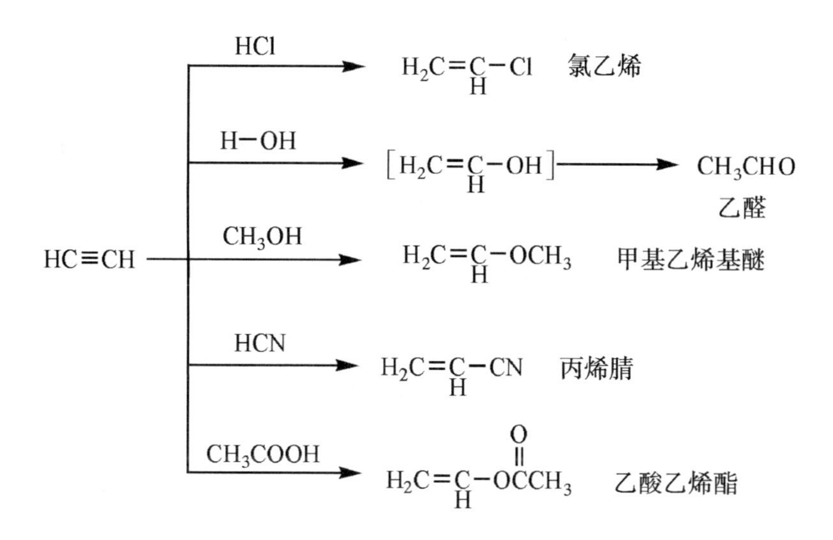

以上这些化合物在工业上均具有广泛的用途，它们的聚合物大多数是合成树脂和塑料、合成纤维与合成橡胶的原料，这同样也说明了乙炔的重要性。20 世纪 70 年代，日本科学家白川英树、美国科学家黑格和麦克唐纳三人共同发现，聚乙炔在掺碘情况下具有很好的导电性能(导电率与铜相同)，打破了高分子聚合物是电的不良导体的旧的观念，由此开创了导电高分子材料研究的新领域，他们也因此获得了 2000 年的诺贝尔化学奖。今天，导电高分子材料已经深入到我们生活的方方面面，在电子器件、药物缓释、发光器件、屏幕显示等许多方面有着广泛的应用。

2.2.5　环烃(cyclic hydrocarbon)

1. 脂环烃(alicyclic hydrocarbon)

(1)脂环烃的定义和命名

结构上具有环状碳骨架，而性质上与开链脂肪烃相似的烃类，总称为脂环烃。有单环脂环和稠环脂环。

饱和的脂环烃称为环烷烃。因骨架成环，饱和的脂环烃比烷烃少两个氢，其通式为 C_nH_{2n}，与烯烃的通式一样。环戊烷、环已烷及它们的烷基取代衍生物是石油产品中常见的环烷烃。稠环环烷烃存在于高沸点石油馏分中。环烷烃有很高的发热量，凝固点低，抗爆性介于正构烃和异构烃之间。化学性质和烷烃相似，其中以五碳脂环和六碳脂环的性质较为稳定。

脂环烃也可含有两个以上的碳环，它们可用多种方式连接：分子中两个环可以共用一个碳原子，这种体系称为螺环；环上两个碳原子之间可以用碳桥连接，形成双环或多环体系,称为桥环;几个环也可以互相连接形成笼状结构。

单环烃的命名是用环字表示环烃,用丙、丁、戊等表示环内碳原子的数目,用烷、烯、炔等表示环内只有单键或有双键、叁键,取代基的表示方法与链烃相同。双环烃是根据环内碳原子的总数称为双环[ ]某烷(或烯),在方括号内用阿拉伯数字表示联结桥头碳原子的每个碳桥上碳原子的数目,先写大环的碳原子数。如两个桥头碳原子直接相连,则桥上碳原子数为 0。阿拉伯数字之间用圆点分开。螺环的命名与双环化合物相似,根据环上碳原子的总数称为螺[ ]某烷(或烯),在方括号内用阿拉伯数字表示除共用碳原子外,两个环上碳原子的数目,先写小环的碳原子数。更复杂的化合物常用习惯名。

最简单的脂环烃为环丙烷,是一个三碳环化合物。

H_2C-CH_2
$\ \ \ \ CH_2$ 可简写为 ▽

环丙烷

H_2C-CH_2
H_2C-CH_2 可简写为 □

环丁烷

环烷烃由于环的大小及侧链的长短和位置不同而产生构造异构。因此,含三个以上碳原子的环烷烃,除与碳原子数相同的烯烃互为同分异构外,还有环状的同分异构。例如

环丁烷的同分异构体:

环丁烷　甲基环丙烷

环戊烷的同分异构体:

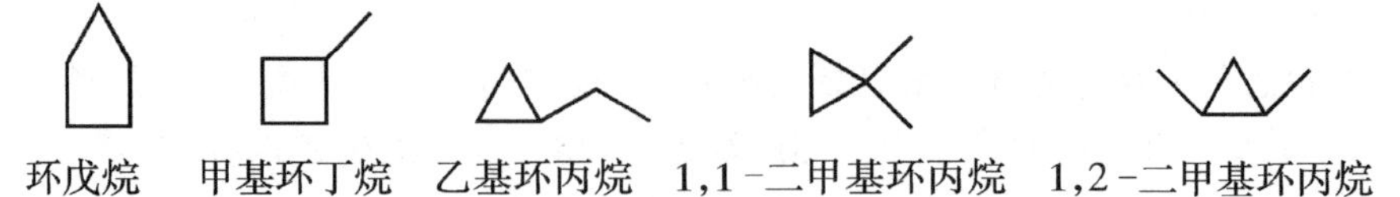

环戊烷　甲基环丁烷　乙基环丙烷　1,1-二甲基环丙烷　1,2-二甲基环丙烷

(2)顺反异构体

在环烷烃分子中,只要环上有两个碳原子各连有不同的原子或原子团,就有构型不同的顺反异构体存在。在脂环烃中,若两个大取代基在环平面同一边的是顺式异构体,两个大取代基在环平面的两边叫反式异构体。

1,4-二甲基环己烷分子中,两个甲基(大取代基)可以在环平面的一边,也可以各在一边。

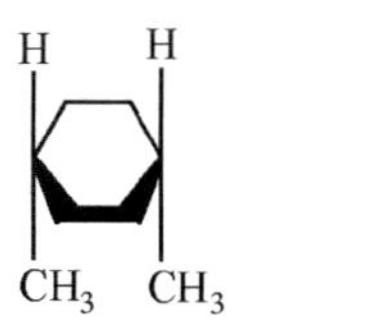

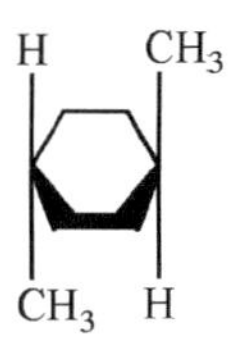

顺-1,4-二甲基环己烷　　反-1,4-二甲基环己烷

书写时,可以把碳环表示为垂直于纸面,将朝向读者(纸前面)的三个键用粗线或楔型线表示,把碳上的基团排布在碳环的上面或下面。

也可以把碳环表示为在纸平面上,把取代基排布在纸前面(指向读者)或纸后面,实线表示伸向前面的键,虚线表示指向后面的键,以上两个化合物亦可表示为:

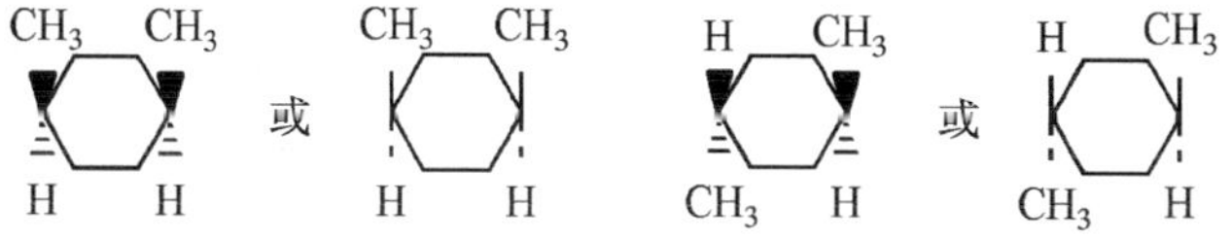

(3)环烷烃的来源及物理性质

环己烷存在于石油中,含量在 0.1%～1.0%之间。环戊烷和环己烷的甲基和乙基取代物也存在于石油中,含量随石油产地的不同而有所差别。高纯度的环己烷由苯加氢法制备得到,低纯度的环己烷可由石油或其催化重整产物中分离得到。化学实验中常用的溶剂石油醚(60～90℃)的主要成分就是环己烷与己烷的混合物,是一种优良的非极性溶剂。

在室温和常压下,环丙烷和环丁烷为气体,环戊烷至环十一烷为液体,环十二烷以上为固体。环烷的熔点、沸点和相对密度都比含同数碳原子的直链烷高。环己烷和环十二烷是重要的化工原料。它们在钴催化剂存在下可用空气氧化生成环己酮和环十二酮,是合成纤维的重要原料。

(4)环烷烃的反应

① 取代反应。环烷烃与烷烃一样,在光或热引发下可发生卤代反应。

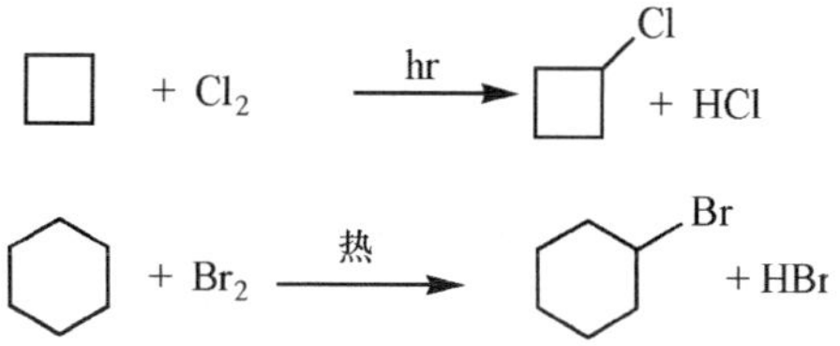

② 开环反应。小环化合物，特别是三碳环化合物，在和试剂作用时，易发生环破裂而与试剂结合，通常叫做开环反应，有时也称为加成反应。

a. 催化加氢。在催化剂存在下，氢可以开环生成烷烃。因环大小不同，催化加氢的难易就不同。环丙烷容易加氢，环丁烷需较高温度才能加氢。

$$\triangle + H_2 \xrightarrow[80℃]{Ni} CH_3CH_2CH_3$$

$$\square + H_2 \xrightarrow[200℃]{Ni} CH_3CH_2CH_2CH_3$$

$$\text{⬠} + H_2 \xrightarrow[300℃]{Pt} CH_3CH_2CH_2CH_2CH_3$$

可以看出，三碳环、四碳环较易开环，不太稳定。

b. 加卤素或卤化氢。三碳环容易与卤素、卤化氢等加成，生成相应的卤代烃。

$$\triangle + Br_2 \xrightarrow{CCl_4} BrCH_2CH_2CH_2Br$$

$$\triangle + H—Br \xrightarrow{H_2O} CH_3CH_2CH_2—Br$$

烷基取代的环丙烷加卤化氢时，环的破裂发生在含氢最多和含氢最少的两个碳原子之间，且卤代氢的加成符合马尔科夫尼科夫规律（氢总是加在含氢较多的碳原子上）。

$$H_3C—HC(—CH_2—)CH_2 + HBr \longrightarrow H_3C—CH(Br)CH_2CH_3$$

以上这些反应在室温下就能进行。四碳环在常温下不反应。

③ 氧化反应。在常温下，环烷烃与一般氧化剂（如高锰酸钾水溶液、臭氧等）不起反应。即使环丙烷，常温下也不能使高锰酸钾溶液退色。但在加热时与强氧化剂作用，或在催化剂存在下用空气氧化，可以氧化成各种产物。例如

$$\text{⬡} \xrightarrow[\triangle]{HNO_3} \begin{array}{l} CH_2CH_2COOH \\ | \\ CH_2CH_2COOH \end{array}$$

2. 芳香烃（aromatic hydrocarbon）

芳香烃也称芳烃，一般是指分子中含苯环结构的碳氢化合物。“芳香”二字的来由最初是指从天然树脂（香精油）中提取而得、具有芳香气的物质。现代芳烃的概念是指具有芳香性的一类环状化合物，它们不一定具有香味，也不一定含有苯环

结构。芳香烃具有其特征性质——芳香性(易取代,难加成,难氧化)。芳烃包括单环芳烃、多环芳烃、稠环芳烃及非苯芳烃等。它是一类具有特定环状结构(如苯环等)和特殊化学性质的化合物。在一般情况下,苯环上不易发生加成反应,不易氧化,但容易发生取代反应,是有机化工的重要原料。

单环芳烃只含有一个苯环,如苯、甲苯、乙苯、二甲苯、异丙苯、十二烷基苯等。多环芳烃是由两个或两个以上苯环(苯环上没有两环共用的碳原子)组成的,它们之间是以单键或通过碳原子相联,如联苯、三苯甲烷等。稠环芳烃是由两个或两个以上的苯环通过稠合(即两个苯环共用一对碳原子)而成的稠环烃,如萘、蒽等。不含苯环的具有芳香性的烃类化合物称作非苯芳烃,非苯芳烃包括一些环多烯和芳香离子等。芳烃按其结构可分类如下:

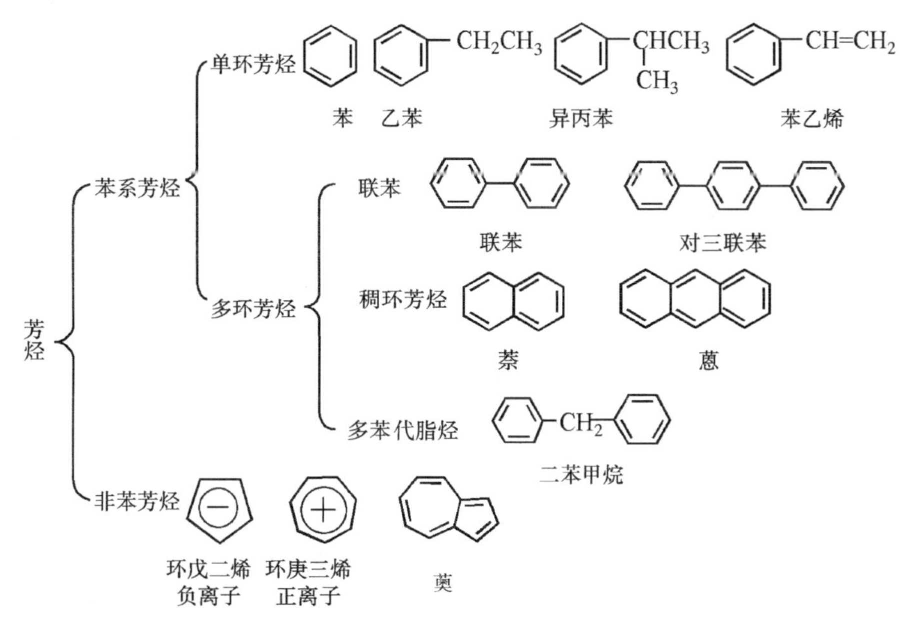

芳烃中最重要的产品是苯、二甲苯,其次是甲苯、乙苯、苯乙烯、异丙苯。苯及其分子量较小的同系物是易燃液体,不溶于水,密度比水小;多环芳烃及稠环芳烃多是晶状固体。芳烃均有毒性,其中以苯对中枢神经及血液的作用最强。稠环芳烃有致癌作用。

芳烃来源于煤和石油,煤干馏过程中能生成多种芳烃。19 世纪初叶至中叶,从煤干馏所得煤焦油中陆续分离出苯、甲苯、萘、蒽等芳烃。此后,工业用芳烃主要来自于煤炼焦过程中的副产物焦炉煤气及煤焦油。石油中含有多种芳烃,但含量不多,且其组分与含量也因产地而异。20 世纪 40 年代后实现石脑油的催化重整,将石脑油中的非芳烃转化为芳烃。从烃类裂解所得的裂解汽油中也可分离出芳烃。芳烃主要来源已从煤转化为石油。现在，世界芳烃总产量中 90%以上来自石油。

芳烃是有机化工的重要基础原料，其中单环芳烃更为突出。苯、二甲苯是制造多种合成树脂、合成橡胶、合成纤维的原料。甲苯可转化为二甲苯和苯。高级烷基苯是制造表面活性剂的重要原料。多环芳烃中联苯用作化工过程的热载体。稠环芳烃中萘是制造染料和增塑剂的重要原料。多种含氧、含氯、含氮、含硫的芳烃衍生物用于生产多种精细化工产品。某些芳烃或其混合物如苯、二甲苯、甲苯等可作溶剂，芳烃（如异丙苯等）辛烷值较高，用重整等方法增加轻质馏分油中的芳烃含量，对提高汽油质量有重要意义。

苯是单环芳烃的典型代表物，而且大多数芳烃都含有苯环。因此我们学习单环芳烃的知识，必须首先了解苯的结构。

苯的结构表示方式有两种，一种是用正六边形加上三个双键；另一种是用一个正六边形内加一个圆圈，两者各有优缺点。本书统一采用“  ”作为苯的结构式，即凯库勒式。

1865 年 Kekülé 从苯的分子式 C_6H_6 出发，根据苯的一卤取代物只有一种，说明六个氢原子是等同的事实，提出了苯的环状结构式。为了保持碳的四价，他在环内加上三个双键，这就是苯的凯库勒式

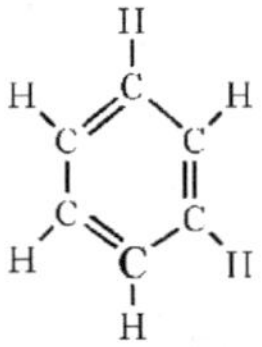

可简写为 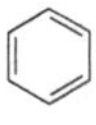 。凯库勒式是有机化学理论研究中的一项重大成就，它促进了 19 世纪后期芳香族化合物化学的迅速发展。但是，凯库勒式仍存在着不足之处。

第一，在上式中既然含有三个双键，为什么苯不起类似烯烃的加成反应？

第二，根据上式，苯的邻位二元取代物应当有两种(1)和(2)。然而，实际上只有一种。

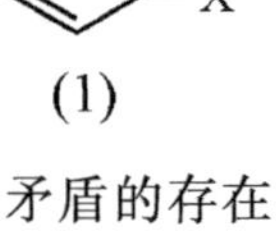

(1) 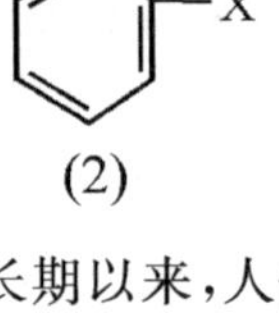　　(2) 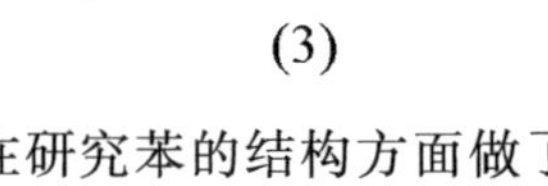　　(3)

由于上述矛盾的存在，长期以来，人们在研究苯的结构方面做了大量工作，提

出了各种各样的结构式，但都未能完满地表达出苯的结构。

Kekülé 曾用两个式子来表达苯的结构，并且设想这两个式子之间的振动（见上图中(3)）代表着苯的真实结构。因此苯的邻位二元取代产物只有一种。但凯库勒式并不能说明为什么苯具有特殊的稳定性。今天，人们已经通过研究证明，苯环上存在着一个分布于整个苯环分子表面的大 π 共轭结构，也就是说在整个苯环上的电子云密度是均匀分布的，苯环上所有键的性质完全相同，由于电子在整个苯环上的均匀分布，也称离域，苯环分子才具有了特殊的稳定性。我们把这种稳定性也称为芳香性。

苯是一种重要的化工原料，由于其特殊性质，它在有机合成工业中有着广泛的应用。但同时，苯也是一种强致癌物质，能够破坏人的正常造血机能。苯的使用有严格规定，必须在通风良好且具有好的防护条件下才能使用。苯中毒会导致一种严重的疾病——再生障碍性贫血，如不及时治疗会导致患者死亡。

苯同时也是一种严重的环境污染物，其在自然条件下的降解速度慢，且容易在生物体内富集，最终通过食物链影响到人类的健康。2005 年 10 月 13 日所发生的中国石油吉林石化公司双苯厂苯胺合成车间的爆炸事件，导致含苯废水流入松花江，对松花江流域水体产生了严重的危害，酿成了巨大的环境事故。后经中俄两国科学家的共同努力，才没有造成更大的环境灾难，其后续效应仍在观察中。

(1)单环芳烃的异构现象和命名

单环芳烃可以看作是苯环上的氢原子被烃基取代的衍生物。分为一烃基苯、二烃基苯和三烃基苯等。一烃基苯只有一种，没有异构体。

简单的烃基苯的命名是以苯环作母体，烃基作取代基，称为某烃基苯（“基”字常略去）。如烃基较复杂，即取代基较多，或有不饱和键时，也可把链烃当作母体，苯环当作取代基（即苯基）。例如

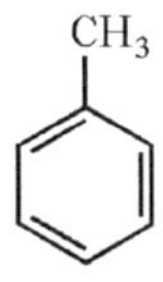

CH_3　　CH_2CH_3　　$CH(CH_3)_2$　　$CH=CH_2$　　$C\equiv CH$

甲苯 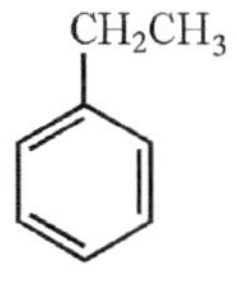　　乙苯 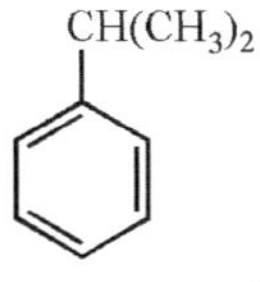　　异丙苯 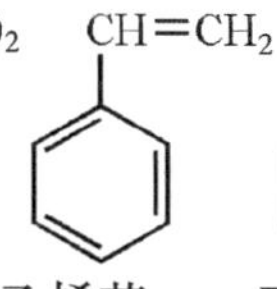　　乙烯苯（苯乙烯）　　乙炔苯（苯乙炔）

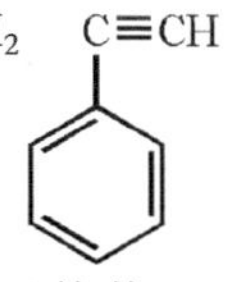

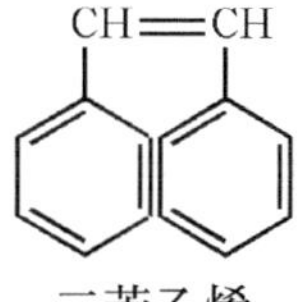

$CH=CH$

二苯乙烯

$H_3C-H_2C-H_2C-CH(CH_3)-C(CH_3)=CH-C_6H_5$

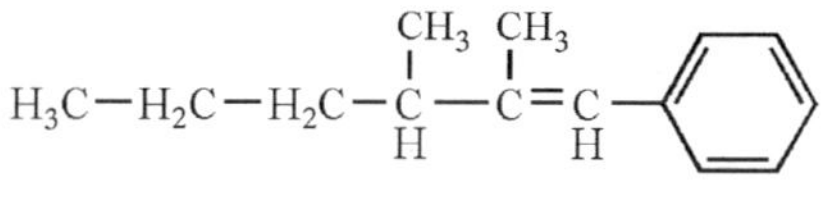

2,3-二甲基-1-苯基-1-己烯

在芳烃的命名中，常出现用 Ar 表示芳基（aryl），即芳烃分子消去一个氢原子所剩下的原子团；用 Ph 表示苯基（phenyl），即 ⬡— 或 C_6H_5—；用 Bz 表示苄基

(苯甲基,benzyl)即 C_6H_5—CH_2—或 $C_6H_5CH_2$—。

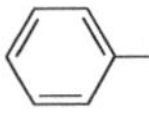

(2)二烃基苯和三烃基苯

二烃基苯、三烃基苯可用阿拉伯数字表示取代基位置,若基团相同时,可相应用邻、对、间或连、偏、均表示。

二烃基苯有三种异构体,这是由于取代基在苯环上相对位置的不同而产生的。例如,二甲苯有三个异构体,它们的构造式和命名为

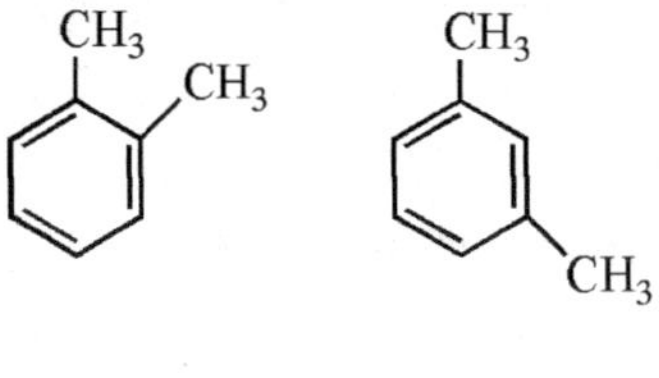

邻二甲苯 (1,2-二甲苯)　　间二甲苯 (1,3-二甲苯)　　对二甲苯 (1,4-二甲苯)

邻位是指两个取代基在苯环上处于相邻的位置,或用 o-(ortho)表示;间位是指间隔了一个碳原子,或用 m-(meta)表示;对位是指在对角的位置,或用 p-(para)表示。

三个烃基相同的三烃基苯也有三种异构体,常用"连"字表示三个烃基处于相邻的位置,或用 1,2,3 表示;"偏"字表示偏于一边,或用 1,2,4 表示;"均"字表示对称,或用 1,3,5 表示。例如三甲基苯的三种异构体的构造式和命名为:

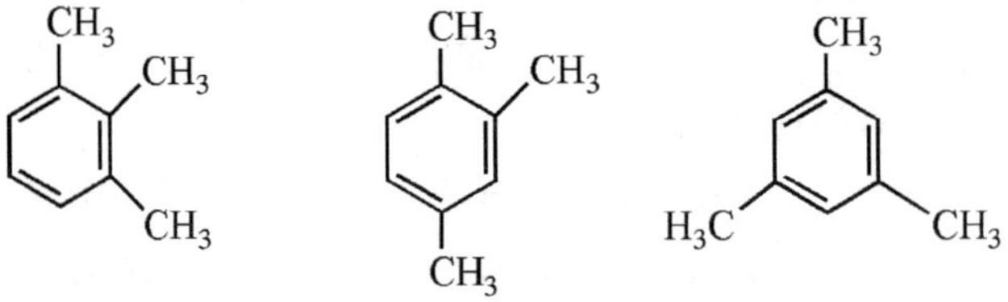

连三甲苯 (沸点:176.1℃)　　偏三甲苯 (沸点:169.4℃)　　均三甲苯 (沸点:164.7℃)

(3)单环芳香烃的物理性质

单环芳烃不溶于水,但溶于汽油、乙醚、四氯化碳等有机溶剂。一般单环芳烃的密度小于 1 $g \cdot cm^{-1}$,相对密度在 0.86～0.93,比水轻。单环芳烃的沸点随分子量的增加而升高。对位异构体的熔点与结晶性能一般比邻位和间位异构体的高,因此可以利用结晶方法从邻间位异构体中分离对位异构体。

(4)单环芳烃的化学性质

① 卤代反应。苯在紫外线的照射下能与氯加成生成六氯环己烷,也称六氯化

苯，俗称 666。

$$C_6H_6 + 3Cl_2 \xrightarrow{h\gamma} C_6H_6Cl_6$$

目前已知的六氯环己烷的八种异构体中只有 γ－666 的杀虫效能最好，它的含量在混合物中为 18%。其他异构体不仅杀虫性能较差而且是严重的环境污染物。由于 666 化学性质稳定，残存毒性大，危害生态环境，现已禁止生产使用。

γ－666

除上面的光照条件下的加氯反应外，苯环还可以发生其他卤代反应，例如

$$C_6H_6 + Cl_2 \xrightarrow[55\sim60℃]{Fe 或 FeCl_3} C_6H_5Cl + HCl$$

$$C_6H_6 + Br_2 \xrightarrow[55\sim60℃]{Fe 或 FeBr_3} C_6H_5Br + HBr$$

$$C_6H_6 + 2Cl_2 \xrightarrow[\triangle]{Fe 或 FeCl_3} \text{邻}-C_6H_4Cl_2\ (50\%) + \text{对}-C_6H_4Cl_2\ (45\%) + 2HCl$$

烷基苯的卤代，反应条件不同，产物也不同。因两者反应历程不同，光照卤代为自由基历程，而加热条件下的取代反应为离子型取代反应。

$$C_6H_5CH_3 + Cl_2 \xrightarrow{FeCl_3} \text{邻}-ClC_6H_4CH_3 + \text{对}-ClC_6H_4CH_3 + HCl$$

$$C_6H_5CH_3 + Cl_2 \xrightarrow{光\ or\ \Delta} C_6H_5CH_2Cl \xrightarrow[光\ or\ \Delta]{Cl_2} C_6H_5CHCl_2 \xrightarrow[光\ or\ \Delta]{Cl_2} C_6H_5CCl_3$$

氯化苄（苯氯甲烷）　　苯二氯甲烷　　苯三氯甲烷

② 氧化反应。

a. 侧链氧化。苯环一般很难被氧化，在氧化剂作用下，苯的同系物（烷基苯）

氧化反应总是发生在侧链上,产生苯甲酸。常用的氧化剂为 $KMnO_4$ 或 $K_2Cr_2O_7$ 的酸性溶液以及稀硝酸等。

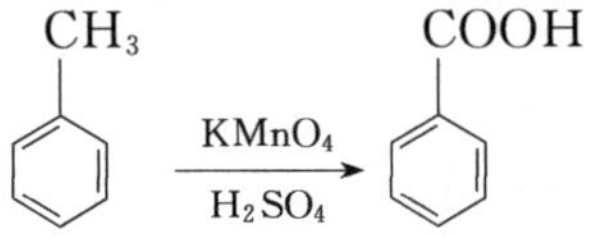

$$C_6H_5CH_3 \xrightarrow[H_2SO_4]{KMnO_4} C_6H_5COOH$$

苯甲酸

$$p\text{-}CH_3C_6H_4CH_3 \xrightarrow[H_2SO_4]{K_2Cr_2O_7} p\text{-}HOOCC_6H_4COOH$$

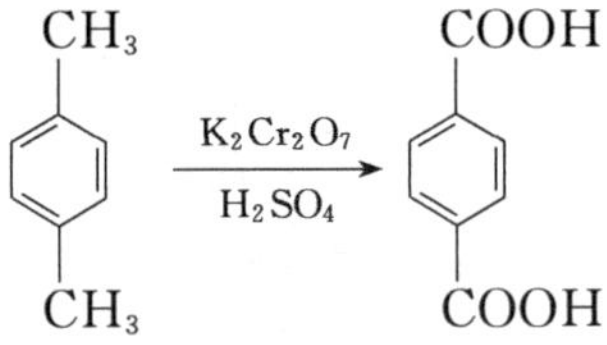

对苯二甲酸

不论侧链多长,它的产物总是苯甲酸。苯环上有两个不等长的侧链时,通常较长的侧链先被氧化。

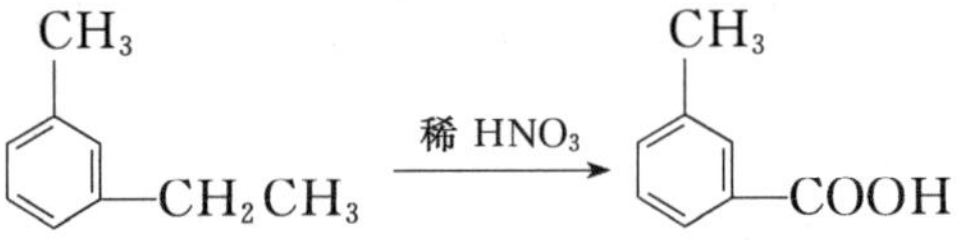

$$m\text{-}CH_3C_6H_4CH_2CH_3 \xrightarrow{稀\ HNO_3} m\text{-}CH_3C_6H_4COOH$$

在常用的氧化剂($KMnO_4/H_2SO_4$, CrO_3/H^+, 稀 HNO_3)中,稀硝酸有一定的选择性,它可以先氧化一个烷基,保留另一个烷基。

邻位烷基苯氧化则可以生成酸酐。

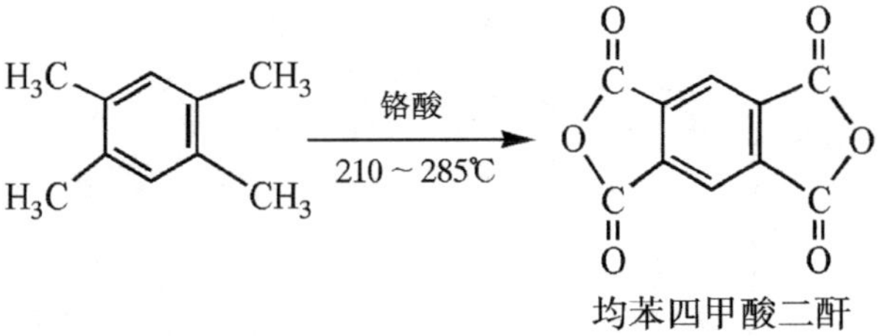

$$1,2,4,5\text{-}(CH_3)_4C_6H_2 \xrightarrow[210 \sim 285℃]{铬酸} C_6H_2(CO\text{-}O\text{-}CO)_2$$

均苯四甲酸二酐

邻苯二甲酸酐可作染料、药物的中间体,均苯四甲酸二酐可作环氧树脂的固化剂。

b. 苯环氧化。在特殊的条件下,苯环也能被氧化。例如,苯在五氧化二钒催化剂作用下能被空气氧化成顺丁烯二酸酐,这是工业上生成顺丁烯二酸酐的方法。

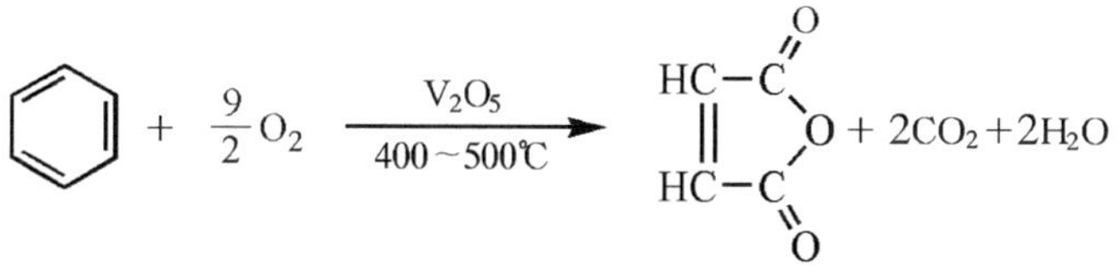

$$C_6H_6 + \frac{9}{2}O_2 \xrightarrow[400\sim500℃]{V_2O_5} \text{(HC=CH)(CO)}_2\text{O} + 2CO_2 + 2H_2O$$

顺丁烯二酸酐

如果苯环上的侧链是一个极为稳定的基团时，则苯环可被氧化而侧链保持不变，这被用于生成取代乙酸。

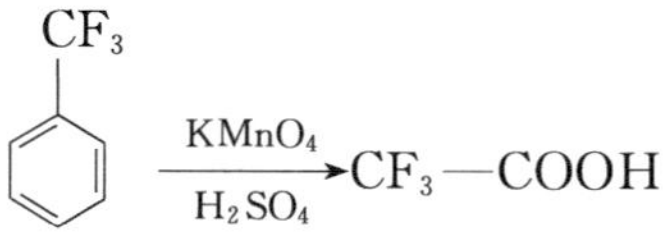

$$C_6H_5\text{—}CF_3 \xrightarrow[H_2SO_4]{KMnO_4} CF_3\text{—}COOH$$

三氟乙酸

此外，苯能在空气中燃烧，生成二氧化碳和水，这是烃类的一般通性。燃烧时火焰明亮并发生浓烟，和乙炔燃烧时相似，这是由于苯含碳量较多的缘故。

③ 芳烃的侧链反应。在高温或光照的情况下，烷基苯与卤素作用，并不发生环上取代，而是发生在侧链的 α—C 上。其反应历程与烷烃卤代类似，是自由基反应历程。

甲苯与氯气在光照下的反应发生在甲基上，生成氯化苄，同时生成少量苯基二氯甲烷和苯基三氯甲烷。

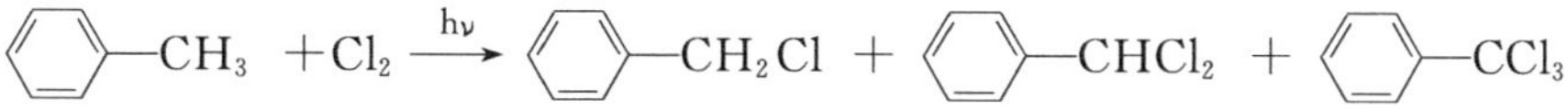

$$C_6H_5\text{—}CH_3 + Cl_2 \xrightarrow{h\nu} C_6H_5\text{—}CH_2Cl + C_6H_5\text{—}CHCl_2 + C_6H_5\text{—}CCl_3$$

氯化苄

$$C_6H_5\text{—}CH(CH_3)_2 + Br_2 \xrightarrow{h\nu} C_6H_5\text{—}CBr(CH_3)_2 \quad (100\%)$$

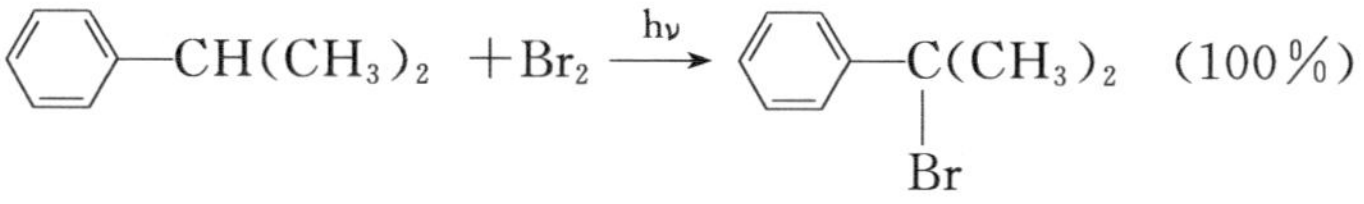

α-溴代异丙烷

α-卤代烷基苯容易水解：

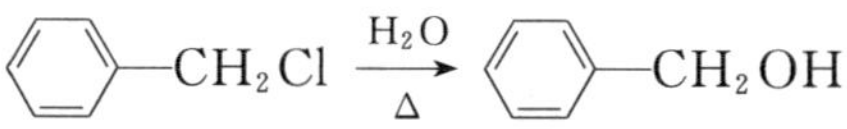

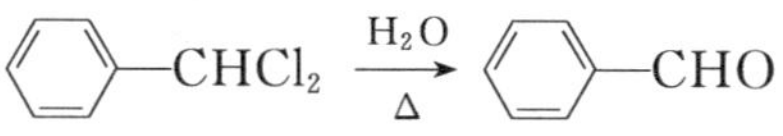

$$C_6H_5\text{—}CH_2Cl \xrightarrow[\Delta]{H_2O} C_6H_5\text{—}CH_2OH$$

$$C_6H_5\text{—}CHCl_2 \xrightarrow[\Delta]{H_2O} C_6H_5\text{—}CHO$$

此外,自由基溴代反应也可以用 N-溴代丁二酰亚胺作试剂:

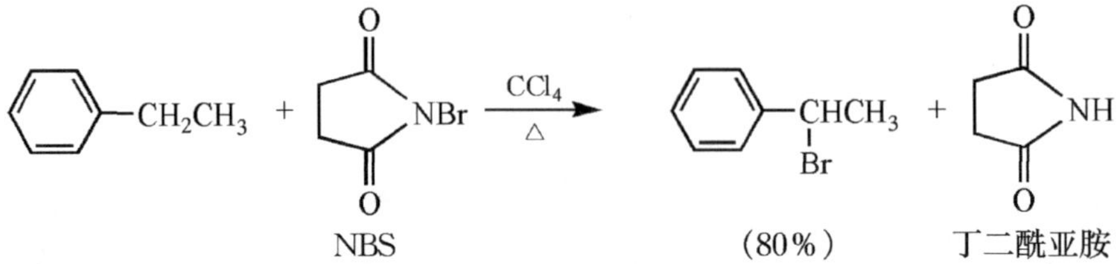

$$C_6H_5CH_2CH_3 + \text{NBS} \xrightarrow[\triangle]{CCl_4} C_6H_5CH(Br)CH_3\ (80\%) + \text{丁二酰亚胺}$$

除上述反应外,苯环上还易发生磺化、硝化、加成等多种反应过程,在工业上均有着广泛的应用。

2.3　卤代烃 (halogenated hydrocarbons)

烃类分子中的氢原子被卤素(氟、氯、溴、碘)取代后生成的化合物叫卤代烃。一般所说的卤代烃主要指氯代烃、溴代烃和碘代烃,由于氟代烃的制法与性质比较特殊,与其他三类有所不同,故通常将它分开讨论。

按照分子中母体烃的类别进行分类。

卤代烷烃:CH_3Cl　　CH_2Cl_2　　$CHCl_3$

卤代烯烃:$CH_2=CHCl$　　$CHCl=CHBr$　　$Cl_2C=CHCl$

卤代炔烃:$HC\equiv CCl$　　$IC\equiv CCl$

卤代芳烃:

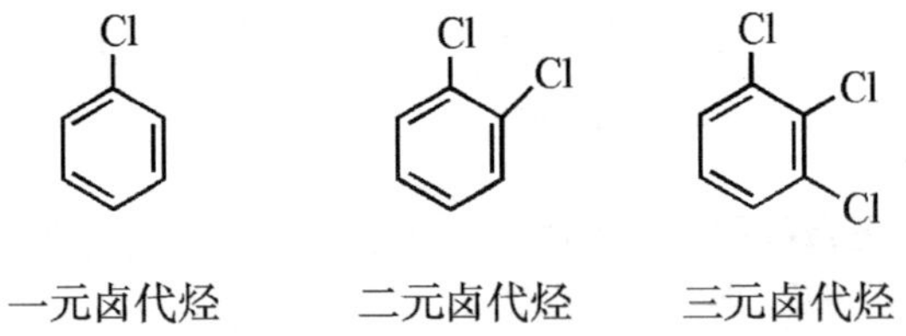

一元卤代烃（氯苯）　　二元卤代烃（邻二氯苯）　　三元卤代烃（1,2,3-三氯苯）

1. 命名

结构简单的卤代烃可以按卤原子相连的烃基的名称来命名,称为卤代某烃或某基卤。

$(CH_3)_2CHBr$,溴代异丙烷(异丙基溴);$C_6H_5CH_2Cl$,氯代苄(苄基氯)

较复杂的卤代烃按系统命名法命名。

① 卤代烷。以烷烃为母体,将含有卤原子的最长碳链作为主链,将卤原子或其他支链作为取代基。命名时,取代基按"顺序规则"较优基团在后列出。

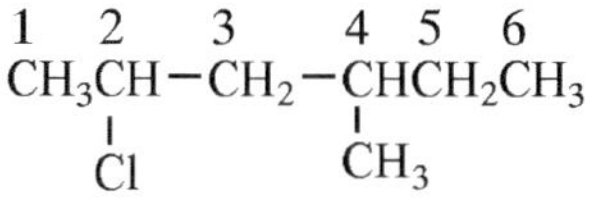

$$\overset{1}{C}H_3\overset{2}{C}H(Cl)-\overset{3}{C}H_2-\overset{4}{C}H(CH_3)\overset{5}{C}H_2\overset{6}{C}H_3$$

4-甲基-2-氯己烷

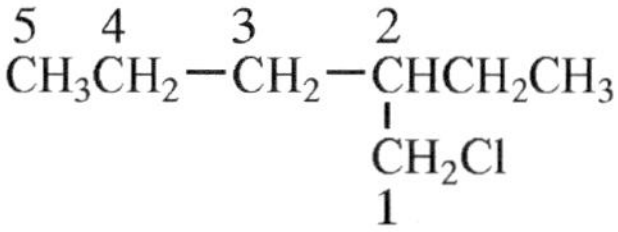

$$\overset{5}{C}H_3\overset{4}{C}H_2-\overset{3}{C}H_2-\overset{2}{C}H(\overset{1}{C}H_2Cl)CH_2CH_3$$

2-乙基-1-氯戊烷

② 卤代烯烃。以烯烃为母体，含双键的最长碳链为主链，以双键的位次最小为原则进行编号。

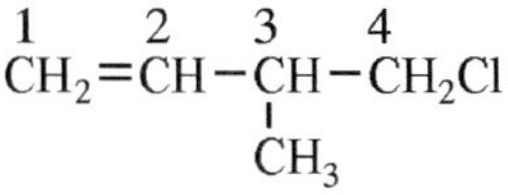

$$\overset{1}{C}H_2=\overset{2}{C}H-\overset{3}{C}H(CH_3)-\overset{4}{C}H_2Cl$$

3-甲基-4-氯-1-丁烯

$$\overset{1}{C}H_2=\overset{2}{C}H-\overset{3}{C}H_2Br$$

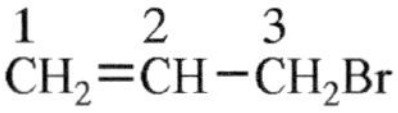

3-溴丙烯

③ 卤代芳烃。以芳烃为母体。

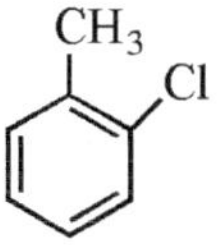

CH_3　Cl

2-氯甲苯

侧链氯代芳烃，常以烷烃为母体，卤原子和芳环作为取代基。

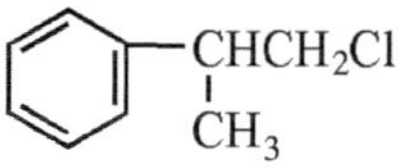

$C_6H_5-CH(CH_3)CH_2Cl$

2-苯基-1-氯丙烷

④ 卤代环烷。一般以脂环烃为母体命名，卤原子及支链都看作是它的取代基。

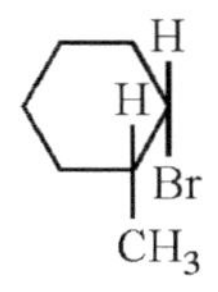

顺-1-甲基-2-溴环己烷

给取代基编号时，同等条件下较小的(原子序数小的)基团，编号最小。

2. 同分异构现象

卤代烷的同分异构体数目比相应的烷烃的异构体数多。如一卤代烷除了具有碳干异构体外，卤原子在碳链上的位置不同，也会引起同分异构现象。

$CH_3CH_2CH_2Cl$

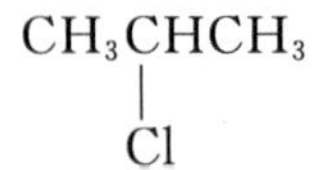

3. 卤代烃的物理性质

在常温常压下，除氯甲烷、氯乙烷、溴甲烷是气体外，其他常见的一元卤烷为液体，C_{15}以上的卤烷为固体。一元卤烷的沸点随碳原子数的增加而升高。同一烃基的卤烷，以碘烷的沸点最高，其次是溴烷、氯烷。在卤烷的同分异构体中，直链异构体的沸点最高，支链越多，沸点越低。

一元卤烷的比重大于同数碳原子的烷烃，同一烃基的卤烷，氯代烷的比重最小，碘烷比重最大。如果卤素相同，其比重随烃基的分子量增加而减小。卤烷不溶于水，溶于醇、醚、烃等有机溶剂中。不少卤烷带有香味，但其蒸气有毒，特别是碘烷，应尽可能防止吸入。卤烷在铜丝上燃烧时能产生绿色火焰，这可以作为鉴定卤素的简便方法。

一卤代烯烃中氯乙烯为气体；一卤代芳烃为液体；苄基卤有催泪性。一卤代芳烃都比水重，不易溶于水，易溶于有机溶剂。

4. 卤代烃的化学性质

(1)取代反应

$$RX + :Nu \longrightarrow RNu + X^-$$

$$Nu = HO^-, RO^-, -CN, NH_3, -ONO_2$$

:Nu——亲核试剂。由亲核试剂进攻引起的取代反应称为亲核取代反应(用S_N 表示)。

① 水解反应。

$$RCH_2—X + NaOH \xrightarrow{水} RCH_2OH + NaX$$

该反应中加入 NaOH 是为了加快反应的进行，使反应完全。此反应是制备醇的一种方法，但制一般醇无合成价值，可用于制取引入—OH 比引入卤素困难的醇。

② 与氰化钠反应。

$$RCH_2X + NaCN \xrightarrow{醇} \underset{腈}{RCH_2CN} + NaX$$

该反应后分子中增加了一个碳原子，是有机合成中增长碳链的方法之一。CN基可进一步转化为—COOH，—CONH$_2$ 等基团。

③ 与氨反应。

$$R—X + 2NH_3(过量) \longrightarrow R—NH_2 + NH_4X$$

④ 与醇钠(RONa)反应。

$$R—X + R'ONa \longrightarrow \underset{\text{醚}}{R—OR'} + NaX$$

R—X 一般为伯卤化合物，仲、叔卤代烷与醇钠反应时，主要发生消除反应，生成烯烃。

⑤ 与 $AgNO_3$ 醇溶液反应。

$$R—X + AgNO_3 \xrightarrow{\text{醇}} \underset{\text{硝酸酯}}{R—ONO_2} + AgX\downarrow$$

(2)消除反应

从分子中脱去一个简单分子生成不饱和键的反应称为消除反应，用 E 表示。

卤代烃与 NaOH(KOH)的醇溶液作用时，脱去卤素与 β 碳原子上的氢原子而生成烯烃。

$$R—\underset{\mid \atop H}{CH}—\underset{\mid \atop X}{CH_2} + NaOH \xrightarrow{\text{醇}} R—CH{=}CH_2 + NaX + H_2O$$

$$R—\underset{\mid \atop H}{CH}—\underset{\mid \atop X}{CH}—\underset{\mid \atop X}{CH}—\underset{\mid \atop H}{CH}—R + 2NaOH \xrightarrow{\text{醇}} R—CH{=}CH—CH{=}CH—R + 2NaX + 2H_2O$$

1,2-二卤环己烷（两个 H_β）$+ 2NaOH \xrightarrow{\text{乙醇}}$ 1,3-环己二烯 $+ 2NaX + 2H_2O$

消除反应的活性：叔卤 ＞仲卤 ＞ 伯卤。消除反应与取代反应在大多数情况下是同时进行的竞争反应，哪种产物占优则与反应物结构和反应的条件有关。

(3)卤代烷的还原反应

卤代烷可以被还原为烷烃，还原剂采用氢化锂铝。反应只能在无水介质中进行。

$$R-X + LiAlH_4 \longrightarrow R—H$$

$$C_6H_5—\underset{\mid \atop Cl}{CH}—CH_3 + LiAlD_4 \xrightarrow{THF} C_6H_5—\overset{D \atop \mid}{CH}—CH_3$$

79%光学活性(D:氘)

5. 代表性的卤代烃

(1)三氯甲烷($CHCl_3$)

三氯甲烷俗名氯仿,是比较重要的多卤代烷。为无色液体,沸点 61.7℃,有毒,不易燃,不溶于水,比水重,能溶解油脂、蜡、有机玻璃和橡胶等多种有机物,曾是常用的溶剂。氯仿有香甜气味,有麻醉性,在 19 世纪时曾被用作外科手术时的麻醉剂。目前,氯仿被一些国家列为致癌物,并禁止在食品、药品等工业中使用。

氯仿中由于三个氯原子的强吸电子效应,使分子中的 C—H 键变得活泼起来,容易在光的作用下被空气中的氧所氧化,并分解产生毒性很强的光气。

$$2CHCl_3 + O_2 \xrightarrow{\text{日光}} 2\left[\ H—O—\underset{\underset{Cl}{|}}{\overset{\overset{Cl}{|}}{C}}—Cl\ \right] \longrightarrow 2\ \begin{matrix} Cl \\ \quad\diagdown \\ \qquad C=O \\ \quad\diagup \\ Cl \end{matrix} + 2HCl$$

光气

因此氯仿要保存在棕色瓶中加以封闭,以防止与空气接触。加入 1%乙醇可以破坏可能产生的光气。

$$\begin{matrix} Cl \\ \quad\diagdown \\ \qquad C=O \\ \quad\diagup \\ Cl \end{matrix} + 2C_2H_5OH \longrightarrow \begin{matrix} H_5C_2O \\ \quad\diagdown \\ \qquad C=O \\ \quad\diagup \\ H_5C_2O \end{matrix} + 2HCl$$

氯仿可从甲烷氯化得到,也可从四氯化碳还原制得。

$$CCl_4 + 2[H] \xrightarrow{Fe+H_2O} CHCl_3 + HCl$$

$$3CCl_4 + CH_4 \xrightarrow{400\sim650℃} 4CHCl_3$$

此外,工业上还可用乙醇或乙醛与次氯酸盐反应来合成氯仿。

(2)四氯化碳(CCl_4)

四氯化碳为无色液体,有特殊气味,沸点 76.5℃,相对密度很大,不溶于水,能溶解多种有机物,是常用的有机溶剂,又常用作干洗剂。四氯化碳容易挥发,它的蒸气比空气重,而且不燃烧,因此其蒸气可把燃烧物体覆盖,使之与空气隔绝而达到灭火的效果,适用于扑灭油类和电源附近的火灾,是一种常用的灭火剂。但在灭火时也常能产生光气,故必须注意通风。四氯化碳与金属钠在温度较高时能猛烈反应以致爆炸,所以当金属钠着火时,不能用它灭火。四氯化碳能损伤肝脏,并被怀疑为致癌物。

工业上使甲烷与氯混合(1∶4),在 440℃条件下作用制备四氯化碳。此外,四氯化碳也可由氯与二硫化碳在 $AlCl_3$,$FeCl_3$ 或 $SbCl_5$ 存在下反应制得。

$$CS_2 + 3Cl_2 \longrightarrow CCl_4 + S_2Cl_2$$

$$2S_2Cl_2 + CS_2 \longrightarrow CCl_4 + 6S$$

(3)氯乙烯(chloroethylene;vinyl chloride　$CH_2=CHCl$)及聚氯乙烯(polyvinyl chloride,简称 PVC)

氯乙烯在常温下是无色、具有醚样气味的气体,微溶于水,溶于乙醇、乙醚、丙酮等多数有机溶剂。氯乙烯是一种刺激物,短时间接触低浓度氯乙烯,能刺激眼和皮肤;与其液体接触后,由于其快速蒸发易引起冻伤。对人体有麻醉作用,能抑制中枢神经系统,引起与轻度酒精中毒相似的症状。吸入人体后危害健康,急性毒性表现为麻醉作用;长期接触可引起氯乙烯病。吸入量在 0.5%以上导致急性轻度中毒,病人出现眩晕、胸闷、嗜睡、步态蹒跚等;暴露于含量达 20%~40%的浓度时,可使人产生急性中毒,发生昏迷、抽搐,甚至造成死亡。皮肤接触氯乙烯液体可致红斑、水肿或坏死。慢性中毒表现为神经衰弱综合征、肝肿大及肝功能异常、消化功能障碍、雷诺氏现象及肢端溶骨症。皮肤可出现干燥、皲裂、脱屑、湿疹等。氯乙烯为致癌物,可致肝血管肉瘤。

由石油裂化产生的乙烯,与氯加成后再脱氯化氢便可制得氯乙烯。氯乙烯的主要用途是制备聚氯乙烯。聚氯乙烯是目前我国产量最大的一种塑料。加入不同量的增塑剂(增塑剂是加入塑料中,用以增加材料加工成型时的可塑性和流动性的物质)的聚氯乙烯可制成薄膜制品或纤维,在工农业及日常生活中用途极广。但聚氯乙烯制品不耐热,不耐有机溶剂。聚氯乙烯由于不易燃烧,常用于电线的外部绝缘材料和绝缘套管。

(4) 四氟乙烯

四氟乙烯在常温下是无色气体,沸点 −76.3℃,不溶于水,可溶于有机溶剂。在工业上四氟乙烯由氯仿合成。

$$CHCl_3 + 2HF \xrightarrow[20\sim30℃]{SbCl_5} CHF_2Cl + 2HCl$$

$$2CHF_2Cl \xrightarrow{600\sim800℃} F_2C=CF_2 + 2HCl$$

四氟乙烯是单体,在过硫酸胺引发下,可聚合成聚四氟乙烯。

$$n\,F_2C=CF_2 \xrightarrow{(NH_4)_2S_2O_8} \left[CF_2-CF_2 \right]_n$$

聚四氟乙烯是一个非常稳定的塑料,可在 −100~+250℃ 范围内使用,化学稳定性超过一切塑料,与浓硫酸、强碱、元素氟和王水等都不起反应,无毒性,机械强度高且有自润滑作用,是非常有用的工程和医用塑料。

(5)氯氟烃

氯氟烃的英文缩写为 CFC(chloro-fluoron-carbon),是 20 世纪 30 年代初发明并且开始使用的一种人造的含有氯、氟元素的碳氢化学物质,在人类的生产和生活中有不少的用途。在一般条件下，氯氟烃的化学性质很稳定，在很低的温度下会蒸发，因此是冰箱冷冻机的理想制冷剂。它还可以用来做罐装发胶、杀虫剂的气雾剂。另外电视机、计算机等电器产品的印刷线路板的清洗也离不开它们。氯氟烃的另一大用途是作塑料泡沫材料的发泡剂，日常生活中许多地方都要用到泡沫塑料，如冰箱的隔热层、家用电器减震包装材料等。

氯氟烃在地球表面很稳定，可是一旦达到距地球表面 15～50 km 的高空，受到太阳光紫外线的照射，就会生成新的物质和氯离子，氯离子可产生一系列破坏多达上千到十万个臭氧分子的反应，而其本身不受损害。这样，臭氧层中的臭氧被消耗得越来越多，臭氧层变得越来越薄，局部区域(例如南极上空)就出现了大面积臭氧层空洞，使地表生物直接曝露于太阳紫外线的照射之下，会引起严重的生态灾难。

另外氯氟烃也对温室效应的产生有重要作用，是一种温室气体。

氯氟烃的命名法是其后面以代码表示不同的化学物质(或组成)。编码原则是用三位数组成代码，个位数表示分子中氟原子的个数，十位数表示分子中的氢原子的个数加 1，百位数表示分子中的碳原子的个位数减 1。按此原则，三氯一氟甲烷(分子式为 CCl_3F)的代码百位数为 0，十位数为 1，个位数为 1，写为 CFC－11；二氯二氟甲烷(分子式为 CCl_2F_2)的代码百位数为 0，十位数为 1，个位数为 2，写为CFC－12。

几种重要的 CFC 物质及其代码为：CFC－11 (CCl_3F)三氯一氟甲烷，CFC－12 (CCl_2F_2)二氯二氟甲烷，CFC－13 ($CClF_3$)一氯三氟甲烷，CFC－113 (CCl_2FCClF_2)三氯三氟乙烷，CFC－114 ($CClF_2CClF_2$)二氯四氟乙烷，CFC－115 ($CClF_2CF_3$)一氯五氟乙烷。

以上这些物质由于与碳相连的氢原子完全被氯和氟取代，所以又叫全氯氟烃。

2.4 醇(alcohol)、醛(aldehyde)、酮(ketone)、酸(acid)

2.4.1 醇

醇可以看作是烃分子中的氢原子被羟基取代后的生成物。羟基是醇的官能团。饱和一元醇的通式是 $C_nH_{2n}OH$，简写为 ROH。

1. 醇的分类

按羟基所连接的碳原子的不同(伯、仲、叔碳)，醇可以分别称为伯醇(第一醇)、仲醇(第二醇)或叔醇(第三醇)。例如

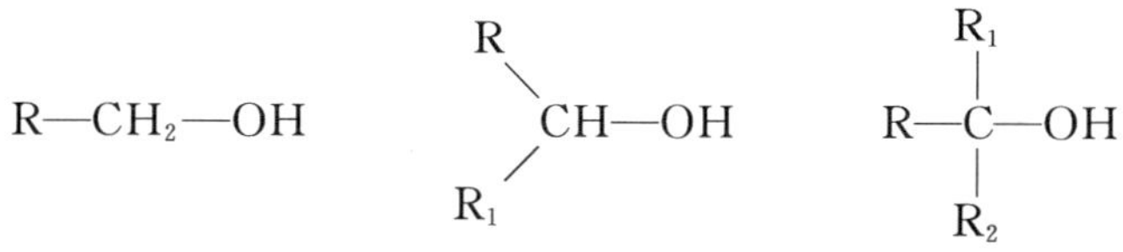

$R—CH_2—OH$　　伯醇(1°醇)

$R(R_1)CH—OH$　　仲醇(2°醇)

$R—C(R_1)(R_2)—OH$　　叔醇(3°醇)

按羟基所连接烃基的不同，醇可以分别称为饱和醇、不饱和醇和芳醇。例如

饱和醇：CH_3CH_2OH　　$H_3CCH(OH)CH_3$　　环己醇(OH)

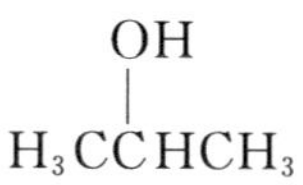

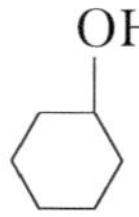

不饱和醇：$H_2C{=}CH—CH_2—OH$　　$HC{\equiv}C—CH_2—OH$

芳醇：$C_6H_5—CH_2OH$

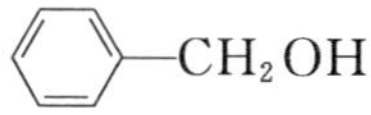

按羟基数目的多少，醇可以分别称为一元醇、二元醇、三元醇等。含两个以上羟基的醇，总称为多元醇。例如

CH_3CH_2OH 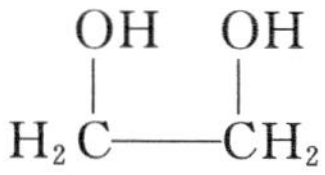 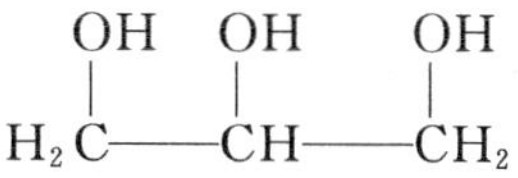　　一元醇

$H_2C(OH)—CH_2(OH)$　　二元醇(乙二醇)

$H_2C(OH)—CH(OH)—CH_2(OH)$　　三元醇(丙三醇，甘油)

2. 醇的异构和命名

醇的构造异构包括碳链异构和位置异构。例如

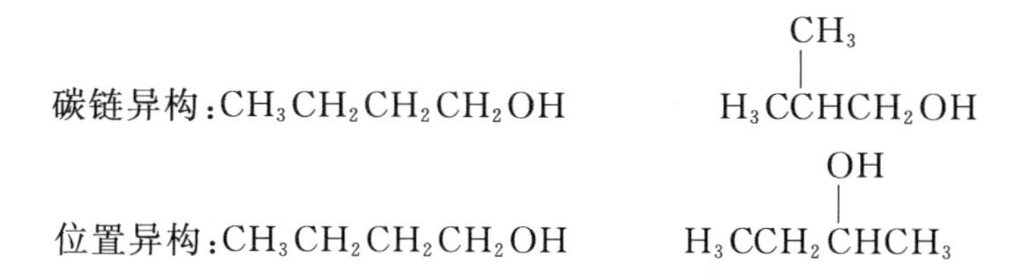

根据分子结构的特点，饱和一元醇、不饱和醇、芳醇和多元醇的命名各有不同。一些天然醇及常见的醇有其惯用俗名。

3. 醇的物理性质

(1)相态和沸点

低级醇是具有酒味的无色透明液体，C_{12}以上的直链醇为固体。由于氢键的存在，低级直链饱和一元醇的沸点比分子量相近的烷烃高得多。直链饱和一元醇的沸点随分子量增加而有规律地增高，每增加一个 CH_2，沸点约升高 18～20℃。在醇的异构体中，直链伯醇的沸点最高，带支链的醇的沸点要低些，支链越多，醇的沸点越低。

(2)熔点和相对密度

除甲醇、乙醇和丙醇外，其余的醇的熔点和相对密度均随分子量的增加而升高。

(3)溶解性

甲醇、乙醇和丙醇都能与水互溶。自正丁醇开始，随烃基增大，醇在水中溶解度降低，而在有机溶剂中溶解度增高，癸醇以上的醇几乎不溶于水。多元醇分子中含有两个以上的羟基，可以形成更多的氢键。因此，分子中所含羟基越多，其熔点和沸点越高，在水中溶解度也越大。

4. 醇的化学性质

醇的化学性质主要由所含的羟基决定。根据键的断裂方式，醇有氢氧键断裂和碳氧键断裂两种不同类型的反应。主要反应有以下几种。

(1)与活泼金属反应

醇和水都含有羟基，因此，它们有相似的化学性质。例如，醇与金属钠作用生成醇钠和氢气，但反应速度比水慢(可利用此性质处理旧金属钠)。

$$ROH + Na \longrightarrow RONa + \frac{1}{2}H_2$$

(2)卤代烃的生成

醇与氢卤酸作用，羟基被卤素取代而生成卤代烃和水。例如

$$CH_3CH_2CH_2CH_2OH + HBr \xrightarrow{H_2SO_4} CH_3CH_2CH_2CH_2Br + H_2O$$

(3)与含氧酸作用

醇与含氧酸作用时，醇起到亲核试剂的作用，其烃氧基(—RO)取代酸中的羟基(—OH)，生成产物酯。例如

$$CH_3O\text{-}H + HO\text{-}SO_2OH \rightleftharpoons \underset{\text{硫酸氢甲酯}}{CH_3OSO_2OH} + H_2O$$

$$CH_3OSO_2OH + HOSO_2OCH_3 \xrightleftharpoons{\text{加热，减压蒸馏}} \underset{\text{硫酸二甲酯}}{CH_3OSO_2OCH_3} + H_2SO_4$$

$$H_3CCO-OH + H-OCH_2CH_3 \rightleftharpoons CH_3COOCH_2CH_3$$

乙酸　　乙醇　　乙酸乙酯

(4)脱水反应

依反应条件不同,醇可以发生分子内脱水,生成烯烃,也可以发生分子间脱水而生成醚。例如

$$\underset{H\quad OH}{CH_2-CH_2} \xrightarrow[170℃]{浓 H_2SO_4} H_2C=CH_2 + H_2O$$

$$H_3CH_2CO-H + HO-CH_2CH_3 \xrightarrow[140℃]{浓 H_2SO_4} H_3CH_2C-O-CH_2CH_3 + H_2O$$

(5)氧化和脱氢

在醇分子中,由于受羟基的影响,羟基所在的碳原子上的氢较活泼而容易被氧化,生成羰基化合物。或者在脱氧催化剂(常用铜)的作用下,失去氢生成羰基。例如

$$RCH_2OH \xrightarrow{[O]} RCHO \xrightarrow{[O]} RCOOH$$

伯醇　　醛　　羧酸

$$R-\underset{OH}{CH}-R_1 \xrightarrow{[O]} R-\overset{O}{\overset{\|}{C}}-R_1$$

仲醇　　酮

$$RCH_2OH \underset{325℃}{\overset{Cu}{\rightleftharpoons}} RCHO + H_2 \qquad R-\underset{OH}{CH}-R_1 \underset{325℃}{\overset{Cu}{\rightleftharpoons}} R-\overset{O}{\overset{\|}{C}}-R_1 + H_2$$

5. 醇的重要代表性物质

(1) 甲醇(CH_3OH)

甲醇最初是由木材干馏得到的,所以俗名木醇或木精。甲醇是无色液体,沸点64.7℃,能与水和大多数有机溶剂混溶,易燃,有毒。工业上由一氧化碳加氢气制取。

$$CO + 2H_2 \xrightarrow[300\sim410℃,\ 20\sim32\ MPa]{CuO-ZnO-Cr_2O_3} CH_3OH$$

$$CH_4 + \frac{1}{2}O_2 \xrightarrow[铜管]{200℃,\ 10\ MPa} CH_3OH$$

甲醇俗称工业酒精，是假酒的主要成分。有毒，服入或吸入其蒸气或经皮肤吸收，均可引起中毒症状，并损害视力以致失明，饮用甲醇后可使人失明(10 ml)、死亡(30 ml)。

从水中分馏出的甲醇，纯度可达 99%，要除去其中 1% 的水，可加适量镁。甲醇和镁反应，生成甲醇镁，它和水反应生成不溶性氧化镁和甲醇。经蒸馏即得到绝对甲醇。反应如下

$$2CH_3OH + Mg \xrightarrow{-H_2} (CH_3O)_2Mg \xrightarrow{H_2O} 2CH_3OH + MgO$$

甲醇是有机合成的重要原料及溶剂。甲醇主要用来制备甲醛。甲醇和汽油混合成"甲醇汽油"，可节约能源。甲醇还可作为甲基化试剂、溶剂，在有机合成中有很广泛的用处。

近年来研制开发的甲醇燃料电池，已开始推广应用，为甲醇用于清洁无污染环保能源开辟了新的途径。

(2) 乙醇(C_2H_5OH)

乙醇是酒的主要成分，所以俗名酒精。我国在两千多年以前就知道用发酵法制酒。发酵的原料主要是富含淀粉的谷物、马铃薯或甘薯等。淀粉经酒曲的作用发酵成酒是一个相当复杂的生化过程。

乙醇是有机合成的重要原料，工业上可由石油裂化所得的乙烯经水合制取。

① 间接水合。

$$CH_2{=}CH_2 + H_2SO_4 \longrightarrow CH_3CH_2OSO_3H \xrightarrow{H_2O} CH_3CH_2OH$$

② 直接水合。

$$CH_2{=}CH_2 + H_2O \xrightarrow[300℃，压力]{H_3PO_4} CH_3CH_2OH$$

工业乙醇(95.6%)的沸点为 78.15℃，是乙醇和水的恒沸混合物。恒沸物不能用蒸馏方法分离其中的各组份，所以工业乙醇中总含有 4.4% 的水。制备无水乙醇有实验室和工业两种方法。

在实验室，先将工业乙醇与生石灰共热，除去其中一部分水(99.5%)，然后再用镁除去微量水分，可得到 99 . 95% 的无水乙醇。

在工业上，先加入一定量的苯于工业乙醇中，再进行蒸馏。首先蒸出来的苯、乙醇和水的三元恒沸物，其沸点为 64.25℃(含苯 74.1%，乙醇 18.5%，水 7.4%)；然后再蒸馏苯和乙醇的二元恒沸物，其沸点为 68.25℃(含苯 64.8%，乙醇 32.4%)；最后蒸出来的则是无水乙醇。该法操作麻烦，酒精损耗大，副产物石灰渣难于处理。现在工厂采用聚苯乙烯磺酸钾型阳离子交换树脂来除水，效果很好。

乙醇是重要的化工原料，由它可以合成百种以上的有机化合物。它也是一种

常用的溶剂，由于乙醇能使细菌的蛋白质变性，临床上使用 70％或 75％的水溶液作外用消毒剂。

酒精作用于中枢神经系统，高浓度时可使运动失调，记忆缺失乃至失去知觉；量极大时则干扰自然呼吸，以致死亡。乙醇用于消毒情况下对人体无毒，个别人对乙醇过敏，接触后可引起皮疹、红斑。经常应用乙醇进行洗手消毒，皮肤会因为脱脂而干燥、粗糙，洗手消毒液中可加入甘油等皮肤调理剂。乙醇对一般物品无损害作用，但可溶解醇溶性涂料。

机体中存在一种醇的脱氢酶，它可以将乙醇氧化成乙醛。乙醛进一步被醛脱氢酶氧化成乙酸，后者参与体内脂肪酸及胆固醇的合成。如果摄入乙醇的速率比它被氧化的速率快，则血液中乙醇含量逐渐增加而导致醉酒症状。甲醇之所以有毒是由于甲醇也可被脱氢酶氧化，产物是甲醛。由于甲醛对视网膜的毒性而导致失明；再者甲醛进一步被醛脱氢酶氧化为甲酸，甲酸积存于血液中使血液的 pH 降至正常生理范围以下，而导致致命的酸中毒。处理甲醇中毒的办法是向体内注射含适量乙醇的溶液，由于醇脱氢酶对乙醇的亲和力比对甲醇大得多，从而可阻止甲醇被氧化为有害的甲醛。

酒后驾车的检测就是基于乙醇可被氧化的性质。其方法是：在一玻璃管中装入一定长度的浸满 $Na_2Cr_2O_7$ 的酸性溶液的硅胶，被测者从管的一头吹气，如呼出的气体中含有乙醇，则黄色的 Cr^{6+} 便被还原为绿色的 Cr^{3+}。乙醇的含量越高，管中变色的长度越长。

随着国际原油价格不断攀升，替代能源的研究开发工作的重要性日益彰显。而在诸多替代能源中，乙醇燃料优势明显。目前，乙醇燃料的开发最成功的国家是巴西，其在汽油中加入的乙醇量已可达到 30％～50％，节约了大量宝贵的石油资源。同时也使巴西受世界石油市场的影响较小。由于巴西盛产甘蔗，具备了大规模生产乙醇的条件。在其他国家，主要采用玉米或马铃薯来生产乙醇，这就造成粮食供应与能源供应的矛盾，我国政府的政策是以粮食供应为优先。

(3) 苯甲醇($C_6H_5CH_2OH$)

苯甲醇又称苄醇，是比较重要的芳香醇(芳香醇是指羟基连在芳环侧链上，而不是直接连在芳环上的)，它以酯的形式存在于许多植物精油中。苯甲醇有微弱的香气，稍溶于水，能与乙醇、乙醚等混溶，大量用于香料及医药工业。

$$C_6H_5CH_2Cl + H_2O \xrightarrow[105\,^\circ C]{12\%\,Na_2CO_3} C_6H_5CH_2OH + HCl$$

苯甲醇为无色液体，具芳香味，微溶于水，溶于乙醇、甲醇等有机溶剂。苯甲醇分子中的羟基连接在苯环侧链上，具有脂肪族醇羟基的一般性质，但因受苯环的影响而性质活泼，易发生取代反应。

2.4.2　醛和酮

1. 结构与命名

醛和酮分子里都含有羰基（$>C=O$，carbonyl group），统称为羰基化合物。羰基所连接的两个基团都是烃基的叫做酮（ketone）；其中至少有一个是氢原子的叫做醛（aldehyde）。

在酮分子中，羰基位于碳链的中间，与两个烃基相连，又称酮基。醌则是一类特殊环状 α,β-不饱和酮。

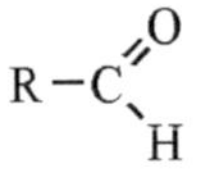

$R-CHO$　醛　　$RR_1C=O$　酮　　$O=C_6H_4=O$　苯醌

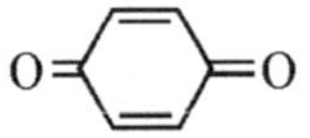

醛、酮可以根据与羰基相连的烃基不同而分为脂肪族醛酮、脂环族醛酮和芳香族醛酮；又可根据烃基是否饱和而分为饱和醛酮和不饱和醛酮；还可根据分子中所含羰基的数目分为一元醛酮、二元醛酮等。

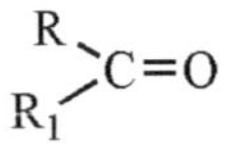

醛、酮的命名与醇相似。脂肪族醛酮命名选择含羰基的最长碳链为主链，并尽可能使羰基碳原子的序号最小。

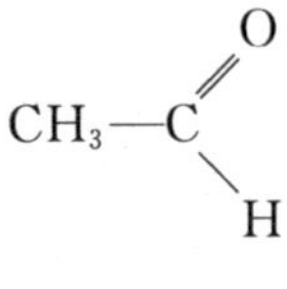

CH_3-CHO　乙醛

$H_3C-CH(CH_3)-CH_2-CH_2-CHO$　4-甲基戊醛

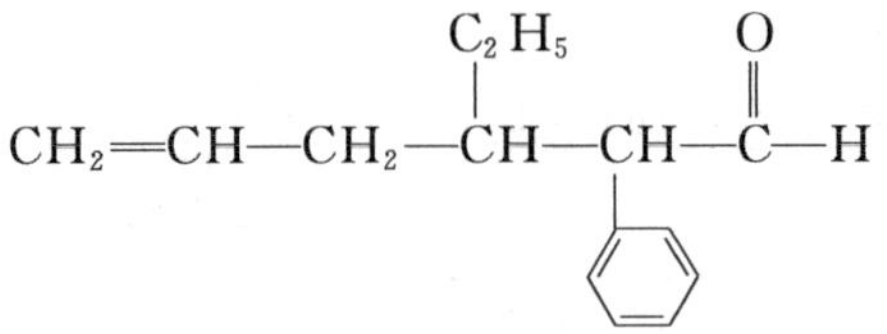

$CH_2=CH-CH_2-CH(C_2H_5)-CH(C_6H_5)-C(=O)-H$　3-乙基-2-苯基-5-己烯醛

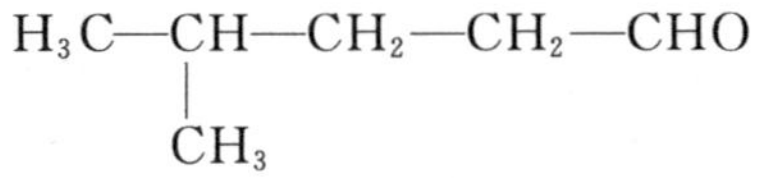

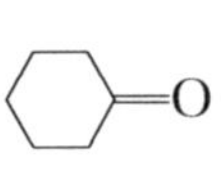

环己酮

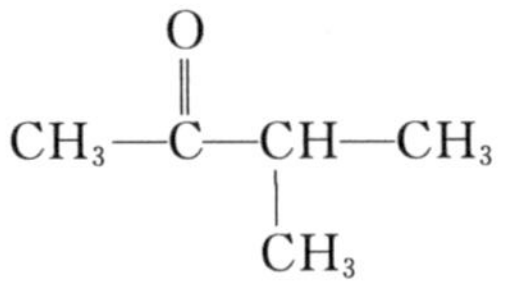

$CH_3-C(=O)-CH(CH_3)-CH_3$　3-甲基丁酮

主链中碳原子的位次除了用阿拉伯数字表示外，有时也用希腊字母 α 表示最靠近羰基的碳原子，其次是 β，γ…例如

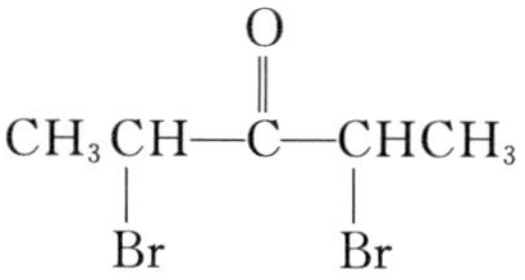

$$CH_3CH(Br)—C(=O)—CH(Br)CH_3$$

2,4 -二溴- 3 -戊酮
（α，α -二溴- 3 -戊酮）

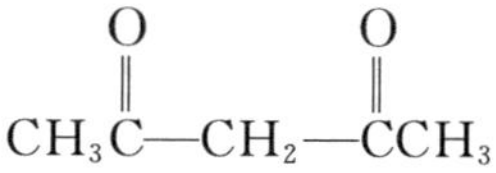

$$CH_3C(=O)—CH_2—C(=O)CH_3$$

2,4 -戊二酮
（β -戊二酮）

芳香族醛和脂环醛，看作是甲醛的取代物。

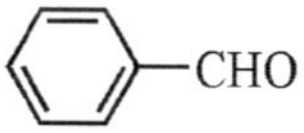

C_6H_5—CHO　苯甲醛

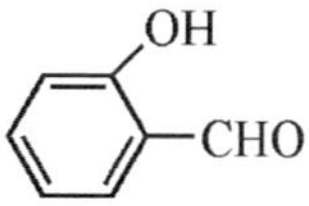

2 -羟基苯甲醛
（水杨醛）

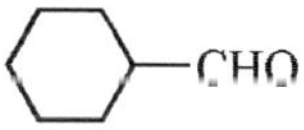

C_6H_{11}—CHO　环己甲醛

芳香族酮则命名为芳某酮。

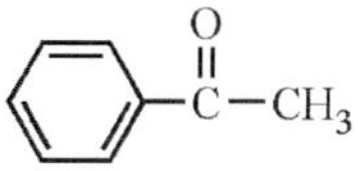

$$C_6H_5—C(=O)—CH_3$$

苯乙酮

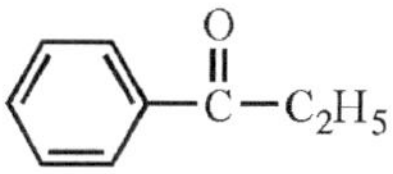

$$C_6H_5—C(=O)—C_2H_5$$

苯丙酮

$$C_{10}H_7—C(=O)—CH_3$$

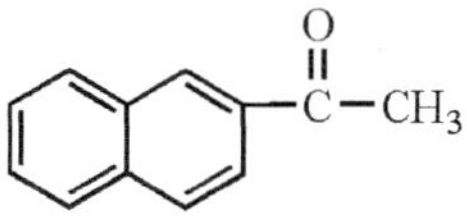

β -苯乙酮（β -乙酰萘）

酮也可按与羰基连接的两个烃基来命名。如

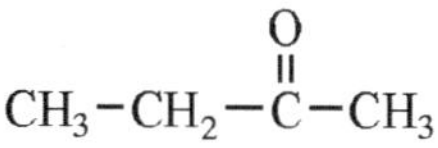

$$CH_3-CH_2-C(=O)-CH_3$$

甲基乙基酮

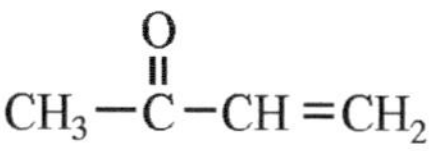

$$CH_3-C(=O)-CH=CH_2$$

甲基乙烯基酮

$$C_6H_5-C(=O)-C_6H_5$$

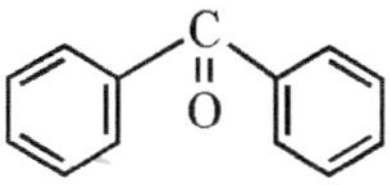

二苯酮

需要把醛基或酮基看作取代基时，把醛基叫做甲酰基，而把酮基叫做羰基或酰基。如

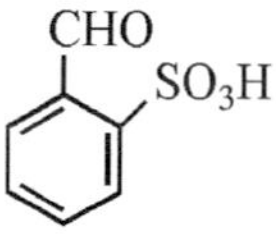

2 -甲酰基苯磺酸（苯环上带 CHO 和 SO_3H）

$$CH_3-C(=O)-CH_2-CH_2-CHO$$

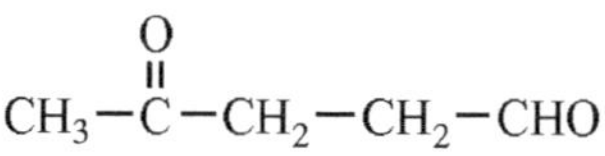

4 -羰基戊醛

$$H_3C-C(=O)-C_6H_4-COOH$$

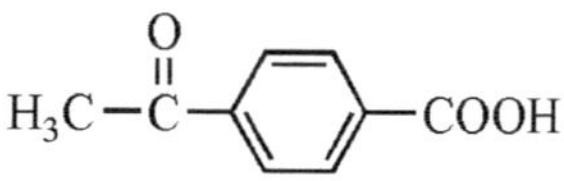

对乙酰基苯甲酸

2. 重要的醛和酮

(1) 甲醛(HCHO)

甲醛在常温下是无色、对黏膜有刺激性的气体,沸点-21℃,易溶于水,可由甲醇氧化制得。甲醇有凝固蛋白质的作用,从而有杀菌和防腐的能力,所以常用含有8%甲醇的40%甲醛水溶液(福尔马林)来保存动物标本。甲醛容易氧化,极易聚合,如甲醛的浓溶液经长期放置,便能出现三聚甲醛的白色沉淀。福尔马林中加入少量甲醇,可以防止甲醛聚合。

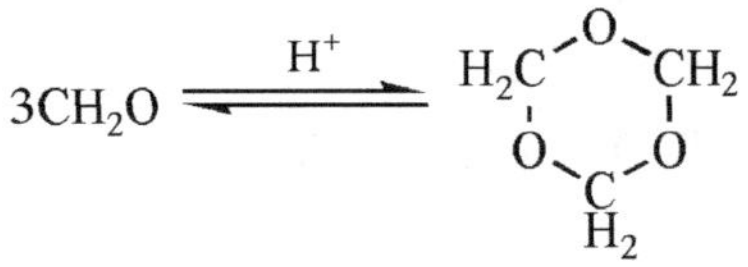

$$3CH_2O \underset{}{\overset{H^+}{\rightleftharpoons}} \text{(三聚甲醛环状结构: }H_2C-O-CH_2-O-CH_2-O\text{)}$$

甲醛主要用于制造聚甲醛树脂、酚醛树脂、脲醛树脂等。例如,在一定的催化剂条件下,高纯度的甲醛可以聚合成分子量很大的聚甲醛,聚甲醛是具有一定优异性能的工程塑料。甲醛与苯酚进行缩聚(缩合聚合),形成立体交联的高分子化合物——酚醛树脂,即熟知的电绝缘材料——电木(bakelite)。酚醛树脂在加热时不软化,因而不易变形,所以叫做热固性树脂(聚氯乙烯等树脂在加热时软化,冷后变硬成形,叫热塑性树脂)。甲醛与胺作用,可得六亚甲基四胺,俗称乌洛托品(urotropine)。六亚甲基四胺可用作橡胶硫化促进剂、纺织品的防缩剂,在医药上可用作泌尿系统消毒剂。在有机合成中可用作氨基化剂(向分子中引入氨基)。

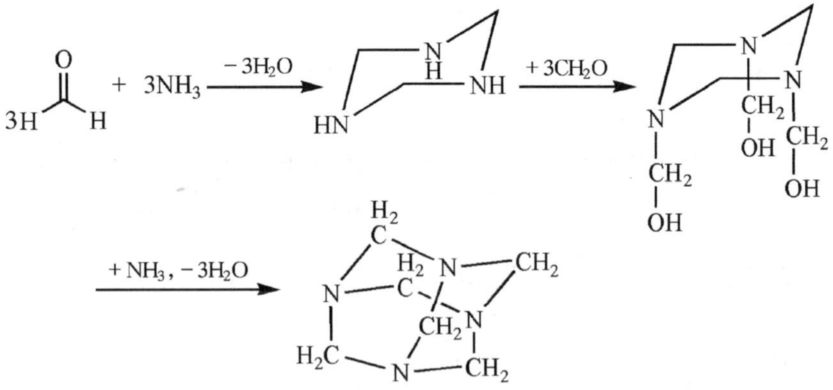

$$3HCHO + 3NH_3 \xrightarrow{-3H_2O} \text{(六氢均三嗪, 含 3 个 NH)} \xrightarrow{+3CH_2O} \text{(N-CH}_2\text{OH 取代物)} \xrightarrow{+NH_3,\ -3H_2O} \text{乌洛托品}$$

乌洛托品

(2) 丙酮(CH_3COCH_3)

丙酮是最简单的酮,沸点56.2℃,与水混溶,并能溶解多种有机物,是常用的有机溶剂,可由糖类物质(玉米或糖蜜)经丙酮—丁醇发酵制得。此外,由异丙苯氧化，可同时得到丙酮与苯酚两种重要的有机化工原料。也可以由丙烯直接氧化制备丙酮。丙酮与氢氰酸的加成产物羟基腈，在浓硫酸作用下与甲醇一起加热，则脱水并醇解而得甲基丙烯酸甲酯，它是合成有机玻璃的单体。

由丙烯制备丙酮：

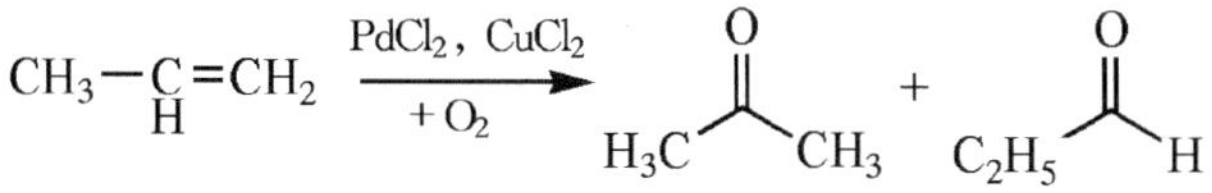

$$CH_3-\underset{H}{C}=CH_2 \xrightarrow[+O_2]{PdCl_2,\ CuCl_2} H_3C-\overset{O}{\overset{\|}{C}}-CH_3 + C_2H_5-\overset{O}{\overset{\|}{C}}-H$$

由丙酮制备甲基丙烯酸甲酯：

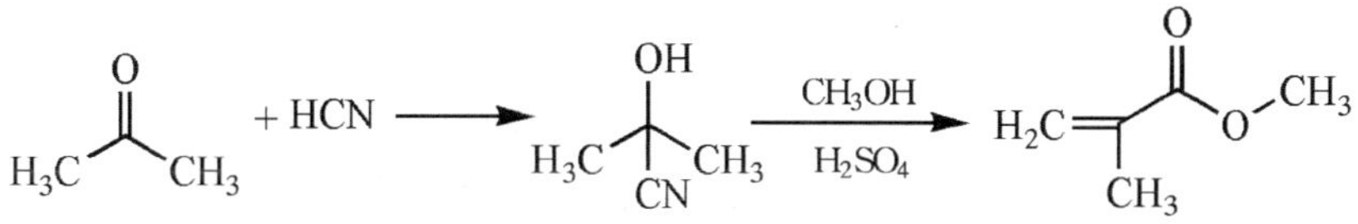

$$H_3C-\overset{O}{\overset{\|}{C}}-CH_3 + HCN \longrightarrow H_3C-\underset{CN}{\overset{OH}{C}}-CH_3 \xrightarrow[H_2SO_4]{CH_3OH} H_2C=\underset{CH_3}{C}-\overset{O}{\overset{\|}{C}}-O-CH_3$$

（3）苯甲醛（C_6H_5CHO）

苯甲醛是芳香醛的代表，沸点178℃，为有杏仁香味的液体，工业上叫做苦杏仁油，它和糖类物质结合存在于杏仁、桃仁等多种果实的种子中。苯甲醛在空气中放置能被氧化为苯甲酸。苯甲醛多用于制造香料及制备其他芳香族化合物。

2.4.3　羟酸

1. 羧酸的分类和命名

分子中含有羧基（ $-\overset{O}{\overset{\|}{C}}-OH$ ）的物质是羧酸（carboxylic acid）。

根据羧酸分子中所含羧基的数目可分为一元羧酸（monocarboxylic acids）、二元羧酸（dicarboxylic acids）等；根据烃基的结构不同，又可分为饱和羧酸、不饱和羧酸或芳香酸；根据不饱和羧酸中不饱和键与羧基的位置不同，又可分为共轭羧酸和非共轭羧酸等。

许多羧酸存在于天然产物中，因此，还有历史上流传下来的反映其来源的习惯名。例如：甲酸、乙酸和苯甲酸又分别称为蚁酸、醋酸和安息酸。

在习惯命名中，支链羧酸的碳链是从与羧基相邻的碳原子开始，依次用希腊字母 $\alpha,\beta,\gamma,\delta,\cdots$ 进行编号，距羧基最远的为 ω 位。例如

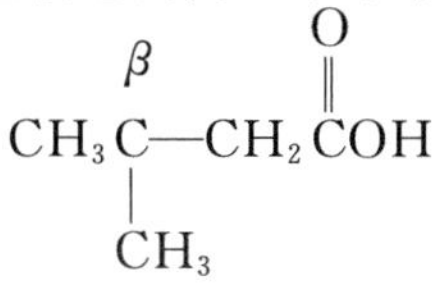

$$CH_3\underset{CH_3}{\overset{\beta}{C}}-CH_2\overset{O}{\overset{\|}{C}}OH$$

β-甲基丁酸

二元酸则依据连接两个羧基碳链的长度称为某二酸，取代基应让其编号尽可能小，例如

$$\underset{\substack{\text{乙二酸}\\\text{(草酸)}}}{HO\overset{O}{\overset{\|}{C}}-\overset{O}{\overset{\|}{C}}OH}\qquad \underset{\text{丙二酸}}{HO\overset{O}{\overset{\|}{C}}CH_2-\overset{O}{\overset{\|}{C}}OH}\qquad \underset{\text{2-甲基戊二酸}}{HO\overset{O}{\overset{\|}{C}}-\underset{CH_3}{\underset{|}{CH}}-CH_2-CH_2-\overset{O}{\overset{\|}{C}}OH}$$

在系统命名法中，含碳链的羧酸是以含羧基的最长碳链为主链，从羧基碳原子开始进行编号，根据主链上碳原子的数目称为某酸，以此作为母体，然后在母体名称的前面加上取代基的名称和位置，编号从羧基开始。含十个碳以上的直链酸命名时要加一个碳字。例如

$$\underset{\substack{\text{甲酸}\\\text{(蚁酸)}}}{HO\overset{O}{\overset{\|}{C}}H}\qquad \underset{\substack{\text{乙酸}\\\text{(醋酸)}}}{CH_3\overset{O}{\overset{\|}{C}}OH}\qquad \underset{\text{2, 2-二甲基丙酸}}{(CH_3)_3C\overset{O}{\overset{\|}{C}}OH}$$

$$\underset{\text{3,4-二甲基戊酸}}{\overset{5}{CH_3}-\underset{CH_3}{\underset{|}{\overset{4}{CH}}}-\underset{CH_3}{\underset{|}{\overset{3}{CH}}}-\overset{2}{CH_2}\overset{1}{COOH}}\qquad \underset{\text{3-甲基-2-丁烯酸}}{\overset{4}{CH_3}-\underset{CH_3}{\underset{|}{\overset{3}{C}}}=\overset{2}{CH}-\overset{1}{COOH}}$$

芳香族羧酸可以作为脂肪酸的芳基取代物命名。

$Cl-C_6H_4-COOH$ 对氯苯甲酸

$C_6H_5-CH_2CH_2COOH$ 苯丙酸

$C_{10}H_7-CH_2COOH$ α-萘乙酸

含碳环的羧酸则是将环作为取代基命名。例如

$C_5H_9-\overset{O}{\overset{\|}{C}}OH$ 环戊基甲酸

$C_6H_5-\overset{O}{\overset{\|}{C}}OH$ 苯甲酸（安息香酸）

$C_6H_5-CH_2\overset{O}{\overset{\|}{C}}OH$ 苯乙酸

2. 重要的羧酸

(1)甲酸(HCOOH)

甲酸存在于蜂类的螯针、某些蚁类以及毛虫的分泌物中，同时也广泛存在于植物界，如蕁蔴、松叶及某些果实中。

甲酸是无色有刺激臭味的液体，沸点100.7℃，溶于水，有很强的腐蚀性，能刺激皮肤起泡。

由于甲酸分子中的羧基直接与氢相连而不是与烃基相连，这使得它具有一些特殊的性质。甲酸可以看作是烃基甲醛，它实际上也能发生一些类似醛基的缩合反应，因此在有机合成中是很有用的原料。在纺织工业中作印染时的酸性还原剂。甲酸有杀菌力，可作消毒或防腐剂，还可以作橡胶浆的凝结剂。

甲酸是由烃类的液相氧化生产乙酸的副产品。一氧化碳和氨在甲醇溶液中有甲醇钠存在下加热，生成甲酰胺。

$$CO + NH_3 \xrightarrow[80\sim100℃,\ 10\sim30\ MPa]{CH_3OH,\ CH_3ONa} \underset{\text{甲酰胺}}{HCONH_2}$$

甲酰胺用硫酸水解生成甲酸：

$$\underset{\text{甲酰胺}}{2HCONH_2} + 2H_2O + H_2SO_4 \longrightarrow \underset{\text{甲酸}}{2HCOOH} + (NH_4)_2SO_4$$

甲酰胺也能由甲酸甲酯得到，甲酸甲酯则由甲醇与一氧化碳生产：

$$\underset{\text{甲醇}}{CH_3OH} + CO \xrightarrow[\triangle]{CH_3ONa} \underset{\text{甲酸甲酯}}{HCO_2CH_3}$$

$$\underset{\text{甲酸甲酯}}{HCO_2CH_3} + NH_3 \xrightarrow{80\sim100℃} \underset{\text{甲酰胺}}{HCONH_2} + CH_3OH$$

生产甲酸的另一种方法是使一氧化碳与粉末状的氢氧化钠一起加热，以制备甲酸钠。

$$\underset{\text{一氧化碳}}{CO + NaOH} \xrightarrow{120\sim130℃,\ 0.6\sim0.8\ MPa} \underset{\text{甲酸钠}}{HCOONa}$$

将干燥的甲酸钠加入含有硫酸的甲酸中，再减压蒸馏，可以得到100%的甲酸。

无水甲酸为无色、有刺激性的液体，刺激性很强，酸性也强于其他一元羧酸。甲酸价格便宜，在工业上某些用途中用来代替无机酸。在饲料和谷物的储存中，可用甲酸来抑制霉菌的生长。

(2)乙酸

乙酸(acetic acid)是分子中含有两个碳原子的饱和羧酸。分子式为CH_3COOH。因其是醋的主要成分,又称醋酸。在水果或植物油中主要以其化合物酯的形式存在;在动物的组织内、排泄物和血液中以游离酸的形式存在。乙酸是无色液体,有刺激性气味,熔点16.6℃,沸点117.9℃,相对密度1.049 2(20/4℃),折光率1.3716。纯乙酸在16.6℃以下时能结成冰状的固体,所以常称为冰醋酸。易溶于水、乙醇、乙醚和四氯化碳。当水加到乙酸中,混合后的总体积变小,密度增加,直至分子比为1∶1。

乙酸可以通过其气味进行鉴别。若加入氯化铁(III),生成产物为深红色,并且会在酸化后消失,通过此颜色反应也能鉴别乙酸。乙酸与三氧化砷反应生成氧化二甲砷,通过产物的恶臭可以鉴别乙酸。

乙酸最初由发酵法及木材干馏法制得,现一般由乙醇或乙醛氧化制得,近年来利用丁烷为原料通过催化、氧化制得(醋酸钴为催化剂,空气氧化后,得到的乙酸是含有酮、醛、醇等的混合物)。如下所示:

① 乙醛催化氧化法:

$$2CH_3CHO+O_2 \longrightarrow 2CH_3COOH$$

② 甲醇低压羰基化法(孟山都法):

$$CH_3OH+CO \longrightarrow CH_3COOH$$

③ 低碳烷或烯液相氧化法:

$$2C_4H_{10}+5O_2 \longrightarrow 4CH_3COOH+2H_2O$$

以上各反应皆需催化剂与适宜的温度、压力。除合成法外还有发酵法,我国用米或酒酿造醋酸。

乙酸是一种极为重要的化工产品,它在有机化工中的地位与无机化工中的硫酸相当。其主要用途如下。

a. 醋酸乙烯。醋酸的最大消费领域是制取醋酸乙烯,约占醋酸消费的44%以上,它广泛用于生产维纶、聚乙烯醇、乙烯基共聚树脂、黏合剂、涂料等。

b. 溶剂。醋酸在许多工业化学反应中用作溶剂。

c. 醋酸纤维素。醋酸可用于制醋酐,醋酐的80%用于制造醋酸纤维,其余用于医药、香料、染料等。

d. 醋酸酯。醋酸乙酯、醋酸丁酯是醋酸的两个重要下游产品。醋酸乙酯用于清漆、稀释料、人造革、硝酸纤维、塑料、染料、药物和香料等;醋酸丁酯是一种很好的有机溶剂,用于硝化纤维、涂料、油墨、人造革、医药、塑料和香料等领域。

(3)乙二酸(草酸)

乙二酸俗称草酸,是最简单的二元酸,分子式为$H_2C_2O_4$,是植物特别是草本植物常具有的成分，多以钾盐或钙盐的形式存在。结构简式为 HOOC—COOH。乙二酸的酸性比甲酸和其他二元羧酸都强。

草酸一般含有二分子结晶水（二水合草酸），为无色透明结晶，其晶体结构有两种形态，即 α 型（菱形）和 β 型（单斜晶形）。熔点：α 型为 189.5℃；β 型为 182℃。相对密度：α 型为 1.900；β 型为 1.895。折射率 1.540。晶体受热至 100℃时失去结晶水，成为无水草酸。无水草酸的熔点为 189.5℃，能溶于水或乙醇，不溶于乙醚。

草酸遍布于自然界，常以草酸盐形式存在于植物（如伏牛花、羊蹄草、酢浆草和酸模草）的细胞膜，几乎所有的植物都含有草酸钙。在人尿中也含有少量草酸，草酸钙是尿道结石的主要成分。

草酸具有还原性，可使高锰酸钾还原成二价锰，这一反应在定量分析中被用作测定高锰酸钾浓度的方法；草酸受热发生脱羧脱水，生成二氧化碳、一氧化碳和水。

工业上是由一氧化碳与氢氧化钠作用，先生成甲酸钠，再经迅速加热至 300℃，即转变成草酸。将木屑等碳水化合物与浓氢氧化钠水溶液于 240～285℃ 共热，也可生成草酸钠。在钒催化下，碳水化合物经浓硝酸氧化，最终产物也是草酸。

草酸主要用于生产抗菌素和冰片等药物。它能与许多金属形成溶于水的络合物，可以作为铁锈、墨水迹的清洗剂和金属抛光剂。草酸锑可作媒染剂，草酸铁铵是印制蓝图的药剂。草酸还可用作纤维、油脂和制革工业的漂白剂。

2.5　酚(phenol)、醚(ether)、醌(quinone)

2.5.1　酚

羟基直接与芳环相连的化合物称为酚。羟基也是酚的官能团，称为酚羟基。按羟基所连的芳环不同，可分为苯酚、萘酚和蒽酚等；按羟基数目的多少，可分为一元酚、二元酚以及多元酚等。酚的命名是以羟基所连的芳环为母体称为某酚。芳环上有其他取代基，则再冠以取代基的位次和名称。例如

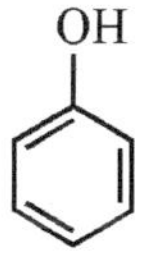

OH　　OH　　OH, OH

苯酚 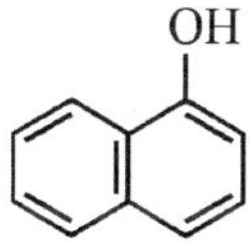　　α-萘酚 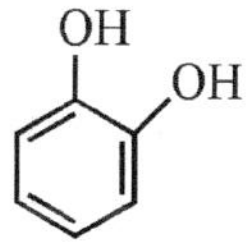　　邻苯二酚

1. 酚的命名

酚类命名时，一般把苯酚作母体，苯环上连接的其他基团作取代基。例如

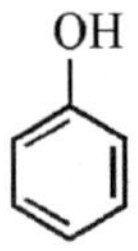

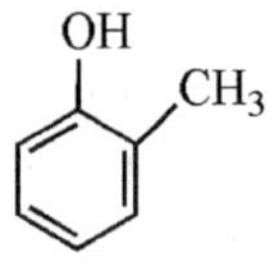

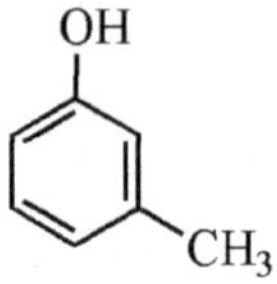

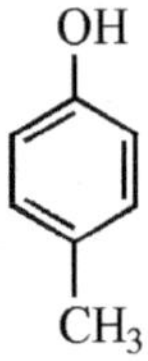

苯酚　　邻甲苯酚　　间甲苯酚　　对甲苯酚

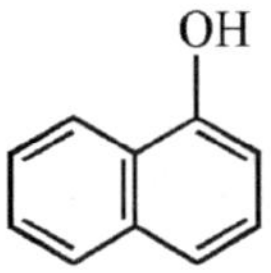

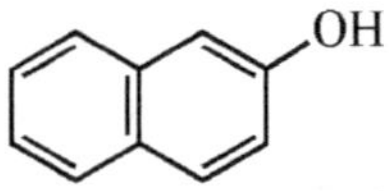

α-萘酚　　β-萘酚

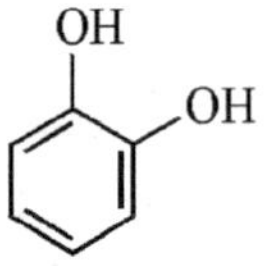

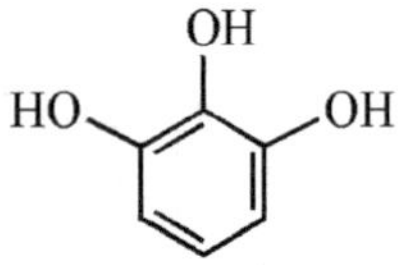

邻苯二酚　　对苯二酚　　1,2,3-苯三酚

当取代基是羧基、磺酸基、酰基和羰基等时，则把酚羟基作为取代基。例如

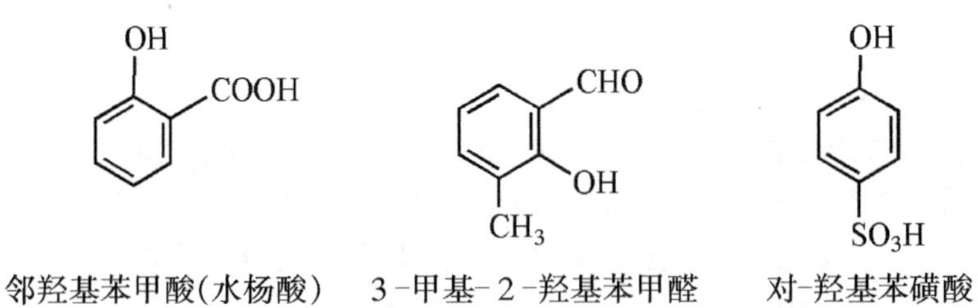

邻羟基苯甲酸(水杨酸)　　3-甲基-2-羟基苯甲醛　　对-羟基苯磺酸

2. 酚的物理性质

常温下，除少数烷基酚(如间甲酚)为高沸点的液体外，大多数酚为结晶固体。纯净的苯酚(俗称石碳酸，煤焦油分馏产物之一)为无色、有特殊气味的针状结晶，在空气中放置易因氧化而变成红色。由于酚分子中含有羟基，酚分子间或酚与水分子间能形成氢键，因此酚的沸点和熔点比相应的芳烃高。邻位上有氯、羟基、硝

基等的酚，由于形成分子内氢键，降低了分子间的缔合程度，所以其沸点比间位和对位异构体低。

酚能溶于乙醇、乙醚、苯等有机溶剂。苯酚、苯甲酚等能部分溶于水。苯酚在65℃以上可与水混溶。酚在水中的溶解度随着羟基数目的增加而增大。酚有强烈的气味，具有腐蚀性和杀菌作用。例如苯酚能凝固蛋白质，因此对皮肤有腐蚀性，并有杀菌效力，是外科上最早使用的消毒剂，也可用作防腐剂，不过因为有毒，现已不用。苯酚的致死量为1～15 g，也可通过皮肤吸收进入体内而引起中毒。苯酚的稀溶液或与熟石灰混合可用作厕所、马厩、阴沟等的消毒剂。苯甲酚的杀菌能力比苯酚大，医院用作消毒剂。苯甲酚有邻、间、对三种异构体，都存在于煤焦油中，通常用作消毒的“来苏儿”就是含有47%～53%这三种苯甲酚混合物的肥皂溶液。一般家庭消毒可稀释至3%～5%。

3. 酚的化学性质

(1)酚羟基反应

① 酸性。苯酚($pK_a=9.95$)的酸性比水($pK_a=15.7$)强，但比碳酸($pK_a=6.3$)弱，因此酚羟基上的氢不仅能被活泼金属取代放出氢气，还能与强碱溶液作用生成易溶于水的盐。而在苯酚钠溶液中通入二氧化碳气体，苯酚即游离出来。常根据这一特性将酚与羧酸进行区别，以及用于酚的提纯。

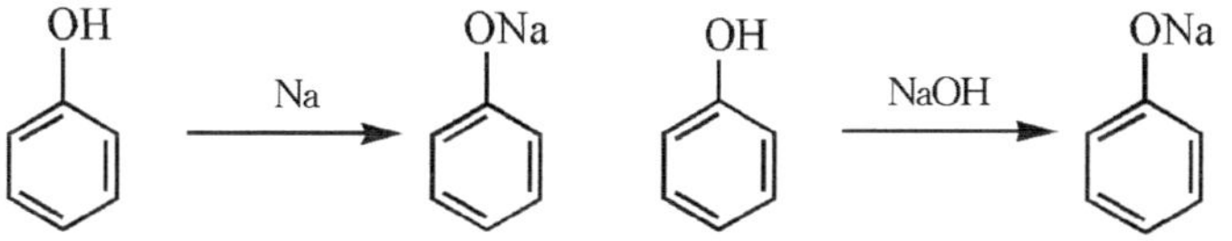

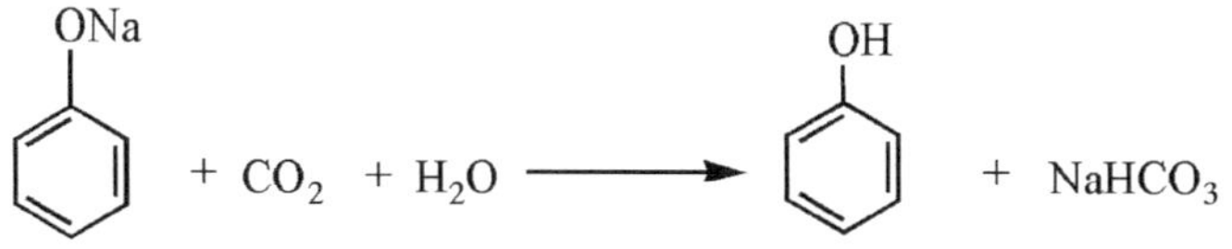

$$C_6H_5OH \xrightarrow{Na} C_6H_5ONa \qquad C_6H_5OH \xrightarrow{NaOH} C_6H_5ONa$$

$$C_6H_5ONa + CO_2 + H_2O \longrightarrow C_6H_5OH + NaHCO_3$$

② 成醚反应。酚在碱性溶液中同卤代烃(或硫酸酯)反应生成醚，这个方法称为威廉森(Williamson)合成法。工业上用2,4-二氯苯酚与对硝基氯苯合成除草醚。

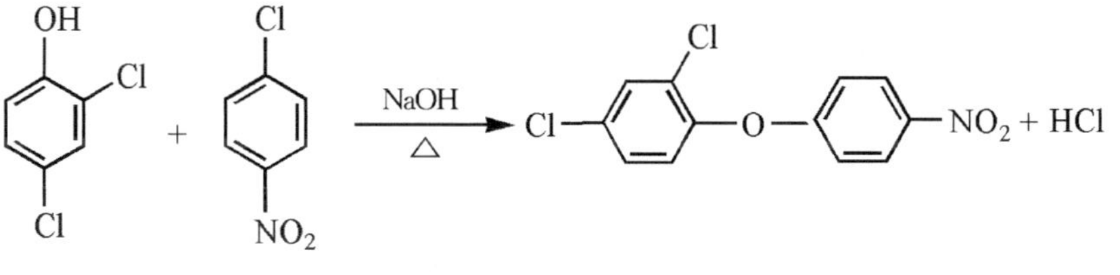

$$\text{2,4-}Cl_2C_6H_3OH + Cl\text{-}C_6H_4\text{-}NO_2 \xrightarrow[\triangle]{NaOH} Cl\text{-}C_6H_3(Cl)\text{-}O\text{-}C_6H_4\text{-}NO_2 + HCl$$

除草醚是浅黄色针状晶体，熔点 70～71℃，难溶于水，易溶于乙醇等有机溶剂。它在空气中稳定，对金属无腐蚀性，对人畜安全。它对稗草、鸭舌草、牛毛草等有触杀毒性，是一种常用的稻田除草剂。

(2)芳环上的亲电取代反应

酚羟基是一个很强的使芳环活化的邻对位定位基，因此酚比苯更容易进行卤代、硝化、磺化等亲电取代反应，产生邻对位取代物，还可产生多元取代物。

① 卤代反应。在常温下，苯酚与溴水作用，立即产生 2,4,6-三溴苯酚白色沉淀。

$$C_6H_5OH + 3Br_2 \longrightarrow 2,4,6\text{-}Br_3C_6H_2OH + 3HBr$$

这个反应现象明显，灵敏度高，可用于苯酚的定性检验和定量测定。

② 磺化反应。在常温下，苯酚与浓硫酸作用生成邻羟基苯磺酸；在 100℃进行磺化，则主要得到对羟基苯磺酸。若将这两种产品进一步磺化，则都得到 4-羟基-1,3-苯二磺酸。

$$C_6H_5OH \xrightarrow[25℃]{H_2SO_4} o\text{-}HOC_6H_4SO_3H$$

$$C_6H_5OH \xrightarrow[100℃]{H_2SO_4} p\text{-}HOC_6H_4SO_3H$$

$$\xrightarrow[\triangle]{\text{发烟 } H_2SO_4} 4\text{-}HOC_6H_3(SO_3H)_2\ (2,4\text{-}二磺酸基苯酚)$$

③ 硝化反应。苯酚与浓硝酸作用，可生成 2,4,6-三硝基苯酚。

$$C_6H_5OH \xrightarrow{\text{浓 } HNO_3} 2,4,6\text{-}(O_2N)_3C_6H_2OH + H_2O$$

2,4,6-三硝基苯酚俗名苦味酸，为黄色结晶，熔点 123℃，是一个有毒的有机强酸($pK_a = 0.38$)。它还是一种烈性炸药,也可作为黄色染料。

(3)与 $FeCl_3$ 的显色反应

凡是含有烯醇型结构的化合物都能与 $FeCl_3$ 产生显色反应。酚与 $FeCl_3$ 显色反应较复杂,不同的酚显示不同的颜色,常用于区别酚类化合物,如表 2-4。

表 2-4　不同的酚与 $FeCl_3$ 显色反应

化合物	产生的颜色	化合物	产生的颜色
苯酚	蓝紫	对苯二酚	暗绿色结晶
邻甲苯酚	蓝	1,2,3 苯三酚	浅棕红
间甲苯酚	蓝	1,3,5 苯三酚	紫
对甲苯酚	蓝	α-萘酚	紫
邻苯二酚	深绿	β-萘酚	绿
间苯二酚	紫	水扬酸	紫红

(4)氧化反应

酚易被氧化,空气中的氧即可将酚氧化,生成红色至褐色的化合物。用强氧化剂作用,则生成对苯醌。

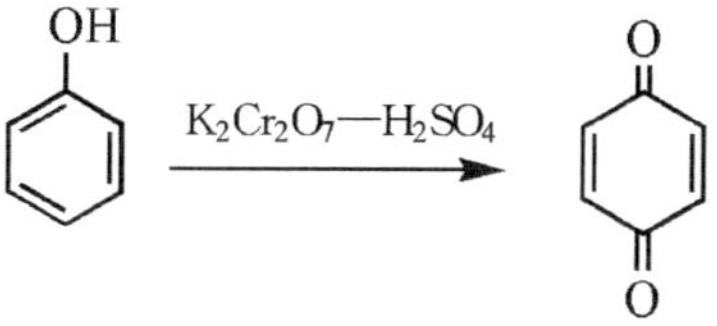

$$C_6H_5OH \xrightarrow{K_2Cr_2O_7—H_2SO_4} O{=}C_6H_4{=}O$$

茶叶、新鲜蔬菜、去皮的水果、荔枝等放置后变褐的现象,也是由于其中所含的多元酚被空气氧化的结果。利用酚类容易氧化的性质,在食品、石油、塑料、橡胶等工业中加入少量酚作为抗氧化剂。

苯酚是最简单、最重要的一个酚,一般简称酚。苯酚是有机合成的重要原料,多用于制造塑料、胶黏剂、医药、农药、染料等。

苯酚来源于煤焦油,还可由氯苯水解或异丙苯氧化等方法制备。例如

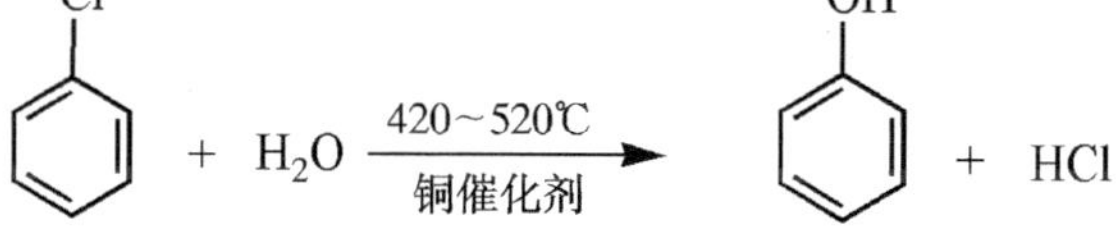

$$C_6H_5Cl + H_2O \xrightarrow[\text{铜催化剂}]{420\sim520℃} C_6H_5OH + HCl$$

2.5.2　醚

醚是两个烃基通过氧原子连结起来的化合物，烃基可以是烷基、烯基、芳基等。醚可以看作是醇羟基的氢原子被烃基取代后的产物，其通式为：R—O—R，其中C—O—C 称为醚键。例如

$CH_3CH_2-O-CH_2CH_3$　乙醚　　　CH_3CH_2-O-　苯乙醚

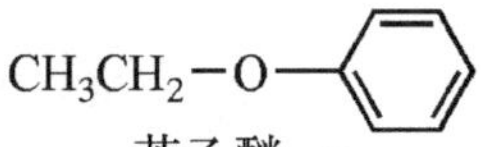

$H_3C-O-CH_2-CH_3$　甲乙醚　　　$-O-$　二苯醚

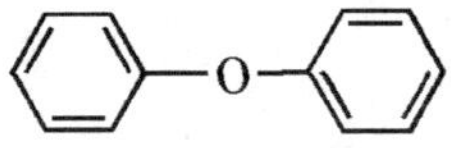

1. 醚的分类

根据醚键 $R—O—R_1$ 两端烃基的不同，醚可分为以下几种。

饱和醚　R 及 R_1 为饱和烃基，例如乙醚：

$$CH_3—CH_2—O—CH_2CH_3$$

不饱和醚 R 或 R_1 为不饱和烃基，例如：1 -丙烯甲醚和 1 -丙烯醚。

$$CH_3—O—CH_2—CH=CH_2$$

$$CH_2=CH—CH_2—O—CH_2—CH=CH_2$$

芳醚　RO 或 ArO 与芳烃基相连，例如：

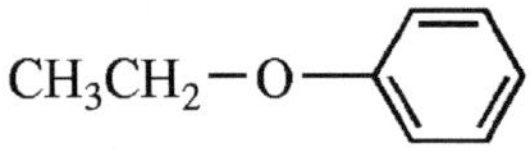

CH_3CH_2-O-　苯乙醚

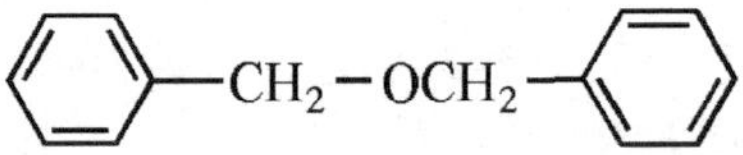

$-CH_2-OCH_2-$　二苯甲醚

环醚　二价烃基的两端与醚键相连接，例如：$CH_3—CH—CH_2$（CH 与 CH_2 经 O 相连成环）　环氧丙烷

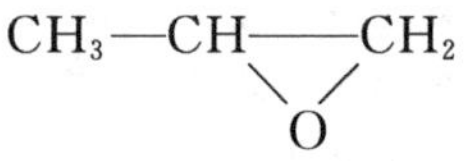

单醚　$R=R_1$　例如：

$CH_3—O—CH_3$　二甲醚　　　$-O-$　二苯甲醚

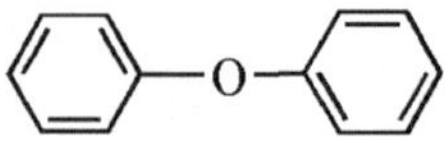

混醚　$R\neq R_1$　例如：

$CH_3—O—CH_2—CH_3$　　　CH_3-CH_2-O-　苯乙醚

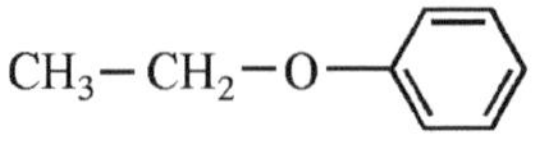

此外,硫原子置换醚键的氧原子与两个烃基相连,为硫醚,例如

$CH_3—CH_2—S—CH_2—CH_3$　乙硫醚

分子中含有多个$—OCH_2CH_2—$结构单元的大环醚称为冠醚,是一类大环多醚,因分子构象类似王冠而称为冠醚,例如:18—冠—6。

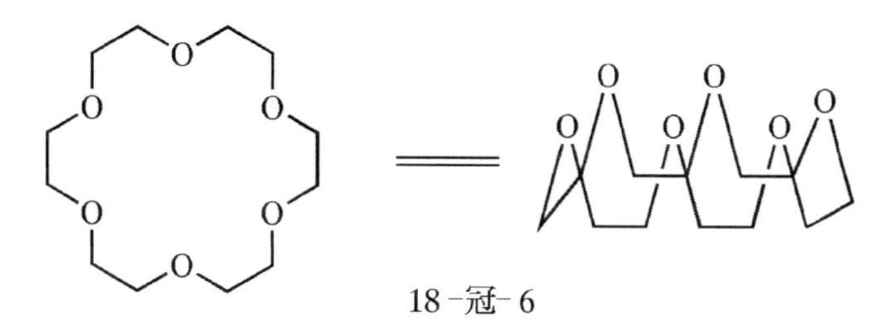

18-冠-6

2. 醚的命名

醚的命名有普通命名法和系统命名法。

醚的普通命名法,又称为习惯命名法,是在烃基名称之后加上醚字,习惯上,单醚的"二"字可以省略。混醚中两个不同基团排列顺序通常是先小基团后大基团原则。芳香醚命名,习惯芳烃基在前。例如

$H_3C-O-CH_3$　(二)甲醚

$CH_3CH_2-O-CH_2CH_3$　(二)乙醚

$H_3C-O-CH_2CH_3$　甲乙醚

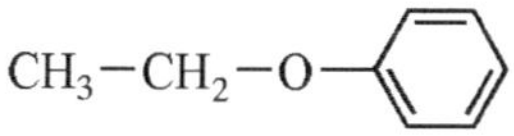

$CH_3-CH_2-O-C_6H_5$　苯乙醚

对于结构比较复杂的醚,可用系统命名法命名:取碳链最长的烃基为母体,以较小基团烷氧基作为取代基进行命名,称为"某烷氧基某烷"。例如

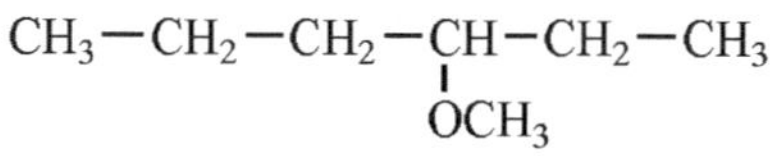

$CH_3-CH_2-CH_2-CH(OCH_3)-CH_2-CH_3$　3-甲氧基己烷

$HOCH_2CH_2OCH_2CH_3$　2-乙氧基乙醇

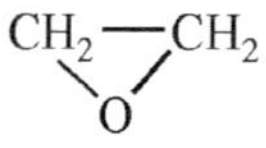

环氧乙烷（$CH_2—CH_2$ 与 O 成三元环）

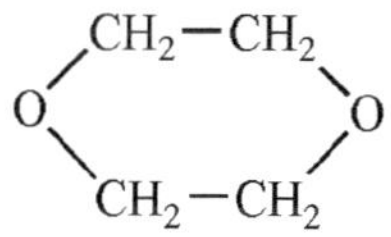

1,4-二氧杂环己烷(1,4-二氧六环)（$CH_2—CH_2$、O、$CH_2—CH_2$、O 成六元环）

而对冠醚,则命名为:x-冠-y,x 代表环总原子数,y 代表环中氧原子数,例如

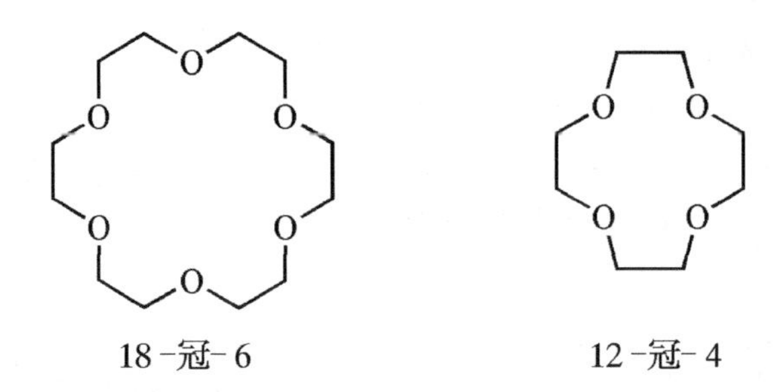

18-冠-6　　12-冠-4

3. 醚的制备

醚的制备有多种方法，主要有如下两种。

(1)醇去水

在酸性催化剂作用下，控制温度，一级醇或二级醇发生两分子间脱水反应而生成醚。常用催化剂有硫酸、芳香族磺酸、氧化锌、氧化铝和氧化硼等。例如

$$2CH_3CH_2OH \xrightarrow{H_2SO_4,\ 140℃} CH_3—CH_2—O—CH_2—CH_3 + H_2O$$

$$2CH_3CH_2OH \xrightarrow{AlCl_3,\ 300℃} CH_3—CH_2—O—CH_2—CH_3 + H_2O$$

(2)卤烷与醇金属作用(威廉森合成法)

卤烷与醇钠作用制备醚。醇钠的烷氧基离子是极强的亲核试剂，当醇钠与卤烷作用时，烷氧基可取代卤原子而生成醚。例如

$$CH_3—\underset{CH_3}{\overset{CH_3}{\underset{|}{\overset{|}{C}}}}—{}^{-}ONa^{+} + CH_3—Br \xrightarrow{S_N2} CH_3—\underset{CH_3}{\overset{CH_3}{\underset{|}{\overset{|}{C}}}}—O—CH_3 + NaBr$$

4. 醚的物理性质

常温下除甲醚、乙醚为气体外，大多数醚为无色、有香味、易挥发、易燃烧的液体 。醚分子中由于没有同氧原子相连的氢，分子间不能形成氢键缔合，因此其沸点比相应的醇、酚低得多，而与分子量相当的烷烃接近。如乙醚是易挥发的无色液体，沸点 34.5 ℃。乙醚蒸气与空气混合达到一定比例遇火即爆炸，爆炸极限 1.85%～36.5%(体积)。醚分子与水分子能形成氢键，因此它在水中的溶解度与相应的醇接近。甲醚、环氧乙烷、四氢呋喃、1,4-二氧六环等可以与水混溶。醚是良好的溶剂，如乙醚是常用的有机溶剂和萃取剂，在医药上还常用作麻醉剂。

5. 醚的化学性质

醚的氧原子与两个烃基相连，分子的极性很小(例如，乙醚的偶极矩为 1.18D)。因此，醚很稳定，其稳定性仅次于烷烃，对强酸、强碱、稀酸、氧化剂及还原

剂都十分稳定，但能发生下列反应。

(1)醚的质子化：鲜盐的形成

醚键的氧原子具有孤对电子，是一个路易斯碱。在常温下能与强酸中的氢离子结合，形成类似盐类结构的化合物鲜盐。因此，醚溶于强酸（如 H_2SO_4，HCl 等）中。例如

$$H_3CH_2C-O-CH_2CH_3 + H_2SO_4 \longrightarrow \left[H_3CH_2C-\underset{\displaystyle H}{\underset{|}{O}}-CH_2CH_3 \right]^+ HSO_4^-$$

鲜盐（溶于浓硫酸）

利用这一特性，可作为醚与烷烃或卤代烷相互区别的一种简便方法（后两者不溶于浓硫酸）。

醚的鲜盐不稳定，遇水分解，恢复成原来的醚：

$$\left[R-\underset{H}{O}-R \right]^+ Cl^- + H_2O \longrightarrow R-O-R + H_3O^+ + Cl^-$$

利用这性质，可将醚从烷烃或卤烃等混合物中分离出来。

(2)与氢卤酸反应：醚键的断裂

醚与氢卤酸（常用氢碘酸）一起加热，醚键发生断裂，生成醇和卤代烃。如在高温并有过量的氢卤酸存在下，所生成的醇可进一步反应生成卤代烃。例如

$$R-O-R_1 + HX \longrightarrow RX + R_1OH$$

$$R_1OH \xrightarrow{HX} R_1X + H_2O$$

醚键的断裂过程：首先是醚的质子化，形成质子化醚；然后亲核试剂卤离子向质子化醚进行亲核取代反应。亲核试剂优先进攻空间位阻小的中心碳原子，生成卤代烃和醇。因此，反应结果一般是较小的烃基生成卤代烃，较大的烃基生成醇。例如

$$H_3C-\ddot{\underset{..}{O}}-CH_2-\underset{\displaystyle CH_3}{\underset{|}{CH}}-CH_3 \xrightarrow[100℃]{HI} H_3C-\overset{\displaystyle H}{\overset{|}{\underset{..}{O}}}{}^+-CH_2-\underset{\displaystyle CH_3}{\underset{|}{CH}}-CH_3 \xrightarrow{I^-}$$

（质子化醚）

$$\left[\overset{-}{I}\text{---}\overset{\displaystyle H}{\overset{|}{C}}H_2\text{---}\overset{\displaystyle H}{\overset{|}{O}}{}^+\text{---}CH_2-\underset{\displaystyle CH_3}{\underset{|}{CH}}-CH_3 \right] \longrightarrow CH_3I + OH-CH_2-\underset{\displaystyle CH_3}{\underset{|}{CH}}-CH_3$$

（SN_2 过渡态）

以上是蔡塞尔法测定甲氧基的基本反应。

烷基苯基醚与氢卤酸反应，由于苯与醚键氧存在 p－π 共轭作用，而使苯基碳氧键较牢固，所以醚键总是优先在烷基与氧之间断裂，生成卤代烷和酚。例如

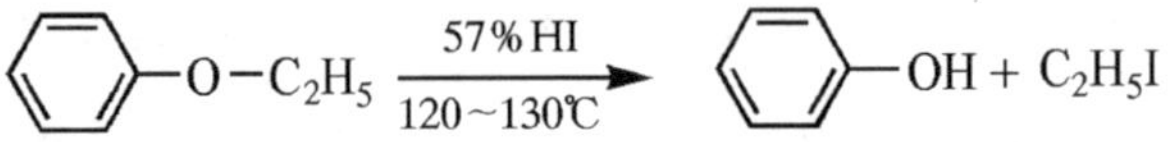

$$C_6H_5-O-C_2H_5 \xrightarrow[120\sim130℃]{57\%\,HI} C_6H_5-OH + C_2H_5I$$

6. 重要的醚化合物

(1) 乙醚($C_2H_5—O—C_2H_5$)

乙醚能与乙醇、丙酮、苯、氯仿等混溶，水在乙醚中的溶解度为乙醚体积的$\frac{1}{50}$，乙醚在12℃水中的溶解度为水体积的$\frac{1}{10}$。乙醚与10倍体积的氧混合成的混合气体，遇火或电火花即可发生剧烈爆炸，生成二氧化碳和水蒸气。长时间与氧接触和光照，可生成过氧化乙醚，后者为难挥发的粘稠液体，加热可爆炸。乙醚是一个常用的良好的有机溶剂和萃取剂，能溶解许多有机物质，如树脂、油脂、硝化纤维等。它具有麻醉作用，在医药上可作麻醉剂。

(2) 甲醚($CH_3—O—CH_3$)

甲醚俗称二甲醚 (dimethylether)，简称 DME。是一种无毒含氧燃料，常温常压下为气态，常温下可在5个大气压下液化，易于储存与运输。二甲醚能从煤、煤层气、天然气、生物质等多种资源中制取，能实现高效清洁燃烧。二甲醚作为一种新型二次能源具有很大的发展潜力和市场前景。研究结果表明，燃用二甲醚燃料的柴油机，在保持原柴油机高热效率前提下，碳烟排放为零，氮氧化物和微粒有害排放有较大幅度降低。由于 DME 燃料的卓越性能，近年来世界各国十分看好二甲醚燃料的市场前景和环保效益，纷纷开展二甲醚燃料发动机与汽车的研发，并已取得一定的进展。

2.5.3 醌

醌是特殊的不饱和环状共轭二酮，它不是芳香环，没有芳香性。醌型结构有对位、邻位两种，主要分为苯醌、萘醌、蒽醌、菲醌四大类。

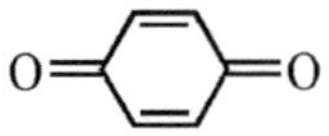

1,4－苯醌(对苯醌) 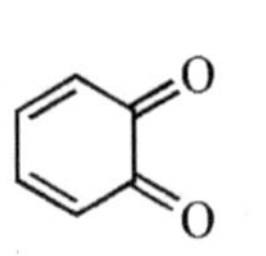　1,2－苯醌(邻苯醌) 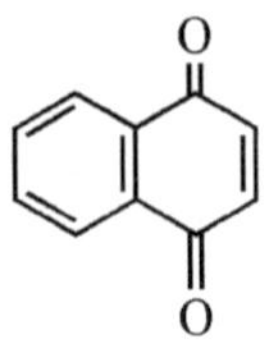　1,4－萘醌(α－萘醌) 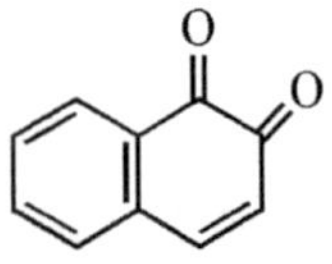　1,2－萘醌(β－萘醌)

具有醌式结构的物质一般均显示一定的颜色，因此，许多醌的衍生物是重要的染料中间体。自然界也存在一些醌类色素，如茜草中的茜红，是最早被使用的天然染料之一；存在于胡桃枝、叶及未成熟果壳中的胡桃醌是棕黄色的；大黄素是广泛分布于霉菌、真菌、地衣、昆虫及花中的色素，他们都是蒽醌的衍生物。

某些醌的衍生物是对生物体有重要生理作用的物质，如含于多种绿叶蔬菜中的维生素 K1，是萘醌的衍生物，它有促进凝血酶元生成的作用，是动物不可缺少的维生素。

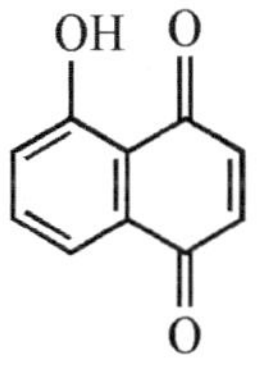

胡桃醌（棕黄色）　　茜素（红色）　　大黄素（黄色）

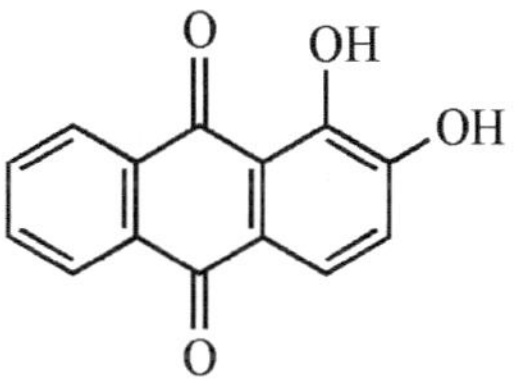

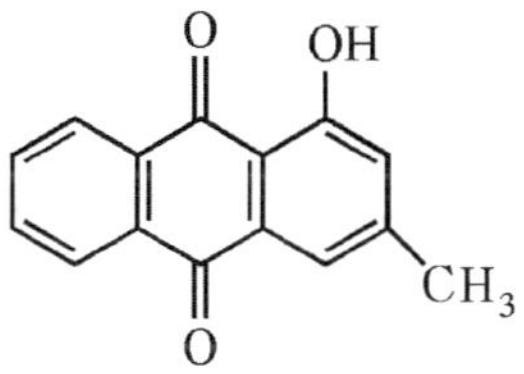

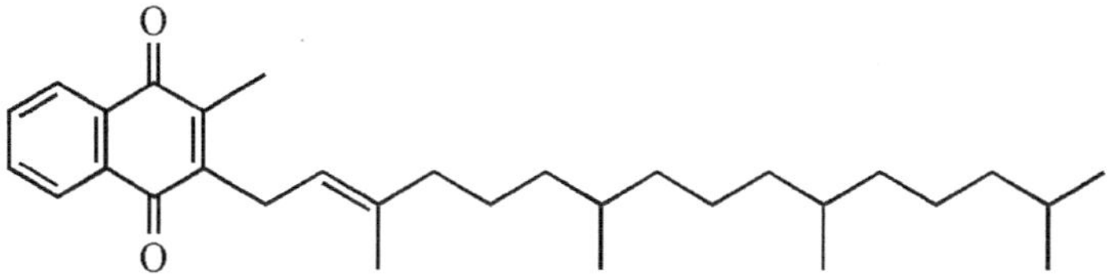

维生素 K1

生物体中芳香化合物的降解常常是通过芳香环的一系列氧化反应进行的。这些氧化反应使芳香环变成醌，然后再变为其他降解产物。

2.6　含氮有机物(nitrogenous organic compounds)

含氮有机化合物通常是指分子中含有氮元素的有机物，它们可以看作是烃分子中的氢原子被含氮官能团取代的产物。这些物质大多数是天然产物，在自然界广泛存在。含氮有机化合物的种类很多，现将常见的列于表 2-5。

表 2-5　常见的含氮有机化合物的类型

化合物的类型	化合物的结构	官能团	名称
胺	R—NH_2	—NH_2	氨基
	R_2NH	>NH	亚氨基
	R_3N	>N—	次氨基
酰胺	R—C(=O)—NH_2	—C(=O)—NH_2	氨基酰基
肼	R—NH—NH_2	—NH—NH_2	肼基
肟	R—CH=N—OH	>C=N—OH	肟基
	R_2C=N—OH		
腈	R—CN	—CN	氰基
异腈	R—NC	—N≡C	异氰基
偶氮化合物	Ar—N=N—Ar	—N=N—	偶氮基
硝基化合物	R—NO_2	—NO_2	硝基
硝酸酯	R—ONO_2	—ONO_2	硝酸基
亚硝基化合物	R—NO	—NO	亚硝基
亚硝酸酯	R—ONO	—ONO	亚硝酸基

2.6.1 硝基化合物(nitro compounds)

硝基中的氮原子与烃基中的碳原子直接相连的化合物称为硝基化合物。硝基化合物与相应的亚硝酸酯互为同分异构体。由硝基和亚硝基可以得到四类含氮的有机物,即硝酸酯、亚硝酸酯、硝基化合物和亚硝基化合物。

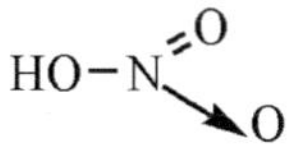

$HO-N(=O)\rightarrow O$　　$HO-N=O$　　$-N(=O)\rightarrow O$　　$-N=O$

硝酸　亚硝酸　硝基(硝酰基)　亚硝基(亚硝酰基)

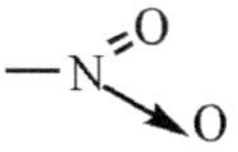

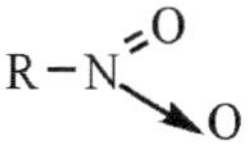

$R-N(=O)\rightarrow O$　　$R-O-N=O$

硝基化合物　亚硝酸酯

硝基化合物按其分子中烃基的结构不同,可分为脂肪族硝基化合物和芳香族硝基化合物。脂肪族硝基化合物是近于无色的高沸点液体。芳香族硝基化合物一般是结晶固体,大多数呈黄色。

硝基化合物的命名与卤代烃相似。例如

$CH_3CH_2NO_2$　　$CH_3-CH(NO_2)-CH_2-CH_3$　　(邻硝基苯酚结构式:OH, NO_2)　　(对硝基甲苯结构式:CH_3, NO_2)

硝基乙烷　2-硝基丁烷　邻硝基苯酚 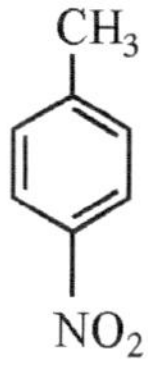　对硝基甲苯

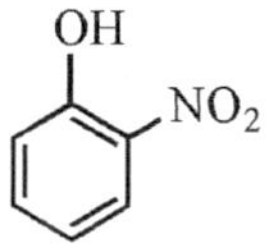

硝基化合物由于具有较高的极性,分子间吸引力大,因此硝基化合物的沸点比相应的卤代烃高。芳香族硝基化合物中除某些一硝基化合物为高沸点液体外,一般为结晶固体,无色或黄色。多硝基化合物具有爆炸性,有的具有强烈的香味,例如硝基苯($C_6H_5NO_2$)有浓厚的杏仁气味。许多芳香硝基化合物有毒,它们能使血红蛋白变性而引起中毒。较多地吸入它们的蒸气或粉尘,或者长期与皮肤接触都能引起中毒,故使用时应注意安全。

2.6.2 氨基化合物(amino compounds)

1. 分类与命名

含有氨基—NH_2(amino group)的化合物叫做氨基化合物。胺是一类最重要的含氮有机化合物。胺可以看作是氨的烃基衍生物。氨分子中的一个、二个或三

个氢原子被烃基取代而生成的化合物，分别称为第一胺（伯胺）、第二胺（仲胺）和第三胺（叔胺）。

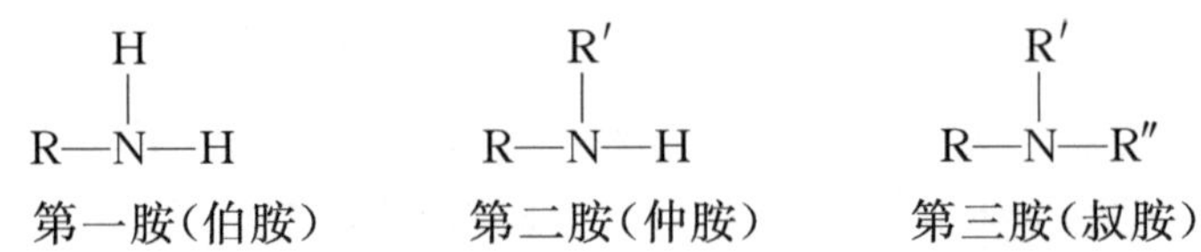

第一胺（伯胺）　　第二胺（仲胺）　　第三胺（叔胺）

—NH_2 称为氨基、—NH—称为亚氨基、—N ═称为叔胺氮基。式中的 R、R′和 R″可以是相同的烃基，也可以是不同的。其中氮原子与脂肪烃基相连的称为脂肪胺，与芳烃基相连的称为芳香胺。按照分子中所含氨基数目不同，可分为一元胺、二元胺和多元胺。与无机铵类（$H_4N^+X^-$、$H_4N^+OH^-$）相似，四个相同或不同的烃基与氮原子相连的化合物称为季铵类化合物，其中 $R_4N^+Cl^-$ 称为季铵盐，$R_4N^+OH^-$ 称为季铵碱。

关于“氨”、“胺”及“铵”字的用法也应特别注意：在表示氨、氨基、亚氨基时，则用“氨”字；表示 NH_3 的烃基衍生物时，用“胺”；而季铵类化合物则用“铵”。

对于简单的胺，可以根据烃基来命名，称为某胺。例如

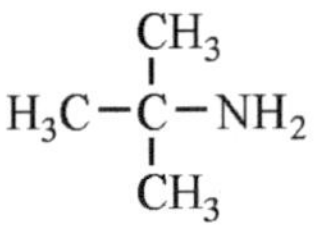

$(CH_3)_3C—NH_2$　　$C_6H_5NH_2$　　$p\text{-}CH_3C_6H_4NH_2$

叔丁胺 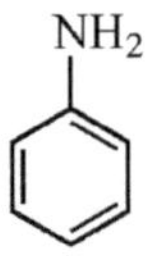　　苯胺 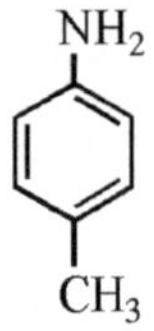　　对甲苯胺

氮原子上有两个或三个相同的烃基时，用二或三表明烃基的数目。

CH_3NHCH_3　　$(CH_3)_3N$

二甲胺　　三甲胺

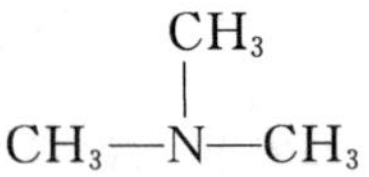

氮原子上连有不同烃基时，则按次序规则较大的基团后列出。

$CH_3—NH—CH_2CH_3$　　$(CH_3)_2N—CH_2—CH_3$　　$CH_3CH_2CH_2—N(CH_3)CH_2CH_3$

甲乙胺　　二甲乙胺 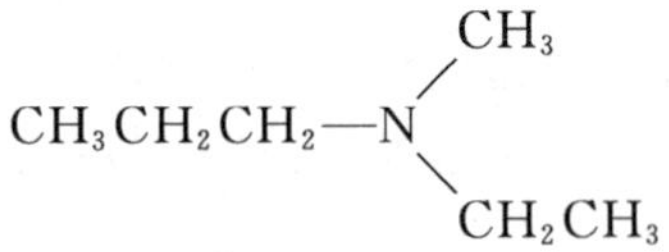　　甲乙丙胺

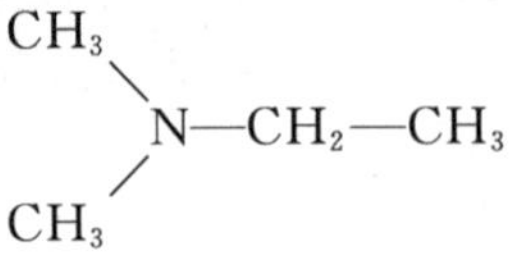

当氮原子上同时连有芳烃基和脂烃基时，常以芳胺为母体，并在脂烃基前面冠以“N”字，以表示该基团连在氮原子上，而不是连在芳环上。

对于结构比较复杂的胺，按系统命名法，则将氨基当作取代基，以烃或其他官

$\text{C}_6\text{H}_5\text{NH}-\text{CH}_3$　　$\text{C}_6\text{H}_5\text{N(CH}_3\text{)CH(CH}_3\text{)}_2$　　$o\text{-ClC}_6\text{H}_4\text{N(CH}_3\text{)}_2$

N-甲基苯胺　　N-甲基-N-异丙基苯胺　　N,N-二甲基邻氯苯胺

能团为母体，例如：

$H_2N-C_6H_4-COOH$

对氨基苯甲酸

$CH_3-CH(CH_3)-CH_2-CH(NH_2)-CH_2CH_3$

2-甲基-4-氨基己烷

$[CH_3-N(CH_3)_2-C_2H_5]^+ I^-$

碘化三甲基乙基铵

2. 胺的物理性质

低级脂肪胺如甲胺、二甲胺、三甲胺和乙胺，在常温下为气体，有与氨相似的气味，但刺激性比氨小。其他低级胺为液体，多有难闻的臭味。高级胺多为固体，不易挥发，几乎没有气味。二元胺的臭味常很明显，例如蛋白质腐烂时，能产生极臭而剧毒的腐肉胺和尸胺。

$H_2NCH_2CH_2CH_2CH_2NH_2$　　$H_2NCH_2CH_2CH_2CH_2CH_2NH_2$

1,4-丁二胺(腐肉胺)　　1,5-戊二胺(尸胺)

芳香胺一般为高沸点的液体或低熔点的固体，具有特殊气味，毒性很大，与皮肤接触或吸入其蒸气都会引起中毒。六碳以内的脂肪胺易溶于水，芳胺微溶于水。胺的沸点高于相近分子量的烃，叔胺的沸点比相应的伯、仲胺低。

3. 重要的胺

(1)苯胺($C_6H_5NH_2$)

$C_6H_5-NH_2$

苯胺存在于煤焦油中，是无色油状液体。沸点 184℃，微溶于水，易溶于有机溶剂，有毒。新蒸馏的苯胺无色，放置后能因氧化而变为黄、红或棕色。苯胺是重要的有机合成原料，用于制染料、药物等，可由硝基苯还原制得。苯胺是典型的芳香胺，有碱性，能与盐酸形成盐酸盐，与硫酸形成硫酸盐，能起卤化、乙酰化、重氮化等反应。近年来，由苯胺氧化聚合得到的聚苯胺材料，掺杂后有良好的导电性能，

是一类重要的导电聚合物材料，在钢铁防腐、电容器、显示、隐身材料等诸多领域有着广泛的应用前景。

(2)胆碱

$[HOCH_2CH_2N^+(CH_3)_3]OH^-$也称为氢氧化(2－羟乙基)三甲基铵。胆碱是广泛分布于生物体内的季铵碱，在动物的卵和脑髓中含量较多，因为最初是由胆汁中发现的，并具有碱性，所以称为胆碱。它是无色、吸湿性很强的结晶物，易溶于水和乙醇，而不溶于乙醚、氯仿等。胆碱是动物生长不可缺少的物质，而且必须从食物或饲料中供给。它具有调节肝中脂肪代谢和运输的作用。

(3)己二胺

$H_2N—(CH_2)_6—NH_2$为无色片状晶体，熔点42℃，沸点204℃，微溶于水。它是制造尼龙(Nylon)的重要原料，尼龙的合成是现代有机合成的最伟大成就之一。

可以用1,3－丁二烯为原料，生成己二胺。

$$CH_2{=}CH{-}CH{=}CH_2 \xrightarrow[200\sim300℃]{Cl_2} ClCH_2CH{=}CHCH_2Cl \xrightarrow[80\sim100℃]{NaCN}$$

$$\underset{CN}{CH_2}CH{=}CH\underset{CN}{CH_2} \xrightarrow[Ni]{H_2} H_2N(CH_2)_6NH_2$$

2.6.3 偶氮化合物及染料(azo compounds and dye)

1. 偶氮化合物

偶氮化合物是偶氮基团(—N ═ N—)与两个烃基相连接而生成的化合物。通式为R—N ═ N—R，式中R为脂烃基或芳烃基，两个R基可相同或不同。脂肪族偶氮化合物由相应的肼经氧化或脱氢反应制取。芳香族偶氮化合物一般由重氮化合物的偶联反应制备。重氮盐与酚在弱碱性溶液中，或与芳香叔胺在中性或弱酸性溶液中作用时，羟基或氨基对位上的氢原子能与重氮盐作用脱去氯化氢而得到偶氮化合物(azo compound)。偶氮化合物都有颜色，偶联反应是合成偶氮染料的重要反应。目前工业上使用的染料中，约有一半是偶氮染料。

$$C_6H_5{-}N_2^+Cl + H{-}C_6H_4{-}N(CH_3)_2 \xrightarrow[0℃]{CH_3COONa/H_2O} C_6H_5{-}N{=}N{-}C_6H_4{-}N(CH_3)_2$$

偶氮化合物

$$C_6H_5{-}N_2^+Cl + H{-}C_6H_4{-}OH \xrightarrow[0℃]{NaOH/H_2O} C_6H_5{-}N{=}N{-}C_6H_4{-}OH$$

偶氮化合物

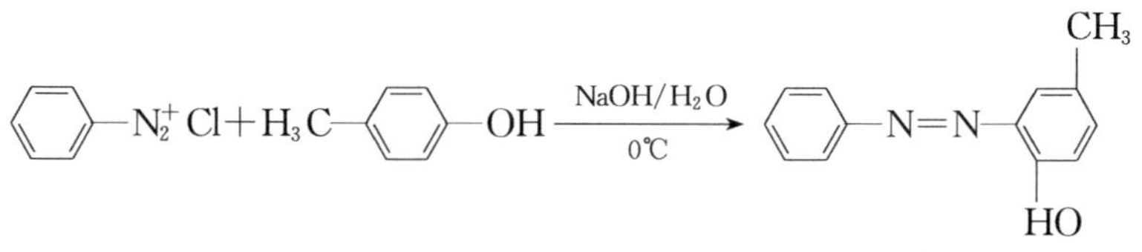

$$C_6H_5-N_2^+Cl + H_3C-C_6H_4-OH \xrightarrow[0℃]{NaOH/H_2O} C_6H_5-N=N-C_6H_3(CH_3)(HO)$$

偶氮化合物

偶氮化合物具有顺、反几何异构体，反式比顺式稳定。两种异构体在光照或加热条件下可相互转换。

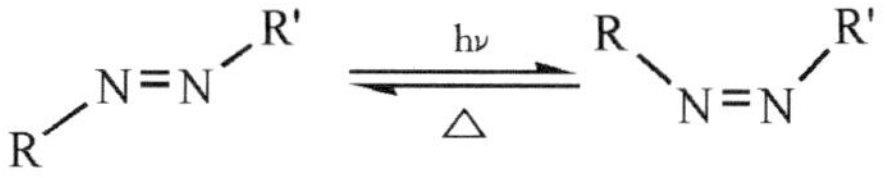

$$R-N=N-R' \underset{\triangle}{\overset{h\nu}{\rightleftharpoons}} R-N=N-R'$$

很多偶氮化合物有致癌作用，如曾用于人造奶油着色的“奶油黄”能诱发肝癌，现已禁用。作为指示剂使用的甲基红可引起膀胱和乳腺肿瘤。

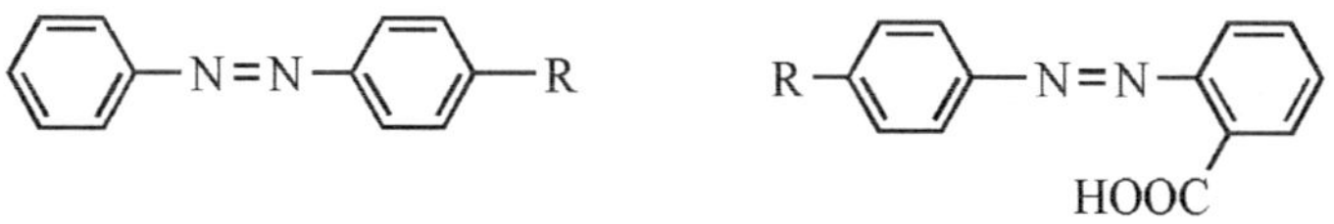

$$C_6H_5-N=N-C_6H_4-R \qquad\qquad R-C_6H_4-N=N-C_6H_4-COOH$$

奶油黄　　　　甲基红

$R=-N(CH_3)_2$

2. 染料

染料是有颜色的物质，但有颜色的物质并不一定都能作为染料，必须是能附在纤维上，而且耐洗、耐晒、不易变色的物质才能作为染料使用。最早使用的染料都是由自然界取得的，例如茜红、靛蓝等。

19 世纪中期，煤焦油工业兴起以后，在对芳香族化合物的研究过程中，发现了合成染料。目前使用的染料，则都是由芳香或杂环化合物合成的。合成染料的品种极多，颜色鲜艳，坚牢度高。

染料除用来染天然或合成纤维纺织品外，还用于染纸张、皮革、胶片、食品等。某些染料还兼有其他用途，例如，有的能杀菌，可用于医药；有的能使细菌着色，可用于印染切片；有些有色物质，在不同 pH 介质中，由于结构的变化而发生颜色的改变，从而可用作分析化学中的指示剂，例如酚酞指示剂。

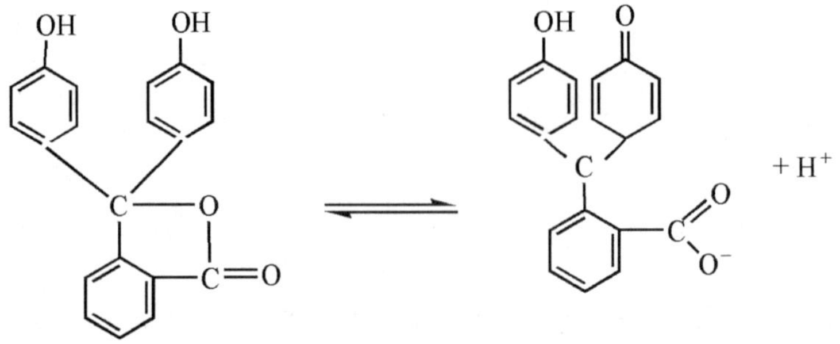

$\rightleftharpoons$ $+H^+$

内酯式(无色)
中性和酸性溶液

醌式酸盐(红色)
弱碱性溶液

2.7　含硫和含磷的有机化合物
(organic compounds containing sulfur and phosphorus)

2.7.1　自然界的有机硫化合物(natural-occurring organic compounds containing sulfur)

硫醇在自然界分布很广,多存在于生物组织和动物的排泄物中。例如,动物大肠内的某些蛋白质受细菌分解也可产生甲硫醇 $CH_3—SH$;黄鼠狼利用硫醇的臭气作为防御武器,当遭到袭击时,它可以分泌出 3-甲基-1-丁硫醇等;洋葱中含有正丙硫醇;大蒜中含有多种含硫化合物,它们构成了大蒜的特殊气味。例如蒜素是氧化二烯丙基二硫化物,蒜氨酸可看作是半胱氨酸的衍生物。

$$CH_2{=}CH—CH_2—\underset{\underset{O}{\|}}{S}—S—CH_2—CH{=}CH_2$$

蒜素(allicin)

$$CH_2{=}CH—CH_2—\underset{\underset{O}{\|}}{S}—CH_2—\underset{\underset{NH_2}{|}}{CH}—COOH$$

蒜氨酸(alliin)

蒜素是对皮肤有刺激性的油状液体,存在于大蒜、韭菜、葱等植物中。对酸稳定,对热碱不稳定,对许多革兰氏阳性和阴性细菌以及某些真菌都有很强的抑制作用,又可作为农业杀虫和杀菌剂,也可用于医药。近年报导大蒜中的许多含硫化合物有杀菌、消炎、降血脂、降血压、降血糖以及防癌等作用。

在石油中含硫的化合物主要有硫醇(RSH)、硫醚(RSR)、二硫化物(RSSR)和噻吩等。在石油炼制过程中，硫化物的处理是影响石油产品质量、防止环境污染的关键性工艺过程，这一工艺过程包括三个方面，即原油脱硫、含硫废水处理及成品油脱硫。对于原油脱硫来说，现有的炼油厂大多采用碱洗的办法来脱出原油中的硫化物，该工艺虽然简单，但它存在处理效率不高及处理后废水量较大的问题。此外，生物技术在含硫废水的处理和成品油脱硫方面也是大有前途的，特别是对于含硫废水的处理，采用生物技术可大大简化炼油厂废水处理工艺，降低处理费用，从而有效地防止环境污染。

我国丰富的煤炭资源中，高硫煤占有相当的比重，我国的大气环境污染仍以煤烟型为主，主要污染物为总悬浮颗粒物和二氧化硫。作为控制酸沉降等环境问题的主要策略之一，就是降低 SO_2 的排放量。如何有效地抑制煤炭加工利用过程中硫的排放，实现煤的清洁高效利用，就成为人类所面临的一个重要课题。一般认为，硫在煤中以三种形式存在，即有机硫、硫铁矿硫(黄铁矿和白铁矿硫等形态存在的硫)和硫酸盐硫。前两种可以燃烧，通常称为可燃硫。最后一种硫酸盐硫不可燃烧，只转化为灰的一部分。硫在煤中含量变化范围也较大，一般约为 0.1%～5%。硫虽能燃烧放热，但它却是极为有害的成分。硫燃烧后生成二氧化硫(SO_2)及少量三氧化硫(SO_3)，排入大气将污染环境，对人体和动植物以及地面建筑物也均有害。同时，SO_2，SO_3 也是导致锅炉受热面烟气侧高温腐蚀、低温腐蚀和堵灰的主要因素。

煤中的无机硫主要包括硫化物硫、硫酸盐硫和元素硫三部分。硫化物硫包括黄铁矿(FeS_2)，白铁矿(FeS_2)，闪锌矿(ZnS)，方铅矿(PbS)，黄铜矿($CuFeS_2$)，磁黄铁矿($Fe_{1-x}S$)，含砷黄铁矿(FeAsS)及其他矿物质，其中黄铁矿通常是矿物硫的主要形态。硫酸盐硫主要包括重晶石($BaSO_4$)，石膏($CaSO_4 \cdot 2H_2O$)，无水石膏($CaSO_4$)及一些铁的硫酸盐等。

煤中有机硫以各种形式为主，主要的有机硫化合物包括芳香和脂肪硫醇、芳香和脂肪硫醚、二硫醚、环硫醚以及噻吩类硫。

煤热解脱硫主要是脱除黄铁矿硫和有机硫。因为其他的矿物硫含量很少，而硫酸盐硫属不可燃硫(低于 900℃时不会分解)，不会造成燃煤污染。煤热解气氛不同，各种硫的脱除难易程度不同。一般说来，有机硫中脂肪硫醇、硫醚、二硫醚和连在芳香环上的二硫醚较容易热解脱除，一般在 500℃以下即可分解；FeS_2 在氧化或还原性气氛下较易脱除，在 250℃以下即可发生反应，而在惰性气氛中是相当稳定的，歧化裂解脱硫必须在高温下(450℃以上)进行；与苯环相连的芳香类硫较难脱除，噻吩类硫是最稳定最难脱除的。

2.7.2　自然界的有机磷化合物(nature organic compounds containing phosphorus)

分子中含有C—P键的化合物,称为含磷有机物。这也是一类重要的化合物:①在生物体中是一种不可缺少的化合物;②在农业上是一种良好的杀虫剂;③在有机合成上也非常重要。一切生物体中都有含磷的有机化合物,而且在生命过程中起着非常重要的作用。某些三磷酸单酯是生化反应中极为重要的物质,这些酯在特定酶的作用下可以水解,水解时发出能量,在生化中将这样的键叫"高能键"(high-energy bond)。ATP是三磷酸腺苷的缩写,为直接供能量物质,ATP被消耗后,必须尽快得到再生补充才能维持运动能力。糖、脂肪、蛋白质三大食物成分能在体内代谢分解产生ATP,因此被称为能源物质或生物燃料。许多生化过程,如光合作用、肌肉收缩、蛋白质的合成等,都需要依赖这些能量来完成。

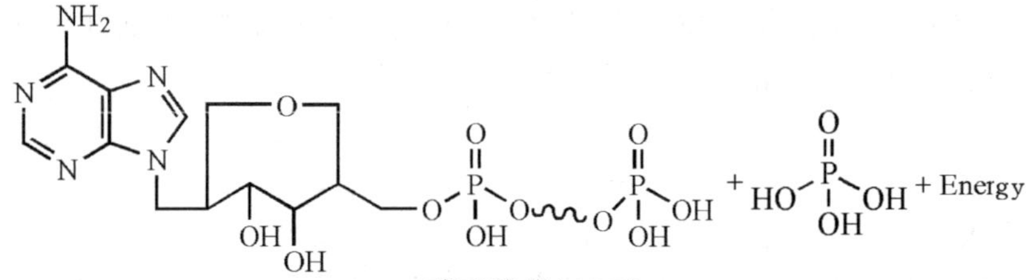

二磷酸腺苷(ADP)

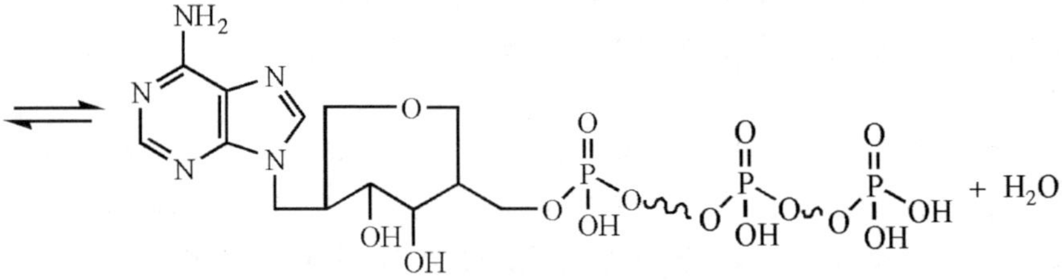

三磷酸腺苷(ATP)

在生物体中,磷是不可缺少的中心元素。在人体内磷主要以羟基磷灰石的无机钙盐的形式,存在于骨骼和牙齿中,部分以HPO_4^{2-}和$H_2PO_4^-$形式存在于血、尿及组织液中,起调节体液pH、钙和磷的平衡作用。但最重要的是存在于生物体中。

①遗传物质DNA和RNA都是磷酸酯,它由磷酸二酯桥连接核苷而成。磷占了核酸中元素总量的9%~10%。

②细胞膜是由磷脂构成的膜脂和蛋白质组成的薄膜。磷脂占膜脂部分的50%以上。它有甘油磷脂和鞘磷脂两类,特征是有一个极性头和两个非极性的尾部,有点像一个风筝。

③大部分辅酶是磷酸酯或焦磷酸酯。例如,辅酶Ⅰ(NAD^+)烟酰胺腺嘌呤二

核苷酸和辅酶Ⅱ（$NADP^+$）烟酰胺腺嘌呤二核苷酸磷酸都是磷酸酯，两种辅酶都能传递氢；辅酶 A 是焦磷酸酯，是酰基转移酶的辅酶。

④磷酯键是生命体系能量的主要载体。ATP（三磷酸腺苷）含两个高能磷酯键（P～O），水解时能放出约 30 kJ/mol 的能量，是核酸、蛋白质合成和细胞代谢的能量来源。

⑤磷酸化和去磷酸化是蛋白酶活性调节的主要方式，调控着基因转录、翻译、表达，肌肉收缩，跨膜信号传递等一系列生命过程中十分重要的环节。

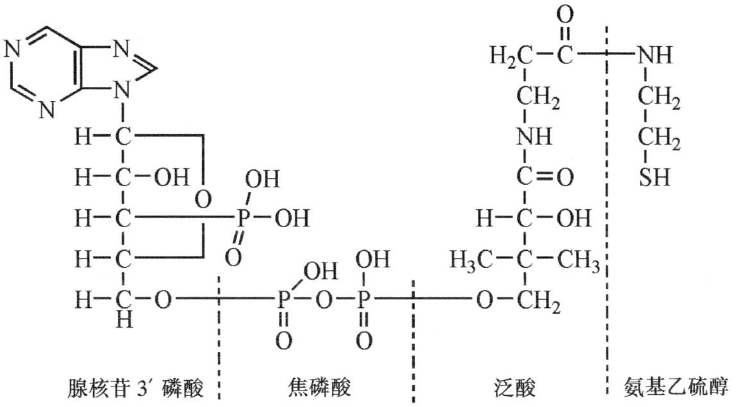

腺核苷 3′ 磷酸　焦磷酸　泛酸　氨基乙硫醇

辅酶 A

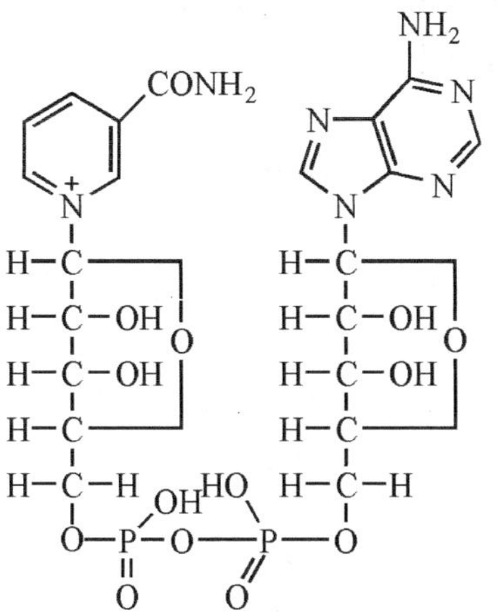

NAD⁺（烟酰胺腺嘌呤二核苷酸） 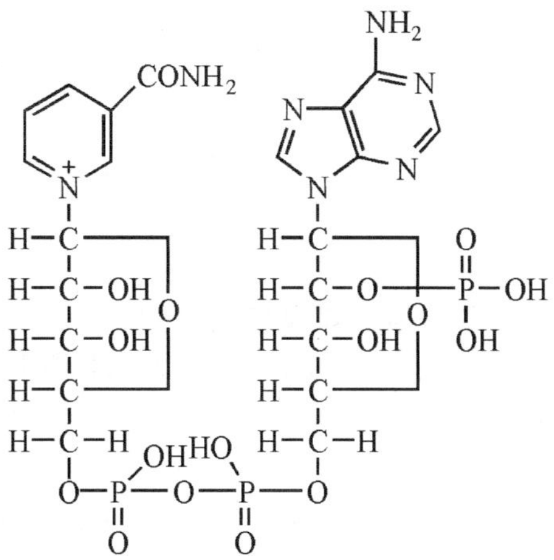　NADP⁺（烟酰胺腺嘌呤二核苷酸磷酸）

有机磷化合物不仅与生命化学有关，而且在工农业生产上都有极为广泛的用途。许多含磷的有机化合物可分别用作某些金属的萃取剂、纺织品的防皱剂、塑料制品的阻燃剂、润滑油的添加剂以及农药、医药等，有些有机磷化合物是有机合成中非常有用的试剂，所以有机磷化学在化学领域中无论是理论上还是应用上都是相当重要的一个研究方向。有机磷农药则是有机磷化学研究的方面之一。

有机磷农药是我国目前使用最广泛的农药，按其用途一般分为有机磷杀虫剂、除草剂和杀菌剂三种。下面是两种常见的有机磷农药。

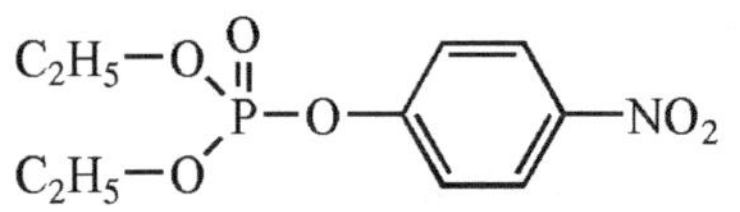

对氧磷 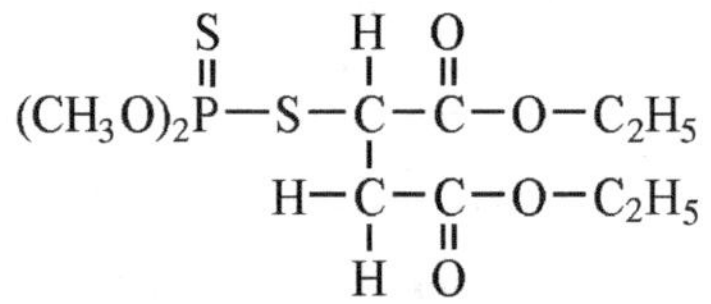　　马拉硫磷

有机磷农药对人和畜均有毒性，可经皮肤、黏膜、呼吸道、消化道侵入人体，引起中毒。常见的有机磷农药：敌百虫为中等毒类，具有醛类气味，在中性及弱酸性溶液中较稳定，在碱性溶液中易脱去一分子的氯化氢而转变成毒性增高约 10 倍的敌敌畏，故中毒清洗时不宜用碱性溶液；乐果为中等毒类，主要用于棉花、蔬菜、水果、茶叶及油料作物杀虫，尤以产棉区使用较多，是当前农村发生急性中毒的主要品种；对硫磷(1605)为剧毒类，因其急性毒性多，发病相对较快，经口中毒，如不及时救治，则死亡率甚高，其毒性大，内吸作用强，禁止使用于蔬菜和瓜果。

2.8　碳水化合物 (Carbohydrate)

糖是自然界存在的一大类具有生物功能的有机化合物。它主要是由绿色植物光合作用形成的。这类物质主要由 C，H 和 O 所组成，其化学式常以 $C_n(H_2O)_n$ 表示，其中 C，H，O 的原子比恰好可以看作由碳和水复合而成，所以又称为碳水化合物，其实糖物质是多羟基醛类或酮以及以它们为结构单元所形成的聚合物。各种植物种子的淀粉、根、茎、叶中的纤维素(cellulose)，动物的肝和肌肉中的糖元(glycogen)，以及蜂蜜和水果中的葡萄糖(glucose)、果糖(fructose)、蔗糖(sucrose)等都是碳水化合物。

碳水化合物常根据它的水解情况分为单糖 、二糖、多糖，其中单糖是组成低聚糖和多糖的基本单位。

2.8.1　单糖(monosaccharides)

不能水解成更小的糖分子的糖称为单糖。根据单糖分子中所含官能团的不同,单糖可分为醛糖(aldose)和酮糖(ketose)两大类;根据分子中碳原子的数目,又可分为丙糖、丁糖、戊糖、己糖和庚糖等。单糖的这两种分类方法常结合使用。例如,含五个碳原子的醛糖称戊醛糖;含六个碳原子的酮糖称己酮糖。最简单的单糖是丙醛糖(甘油醛)和丙酮糖(二羟丙酮)。常见的葡萄糖和果糖都是单糖类,它们的链式结构是

$$
\begin{array}{c}
\mathrm{CHO} \\
\mathrm{H-C-OH} \\
\mathrm{HO-C-H} \\
\mathrm{H-C-OH} \\
\mathrm{H-C-OH} \\
\mathrm{CH_2OH}
\end{array}
\qquad\qquad
\begin{array}{c}
\mathrm{CH_2OH} \\
\mathrm{C{=}O} \\
\mathrm{HO-C-H} \\
\mathrm{H-C-OH} \\
\mathrm{H-C-OH} \\
\mathrm{CH_2OH}
\end{array}
$$

葡萄糖　　　　果糖

由上述结构式可见,葡萄糖含有一个醛基,六个碳原子,称己醛糖(aldose);而果糖则含有一个酮基,六个碳原子,称己酮糖(ketose)。单糖不仅有多羟基醛酮链状结构,还可以通过羰基与分子内的羟基结合成环状结构。

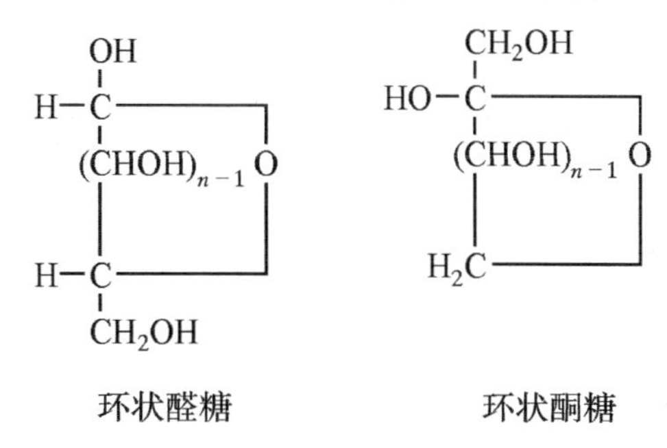

环状醛糖　　　　环状酮糖

糖的环状结构表示式称为 Haworth 式。将半缩醛(酮)羟基在环平面上方的称为 β-异构体,在环平面下方的称为 α-异构体。糖的环状结构可以通过开链结构发生翻转,达到一种动态平衡,从而导致糖的比旋光度发生变化的变旋现象的发生。

单糖是环状化合物。葡萄糖或果糖的环状半缩醛结构是较稳定的。通常以六元环或五元环形式存在,当以六元环存在时,与杂环化合物吡喃相似,故称为吡

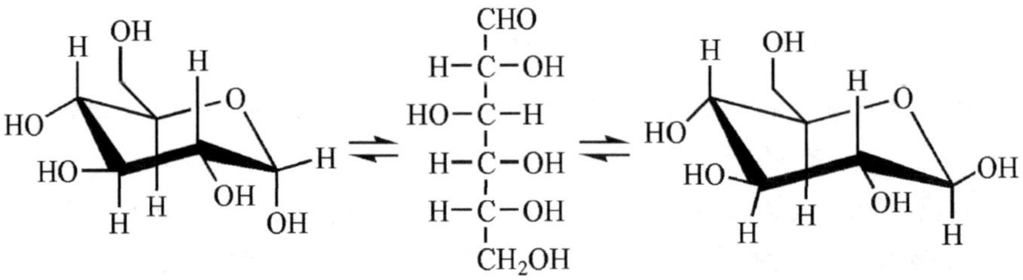

α-D-吡喃葡萄糖　　　　β-D-吡喃葡萄糖

喃糖，而以五元环形式存在时，则与呋喃结构类似，称为呋喃糖。单糖都是无色晶体，易溶于水，能形成糖浆，也溶于乙醇，但不溶于乙醚、丙酮、苯等有机溶剂。除丙酮糖外，所有的单糖都具有旋光性，而且有变旋现象。旋光性是鉴定糖的重要标志。比较重要的单糖有 D-葡萄糖、D-果糖、核糖和脱氧核糖等。

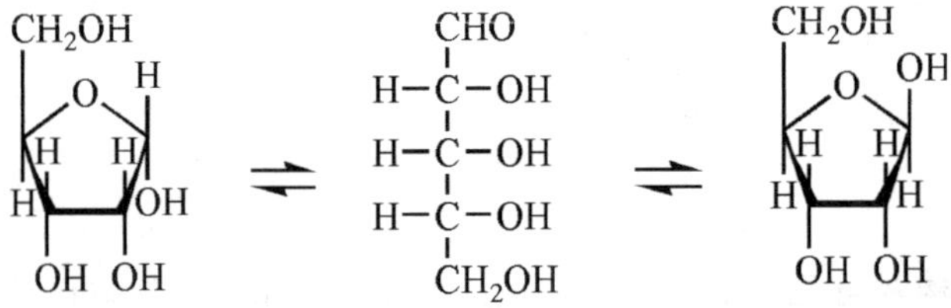

α-D-核糖　　　　D-核糖　　　　β-D-核糖

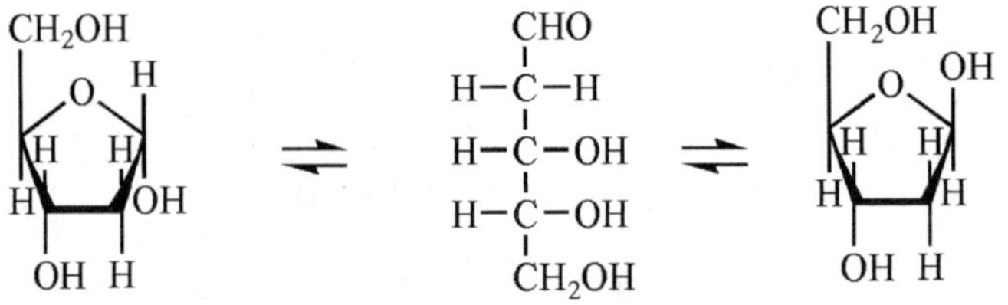

α-D-2-脱氧核糖　　　　D-2-脱氧核糖　　　　β-D-2-脱氧核糖

2.8.2 双糖(disaccharides)

糖苷是单糖与醇、酚等含羟基的化合物形成的缩醛，如果含羟基的化合物是另一分子单糖，这样形成的物质就是双糖。双糖是低聚糖中最重要的一类，可以看作是由两分子单糖失水形成的化合物，能被水解为两分子单糖。双糖的物理性质和单糖相似，能成结晶，易溶于水，并有甜味。

1. 麦芽糖和纤维二糖

分别是淀粉和纤维素的基本组成单位，在自然界并不以游离状态存在。用 β-淀粉酶水解淀粉，或用稀酸小心水解纤维素，可以分别得到麦芽糖和纤维二糖。麦芽糖存在于麦芽中，是饴糖的主要成分，甜度约为蔗糖的 40%，用作营养剂和培养基等。淀粉酶可将淀粉水解成麦芽糖，广泛用于食品生产，还可用作培养基。

麦芽糖是 1 分子 α-D-葡萄糖的苷羟基与 1 分子 D-葡萄糖醇羟基失水生成的二糖，这种糖苷键称为 α-1,4-苷键。由于麦芽糖中仍保留 1 个苷羟基，存在 α-和 β-两种环状结构与开链式的互变异构平衡，因而有变旋光性和还原性，属于还原性二糖。α-(+)-麦芽糖的结构式如下

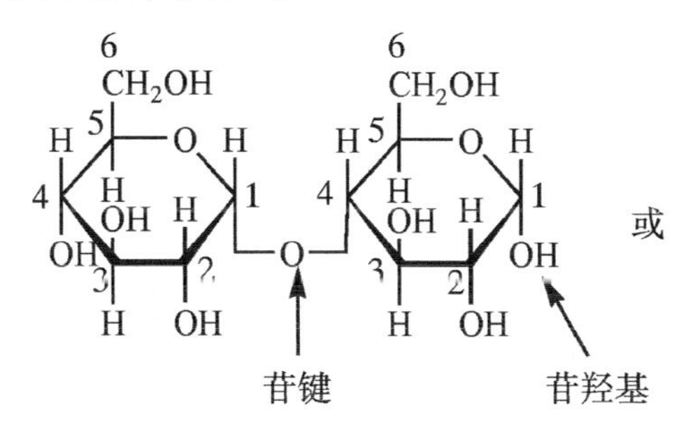

或

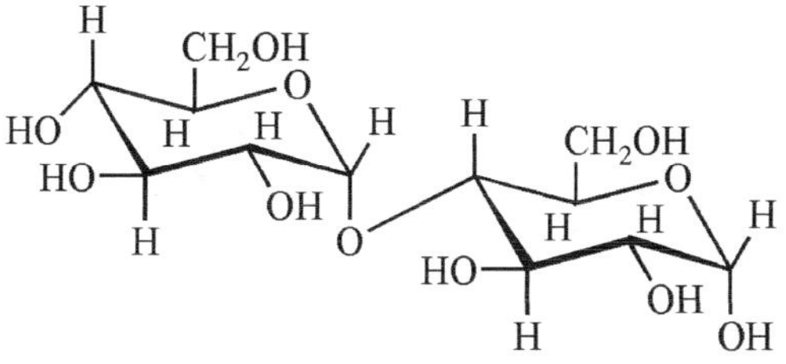

α-麦芽糖

麦芽糖为白色晶体，易溶于水，比旋光度 $[\alpha]_D^{20}=+135°$。1 分子麦芽糖经酸或麦芽糖酶作用，水解得到 2 分子 D-葡萄糖。

纤维二糖(cellobiose)在苦杏仁酶的作用下，能水解生成两分子 D-葡萄糖苷，但不被麦芽糖酶水解，它由两分子 D-葡萄糖通过 β-1,4-苷键相连接而成的二糖。

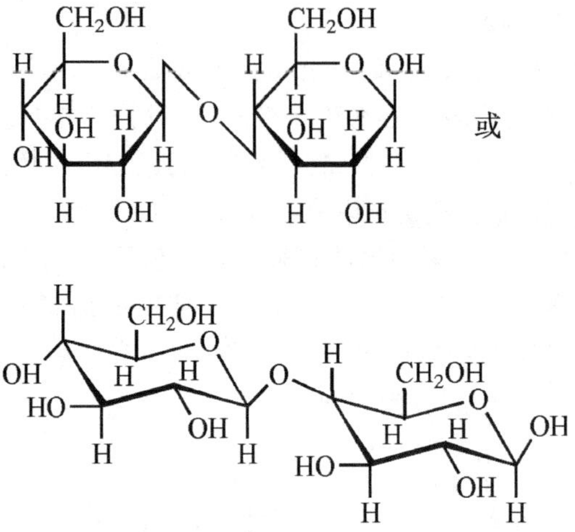

β-纤维二糖

2. 乳糖

乳糖是由 β-D-半乳糖的苷羟基与 D-葡萄糖的 C_4 的醇羟基失水而成，其结合键为 β-1,4-苷键。

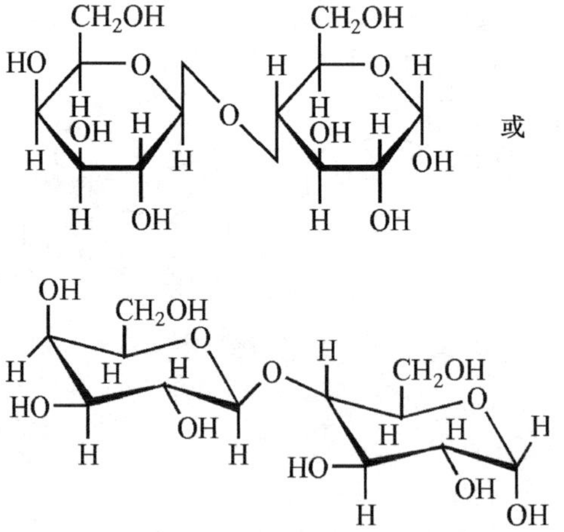

α-乳糖

乳糖为白色晶体，含 1 分子结晶水，无吸湿性，微甜。比旋光度 $[\alpha]_D^{20}=+53.5°$，有变旋光现象和还原性，属于还原性二糖。乳糖存在于哺乳动物的乳汁中，在人乳中的含量约为 5%～8%，在牛羊乳中约含 4%～5%，由牛乳制干酪时可以得到乳糖，甜度约为蔗糖的 70%。乳糖是双糖中水溶度较小、而且没有吸湿性的一个，用于食品及医药工业。双糖需不同酶水解为单糖后才能被人体吸收。乳糖需要乳糖酶才能被水解，在人体内，乳糖受酶作用水解得到葡萄糖和半乳糖。后者可进一步转化为葡萄糖参与代谢。而有些人肠道内缺乏乳糖酶，如果饮用牛奶后，未被水解的乳糖进入大肠，会引起腹胀、腹泻或腹痛。乳糖是婴儿发育必需的营养物，工业上也用作药物片剂的稀释剂。

3. 蔗糖（sucrose）

自然界中分布最广而且也最为重要的非还原性双糖，在所有光合植物中都含有蔗糖。在甜菜和甘蔗中含量最多。蔗糖是植物中分布最广的二糖，在甘蔗和甜菜中含量较高。

蔗糖分子式为 $C_{12}H_{22}O_{11}$，它是由 α-D-吡喃葡萄糖的苷羟基与 β-D-呋喃果糖的苷羟基失水生成的糖苷，果糖或葡萄糖都可以看作配基，其结合键称为 α—1,2 苷键或 β-2,1 苷键，常用下述结构式表示

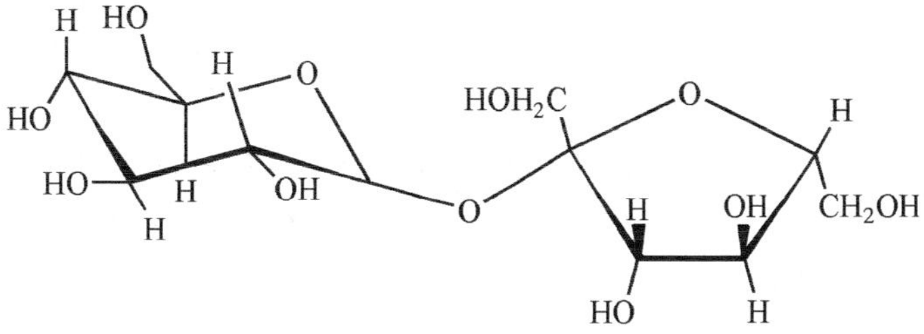

蔗糖

蔗糖为无色晶体，易溶于水，甜度仅次于果糖，比旋光度 $[\alpha]_D^{20}=+66.5°$，无变旋光现象及还原性，属于非还原性二糖。

$$\underset{\text{蔗糖}}{C_{12}H_{12}O_{11}}+H_2O\xrightarrow{\text{酸或蔗糖酶}}\underset{D\text{-果糖}}{C_6H_{12}O_6}+\underset{D\text{-葡萄糖}}{C_6H_{12}O_6}$$

口腔中的细菌含有一种酶，它可将蔗糖转化成叫做葡聚糖（dextran）的多糖，这种多糖是由葡萄糖主要通过 α-1,3′-和 α-1,6′-糖苷键联结成的，一部分牙菌斑就是由这种多糖形成的，所以吃糖对牙是有害的。

在稀酸或酶的催化作用下，蔗糖水解得到葡萄糖和果糖的混合物，其比旋光度 $[\alpha]_D^{20}=-19.75°$，是左旋的。因此工业上把蔗糖水解称为转化，其混合物称为转化糖，广泛用于食品工业。

2.8.3　多糖(polysaccharides)

多糖是一类由许多单糖以苷键相连的天然高分子化合物，它们广泛分布在自然界，结构极为复杂。组成多糖的单糖可以是戊糖、己糖、醛糖和酮糖，也可以是单糖的衍生物，如氨基己糖和半乳糖酸等。组成多糖的单糖数目可以是几百个，有的甚至高达几千个。多糖能水解为很多个单糖分子。多糖在性质上与单糖、低聚糖有很大的区别，它没有甜味，一般不溶于水。多糖按其组成可分为两类：一类称为均多糖(homosaccharide)，它是由同种单糖构成的，如淀粉和纤维素等；另一类称为杂多糖(heterosaccharide)，它是由两种或两种以上单糖构成的，如胶质和粘多糖等。多糖按其生理功能大致可分为两类：一类是作为储藏物质的，如植物中的淀粉，动物中的糖元；另一类是构成植物的结构物质，如纤维素、半纤维素和果胶质等。与生物体关系最密切的多糖是淀粉、糖原和纤维素。

1. 淀粉 (starch)

淀粉是由许多个 α-D-葡萄糖通过苷键结合成的多糖，是葡萄糖的高聚体，可用通式$(C_6H_{10}O_5)_n$表示。淀粉水解到二糖阶段为麦芽糖，完全水解后得到葡萄糖。淀粉一般由直链淀粉和支链淀粉两种成分组成。直链淀粉含几百个葡萄糖单元，支链淀粉含几千个葡萄糖单元。在天然淀粉中直链的约占 22%～26%，它是可溶性的；其余的则为支链淀粉。当用碘溶液进行检测时，直链淀粉液呈显蓝色；而支链淀粉与碘接触时，则变为红棕色。

直链淀粉大约是由 100～1 000 个(一般为 250～300 个)α-D-葡萄糖单位通过 α-1,4-苷键连接而成的长链分子，分子量范围在 30 000～100 000。

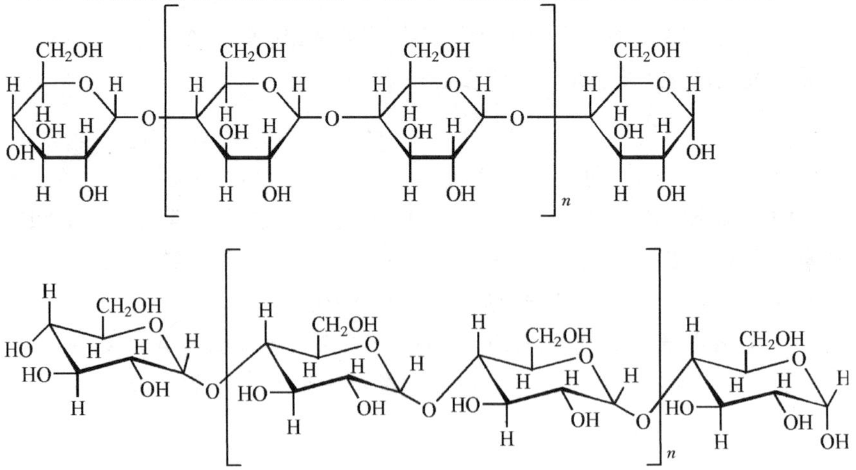

直链淀粉

直链淀粉不是完全伸直的。由于分子内氢键的作用，使链卷曲盘旋成螺旋状，每卷螺旋一般含有六个葡萄糖单位。图 2-1 和图 2-2 分别为直接淀粉和支链淀粉结构示意图。支链淀粉具有多分子的特征。

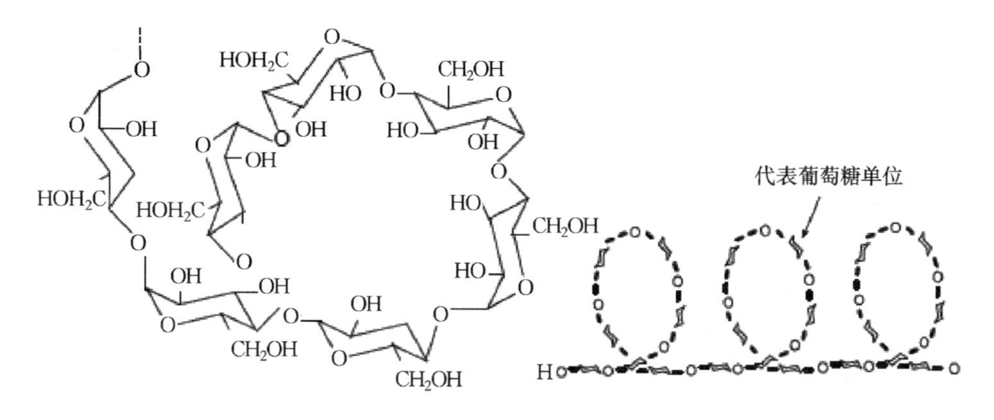

图 2-1　直链淀粉结构示意图

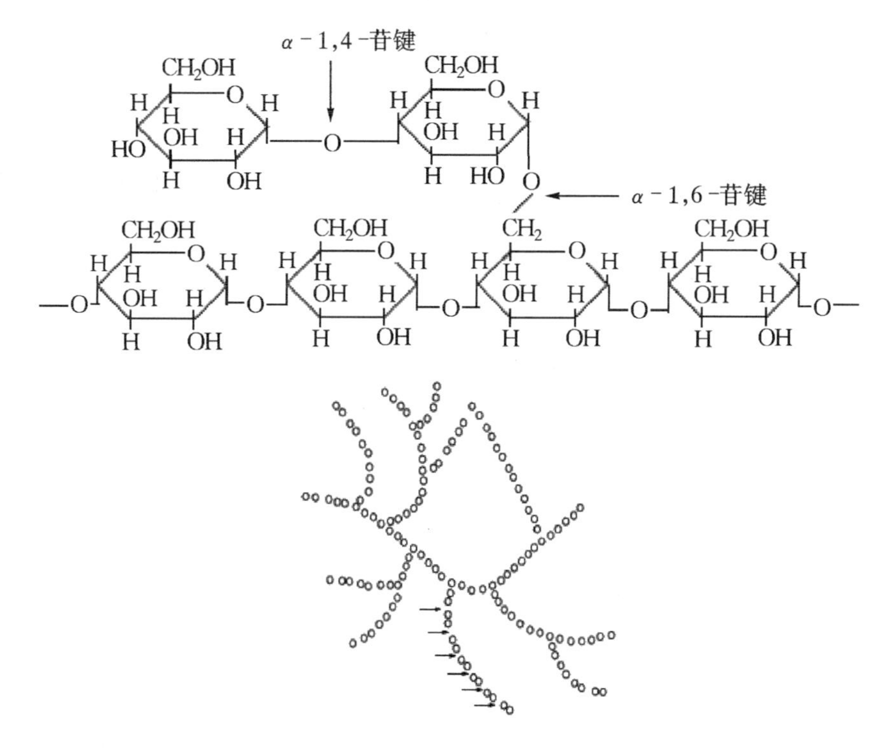

图 2-2　支链淀粉结构示意图

每个圆圈代表一个葡萄糖单位，∞代表麦芽糖单位，箭头所指处可被淀粉酶水解部分)

淀粉是植物体中储存的养分，广泛存在于植物体的各个部分，特别是在种子和块茎中含量都较高。例如，大米中含淀粉62%～86%，麦子中含淀粉57%～75%，玉蜀黍中含淀粉65%～72%，马铃薯中则含淀粉12%～14%。淀粉是食物的重要组成部分，咀嚼米饭等时感到有些甜味，这是因为唾液中的淀粉酶将淀粉水解成了麦芽糖。食物进入胃肠后，还能被胰脏分泌出来的淀粉酶水解，形成的葡萄糖被小肠壁吸收，成为人体组织的营养物。支链淀粉部分水解可产生称为糊精的混合物，糊精主要用作食品添加剂、胶水、浆糊，并用于纸张和纺织品制造等。

2. 糖元（glycogen）

糖元又称动物淀粉，是动物的糖储存库，也可看作是体内能源库。糖元的结构与支链淀粉有基本相同的结构（葡萄糖单位的分支链），只是糖元的分支更多、更短，平均隔三个葡萄糖单位即可有一个分支，支链的葡萄糖单位也只有12～18个，外圈链甚至只有6～7个，所以糖元的分子结构比较紧密，整个分子团呈球形。它的平均分子量大约在10^6～10^7之间。糖元是无定形白色粉末，较易溶于热水，形成胶体溶液。糖元在动物的肝脏和肌肉中含量最大，因此又有肝糖元和肌糖元之分。当动物血液中葡萄糖含量较高时，就会结合成糖元而储存于肝脏中；当葡萄糖含量降低时，糖元就可分解成葡萄糖而供给机体能量。

3. 纤维素（cellulose）

纤维素是自然界中最丰富的多糖。纤维素是植物支撑组织的基础，棉花中纤维素含量高达98%，亚麻和木材中含纤维素分别为80%和50%左右。它是没有分支的链状分子，与直链淀粉一样，是由*D*-葡萄糖单位组成。

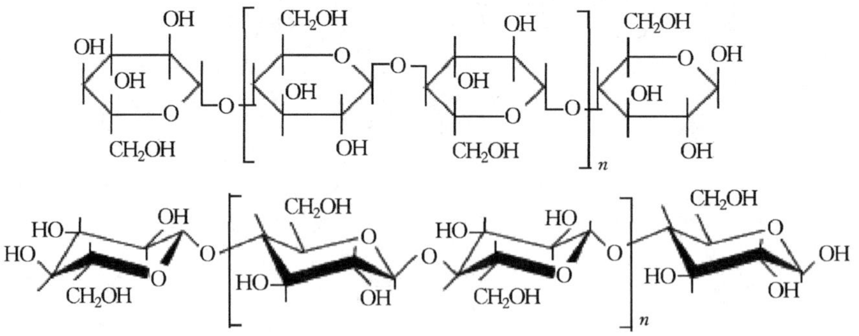

纤维素分子

纤维素结构与直链淀粉结构间的差别在于：*D*-葡萄糖单位之间的连接方式不同。由于分子间氢键的作用，使这些分子链平行排列、紧密结合，形成了纤维束，每一束有 100～200 条纤维系分子链，直径 10～20 nm。这些纤维束拧在一起形成绳状结构，绳状结构再排列起来就形成了纤维素，如图 2－3 所示。纤维素的机械性能和化学稳定性与这种结构有关。

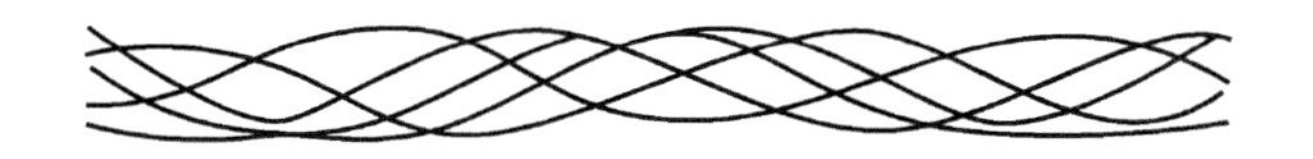

图 2－3　扭在一起的纤维素链

纤维素不仅不溶于水，甚至不溶于强酸或碱。人体中由于缺乏具有分解纤维素结构所必需的酶(生物催化剂)，因此纤维素不能为人体所利用，也就不能作为人类的主要食品。但纤维素能促进肠的蠕动，而有助于消化，适当食用是有益的。牛、马等动物的胃里含有能使纤维素水解的酶，因此可食用含大量纤维素的饲料。纤维素是制造人造丝、人造棉、玻璃纸、火棉胶等的主要原料。

多糖水解不是一步成为单糖的。如，淀粉水解成糊精，再水解成为麦芽糖，最终成为葡萄糖。这些由少数(2～6 个)单糖分子构成的糖称为寡糖(又称低聚糖)，其中以双糖存在最为广泛。

生物界对能量的需要和利用均离不开糖类。糖类不仅是生物体的能量来源，而且在生物体内发挥其他作用，因为糖类可以与其他分子形成复合物，即复合糖类。例如糖类与蛋白质可组成糖蛋白和蛋白聚糖，糖类可以与脂类形成糖脂和多脂多糖等。复合糖类在生物体内的种类和结构的多样性及功能的复杂性，更是超过了简单糖。糖类在生物界的重要性，还在于它对各类生物体的结构支持和保护作用。很多软体动物的体外有一层硬壳，组成这层硬壳的物质包括被称为基质的甲壳素。甲壳素的主要成分是乙酰氨基葡萄糖，为结构单元的多糖。甲壳素的分子结构因此也和纤维素很相似，具有高度的刚性，能忍受极端的化学处理。在动物细胞表面没有细胞壁，但细胞膜上有许多糖蛋白，而且细胞间存在着细胞间质，其主要组分是由结构糖蛋白和多种蛋白聚糖构成。另外，还有含糖的胶原蛋白，它也是骨的基质。这些复合糖类对动物细胞也有支持和保护作用。

糖类还能通过很多途径影响生物体的生命过程，其中有些是有益于健康的，有些是有害的。在生物体内有很多水溶性差的有机化合物，有的来自食物(有的是体内的代谢产物)，它们长期储存在体内是有害的。生物体内有一些酶能催化葡萄糖醛酯和许多水溶性差的化合物相连接，使后者能溶于水中，进而被排出体外，这时糖类起到了解毒的作用。

2.9　氨基酸与蛋白质

蛋白质是由多种 α-氨基酸组成的一类天然高分子化合物，是细胞结构里最复杂多变的一类大分子，它存在于一切活细胞中，其分子量大多在 1 万至 100 万之间，最大可达几千万。1839 年德国化学家 Mulder G T 给这类化合物起名叫做蛋白质(protein)，意思是“头等重要的”。所有的蛋白质都含 C，N，O，H 元素，大多数蛋白质还含 S 或 P，也有些含其他元素如 Fe，Cu，Zn 等。元素分析表明，蛋白质百分组成如下：C 为 50%～55%；H 为 6.0%～7.3%；O 为 19%～24%；N 为 13%～19%；S 为 0%～4%。有些蛋白质还会含有磷、铁、碘、锰、锌及其他元素。生物体中的氮，大部分以蛋白质形式存在。各种蛋白质的含氮量很接近，平均含氮量为 16%，即每克氮相当于 6.25 克蛋白质。

蛋白质是氨基酸聚合物，水解时产生的单体叫氨基酸。蛋白质的种类繁多，功能迥异，各种特殊功能是由蛋白质分子里氨基酸的组合和顺序决定的。

2.9.1　氨基酸(amino acids)

构成蛋白质的氨基酸是 α-氨基酸，为方便起见，简称氨基酸。它们是 α-碳[羧基(—COOH)旁边的碳]上有一个氨基($—NH_2$)的有机酸。事实上，同时有氨基和羧基的化合物，都叫氨基酸。氨基酸是无色晶体，易溶于水，而难溶于非极性有机溶剂，加热至熔点(一般在 200℃以上)则分解。

α-氨基酸的结构通式如下

```
     H      O              H      O
     |     //              |     //
R—C—C                H—C—C
     |     \               |     \
     NH2    OH             NH2    OH
```

α-氨基酸的通式　　　　甘氨酸

氨基酸中的 R 基侧链是各种氨基酸的特征基团。最简单的氨基酸是甘氨酸(氨基乙酸)，其中的 R 是一个 H 原子。

氨基酸具有氨基和羧基的典型反应，例如氨基可以烃基化、酰基化，可与亚硝酸作用；羧基可以成酯或酰氯或酰胺等。谷氨酸是难溶于水的结晶。L-(-)-谷氨酸的单钠盐就是味精($C_5H_8NNaO_4 \cdot H_2O$)，工业上可由糖类物质发酵或由植物蛋白水解制取，其结构式如下所示

$$HOOC—CH_2—CH_2—\underset{\displaystyle NH_2}{\underset{|}{CH}}—COONa \cdot H_2O$$

近年来，微生物分解利用石油原料生产氨基酸的研究很活跃，主要有谷氨酸和赖氨酸两种。正烷烃在野生细菌作用下可发酵生产谷氨酸，虽然目前原料质量和价格还达不到工业规模要求，但将来完全可期望代替糖类发酵。乙酸在黄色短杆菌作用下也可以产生谷氨酸，世界每年作谷氨酸原料而消耗的乙酸为 10 万吨以上，这对于原先以废糖蜜和淀粉为原料的谷氨酸工业来说，使原料供应更加稳定。赖氨酸的生产方法有提取法、合成法、发酵法和酶法，现在国内外主要采用发酵法生产。一般用糖蜜等可再生资源为原料，也可以用醋酸、石油、乙烯、苯甲酸等原料微生物发酵直接生成 L -赖氨酸。值得重视的是酶法已成为近年研究的最有前途及最具生产潜力的方法，预计不久的将来，酶法将逐步取代发酵法。

人体必需的而又无法通过自身合成的最重要的氨基酸有八种：甲氨酸、缬氨酸、赖氨酸、异亮氨酸、苯丙氨酸、亮氨酸、色氨酸和苏氨酸。

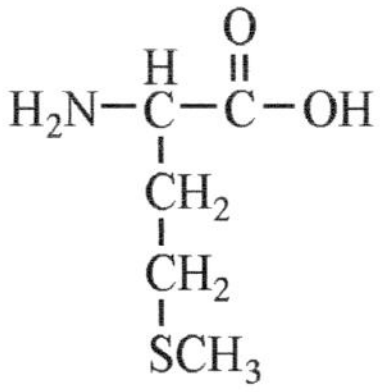

甲氨酸 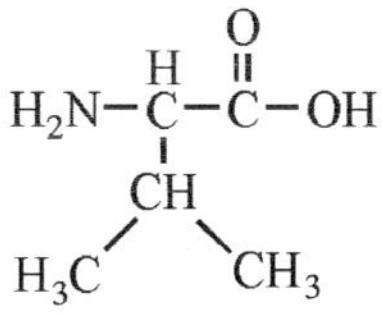　　缬氨酸 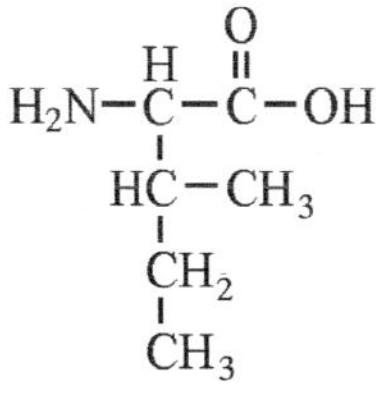　　异亮氨酸 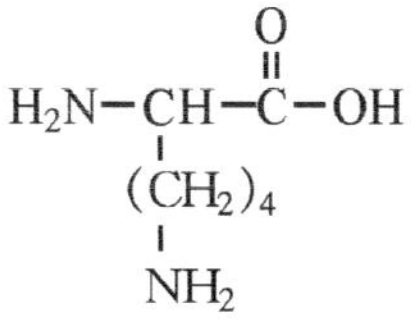　　赖氨酸

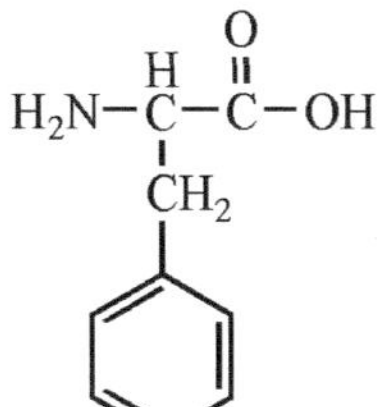

苯丙氨酸 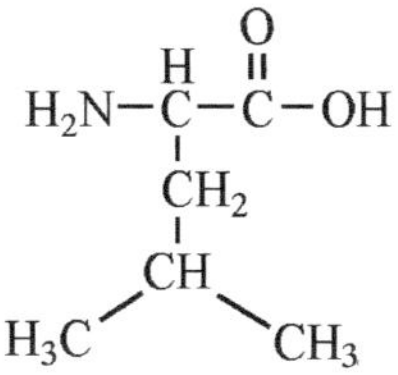　　亮氨酸 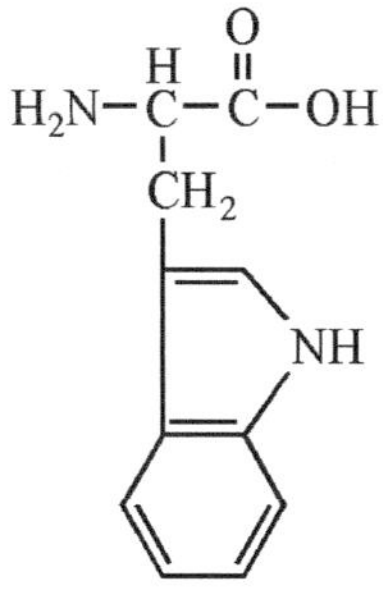　　色氨酸 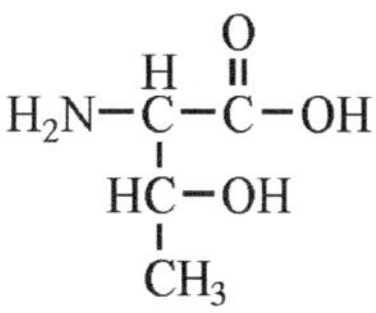　　苏氨酸

2.9.2　多肽(polypeptide)

氨基酸分子间的氨基与羧基失水，以酰胺键（或称肽键，peptide bond 或 peptide linkage）相连而成的化合物叫做肽（peptide）。由两个氨基酸缩合而成的叫二

肽，由三个氨基酸缩合而成的叫三肽，由较多的氨基酸缩合成的叫多肽(polypeptide)。最简单的肽由两个氨基酸组成，称为二肽。例如，两个甘氨酸分子缩合成二肽，即甘氨酰甘氨酸(符号为 Gly-Gly)。

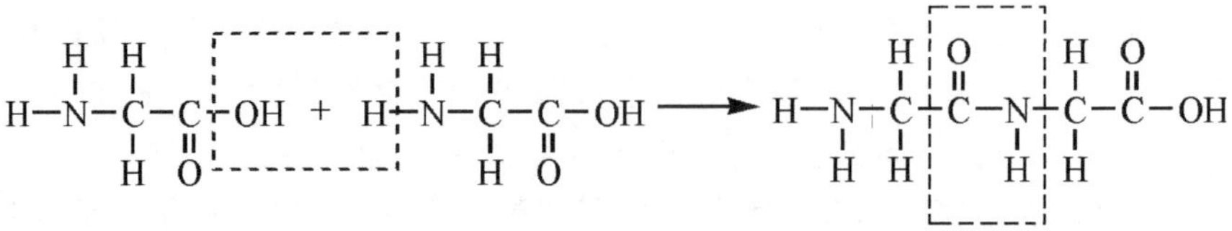

甘氨酸　　甘氨酸　　甘氨酰甘氨酸

肽键中的氨基酸由于参与肽键的形成，已经不是原来完整的分子，因此称为氨基酸残基。含有三个、四个、五个等氨基酸残基的肽分别称为三肽、四肽、五肽等。肽的命名是根据参与其组成的氨基酸残基来确定的，通常从肽键的 NH_2 末端氨基酸残基开始，称为某酰氨基酰氨基酰……某氨基酸。具有下列化学结构的五肽，命名为丝氨酰甘氨酰酪氨酰丙氨酰亮氨酸，可用符号 Ser-Gly-Tyr-Ala-Leu 表示。

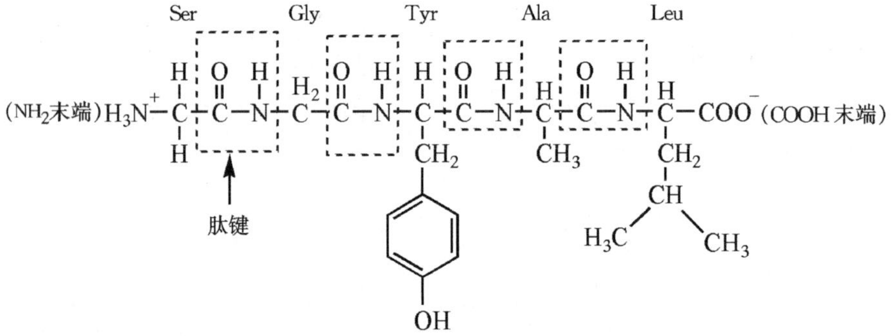

Ser　Gly　Tyr　Ala　Leu

(NH_2末端)　肽键　(COOH 末端)

若由两种不同的氨基酸如甘氨酸和丙氨酸来进行缩合，则可能形成两种不同的二肽

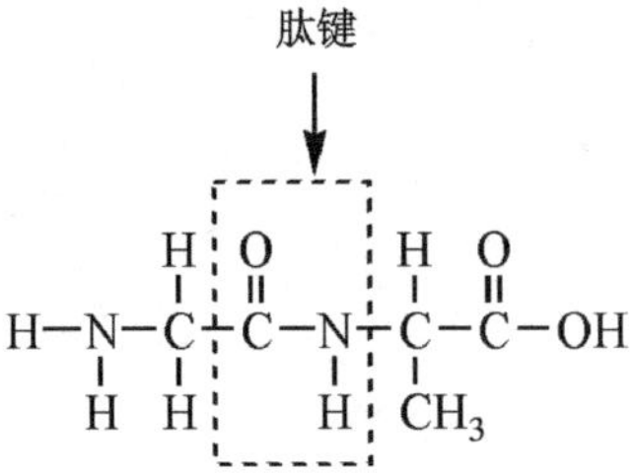

肽键　　肽键

甘氨酰丙氨酸(Gly-Ala) 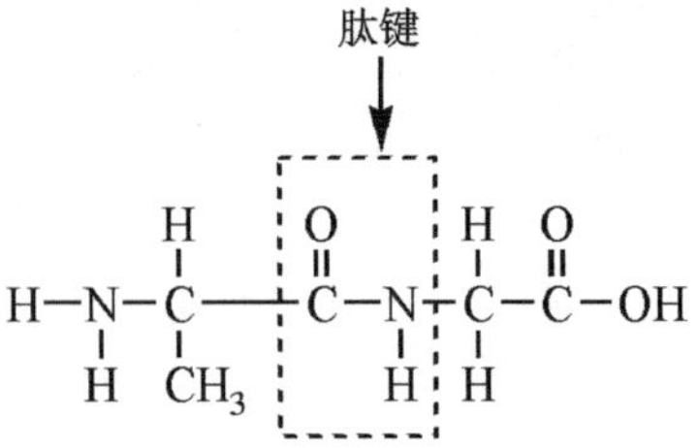　　丙氨酰甘氨酸(Ala - Gly)

通常由 10～100 个氨基酸分子脱水缩合而成的化合物叫多肽，它们的分子量

低于10 000 Da(Dalton,道尔顿),能透过半透膜,不被三氯乙酸及硫酸铵所沉淀。也有文献把由2～10个氨基酸组成的肽称为寡肽(小分子肽);10～50个氨基酸组成的肽称为多肽;由50个以上的氨基酸组成的肽就称为蛋白质,换言之,蛋白质有时也被称为多肽。

多肽类物质在自然界存在很多,它们在生物体中起着各种不同的作用。例如,存在于大部分细胞中的谷胱甘肽,参与细胞的氧化还原过程;存在于垂体后叶腺中的催产素,是由八种氨基酸组成的肽类激素;胰脏中分泌的胰岛素 (insulin)是由51个氨基酸组成的多肽类激素,它是控制碳水化合物正常代谢必要的物质,绝大部分哺乳动物的胰岛素的结构差别很小。多肽是人体自身存在而且必需的活性物质,是人体的重要组成物质、营养物质,它广泛分布于人体各处(特别是大脑里),对几乎所有的细胞都有调节作用。人体缺失了多肽,免疫系统、各功能系统就会发生紊乱,就会出现各种慢性病。

2.9.3 蛋白质 (protein)

蛋白质是存在于一切细胞中的高分子化合物之一,没有蛋白质就没有生命。因此,它是与生命及与各种形式的生命活动紧密联系在一起的物质。机体中的每个细胞和所有重要组成部分都有蛋白质的参与。例如肌肉、毛发、蚕丝、指甲、角、某些激素、酶、血清、血红蛋白等等都是由不同的蛋白质构成的。它们供给机体营养,执行保护机能,负责机械运动,控制代谢过程,输送氧气,防御病菌的侵袭,传递遗传信息等等。蛋白质分子是由一条或多条多肽链构成的生物大分子。蛋白质的种类很多,以前认为蛋白质都是天然的,但现在差不多任何顺序的肽链都能合成,包括自然界里没有的。所以,种类是无限的,其中有的已知有生物功能和活性。蛋白质按分子形状来分,有球蛋白和纤维蛋白。球蛋白溶于水、易破裂,具有活性功能,而纤维状蛋白不溶于水,坚韧,具有结构或保护方面的功能,头发和指甲里的角蛋白就属纤维状蛋白。按化学组成来分有简单蛋白和复合蛋白,简单蛋白只由多肽链组成,复合蛋白由多肽链和辅基组成,辅基包括核苷酸、糖、脂、色素(动植物组织中的有色物质)和金属配离子等。

为了表示蛋白质结构的不同层次,经常使用一级结构、二级结构、三级结构和四级结构这样一些专门术语。一级结构就是共价主链的氨基酸顺序,二、三和四级结构又称空间结构(即三维构象)或高级结构。

一级结构决定了蛋白质的功能,对它的生理活性也很重要,顺序中只要有一个氨基酸发生变化,整个蛋白质分子就会被破坏。催产素(促进子宫肌肉收缩)、加压素(增加血压)、舒缓激肽(调节血压)和牛胰岛素的化学结构即一级结构,如图2-4、图2-5所示。

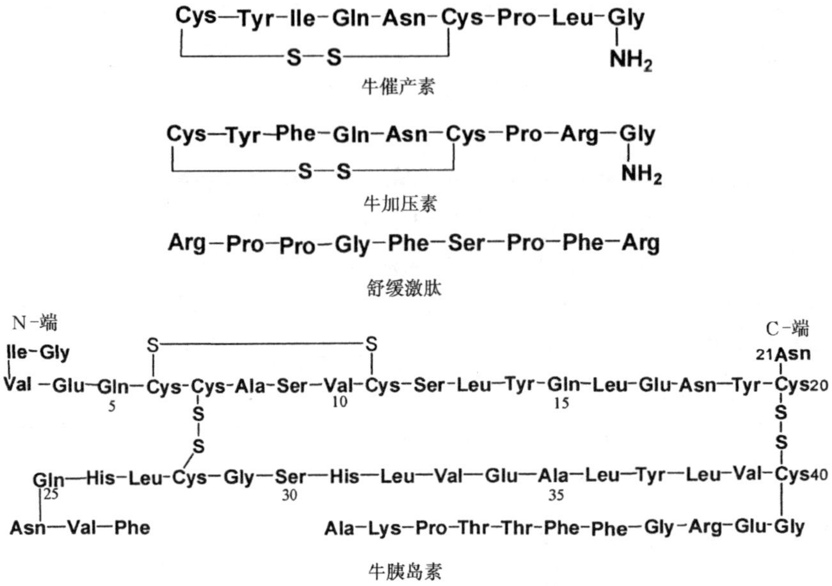

Cys—Tyr-Ile-Gln-Asn-Cys-Pro-Leu-Gly-NH_2（Cys 与 Cys 间 S—S）

牛催产素

Cys—Tyr-Phe-Gln-Asn-Cys-Pro-Arg-Gly-NH_2（Cys 与 Cys 间 S—S）

牛加压素

Arg-Pro-Pro-Gly-Phe-Ser-Pro-Phe-Arg

舒缓激肽

N-端　Ile-Gly-Val-Glu-Gln-Cys-Cys-Ala-Ser-Val-Cys-Ser-Leu-Tyr-Gln-Leu-Glu-Asn-Tyr-Cys(20)-21Asn　C-端

Phe-Val-Asn-Gln(25)-His-Leu-Cys-Gly-Ser(30)-His-Leu-Val-Glu-Ala(35)-Leu-Tyr-Leu-Val-Cys(40)-Gly-Glu-Arg-Gly-Phe-Phe-Thr-Thr-Pro-Lys-Ala

（S—S 连接：Cys6—Cys11，Cys7—Cys 乙链，Cys20—Cys40）

牛胰岛素

图 2-4　牛催产素、加压素、胰岛素、舒缓激肽的化学结构

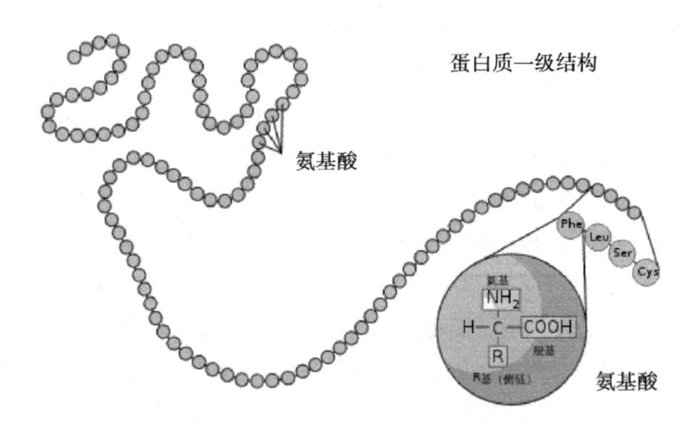

图 2-5　蛋白质的一级结构示意图

蛋白质的二级结构是指蛋白质分子中多肽链本身的折叠方式。例如角蛋白中的多肽链，排列成卷曲形，称为 α 螺旋。在这种结构里，氨基酸形成螺旋圈，肽键中与氮原子相联的氢，与附在沿链更远处的肽键中和碳原子相连的氧以氢键相结合。而丝的纤维蛋白具有不同的二级结构。在丝里，几种走向不同的肽链互相紧靠，使蛋白成为“之”字形，所以有折叠结构之称，也称 β 构型。链是由氢链联结的，

R 基团向上或向下延伸。α 螺旋和 β 折叠结构分别如图 2-6(a),(b)所示。

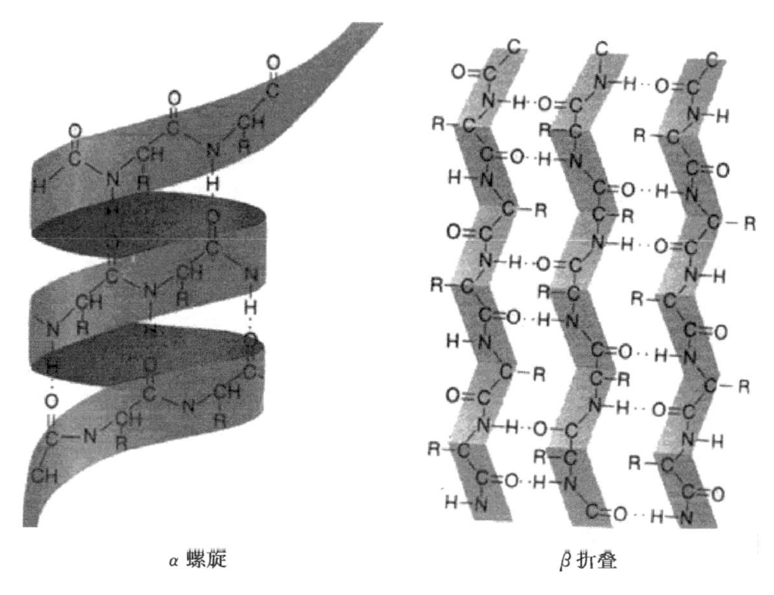

图 2-6　多肽链构型

蛋白质的三级结构是指二级结构折叠卷曲形成的结构。一般讲,球蛋白是一个折叠得非常紧密的球形,如图 2-7 所示。蛋白质的四级结构是指几个蛋白质分

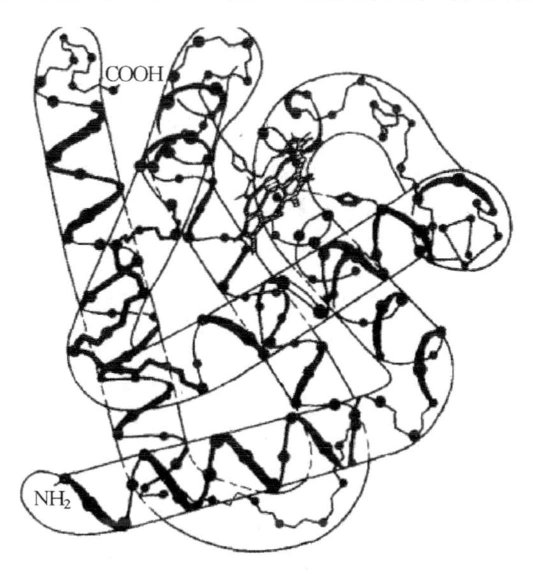

图 2-7　肌红蛋白的三级结构

(根据 2Å 分辨率的资料分析所得的结构)

子(称为亚基)聚集成的高级结构,高级结构不再进一步讨论。

蛋白质结构的变化如图 2-8 所示。

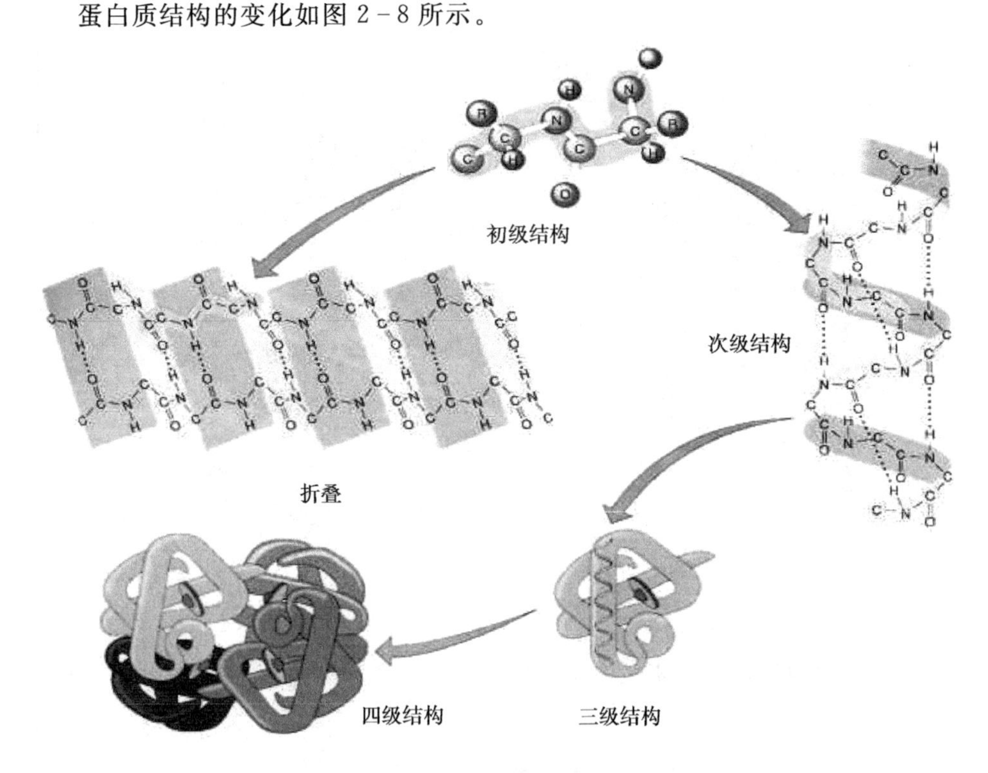

图 2-8　蛋白质四级结构的变化示意图

蛋白质广泛而又多变的功能决定了它们在生理上的重要性。蛋白质的生物学功能是多种多样的。例如有的作为催化剂(酶),有的起运输、调节或防御作用。这些作用都与蛋白质复杂的结构紧密相关。

1. 酶(enzymes)

酶,早期是指 in yeast——在酵母中的意思,指由生物体内活细胞产生的以蛋白质为主要成分的、具有催化活性的一种生物催化剂。能在机体中十分温和的条件下,高效率地催化各种生物化学反应,促进生物体的新陈代谢。生命活动中的消化、吸收、呼吸、运动和生殖都是酶促反应过程。酶是细胞赖以生存的基础。细胞新陈代谢包括的所有化学反应几乎都是在酶的催化下进行的。

哺乳动物的细胞就含有几千种酶。它们或是溶解于细胞液中,或是与各种膜结构结合在一起,或是位于细胞内其他结构的特定位置上。这些酶统称胞内酶;另外,还有一些在细胞内合成后再分泌至细胞外的酶——胞外酶。从酶的化学组成来看，可分成单纯酶和结合酶两大类。单纯酶的分子组成全为蛋白质，不含非蛋白质的小分子物质，如脲酶、蛋白酶、淀粉酶、脂肪酶、核糖核酸酶等都属单纯酶。结合酶的分子组成除蛋白质外，还含有对热稳定的非蛋白质的小分子物质，这种非蛋白质部分叫辅酶(辅助因子)。酶蛋白与辅酶结合后所形成的复合物或配合物叫做全酶。辅酶是这类酶起催化作用的必要条件，缺少了它们，酶的催化作用即行消失，酶蛋白、辅酶各自单独存在时都无催化作用。辅酶可以是金属离子[如 Cu(Ⅱ)，Zn(Ⅱ)，Fe(Ⅲ)，Mg(Ⅱ)，Mn(Ⅱ)等]的配合物(如血红素、叶绿素等)，也可以是复杂有机化合物。酶催化作用实质是降低化学反应活化能。

人类从发明酿酒、造醋、制酱、发面时起，就对生物催化作用有了初步的认识，不过当时并不知道有酶这类生物催化剂。进入 19 世纪后期，人们已积累了不少关于酶的知识，认识到酶来自生物细胞。进入 20 世纪，不仅发现了很多酶，而且酶的提取、分离、提纯等技术有了很大的发展，并注意到有不少酶在作用中需要低分子量的物质(辅酶)参与，对酶的本质进行了深入的研究。1926 年第一次成功地从刀豆中提取了脲酶的结晶，并证明这种结晶具有蛋白质的化学本质，它能催化尿素分解为 NH_3 和 CO_2。尔后，相继分离出许多酶(如胃蛋白酶、胰蛋白酶等)的晶体。科学实验证明了酶的化学组成同蛋白质一样，也是由氨基酸组成的，它们都具有蛋白质的化学本性。至今，人们已鉴定出 2 000 种以上的酶，其中有 200 多种已得到了结晶。

酶的催化作用，有很多特点，其最主要的特点如下。

(1)酶是由生物细胞在基因指导下合成的，其主要成分是蛋白质。

(2)酶催化反应都是在比较温和的条件下进行的。例如在人体中的各种酶促反应，一般是在体温(37℃)和血液 pH 值约为 7 的情况下进行的，这与它的特定结构有关。因此酶对周围环境的变化比较敏感，若遇到高温、强酸、强碱、重金属离子、配位体或紫外线照射等因素的影响时，易失去它的催化活性。

(3)酶具有高度的专一性，即某一种酶仅对某一类物质甚至只对某一种物质的给定反应起催化作用，生成一定的产物。如脲酶只能催化尿素水解生成 NH_3 和 CO_2，而对尿素的衍生物和其他物质都不具有催化水解的作用，也不能使尿素发生其他反应。酶的这种专一性通常可用酶分子的几何构象给予解释。如麦芽糖酶是一种只能催化麦芽糖水解为两分子葡萄糖的催化剂，这是由于麦芽糖酶的活性部位(即反应发生的位置)能准确地结合一个麦芽糖分子，当两者相遇时，使两个单糖单位相连接的键合变弱，其结果是水分子进入并发生水解反应。麦芽糖酶不能使蔗糖水解，使蔗糖水解的是蔗糖酶。早年提出的“一把钥匙开一把锁”的酶催化锁钥模型如图 2-9 所示。

近年来的研究结果表明，把酶和底物看成刚性分子是不完善的，实际上它们

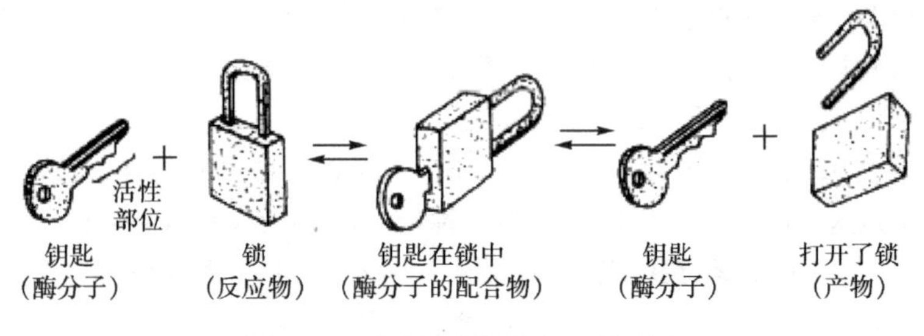

图 2－9　酶催化作用的锁—钥理论

的柔性使二者可以相互识别、相互适应而结合。

(4)酶促反应所需要的活化能低，而催化效率非常高。例如，H_2O_2 分解为 H_2O 和 O_2 所需的活化能是 75.3 kJ · mol^{-1}；用胶态铂作催化剂活化能降为 49 kJ · mol^{-1}；当用过氧化氢酶催化时的活化能仅需 8 kJ · mol^{-1}左右，并且 H_2O_2 分解的效率可提高 10^9 倍。

根据酶所催化的反应性质的不同，将酶分成六大类。

(1)氧化还原酶类(oxidoreductases)：促进底物的氧化或还原。

(2)转移酶类(transferasess)：促进不同物质分子间某种化学基团的交换或转移。

(3)水解酶类(hydrolases)：促进水解反应。

(4)裂解酶类(lyases)：催化从底物分子双键上加基团或脱基团反应，即促进一种化合物分裂为两种化合物，或由两种化合物合成一种化合物。

(5)异构酶类(isomerases)：促进同分异构体互相转化，即催化底物分子内部的重排反应。

(6)合成酶类(ligases)：促进两分子化合物互相结合，同时 ATP 分子(或其他三磷酸核苷)中的高能磷酸键断裂，即催化分子间缔合反应。

按照国际生化协会公布的酶的统一分类原则，在上述六大类基础上，在每一大类酶中又根据底物中被作用的基团或键的特点，分为若干亚类；为了更精确地表明底物或反应物的性质，每一个亚类再分为几个组(亚亚类)；每个组中直接包含若干个酶。

目前酶学研究中的新领域包括：酶合成的遗传控制与遗传病、许多酶系统的自我调节性质、生长发育及分化中酶的作用与肿瘤及衰老的关系、细胞相互识别过程中酶的作用等等。

2. 血红蛋白(hemoglobin)

血红蛋白是高等生物体内负责运载氧的一种蛋白质。人体内的血红蛋白由四个亚基构成，分别为两个 α 亚基和两个 β 亚基，在与人体环境相似的电解质溶液中，血红蛋白的四个亚基可以自动组装成 $\alpha_2\beta_2$ 的形态。其结构示意图如图 2-10 所示。

血红蛋白的每个亚基由一条肽链和一个血红素分子构成，肽链在生理条件下会盘绕折叠成球形，把血红素分子包在里面，这条肽链盘绕成的球形结构又被称为珠蛋白。血红素分子是一个具有卟啉结构的小分子，在卟啉分子中心，由卟啉中四个吡咯环上的氮原子，与一个亚铁离子配位结合，珠蛋白肽链中第 8 位的一个组氨酸残基中的咧哚侧链上的氮原子，从卟啉分子平面的上方与亚铁离子配位结合，当血红蛋白不与氧结合的时候，有一个水分子从卟啉环下方与亚铁离子配位结合；而当血红蛋白载氧的时候，就由氧分子顶替水的位置。

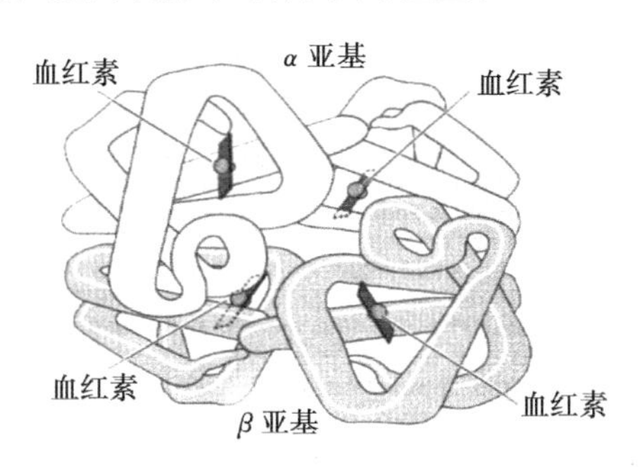

图 2-10　血红蛋白的结构示意图

血红蛋白与氧结合的过程是一个非常神奇的过程。首先一个氧分子与血红蛋白四个亚基中的一个结合，与氧结合之后的珠蛋白结构发生变化，造成整个血红蛋白结构的变化，这种变化使得第二个氧分子相比于第一个氧分子更容易寻找血红蛋白的另一个亚基结合，而它的结合会进一步促进第三个氧分子的结合，以此类推直到构成血红蛋白的四个亚基分别与四个氧分子结合。而在组织内释放氧的过程也是这样，一个氧分子的离去会刺激另一个的离去，直到完全释放所有的氧分子，这种现象被称为协同效应。

血红素分子结构由于协同效应，血红蛋白与氧气的结合曲线呈 S 形，在特定范围内随着环境中氧含量的变化，血红蛋白与氧分子的结合率有一个剧烈变化的过程，生物体内组织中的氧浓度和肺组织中的氧浓度恰好位于这一突变的两侧，因而在肺组织中，血红蛋白可以充分地与氧结合，在体内其他部分则可以充分地释放所携带的氧分子。可是当环境中的氧气含量很高或者很低的时候，血红蛋白的氧结合曲线非常平缓，氧气浓度巨大的波动也很难使血红蛋白与氧气的结合率发生显著变化，因此健康人即使呼吸纯氧，血液运载氧的能力也不会有显著的提高，从这个角度讲，对健康人而言吸氧所产生的心理暗示要远远大于其生理作用。

除了运载氧，血红蛋白还可以与二氧化碳、一氧化碳、氰离子结合，结合的方式也与氧完全一样，所不同的只是结合的牢固程度。一氧化碳、氰离子一旦和血红蛋白结合就很难离开，这就是煤气中毒和氰化物中毒的原理。遇到这种情况，可以使用其他与这些物质结合能力更强的物质来解毒，比如，一氧化碳中毒可以用静脉注射亚甲基蓝的方法来救治。

3. 抗体(antibody)

抗体指机体在抗原刺激下，由B淋巴细胞分化成的、浆细胞所产生的、可与相应抗原发生特异性结合反应的免疫球蛋白。抗体是人体抵抗感染的一种重要武器。19世纪末，德国科学家Behring发明了用含白喉抗毒素的动物血清注射给白喉患儿的方法，使其治愈。此后，医学家们用含有不同抗体动物血清或人血清来治疗或预防多种传染病。抗体产生的规律如下。

(1)初次反应产生抗体

当抗原第一次进入机体时，需经一定的潜伏期才能产生抗体，且抗体产生的量也不多，在体内维持的时间也较短。

(2)再次反应产生抗体

当相同抗原第二次进入机体后，开始时，由于原有抗体中的一部分与再次进入的抗原结合，可使原有抗体量略为降低。随后，抗体效价迅速大量增加，可比初次反应产生的多几倍到几十倍，在体内留存的时间亦较长。

(3)回忆反应产生抗体

由抗原刺激机体产生的抗体，经过一定时间后可逐渐消失。此时若再次接触抗原，可使已消失的抗体快速上升。如再次刺激机体的抗原与初次相同，则称为特异性回忆反应；若与初次反应不同，则称为非特异性回忆反应。非特异性回忆反应引起的抗体的上升是暂时性的，短时间内即很快下降。

抗体的主要功能是与抗原(包括外来的和自身的)相结合，从而有效地清除侵入机体内的微生物、寄生虫等异物，中和它们所释放的毒素或清除某些自身抗原，使机体保持正常平衡。但有时也会对机体造成病理性损害，如抗核抗体、抗双链DNA抗体、抗甲状腺球蛋白抗体等一些自身抗体的产生，对人体可造成危害。

2.10　类脂化合物 (lipids)

类脂化合物(lipids)是生物化学家习惯采用的名称，它包括油脂、蜡、磷脂、萜类以及甾族化合物等结构不同的物质，所以这种归类方法不是基于化学结构上的共同点，而只是由于它们在物态及物理性质上与油脂类似，亦即它们都是不溶于水而溶于非极性或弱极性有机溶剂中的或从生物体中取得的物质。油脂、蜡和磷脂都属于脂类,因此它们都能被水解,水解产物中都含有脂肪酸。

2.10.1　油脂 (grease,oil,fat)

油和脂肪都是高级脂肪酸甘油酯,统称为油脂。一般把常温下是液体的称作油,而把常温下是固体的称作脂肪。常见的油脂有猪油、牛油、花生油、豆油、桐油等动植物油。由动物或植物中取得的油脂都是多种物质的混合物,其主要成分是三分子高级脂肪酸与甘油形成的酯。此外,油脂中还含有少量游离脂肪酸、高级醇、高级烃、维生素及色素等。亚油酸和亚麻酸是人类饮食中不可缺少的。天然油脂是由多种不同的脂肪酸形成的混合甘油脂的混合物,例如,组成牛油的脂肪酸有已酸、辛酸、月桂酸、软脂酸、硬脂酸及油酸等。

油脂分布十分广泛,各种植物的种子、动物的组织和器官中都存在一定数量的油脂,特别是油料作物的种子和动物皮下的脂肪组织,油脂含量丰富。人体中的脂肪约占体重的 10%～20%。油脂中的碳链含碳碳双键时(即为不饱和脂肪酸甘油酯),主要是低沸点的植物油;油脂中的碳链为碳碳单键时(即为饱和脂肪酸甘油酯),主要是高沸点的动物脂肪,例如硬脂酸甘油三酯。

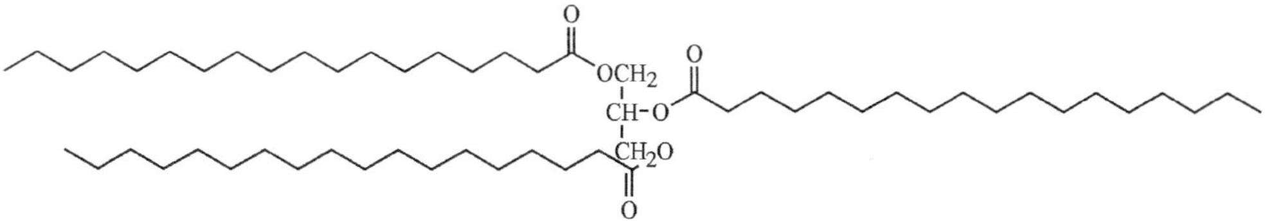

硬脂酸甘油三脂

2.10.2　蜡 (wax)

蜡存在于许多海生浮游生物中,也是某些动物羽毛、皮毛或植物的叶及果实的保护层。蜡的主要组分是高级脂肪酸的高级饱和一元醇酯。蜡比油脂硬而脆,稳定性大,在空气中不易变质,难于皂化。虫蜡也叫白蜡,为我国特产,是寄生于女贞树上的白蜡虫的分泌物,主要成分是蜡酸酯,主要产地是四川。它的熔点高、硬度大。蜂蜡是由工蜂腹部的蜡腺分泌出来的蜡,主要成分是软脂酸蜂蜡酯,是建造蜂窝的主要物质。鲸蜡是由抹香鲸的头部取得的。巴西棕榈蜡是巴西蜡棕叶气孔中的渗出物。蜡一般用作上光剂、鞋油、地板蜡、蜡纸、药膏的基质。此外,羊毛脂也常属于蜡的范围之内,它是附着于羊毛上的油状分泌物,是由多种不同的高级脂肪酸与高级醇形成的酯的复杂混合物。由于它容易吸收水分,并有乳化作用,故多用于化妆品中。

石油是由多种成分组成的,一般都含蜡。自从人类石油开采以来,就无时无刻不与蜡打着交道。蜡在油管道中的聚积是石油工业中令人头痛的难题。据 20 世纪 80 年代后期不完全统计,仅美国每年用于清除油井结蜡的费用就高达 600 万美元。所以蜡也是石油科技工作者长期探讨的课题之一。

石油蜡是一种固态烃,主要成分为石蜡。石蜡又称晶形蜡,碳原子数约为 18～30 的烃类混合物,主要组分为直链烷烃(主要是正二十二烷($C_{22}H_{46}$)和正二十八烷($C_{28}H_{58}$),约为 80%～95%),还有少量带个别支链的烷烃和带长侧链的单环环烷烃(两者合计含量 20%以下)。它存在于原油、馏分油和渣油中,具有蜡的分子结构,熔点为 30℃～35℃。

在油田未开发之前,原油是埋在地层中的,这时处于高温、高压条件下,原油大多呈单相液体存在,蜡是完全溶解在原油之中的。在油层的开发过程中,当原油从油层流入井底,再从井底沿井筒举升到井口时,随着压力、温度降低到一定程度后,蜡就从原油中离析出来,形成的结晶颗粒在一定条件下聚积增大,并且不断地黏结在油管壁上,这就是油井的结蜡。结蜡对原油的开采与运输造成了严重的影响,因此必须及时清除油井结蜡。

油田常用的油井清防蜡技术,主要有机械清蜡技术、热力清防蜡技术、表面能技术、化学药剂清防蜡技术、磁防蜡技术和微生物清防蜡等。

在现阶段,我国的油井大多数还使用传统的刮蜡器方法除蜡,费时又费工,效率低下。而国外一些油田,目前已开始采用商品化的细菌制品,控制油井结蜡。在生产实践中,人们将固态的或液态的细菌制品注入到适合的油井井底,使细菌在那里生长繁殖并不断地氧化原油中的蜡质组分,同时产生有机酸等中间代谢产物,减少原油中的蜡质含量,增加蜡质组分在原油中的溶解度,从而达到控制油井结蜡的目的。

有一种间接的除蜡方法,可利用太阳能进行二次采油。它是在井口将采出的原油加热,再将一部分加热了的原油注回油层中去,从而降低了油层中剩余原油的黏度,使这部分原油易于开采、泵送和处理加工。首先,科技人员利用太阳能(也可以利用地热等其他低价能量)加热原油储罐内密闭的换热盘管中的循环工作液体,工作液体将热能传递给储罐中的原油;然后,再将已加热的原油泵入油层,加热油层中的剩余原油,使其黏度下降,提高原油采收率。需要指出的是,这种储油罐通常位于一口或多口生产井附近,用于临时储存从油井输出的原油。

2.10.3　磷脂 (phospholipid)

磷脂,是含有磷脂根的类脂化合物,是生命基础物质。细胞膜就是由 40%左右的蛋白质和 50%左右的磷脂构成的。

磷脂分为甘油磷脂与鞘磷脂两大类。由甘油构成的磷脂称为甘油磷脂(phosphoglyceride);由神经鞘氨醇构成的磷脂,称为鞘磷脂(sphingolipid)。其结构特点是:具有由磷酸相连的取代基团(含氨碱或醇类)构成的亲水头(hydrophilic head)和由脂肪酸链构成的疏水尾(hydrophobic tail)。在生物膜中磷脂的亲水头位于膜表面,而疏水尾位于膜内侧。

体内含的较多的甘油磷脂包括磷脂酰胆碱(卵磷脂)、磷脂酰乙醇胺(脑磷脂)、磷脂酰丝氨酸、磷脂酰甘油、二磷脂酰甘油(心磷酯)及磷酯酰肌醇等,每一磷脂可因组成的脂肪酸不同而有若干种。人体含量最多的鞘磷脂是神经鞘磷脂,由鞘氨醇、脂肪酸及磷酸胆碱构成。神经鞘磷酯是构成生物膜的重要磷酯,它常与卵磷脂并存于细胞膜外侧。

人体所有细胞中都含有磷脂,它是维持生命活动的基础物质。磷脂对活化细胞,维持新陈代谢,基础代谢及荷尔蒙的均衡分泌,增强人体的免疫力和再生力,都能发挥重大的作用。概括地讲,磷脂的基本功用是:增强脑力,安定神经,平衡内分泌,提高免疫力和再生力,解毒利尿,清洁血液,健美肌肤,保持青春,延缓衰老。

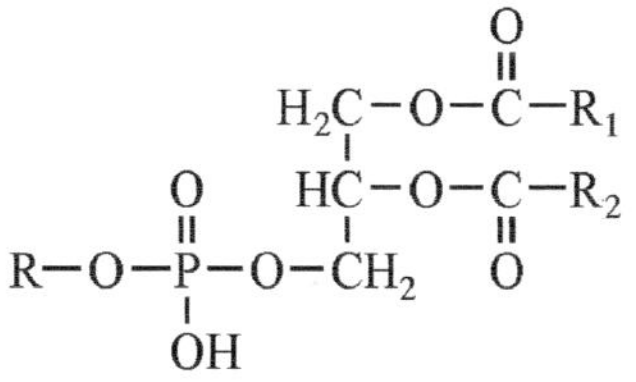

$$\begin{array}{l} H_2C-O-C(=O)-R_1 \\ \quad | \\ HC-O-C(=O)-R_2 \\ \quad | \\ R-O-P(=O)(OH)-O-CH_2 \end{array}$$

磷脂结构式

$$\begin{array}{l} H_2C-O-C(=O)-R_1 \\ \quad | \\ HC-O-C(=O)-R_2 \\ \quad | \\ (CH_3)_3\overset{+}{N}CH_2CH_2-O-P(=O)(O^-)-O-CH_2 \end{array}$$

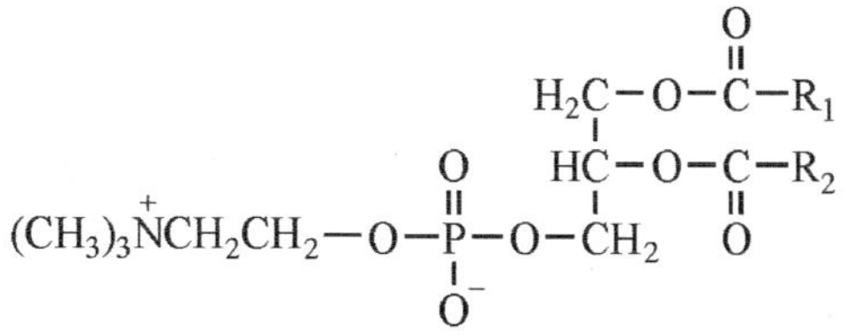

卵磷脂

磷脂主要作用有以下三方面。

1. 乳化作用

磷脂可以分解过高的血脂和过高的胆固醇,清扫血管,使血管循环顺畅,被公认为血管清道夫。磷脂还可以使中性脂肪和血管中积压的胆固醇乳化为对人体无害的微分子状态,并溶解于水中排出体外。同时阻止多余脂肪在血管壁沉积,缓解心脑血管的压力。磷脂之所以防治现代文明病,其根本原因之一,就在于它具有强大的乳化作用。

以心脑血管疾病为例。日常肉类摄取过多,造成胆固醇、脂类沉积,造成血管通道狭窄,引起高血压。血液中的血脂块及脱落的胆固醇块遇到血管窄小位置,卡住通不过,就造成了堵塞,形成栓塞。而磷脂强大的乳化作用可乳化血管内沉积在血管壁上的胆固醇及脂类,形成乳白色液体,排出体外。

2. 增智

人体神经细胞和大脑细胞是由磷脂为主所构成的细胞薄膜包覆,磷脂不足会导致薄膜受损，造成智力减退、精神紧张。磷脂中含的乙酰进入人体内与胆碱结合，构成乙酰胆碱。而乙酰胆碱恰恰是各种神经细胞和大脑细胞间传递信息的载体，可以加快神经细胞和大脑细胞间信息传递的速度，增加记忆力，预防老年痴呆。

3. 活化细胞

磷脂是细胞膜的重要组成部分，肩负着细胞内外物质交换的重任。如果人每天所消耗的磷脂得不到补充，细胞就会处于营养缺乏状态，失去活力。

人的肝脏能合成一些磷脂，但大部分是从饮食中摄取的，特别是三、四十岁以后。但是磷脂的活性以 25℃左右最有效，温度超过 50℃后，磷脂活性会大部分失去。因此，一般人可以多食用含磷脂类食物，会给你带来出乎意料的效果。

2.11 杂环化合物

在环状化合物中，组成环的原子除碳原子外，还有其他元素的原子时，这类化合物就叫做杂环化合物。除碳以外的其他原子叫杂原子，最常见的杂原子是氧、硫和氮。一般杂环化合物是指那些环系构成了环闭共轭体系的杂环，它们具有不同程度的芳香性，它们与不具环闭共轭体系的杂环化合物在性质上有较大区别。

杂环化合物不包括极易开环的含杂原子的环状化合物，例如

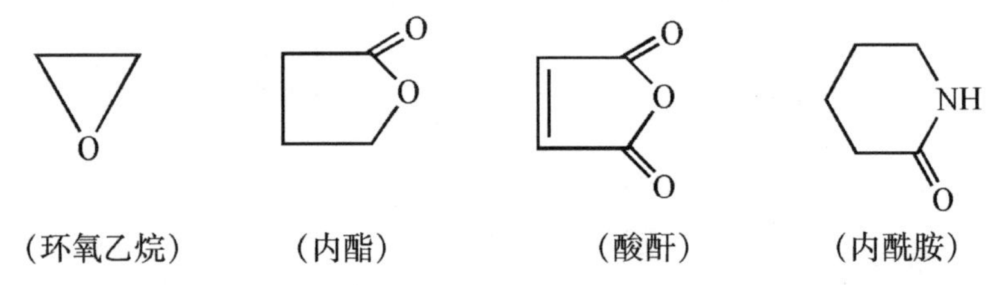

(环氧乙烷)　(内酯)　(酸酐)　(内酰胺)

杂环化合物是一大类有机物，占已知有机物的三分之一。杂环化合物在自然界分布很广、功用很多。例如，中草药的有效成分生物碱大多是杂环化合物；动植物体内起重要生理作用的血红素、叶绿素、核酸的碱基都是含氮杂环；部分维生素、抗菌素；一些植物色素、植物染料、合成染料都含有杂环。

1. 命名

杂环化合物的命名：按外文名词译音，并以口做偏旁，表示环状化合物。例如：呋喃，读作“夫南”。

(1) 单杂环编号时，总是以杂原子为”1”位。

(2)环中有相同的原子，则由带取代基的一个杂原子开始(或从离取代基最近的一个杂原子开始)。

(3) 如果环中有两个或几个不同的杂原子,则按照 O→S→N 的顺序编号。例如

① 五元环。

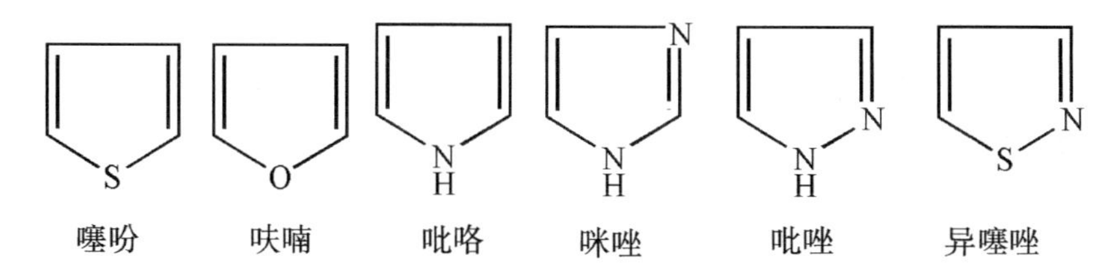

五元环中含多个杂原子的,其中有一个为氮原子的叫做唑。

② 六元环。

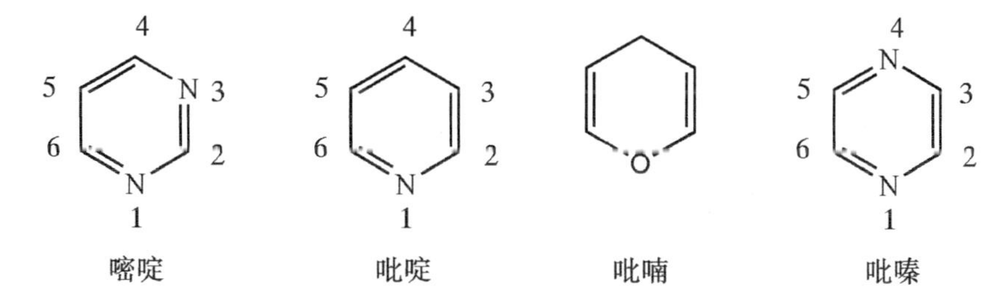

③ 稠杂环。

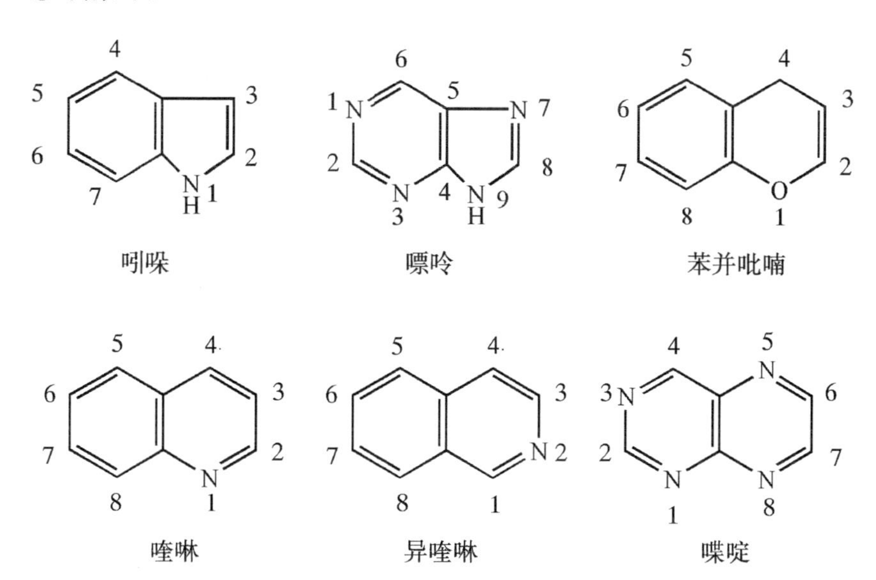

2. 重要的杂环化合物及其衍生物

(1) 吡咯、咪唑及其衍生物

吡咯存在于煤焦油和骨焦油中，为无色液体，沸点 131℃。吡咯的蒸气可使浸有盐酸的松木片产生红色，称为吡咯的松木片反应。

吡咯的衍生物广泛分布于自然界，叶绿素、血红素、维生素 B_{12} 及许多生物碱中都含有吡咯环。

四个吡咯环的 α 碳原子通过四个次甲基（ —CH═ ）交替连接构成的大环叫卟吩环。卟吩的成环原子都在同一平面上，是一个复杂的共轭体系。卟吩本身在自然界中不存在，它的取代物卟啉类化合物却广泛存在。卟吩能以共价键和配位键与不同的金属原子结合，如血红素的分子结构中结合的是亚铁原子。

血红素与蛋白质结合成为血红蛋白，存在于哺乳动物的红细胞中，是运输氧气的物质。

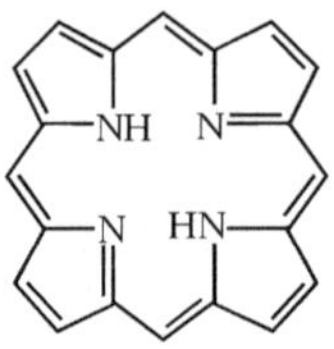

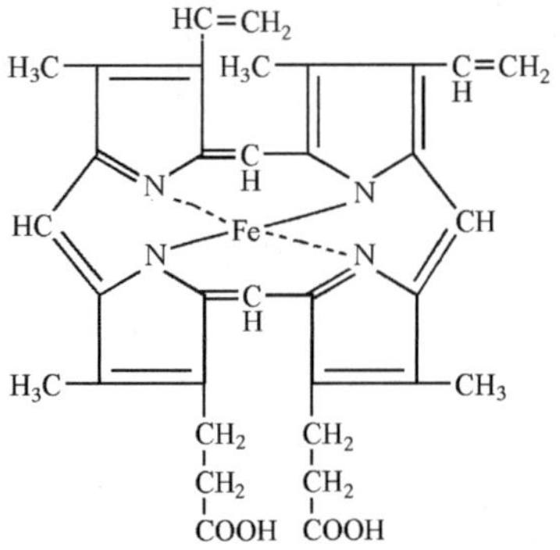

卟吩(䣭核)　　　　血红素

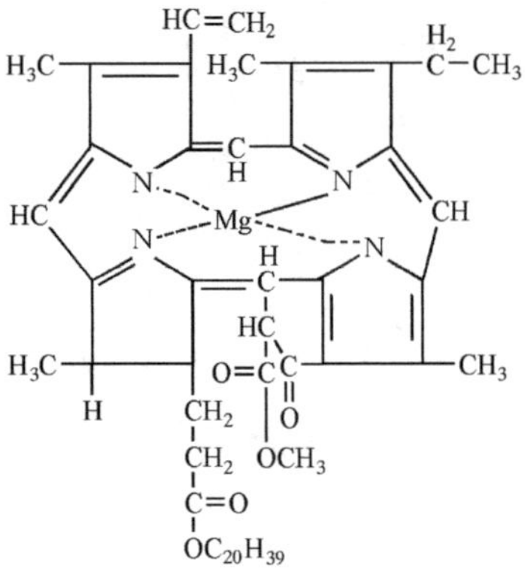

叶绿素 A

咪唑是一种重要的精细化工原料，主要用于医药和农药的合成以及环氧树脂的固化剂。在医药中用于咪唑类抗真菌药物，是双氯苯咪唑、益康唑、酮康唑、克霉唑等药物的主要原料之一，咪唑是茶叶和咖啡豆中含有的茶碱分子的组成部分，具有刺激中枢神经系统的作用。还广泛地用于水果的防腐剂。工业上咪唑被广泛用作某些过渡金属(如铜)的缓蚀剂。

咪唑的衍生物广泛存在于自然界，如蛋白质组成成分之一的组氨酸。组氨酸经酶的作用或体内分解，可脱羧变成组胺。

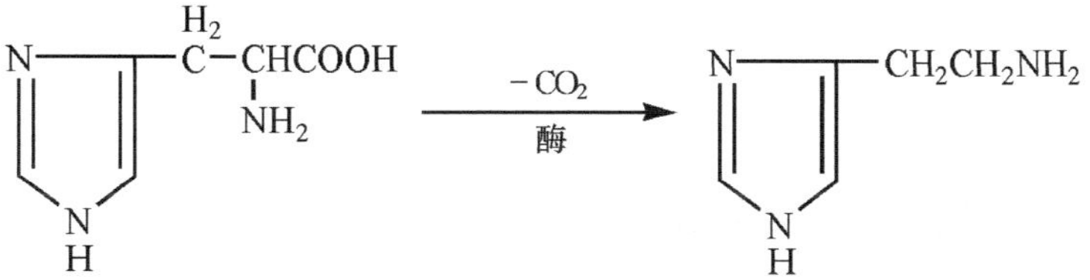

$$\text{(咪唑环)}-CH_2-CH(NH_2)COOH \xrightarrow[\text{酶}]{-CO_2} \text{(咪唑环)}-CH_2CH_2NH_2$$

组胺有收缩血管的作用。人体内组胺含量过多时会发生过敏反应。

(2)吡啶 (pyridine)的重要衍生物

吡啶的重要衍生物有烟酸、烟酰胺、异烟肼等。

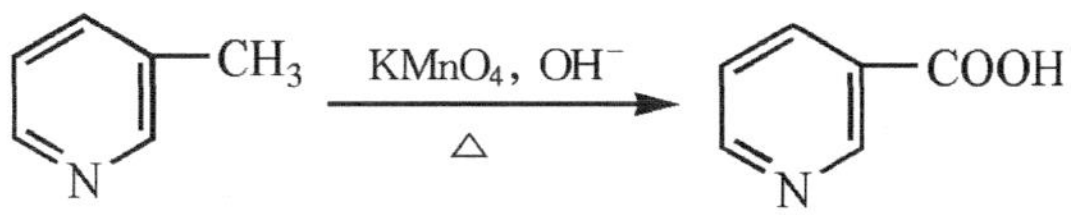

$$\text{(3-甲基吡啶)}-CH_3 \xrightarrow[\triangle]{KMnO_4,\ OH^-} \text{(吡啶环)}-COOH$$

3-吡啶甲酸(烟酸)

有时在处方上，都将烟酸和烟酰胺写成维生素 PP，它们是作用基本相近的两种药物。烟酸又称尼古丁酸、尼克酸、维生素 PP。烟酰胺又称尼可酰胺、维生素 PP 以及维生素 B_5。它们与体内 40 多种生化反应有关。烟酸存在于动物肝脏、肉类、米糠、酵母、番茄、豆类及鱼之内，人体内可由色氨酸合成。乳蛋内含烟酸很少，但它们富含色氨酸，所以食用后也有利于烟酸的合成。烟酰胺系维生素 B 族类物质，在人体内可由烟酸转变而成。它们是 B 族维生素之一，体内缺乏时能引起糙皮病。烟酸还具有扩张血管及降低血胆固醇的作用。

异烟肼又叫雷米封(rimifon)，为无色晶体或粉末，易溶于水，微溶于乙醇而不溶于乙醚。异烟肼具有较强的抗结核作用，是常用治疗结核病的口服药。

(3) 嘧啶 (pyrimidine)及其衍生物

嘧啶是含有两个氮原子的六元杂环化合物。它是无色固体，熔点 22℃，易溶于水，具有弱碱性。嘧啶可以单独存在，也可与其他环系稠合而存在于维生素、生物碱及蛋白质中。许多合成药物如巴比妥类药物、磺胺嘧啶等，都含有嘧啶环。

嘧啶的衍生物如胞嘧啶、尿嘧啶和胸腺嘧啶是核酸的组成成分。其中胸腺嘧啶只能出现在脱氧核糖核酸中，尿嘧啶只能出现在核糖核酸中，而胞嘧啶两者均可。在碱基互补配对时，胸腺嘧啶或尿嘧啶与腺嘌呤以 2 个氢键结合，胞嘧啶与鸟嘌呤以 3 个氢键结合。

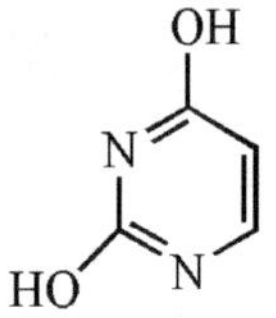

OH N HO N　　OH N CH_3 HO N　　NH_2 N HO N

尿嘧啶 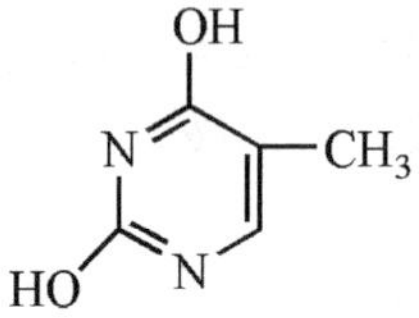　　胸腺嘧啶 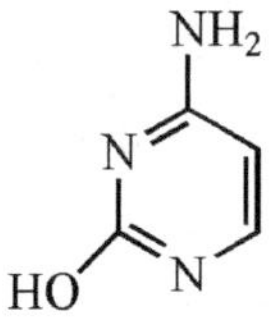　　胞嘧啶

上述嘧啶衍生物有酮式和烯醇式的互变异构现象。如尿嘧啶的互变异构。

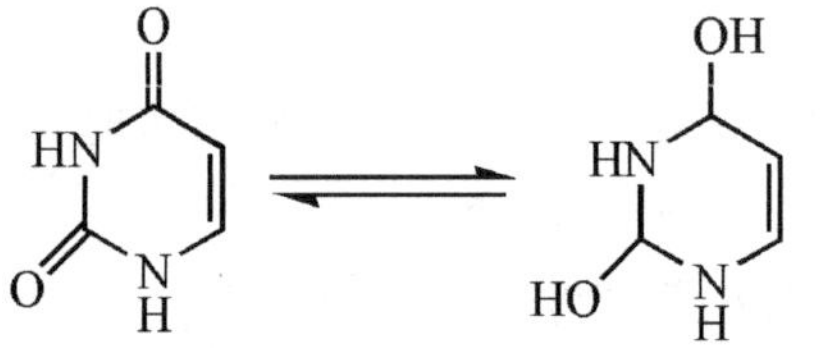

O HN O N H ⇌ OH HN HO N H

酮式　　烯醇式

(4) 嘌呤(purine)及其衍生物

嘌呤是咪唑环和嘧啶环稠合而成的稠杂环。嘌呤环共有四个氮原子，环的编号比较特殊，它有两种互变异构体，常用标氢法区别。

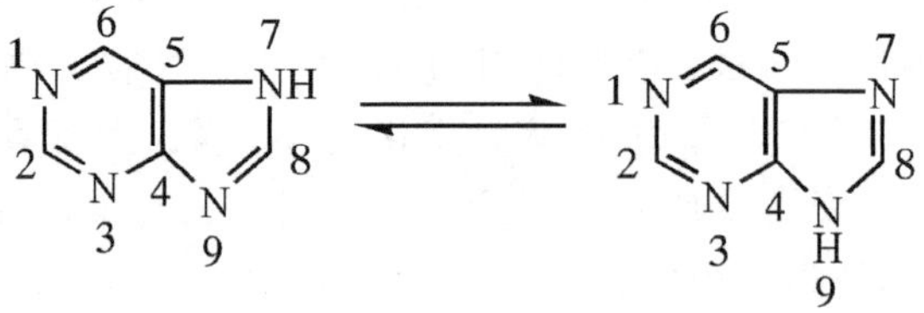

1 N 6 5 7 NH 2 N 3 4 N 9 8 ⇌ 1 N 6 5 7 N 8 2 N 3 4 N H 9

7H-嘌呤　　9H-嘌呤

(Ⅰ)　　(Ⅱ)

结晶态嘌呤为(Ⅰ)式，在水溶液中(Ⅰ)式与(Ⅱ)式则以等比例共存。药物分子中一般多为 7H-嘌呤(Ⅰ式)衍生物，生物体中则 9H-嘌呤(Ⅱ式)更为常见。

嘌呤为无色晶体。熔点 216～217℃，易溶于水，能与强酸或强碱成盐。

嘌呤本身在自然界并不存在，但它的衍生物分布广，而且重要，如腺嘌呤、鸟嘌呤等都是核酸的组成成分。海鲜、动物的肉的嘌呤含量都比较高。嘌呤衍生物在作为能量供应、代谢调节及组成辅酶等方面起着十分重要的作用。

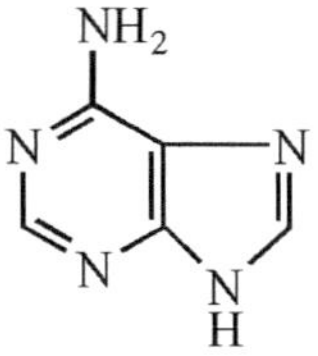

腺嘌呤(A)
(6-氨基嘌呤)

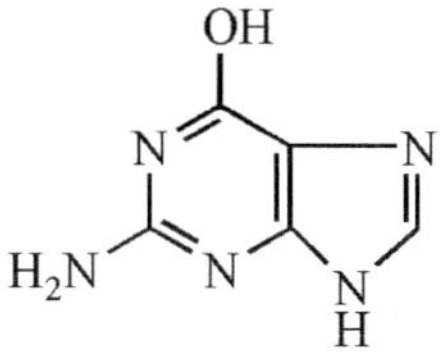

鸟嘌呤(G)
(2-氨基-6-羟基嘌呤)

次黄嘌呤、黄嘌呤和尿酸是腺嘌呤和鸟嘌呤在体内的代谢产物,存在于哺乳动物的尿和血中。

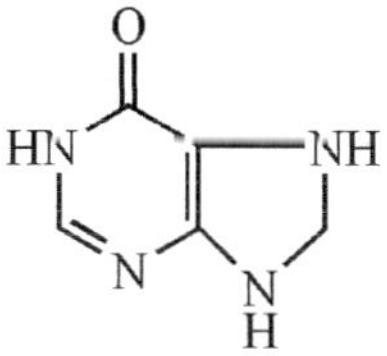

次黄嘌呤
(6-氧嘌呤)

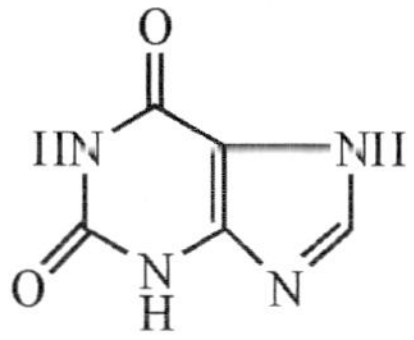

黄嘌呤
(2,6-二氧嘌呤)

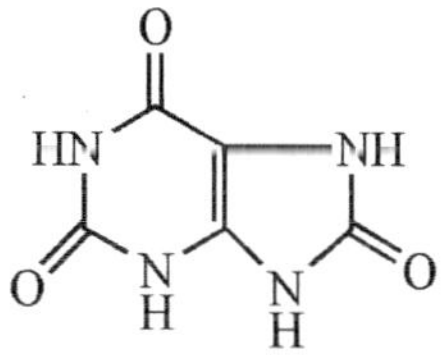

尿酸
(2,6,8-三氧嘌呤)

尿酸为无色晶体,极难溶于水,有弱酸性。健康的人每天尿酸的排泄量约为0.5～1 g。如代谢紊乱而致尿酸含量过高时,可能沉积形成尿结石。当血中的尿酸含量过高时,可能沉积在关节等处,形成痛风石。

上述嘌呤衍生物均有酮式和烯醇式的互变异构现象,如尿酸和黄嘌呤。

尿酸:

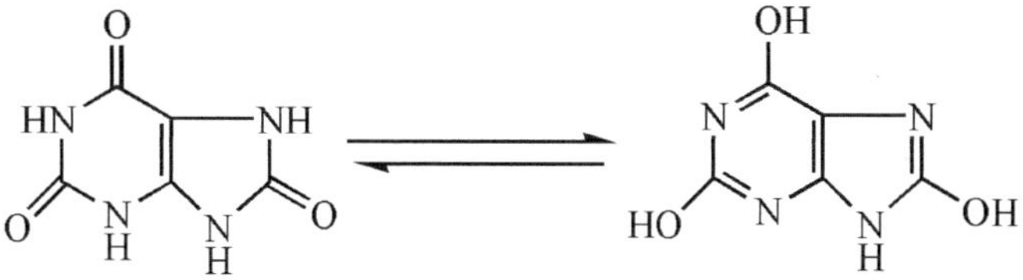

酮式　　　　烯醇式

黄嘌呤：

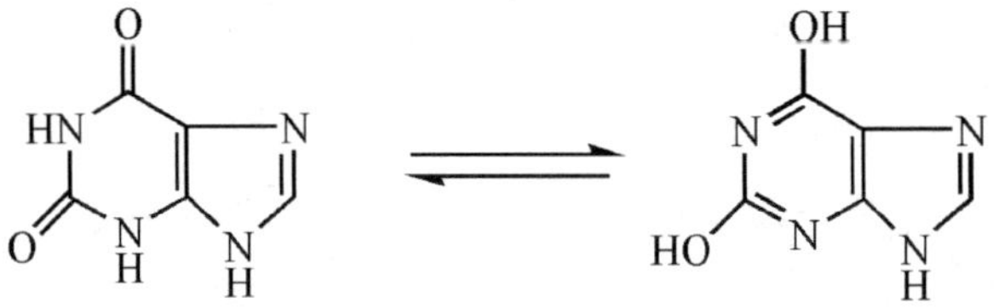

酮式　　　　烯醇式

2.12　化学毒物(poison,toxicant)

目前世界上大约有800万种化学物质，其中常用的化学品就有7万多种，每年还有上千种新的化学品问世。在品种繁多的化学品中，有许多是有毒化学物质，在生产、使用、储存和运输过程中可能对人体产生危害，甚至危及人的生命，造成巨大灾难性事故。因此，了解和掌握有毒化学物质对人体危害的基本知识，加强有毒化学物质的管理，防止其对人体的危害和中毒事故的发生，是非常必要的。

毒物是指在一定条件下以较小剂量进入生物体后，能与生物体之间发生化学作用，并导致生物体器官组织功能和(或)形态结构损害性变化的外源性化学物质。

毒物与非毒物之间并无截然分明的界限，从广义上讲，世界上没有绝对有毒和绝对无毒的物质。就是人们赖以生存的氧和水，如果超过正常需要进入体内，如纯氧输入过多或输液过量过快时，即会发生氧中毒或水中毒。食盐是人类不可缺少的物质，如果一次摄入60 g左右也会导致体内电解质紊乱而发病。如一次摄入200 g以上，即可因电解质严重紊乱而死亡。反之，一般认为毒性很强的毒物，如砒霜、汞化物、蛇毒、乌头、雷公藤等也是临床上常用的药物。所以有人曾说“世界上没有无毒的物质，只有无毒的使用方法”，可见给毒物下一个绝对准确的概念是困难的。

毒物的毒性分级如下。

(1) 剧毒：毒性分级5级；成人致死量，小于0.05 g/kg；体重60 kg成人致死总量，0.1 g。

(2) 高毒：毒性分级4级；成人致死量，0.05～0.5 g/kg；体重60 kg成人致死总量，3 g。

(3) 中等毒：毒性分级3级；成人致死量，0.5～5 g/kg；体重60 kg成人致死总量，30 g。

(4) 低毒：毒性分级2级；成人致死量，5～15 g/kg；体重60 kg成人致死总量，

250 g。

(5) 微毒:毒性分级 1 级;成人致死量,大于 15 g/kg;体重 60 kg 成人致死总量,大于 1 000 g。

2.12.1 化学毒物的分类

1. 金属与类金属

常见的金属和类金属毒物有铅、汞、锰、镍、铍、砷、磷及其化合物等。汞是一种蓄积性毒物,在体内排泄慢。环境中的汞经微生物群的甲基化作用,形成了毒性强的烷基汞化合物。它们损害神经系统,尤其是大脑和小脑的皮质部分,表现为视野缩小、听力下降、全身麻痹,严重者神经紊乱以致疯狂痉挛而死亡。镉损害肾近曲小管上皮细胞,引起蛋白尿、糖尿、氨基酸尿等。由于镉对磷有亲和力,故使钙析出,引起骨质疏松、腰背酸痛、关节痛及全身刺痛。铅主要损害神经系统、造血系统、肾脏等,严重时会发生休克、死亡。砷中毒机制是:它与细胞中含巯基的酶结合成稳定的络合物,使酶失去活性,阻碍细胞呼吸作用,引起细胞死亡。

2. 刺激性气体

刺激性气体是指对眼和呼吸道黏膜有刺激作用的气体。它是化学工业常遇到的有毒气体。刺激性气体的种类甚多,最常见的有氯、氨、氮氧化物、光气、氟化氢、二氧化硫、三氧化硫和硫酸二甲酯等。

氯气是一种有毒气体,它主要通过呼吸道侵入人体,并溶解在黏膜所含的水分里,生成次氯酸和盐酸,对上呼吸道黏膜造成有害的影响:次氯酸使组织受到强烈的氧化;盐酸刺激黏膜发生炎性肿胀,使呼吸道黏膜浮肿,大量分泌黏液,造成呼吸困难,所以氯气中毒的明显症状是发生剧烈的咳嗽。症状重时,会发生肺水肿,使循环作用困难而致死亡。由食道进入人体的氯气会使人恶心、呕吐、胸口疼痛和腹泻。1 L 空气中最多可允许含氯气 0.001 mg,超过这个量就会引起人体中毒。在第一次世界大战的 1915 年 4 月 22 日傍晚,德军对法国战壕实施猛烈炮击,使用了 500 筒共 168 吨氯气。结果是毁灭性的,造成 15 000 人伤亡,使法国人在长度 4 英里、纵深 8 英里的阵地上停止一切抵抗,后来英国与法国以牙还牙,使用了比氯气(Cl_2)还要毒的光气(ClCOCl)进行了回击。

光气是一种重要的有机中间体,在农药、当今医药、工程塑料、聚氨酯材料以及军事上都有许多用途。在农药生产中,用于合成氨基甲酸酯类杀虫剂西维因、速灭威、叶蝉散等许多品种,还用于生产杀菌剂多菌灵及多种除草剂。光气具有剧毒,是一种强刺激气体。吸入光气引起中毒性肺水肿、肺炎等,吸入中毒的半致命剂量 LD50 为 3 200 mg · min/m^3,半失能剂量为 1 600 mg · min/m^3。吸入后,经几小时的潜伏期出现症状，表现为呼吸困难、胸部压痛、血压下降，严重时昏迷以至死亡。

硫酸二甲酯是无色或微黄色、略有葱头气味的油状可燃性液体，用于制造染料及作为胺类和醇类的甲基化剂。属高毒类，作用与芥子气相似，急性毒性类似光气，比氯气大15倍。对眼、上呼吸道有强烈刺激作用，对皮肤有强腐蚀作用。可引起结膜充血、水肿、角膜上皮脱落，气管、支气管上皮细胞部分坏死，穿破导致纵膈或皮下气肿。此外，还可损害肝、肾及心肌等，皮肤接触后可引起灼伤，水疱及深度坏死。

3. 窒息性气体

窒息性气体是指能造成机体缺氧的有毒气体。窒息性气体可分为单纯窒息性气体、血液窒息性气体和细胞窒息性气体，如氮气、甲烷、乙烷、乙烯、一氧化碳、硝基苯的蒸气、氰化氢、硫化氢等。

一氧化碳进入人体之后会和血液中的血红蛋白结合，进而使血红蛋白不能与氧气结合，从而引起机体组织出现缺氧，导致人体窒息死亡。因此，一氧化碳具有毒性。一氧化碳是无色、无臭、无味的气体，故使人易于忽略而致中毒。常见于家庭居室通风差的情况下，煤炉产生的煤气或液化气管道漏气或工业生产煤气以及矿井中的一氧化碳吸入而致中毒。轻度中毒的患者可出现头痛、头晕、失眠、视物模糊、耳鸣、恶心、呕吐、全身乏力、心动过速、短暂昏厥等症状，血中碳氧血红蛋白含量达10%～20%。中度中毒的患者除上述症状加重外，口唇、指甲、皮肤黏膜出现樱桃红色，多汗，血压先升高后降低，心率加速，心律失常，烦躁，临时性感觉和运动分离(即尚有思维，但不能行动)。症状继续加重，可出现嗜睡、昏迷，血中碳氧血红蛋白约在30%～40%。经及时抢救，可较快清醒，一般无并发症和后遗症。重度中毒的患者迅速进入昏迷状态。初期四肢肌张力增加，或有阵发性强直性痉挛；晚期肌张力显著降低，患者面色苍白或青紫，血压下降，瞳孔散大，最后因呼吸麻痹而死亡。经抢救存活者可有严重合并症及后遗症。

氰化氢(HCN)能抑制呼吸酶，造成细胞内窒息。短时间内吸入高浓度氰化氢气体，可立即呼吸停止而死亡。少量吸入会根据吸入量的增加产生不同的反应，前驱期会出现黏膜刺激、呼吸加快加深、乏力、头痛；口服出现舌尖、口腔发麻等；呼吸困难期导致呼吸困难、血压升高、皮肤黏膜呈鲜红色等；惊厥期出现抽搐、昏迷、呼吸衰竭；麻痹期全身肌肉松弛，呼吸心跳停止而死亡。慢性中毒会引起神经衰弱综合征、皮炎等症状。

硫化氢属中等毒，急性硫化氢中毒一般发病迅速，出现以脑和(或)呼吸系统损害为主的临床表现，亦可伴有心脏等器官功能障碍。硫化氢对黏膜的局部刺激作用系由接触湿润黏膜后分解形成的硫化钠以及本身的酸性所引起。对机体的全身作用为硫化氢与机体的细胞色素氧化酶及这类酶中的二硫键(—S—S—)作用后，影响细胞色素氧化过程，阻断细胞内呼吸，导致全身性缺氧，由于中枢神经系统对缺氧最敏感，因而首先受到损害。但硫化氢作用于血红蛋白，产生硫化血红蛋白而引起化学窒息，仍被认为是主要的发病机理。

4. 农药

农药包括杀虫剂、杀菌剂、杀螨剂、除草剂等。农药的使用对保证农作物的增产起着重要作用，但如生产、运输、使用和储存过程中未采取有效的预防措施，可引起中毒。农药除了会产生急性毒害以外，还会产生慢性毒害。长期食用受农药污染的蔬菜，是导致癌症、动脉硬化、心血管病、胎儿畸形、死胎、早夭、早衰等疾病的重要原因；绝大多数人食用有害蔬菜后并不马上表现出症状，毒物在人体中富集，时间长了便会酿成严重后果。

5. 有机化合物

有机化合物大多数属有毒有害物质，例如应用广泛的二甲苯、二硫化碳、汽油、甲醇、丙酮，以及苯的氨基和硝基化合物(如苯胺、硝基苯)等。

硝基苯可引起红细胞破裂，发生溶血，直接作用于肝细胞，引起中毒性肝炎、肝脏脂肪变性，严重者引发亚急性肝坏死，同时对肾脏也会有损害。二硫化碳是损害神经和血管的毒物，慢性中毒会引起神经衰弱综合征、植物神经功能紊乱和多发性周围神经病。二甲苯对眼及上呼吸道有刺激作用，高浓度时，对中枢系统有麻醉作用，长期接触会引起神经衰弱综合症，女性有可能导致月经异常。皮肤接触常发生皮肤干燥、皲裂、皮炎等。

6. 高分子化合物

高分子化合物本身在正常条件下比较稳定，对人体基本无毒，但在加工或使用过程中可释出某些游离单体或添加剂，对人体造成一定危害，如酚醛树脂在使用过程中可游离出酚和甲醛，聚氯乙烯则可释出作为稳定剂使用的铅化合物等。某些高分子化合物在加热或氧化时，可产生毒性极强的热裂解产物。高分子化合物燃烧时可产生大量一氧化碳，并造成周围环境缺氧；某些化合物同时还可生成前述的热裂解产物；而含有氮和卤素的化合物还可生成氰化氢、光气、卤化氢等物质，对机体危害极大。

聚四氟乙烯(PTFE)是四氟乙烯(TFE)的均聚物，化学性质稳定，有优良的解电性、耐热性和耐腐蚀性，有“塑料王”之称，且无毒性。其热裂解物则有毒性，毒性大小与温度有直接关系：大于315℃的热裂解物仅具呼吸道刺激作用；大于400℃时的产物对肺有强烈刺激作用，因有水解性氟化物(氟化氢、氟光气)生成；500℃以上时，可检出四氟乙烯、六氟丙烯、八氟环丁烷及大量八氟异丁烯、氟光气，毒性更强。

2.12.2 毒物进入人体的途径

毒物可经呼吸道、消化道和皮肤进入体内。

1. 呼吸道是科研生产中毒物进入体内的最重要的途径

凡是以气体、蒸气、雾、烟、粉尘形式存在的毒物，均可经呼吸道侵入体内。气体、蒸气状态的毒物为分子状态，可直接进入人体肺泡，而烟、尘、雾的粒径小于 5 μm，特别是小于 3 μm 时，可直接被吸入肺泡。人的肺脏由亿万个肺泡组成，肺泡壁很薄，壁上有丰富的毛细血管，毒物一旦进入肺脏，很快就会通过肺壁细胞进入血液循环而被运送到全身。通过呼吸道吸收最重要的影响因素是其在空气中的浓度，浓度越高，吸收越快。经过呼吸道进入人体的毒物，不经肝脏的解毒作用，直接经过血液循环分布到全身。大于 10 μm 的微粒，经鼻腔和上呼吸道阻留，进入不到人体。

人体肺泡的表面积约 90～160 m^2，每天吸入空气达 12 m^3，重量约 12 kg。空气在肺泡内的慢流速(接触时间长)、肺泡内的丰富血流和薄的肺泡壁都有利于吸收，所以呼吸道是生产性毒物进入人体的最重要途径。在生产环境中，即使空气中有害物质含量较低，每天也将有一定量的毒物通过呼吸道侵入人体。

由于从鼻腔至肺泡整个呼吸道各部分的不同，对毒物的吸收程度也不同，表面积愈大，停留时间愈长，吸收量愈大。同时，气态有毒物质与肺泡组织壁两侧分压大小以及呼吸深度、速度、循环速度有关，而这些因素又与劳动强度有关。环境温度、湿度、接触毒物的条件(如同时有溶剂存在)也都影响吸收量。对于肺泡内的二氧化碳，可能对增加某些物质的溶解度有影响，从而促进毒物的吸收。

2. 在科研生产中，毒物经皮肤吸收引起中毒亦比较常见

皮肤吸收有多种方式，通过无损伤皮肤；经毛孔、经皮汗腺；经毛囊及皮脂腺。经皮肤表面是皮肤吸收的主要方式，具有脂溶性和水溶性的毒物易通过皮肤表面被人体吸收，如苯、有机磷化合物等。毒物经皮肤吸收的数量与速度，除与脂溶性和水溶性浓度等因素有关外，还与作业环境的气温、湿度，皮肤损伤程度和接触面积等因素有关。

3. 在工业生产中，毒物经消化道吸收

多半是由于个人卫生习惯不良，手沾染的毒物随进食、饮水或吸烟等而进入消化道。进入呼吸道的难溶性毒物被体内自动清除后，可经由咽部被咽下而进入消化道。

肠胃道的酸碱度是影响毒物吸收的重要因素。胃内容物能促进或阻止毒物通过胃壁的吸收。胃液是酸性，对弱碱性毒物可增加其电离，从而减少其吸收；而对弱酸性毒物，则具有阻止电离的作用，因而增加其吸收。脂溶性和非电离的物质能以渗透方式通过胃的上皮细胞，但是胃内的食物、蛋白质和黏液蛋白等则可减少机体对毒物的吸收。

小肠吸收毒物同样受到上述条件的影响。最重要的因素是肠内的碱性环境和较大的吸收面积。碱性物质在胃内不易被吸收，待到达小肠后，即转化为非电离物质而被吸收。

小肠内分布有不少酶系统，可以使已与毒物结合的蛋白质或脂肪分离，从而释放出游离的毒物而促进其吸收。在小肠内，物质可经细胞壁直接透入细胞。此种吸收方式对毒物的吸收起重要作用，特别是对分子的吸收，在化学结构上与天然物质相似的毒物可以通过主动渗透而被吸收。

2.12.3　毒物在体内的过程

(1) 毒物被吸收后，随血液循环(部分随淋巴液)分布到全身，当在作用点达到一定浓度时，就可发生中毒。毒物在体内各部位分布是不均匀的，同一种毒物在不同的组织和器官分布量有多有少。有些毒物相对集中于某组织或器官中，例如铅、氟主要集中在骨质，苯多分布于骨髓及类脂质。

(2) 毒物吸收后在体内发生生化反应，其化学结构发生一定改变，称之为生物转化，其结果可使毒性降低(解毒作用)或增加(增毒作用)。毒物的生物转化可归结为氧化、还原、水解及结合。

(3) 毒物在体内可经转化后或不经转化而排出。毒物可经肾、呼吸道及消化道途径排出，其中经肾随尿排出是最主要的途径。尿液中毒物浓度与血液中的浓度密切相关，常通过测定尿中毒物及其代谢物，以监测和诊断毒物吸收和中毒。

(4) 毒物进入体内的总量超过转化和排出总量时，体内的毒物就会逐渐增加，这种现象就称之为毒物的蓄积。此时毒物大多相对集中于某些部位，毒物对这些蓄积部位可产生毒作用，导致慢性中毒，也可能导致“三致”作用的发生。

2.12.4　对人体的危害

有毒物质对人体的危害主要为引起中毒。中毒分为急性、亚急性和慢性。毒物一次短时间内大量进入人体后，可引起急性中毒；小量毒物长期进入人体所引起的中毒称为慢性中毒；介于两者之间者，称之为亚急性中毒。接触毒物不同，中毒后的病状不一样，现将中毒后的主要症状分述如下。

1. 呼吸系统

在工业生产中，呼吸道最易接触毒物，特别是刺激性毒物，一旦吸入，轻者引起呼吸困难，重者发生化学性肺炎或肺水肿。常见引起呼吸系统损害的毒物有氯气、氨、二氧化硫、光气、氮氧化物，以及某些酸类、酯类、磷化物等。

① 急性呼吸道炎刺激性毒物可引起鼻炎、喉炎、声门水肿、气管支气管炎等，症状有流涕、喷嚏、咽痛、咯痰、胸痛、气急、呼吸困难等。

② 化学性肺炎、肺脏发生炎症，比急性呼吸道炎更严重。患者有剧烈咳嗽、咳痰(有时痰中带血丝)、胸闷、胸痛、气急、呼吸困难、发热等症状。

③ 化学性肺水肿患者肺泡内和肺泡间充满液体，多为大量吸入刺激性气体引起，是最严重的呼吸道病变，抢救不及时可造成死亡。患者有明显的呼吸困难，皮肤、黏膜青紫，剧咳，带有大量粉红色沫痰，烦躁不安等表现。长期接触铬及砷化合物，可引起鼻黏膜糜烂、溃疡甚至发生鼻中膈穿孔。长期低浓度吸入刺激性气体或粉尘，可引起慢性支气管炎，重者可发生肺气肿。某些对呼吸道有致敏性的毒物，如甲苯二异氰酸酯(TDI)、乙二胺等，可引起哮喘。

4. 神经系统

神经系统由中枢神经(包括脑和脊髓)和周围神经(由脑和脊髓发出，分布于全身皮肤、肌肉、内脏等处)组成。有毒物质可损害中枢神经和周围神经。主要侵犯神经系统的毒物称为“亲神经性毒物”。

(1) 神经衰弱综合症是许多毒物慢性中毒的早期表现。患者出现头痛、头晕、乏力、情绪不稳、记忆力减退、睡眠不好、植物神经功能紊乱等症状。

(2) 周围神经病。常见引起周围神经病的毒物有铅、铊、砷、正己烷、丙烯酰胺、炔烯等。毒物可侵犯运动神经、感觉神经或混合神经，导致四肢远端的感觉减退或消失，反射减弱，肌肉萎缩等，严重的可出现瘫痪。

(3) 中毒性脑病。中毒性脑病多是由能引起组织缺氧的毒物和直接对神经系统有选择性毒性的毒物引起。前者如一氧化碳、硫化氢、氰化物、氮气、甲烷等；后者如铅、四乙基铅、汞、锰、二硫化碳等。急性中毒性脑病是急性中毒中最严重的病变之一，常见症状有头痛、头晕、嗜睡、视力模糊、步态蹒跚，甚至烦躁等，严重者可发生脑瘫而死亡。慢性中毒性脑病可有痴呆型、精神分裂症型、震颤麻痹型、共济失调型等疾病。

3. 血液系统

工业生产的许多毒物能引起血液系统损害。如：苯、砷、铅等，能引起贫血；苯、巯基乙酸等能引起粒细胞减少症；苯的氨基和硝基化合物(如苯胺、硝基苯)可引起高铁血红蛋白血症，患者突出的表现为皮肤、黏膜青紫；氧化砷可破坏红细胞，引起溶血；苯、三硝基甲苯、砷化合物、四氯化碳等可抑制造血机能，引起血液中红细胞、白细胞和血小板减少，发生再生障碍性贫血；苯可致白血症已得到公认，其发病率为 0.14/1 000。

4. 消化系统

有毒物质对消化系统的损害很大。如:汞可致毒性口腔炎,氟可导致“氟斑牙”;汞、砷等毒物,经口侵入可引起出血性胃肠炎;铅中毒,可有腹绞痛;黄磷、砷化合物、四氯化碳、苯胺等物质可致中毒性肝病。

5. 循环系统

有机溶剂中的苯以及某些刺激性气体和窒息性气体对心肌的损害,可表现为心慌、胸闷、心前区不适、心率快等;急性中毒可出现休克;长期接触一氧化碳可促进动脉粥样硬化等。

6. 泌尿系统

经肾随尿排出是有毒物质排出体外的最重要的途径,加之肾血流量丰富,易受损害。泌尿系统各部位都可能受到有毒物质损害,如慢性铍中毒常伴有尿路结石,杀虫脒中毒可出现出血性膀胱炎等,但常见的还是肾损害。不少生产性毒物对肾有毒性,尤以重金属和卤代烃最突出。如汞、铅、铊、镉、四氯化碳、六氟丙烯、二氯乙烷、溴甲烷、溴乙烷、碘乙烷等。

习　题

2.1　有机化合物的特点是什么?什么是路易酸碱,举例说明。

2.2　试命名下列化合物:

(1) 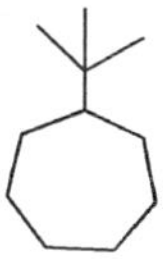　(2) 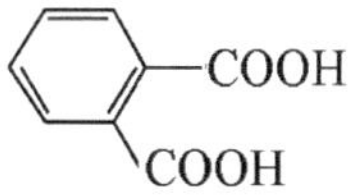 COOH COOH　(3)

(4) 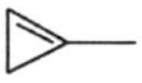　(5) 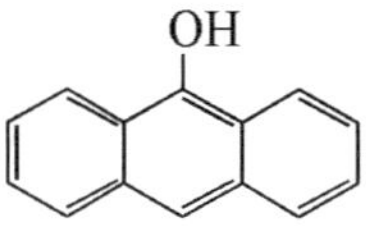 OH　(6)

(7) 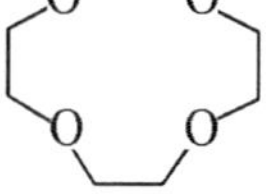 O O O O　(8)

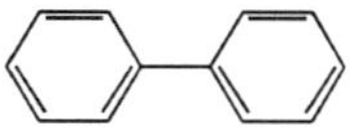

(9) 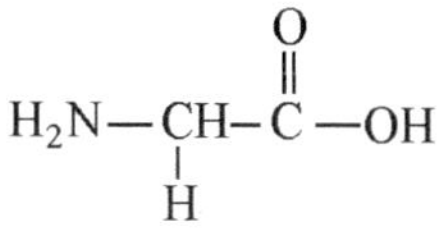 $H_2N—CH(H)—C(=O)—OH$　(10) 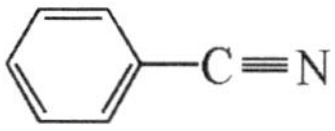 $C≡N$

2.3 试举例说明烷烃、烯烃、炔烃、醇类化合物在能源中的利用。

2.4 乙炔的制备方法有哪些?

2.5 苯是化工行业的重要原料,试举例说明苯的化学性质及可发生的反应。

2.6 指示剂酚酞的合成及显色作用的化学反应式是什么?

2.7 自然界中硫化物的主要种类与来源有哪些,试举例说明。如何消除在燃料使用中的硫污染?

2.8 写出葡萄糖、果糖及典型二糖的环状结构式。

2.9 什么是蛋白质的一、二、三级结构?什么是酶?其主要特点是什么?举例说明。

参考文献

[1] 汪小兰.有机化学.4版.北京:高等教育出版社,2005.
[2] 赵美萍,邵敏.环境化学.北京:北大出版社,2005.
[3] 胡宏纹.有机化学.2版.北京:高等教育出版社,2000.
[4] 徐寿昌.有机化学.2版.北京:高等教育出版社,1993.

第3章　化石能源

3.1　化石能源的化学成分

3.1.1　石油及天然气的主要成分

石油（petroleum）又称原油（crude oil）。组成石油的化学元素主要是碳（83%～87%）、氢（11%～14%），其余为硫（0.06%～1%）、氮（0.02%～1.7%）、氧（0.08%～1.82%）及微量金属元素（镍、钒、铁等）。由碳和氢化合形成的烃类构成石油的主要组成部分，约占95%～99%。含硫、氧、氮的化合物对石油产品往往有害，因此在石油加工过程中应尽量除去。不同产地的石油中，各种烃类的结构和所占比例相差很大，但主要属于烷烃、环烷烃、芳香烃三类。通常以烷烃为主的石油称为石蜡基石油；以环烷烃、芳香烃为主的称环烃基石油；介于二者之间的称中间基石油。

我国主产原油的特点是含蜡较多，凝固点高，硫含量低，氮含量中等，大庆原油就属低硫石蜡基原油。除个别油田外，我国原油中汽油馏分较少，渣油占三分之一。成份不同的石油，加工方法有差别，产品的性能也不同。原油的颜色非常丰富，红、金黄、墨绿、黑、褐红、甚至透明。所有原油的颜色是它本身所含胶质、沥青质的含量决定的，二者含量越高颜色越深。所以原油的颜色越浅往往油质越好，例如中东产原油。

原油的成分主要有：油质（主要成分）、胶质（粘性的半固体物质）、沥青质（暗褐色或黑色脆性固体物质）、碳质（非碳氢化合物）。石油的性质因产地而异，密度为0.8～1.0 g/cm^3，粘度范围很宽，凝固点差别很大（−50℃～35℃），沸点范围为常温到500℃以上，可溶于多种有机溶剂，不溶于水，但可与水形成乳状液。原油、汽油与几种典型煤种的元素组成如表3-1所示。

表 3-1 原油、汽油与几种典型煤种的元素组成

元素组成	无烟煤%	中等挥发分烟煤%	高挥发分烟煤%	褐煤%	原油%	汽油%
C	93.7	88.4	82.4	72.7	83～87	80～85
H	2.4	5.0	5.5	4.2	11～14	13～14
O	2.4	4.1	9.1	21.3	0.1～2	1～7*
N	0.9	1.7	1.8	1.2	0.02～2	微量
S	0.6	0.8	1.2	0.6	0.06～1.0	微量

* 含 5% 甲基叔丁基醚(MTBE)或 20%乙醇。

天然气主要包含甲烷及一些低分子量碳氢化合物，如乙烷、丙烷，并含不同百分比的二氧化碳、硫化氢、氧硫化碳(COS)、水分等。其中二氧化碳有时达 10% 以上，经分离后有特别的利用价值。硫化氢有毒性及臭味，必须分离回收或排除。除硫(desulfurization)及脱水 (dewatering)工艺是天然气加工的主要部分。乙烷可经脱氢生产乙烯及其他产品。

3.1.2 煤的主要成分

煤的主要元素通常指组成煤中有机质的碳、氢、氧、氮、硫五种元素(表 3-1)，及含量极低的元素，如磷、氯、砷等。煤是以有机体为主，并具有不同分子量、不同化学结构的一组“相似化合物”的混合物，其基本结构单元的核心部分由多个苯环、脂环、芳香环及杂环组成，其煤化程度增大，苯环逐渐增多。

煤中有机质的主要组成元素是碳，它是煤的结构单元骨架，也是燃烧时产生热量的主要来源，泥炭含碳量 55%～62%；褐煤 60%～77%；烟煤 70%～93%；无烟煤 88%～98%。微量元素在燃烧后其元素或化合物完全挥发进入气相的有 Hg，F，Br，Cl，B，I，而富集于飞灰的有 As，Cd，Ga，Ge，Pb，Sb，Sn，Te，Zn 等，其中 Hg，Pb，As，Cd 等是毒性高的元素。灰分 (Ash)为燃烧后残余的固体无机物，含钙、磷、硅、铁等。煤中还有水分等杂质，水在煤中含量为 0.3%～25%不等。

3.1.3 标准煤及能源的统一计量单位

世界各国都以标准煤的吨数或公斤数作为能源的统一计量单位。标准煤是人们假设的一种标准燃料，1 公斤重的标准煤的热值为 29.3 MJ。在城市煤气规划设计时，常遇到新的气源种类供应。例如，由人工煤气改换为天然气，或由瓶装液化石油气改换为人工煤气、天然气或矿井气，这就需要进行体积换算。一般各种煤气的使用效率相近，故在工程设计计算中，可简单地由热量变换为体积量，系数为

原有煤气的低热值与拟用煤气的低热值之比，表 3－2 为化石能源的热值及换算。

表 3－2a　化石能源的热值及换算(固体、液体)

燃料名称	焦炭	无烟煤	烟煤	褐煤	原油	重油	柴油	汽油
热值 MJ/kg	25～29	25～33	21～34	8.4～17	41～45	39.4～41	46	43
折算率	0.86～1.00	0.86～1.11	0.71～1.14	0.29～0.57	1.40～1.54	1.34～1.40	1.57	1.47

表 3－2b　化石能源的热值及换算(气体)

燃料名称	天然气	水煤气	焦炉煤气	矿井气
热值 MJ/m^3	36.2	10～10.9	18.1	18.8
标准煤折算率	1.24	0.34～0.37	0.62	0.64

3.2　石油、天然气、煤的生产及消费

3.2.1　全球及中国化石能源供求状况

目前全世界能源总消费量中，主要的化石能源煤炭、石油、天然气约占 85%以上。工业国家能源消费早期经历了由煤炭向石油、天然气等较优质化石能源转变，再进一步向可再生能源过渡的过程。全球总的原油日产量 2004 年为 8 000 万桶，到 2030 年将增长到 1.18 亿桶，其中大多数将来自中东地区。从消费市场看，目前美国仍是全球最大的石油消费国，日耗约 2 100 万桶原油，约占全球总产量的 1/4。中国在 2008 年能源总消费量达 26 亿吨标准煤，占全球的 15%，是世界第二能源生产和消费大国，其中煤约占 68%，石油约占 23%，天然气约占 3%。

由社会科学文献出版社出版的《中国能源发展报告(2009)》指出，中国煤炭剩余储量的保证程度不足 100 年；石油剩余储量的保证程度不足 15 年；天然气剩余储量的保证程度不足 30 年。而世界平均水平分别为 230 年、45 年和 61 年。以上能源资源保证程度是以中国目前的能源消费量计算的，如果按照 2020 年的能源需求预测量估算的话，煤炭、石油和天然气的资源保证程度，将随之下降。假定到了 2020 年，我国一次能源需求值在 30～35 亿吨标煤之间，均值是 32 亿吨标煤。煤炭：21～29 亿吨，石油：4.0～4.5 亿吨，天然气：1 600～2 000 亿立方米，发电装机容量：8.6～9.5 亿千瓦。2050 年要达到目前中等发达国家水平，人均能源消耗应

达 3.0 吨标煤以上,能源需求总量约为 50 亿吨标煤。

我国煤炭生产快速增长,供需矛盾趋于缓和。2005 年,我国一次能源生产总量相当于 20.6 亿吨标准煤,占全球的 13.7%。煤炭产量突破 22 亿吨,发挥了重要的支撑作用。我国煤资源相对丰富,是世界上少数几个以煤为主要能源的国家,中国在能源消费结构中,煤炭长期以来一直维持 70%左右的比例。煤炭在我国 21 世纪能源总消费结构中仍将占居主导地位。我国的含煤面积 55 万平方公里,资源总量为 55 965.63 亿吨,资源保有量为 10 077 亿吨,资源探明率为 18%,经济可开发的剩余可采储量为 1 145 亿吨。在探明的化石能源储量中,煤炭占 94.3%,石油和天然气仅占 5.7%,"缺油、少气、富煤"是我国化石能源的基本情况。自 2003 年以来,世界及我国能源趋紧。十余年来,中国石油需求年年上升(见表 3－3)。随着我国经济的快速发展,能源需求也随之大幅增长,虽然国内近期发现了冀东南堡油田、新疆盆地天然气,但新发现的油田、天然气从长远看仍难满足日益增长的需求。

《中国能源发展报告(2009)》蓝皮书预计,到 2020 年,中国的石油对外依存度将上升至 64.5%。2009 年,中国的石油对外依存度在 50%左右。未来两年内,中国石油供应将保持稳定,进而趋缓的态势,2009 年产能达到 48 万吨/日。目前中国东部油田在减产,西部发展比预期慢,海洋油田产量仍较低,因此中国石油产量不可能大幅增长。据预测,2010 年和 2015 年中国原油产量将分别达到 1.77 亿～1.98 亿吨和 1.82 亿～2 亿吨,呈缓慢上升趋势。2020 年,中国原油产量预计为 1.81 亿～2.01 亿吨,然后将呈逐年下降的趋势。

表 3－3 1990—2005 年中国原油及石油制品净进口量

品种 \ 进口量/万吨 \ 年	1990 年	1995 年	2000 年	2002 年	2003 年	2004 年	2005 年
原油	－2 106	－174	5 983	6 220	8 299	11 732	11 902
成品油	－224	1 024	978	964	1 439	2 642	1 746
汽油	－163	－170	1 455	－612	－754	－541	－563
石脑油	－54	40	－56	－67	－89	－135	－143
航空煤油	－44	39	46	42	5	74	51
轻柴油	46	469	－30	－78	－139	211	－94
燃料油	6	582	0	1 589	2 304	2 874	2 373
液化石油气(LPG)	11	224	480	620	634	635	611
石蜡	－18	－27	－50	－60	－60	－61	－70

根据国家统计局公布的相关数据，1995—2006 年中国各类能源日均消费量快速上升(见表 3-4)，其中一个大的原因是中国的汽车保有量迅速膨胀。柴油的日均消费量更应引起警惕，2006 年的日均柴油消费量接近 1995 年的 3 倍。

表 3-4　1995—2006 年中国各类化石能源及电力日均消费量

能源品种 \ 日均消费量 \ 年	1995	2000	2003	2004	2005	2006
煤炭/万吨	377	362	464	530	594	655
原油/万吨	41	58	68	79	82	88
汽油/万吨	8	9.6	11.2	12.9	13.3	14.4
柴油/万吨	11.8	18.6	23.0	27.1	30.1	32.4
煤油/万吨	1.4	2.4	2.5	2.9	3.0	3.1
燃料油/万吨	10.2	10.6	11.6	13.1	11.6	12.0
天然气 /(10^8 m^3)	0.5	0.7	0.9	1.1	1.3	1.5
电力 10^8 kWh	28	37	52	60	68	78

天然气是一种较清洁的化石能源，在中国的能源消费中所占比例却非常小。与天然气消费占世界一次能源需求总量的 24.3%相比，我国的天然气消费仅占 3%，中国天然气主要用于化工、油气田开采和发电等领域，在天然气消费中所占比例为 87%以上，其中化肥生产就占了 38.3%。居民用气在天然气消费结构中所占比例不到 11%。不过随着上海等沿海地区的带动，我国的天然气消费应当会显著增加。

中国是继美国之后的第二大电力消费大国。但我国的人均用电量，人均装机容量(0.2 kW)还不足世界平均水平的五分之一。不过由于我国电力资源尚在迈向市场化，电源和电力消费又过于集中，部分地区电荒时有发生。如何保证正常用电，清洁发电已经是刻不容缓的研究课题。

3.2.2　世界各地的储量及生产量

世界上已证实的石油储备量、天然气储备量及煤的储备量可参考第 1 章后之最新网站信息(BP 2008 世界能源统计或 US Energy Information Administration 网站)。

从寻找石油到利用石油，大致要经过四个主要环节，即寻找、开采、输送和加工，这四个环节一般又分别称为“石油勘探”、“油田开发”、“油气集输”和“石油炼制”。炼油是将输送到炼油厂的原油按要求炼制出不同的石油产品,如汽油、柴油、煤油等。

3.2.3 石油及天然气的生产及炼制所造成的环境生态影响

石油勘探、开发、油气集输和石油炼制各个过程都会产生污染问题。其中固定常见的问题如下。

① 油田废水。高盐分并含油,含盐量往往在0.5%～5%左右。一般尽可能经油水分离及过滤后打回地下。

② 油田污泥及钻井油泥浆。高油含量及有机物,不易被微生物分解。

③ 运输泄漏的原油对土壤、地下水、植被以及海面、滩涂常造成严重的破坏,而且修复困难,因此防范要远重于修复。

④ 炼油厂的污染物。炼油厂使用大量的水,并产生各类废水、废催化剂、废气、泄漏气体、废渣、油污泥、废碱液等,若未经处理直接排放将对环境造成严重破坏,因此每一种类的污染物都需适当的处理(treatment)及处置(disposal)。

⑤ 天然气厂脱硫脱水过程会产生废水、废渣,需适当的处理及处置。

3.3 石油及天然气的生产与炼制

3.3.1 石油的生产及主要油料产品

石油产品的生产方法主要有常压及减压蒸馏、催化裂化、加氢裂化、催化重整(利用热力、压力和催化剂把重油分裂成分子量较小、密度较轻的油)、脱硫、焦化等(见表3-5,及附录9)。一般来说,无论哪种加工工艺,原油中的轻质组分首先分离出来,如首先是石油气(丙烷为主)、汽油;然后是中间基组分,如煤油、柴油;然后是重质组分,如燃料油、沥青质等。成品油如汽油、机油的调制需要加入添加剂,如含氧物、抗氧化、抗腐蚀、抗结冻、清洁剂等。

表3-5 石油产品的生产方法

<table>
<tr><th colspan="2">方法</th><th>原理</th><th>原料</th><th>目的</th><th>主要产品</th></tr>
<tr><td rowspan="2">分馏</td><td>常压</td><td rowspan="2">利用加热和冷凝,把石油分成不同沸点范围的蒸馏产物</td><td>原油</td><td rowspan="2">得到不同沸点范围的蒸馏产品</td><td>溶剂油、汽油、煤油、柴油、重油</td></tr>
<tr><td>减压</td><td>重油</td><td>润滑油、凡士林、石蜡、沥青、石油焦</td></tr>
</table>

续表 3-5

方法		原理	原料	目的	主要产品
裂化	热裂化	在一定条件下，把分子量大、沸点高的烃断裂为分子量小，沸点低的烃	重油	提高汽油的产量	汽油和甲烷、乙烷、乙烯和丙烯
	催化裂化				
裂解（深度裂化）		在高温下，把长链分子的烃断裂为各种短链的气态烃和液态烃	含直链烷烃的石油分馏产品	获得短链不饱和烃	乙烯、丙烯、丁二烯

1. 汽油及汽油辛烷值(octane number)

辛烷值是衡量汽油在汽缸内抗爆震燃烧能力的一种数字指标，其值高表示抗爆性好。汽油在汽缸中正常燃烧时火焰传播速度为 10～20 m/s，在爆震燃烧时可达 1 500～2 000 m/s。后者会使汽缸温度剧升，汽油燃烧不完全，机器强烈震动，从而使输出功率下降，机件受损。

不同化学结构的烃类，具有不同的抗爆震能力。如表 3-6 所示，异辛烷(2,2,4-三甲基戊烷)的抗爆性较好，辛烷值规定为 100。正庚烷的抗爆性差，规定为 0。汽油辛烷值的测定是以异辛烷和正庚烷为标准燃料。这两种标准燃料以不同的体积比混合起来，可得到各种不同的抗震性等级的混合液，在发动机工作相同条件下，与待测燃料进行对比。抗震性与样品相等的混合液中所含异辛烷百分数，即为该样品的辛烷值。汽油辛烷值大，抗震性好，质量也好。把汽油中不同种类碳氢化合物的百分比与其辛烷值相乘，加起来便是该种汽油的辛烷值。依测定条件不同，主要有以下几种辛烷值。

①马达法辛烷值(MON)。测定条件较苛刻，发动机转速为 900 r/min，进气温度为 149℃。它反映汽车在高速、重负荷条件下行驶的汽油抗爆性。

② 研究法辛烷值(RON)。测定条件缓和，转速为 600 r/min，进气为室温。这种辛烷值反映汽车在市区慢速行驶时的汽油抗爆性。对同一种汽油，其研究法辛烷值比马达法辛烷值高 0～15 个单位，两者之间差值称敏感性或敏感度。

③ 道路法辛烷值。也称行车辛烷值，用汽车进行实测或在全功率试验台上模拟汽车在公路上行驶的条件进行测定。道路辛烷值也可用马达法和研究法辛烷值按经验公式计算求得。马达法辛烷值和研究法辛烷值的平均值称作抗爆指数，它可以近似地表示道路辛烷值。

一般来说，汽油按马达法辛烷值分为 70 号和 85 号两个牌号，按研究法辛烷值分为 90 号、93 号、95 号和 97 号车用汽油四个牌号。目前中国的汽油牌号是按研究法辛烷值分类的，而美国则是以道路法辛烷值来分类。

表 3-6　纯碳氢化合物的辛烷值

碳氢化合物	结构式	RON
正庚烷	$CH_3-(CH_2)_5-CH_3$	0
正辛烷	$CH_3-(CH_2)_6-CH_3$	−17
正己烷	$CH_3-(CH_2)_4-CH_3$	25
辛烯$_{-1}$	$CH_2=CH-(CH_2)_5-CH_3$	34.7
戊烷	$CH_3-(CH_2)_3-CH_3$	61
环己烷	C_6H_{12}	77
己烯$_{-4}$	$CH_3-(CH_2)-CH=CH-(CH_2)-CH_3$	74.3
己烯$_{-1}$	$CH_2=CH-(CH_2)_3-CH_3$	80
异辛烷	$(CH_3)_3C-CH_2-CH(CH_3)_2$	100
丁 烯$_{-1}$	$CH_2=CH-CH_2-CH_3$	106
乙苯	$C_6H_5-C_2H_5$	98
二甲苯	$CH_3-C_6H_4-CH_3$	103
甲苯	$C_6H_5-CH_3$	104
苯	C_6H_6	108

含铅车用汽油 (leaded gasoline)：为提高车用汽油的辛烷值，改善车用汽油的抗爆性能，过去采取了很多办法，如改变汽油组分，加添加剂等。含铅汽油就是在车用汽油中加入一定量的四乙基铅，能提高车用汽油的辛烷值，改善车用汽油的抗爆性。但使用含铅汽油的汽车会排放有毒性的铅化合物而污染环境，直接危害人体健康，会损害人的神经、造血、生殖系统等，特别是对儿童的成长发育极为不利，所以这种添加剂已被废止。

无铅汽油(unleaded gasoline)：目前无铅汽油是指含铅量在 0.013 g/L 以下的汽油，用其他方法提高车用汽油的辛烷值，如加入甲基叔丁基醚(MTBE)、甲基叔戊基醚、叔丁醇、乙醇等。美国早在 1988 年就实现了车用汽油的无铅化。在我国，1997 年 6 月 1 日，北京城八区实现了车用汽油的无铅化。2000 年 1 月 1 日，全国停止生产含铅汽油，7 月 1 日停止使用含铅汽油，实现了车用汽油的无铅化。

MTBE 是直链 $C_1 \sim C_8$ 燃料级醇混合物，辛烷值为 128。它不仅能有效提高汽油辛烷值，而且还能改善汽车性能，降低排气中 CO 的含量，同时降低汽油生产成本。目前，世界汽油用 MTBE 年产能力超过 2 100 万吨。我国现有 MTBE 生产装置增加到 27 套，总年产能力达 62 万吨，汽油用 MTBE 年需求量为 80 万吨，缺口较大。

清洁汽油(clean gasoline)：清洁汽油是一种新配方汽油，它既能够为汽车提供有效的动力，又能减少有害气体的排放。新标准的清洁汽油对车用汽油中可能产生有害气体的组分做了严格的规定，包括硫含量、铅含量、苯含量、芳烃含量、烯烃含量等。在车辆方面，对汽油发动机，尤其是电喷发动机的汽车使用清洁汽油具有以下几点好处。

① 省油减少污染。使用清洁汽油的汽车，燃油系统清洁，油品的雾化程度提高，混合气完全燃烧，功率增加，尾气排放中的碳氢化合物(HC)、一氧化碳(CO)、氮氧化物(NO_x)、甲醛等将大大减少。

② 清洁汽车部件。使用清洁汽油的汽车能够保持发动机燃油系统清洁(如化油器或喷嘴、进/排气阀、火花塞、燃烧室、活塞等)，燃油系统不会产生积碳，减少机械磨损，延长汽车使用寿命。

③ 改善行驶性能。发动机容易启动，转速平稳，加速性能好。

2. 轻柴油和重柴油 (light and heavy diesel)

轻柴油是柴油汽车、拖拉机和各种高转速 (1 000 r/min 以上) 柴油发动机燃料。轻柴油按凝点分为 10 号、0 号、−10 号、−20 号、−35 号和 −50 号六个牌号，10 号轻柴油表示其凝点不高于 10℃，其余类推。根据不同气温、地区和季节，选用不同牌号的轻柴油。气温低，选用凝点较低的轻柴油；反之，则选用凝点较高的轻柴油。重柴油是中、低转速 (1 000 r/min 以下) 柴油机的燃料，一般按凝点分为 10 号、20 号和 30 号三个牌号，转速越低，选用的重柴油凝点越高。选用柴油的牌号如果低于上述温度，发动机中的燃油系统就可能结蜡，堵塞油路，影响发动机的正常工作。柴油的十六烷值为评定柴油着火性能的指标，以正十六烷为 100，异十六烷为 15，表 3 - 7 所示为汽油及柴油的性质。

表 3 - 7　汽油 (Gasoline) 及柴油 (Diesel)的性质

性质	汽油	轻柴油	重柴油
平均分子量	～100～105	～150～200	～200～250
分子含碳数	4～12	8～20	12～24
比重	～0.75	～0.82	～0.88
一般沸程/ ℃	50～205	180～360	300～370
闪点/℃	−50～28	55～90	65～120
自燃点/℃	415～530	300～380	300～330
爆炸极限%(v)	1～8	0.6～6.5	—

3. 煤油 (kerosene)

旧称灯油,因为煤油一开始主要用于照明。煤油按质量分为优质品、一级品和合格品三个等级。煤油主要用于点灯照明、各种喷灯、汽灯、汽化炉和煤油炉等的燃料;也可用作机械零部件的洗涤剂、橡胶和制药工业溶剂、油墨稀释剂、有机化工裂解原料;用作玻璃陶瓷工业、铝板辗轧、金属表面化学热处理等工艺用油。航空煤油则主要用作喷气式发动机燃料,目前大型客机均使用航空煤油。航空煤油分为 1 号、2 号、3 号三个等级,只有 3 号航煤被广泛使用。

4. 燃料油 (fuel oil)

燃料油作为成品油的一部分,是石油加工过程中在汽、煤、柴油之后从原油中分离出来的较重的剩余产物,因此又被叫做重油、渣油,主要由石油的裂化残渣油和直馏残渣油制成。燃料油几乎是炼油工艺过程中的最后一种液体产品,产品质量控制较为特殊。根据加工工艺流程,燃料油可以分为常压燃料油、减压燃料油、催化燃料油和混合燃料油。常压燃料油指炼厂常压装置分馏出来的燃料油;减压燃料油指炼厂减压装置分馏出来的燃料油;催化燃料油指炼厂催化、裂化装置分馏出来的燃料油(俗称油浆);混合燃料油一般指减压燃料油和催化燃料油的混合物。

燃料油的牌号主要是以运动粘度为依据来划分的,常用的运动粘度的单位为厘斯,如燃料油的运动粘度为 180 个厘斯,我们就称它为 180 号燃料油。根据含硫量的高低,可以把燃料油分为高硫燃料油和低硫燃料油。我国目前燃料油消费中有一半以上依赖进口(见表 3－3),进口量超过其他成品油,而进口燃料油中 80%为 180 号燃料油。

我国燃料油消费主要集中在发电、交通运输、冶金、化工、轻工等行业。据国家统计局统计,其中电力行业的用量最大,占消费总量的 32%。其次是石化行业,主要用于化肥原料和石化企业的燃料,占消费总量的 25%。再次是交通运输行业,主要是船舶燃料,占消费总量的 22%。近年来需求增加最多的是建材和轻工行业(包括平板玻璃、玻璃器皿、建筑及生活陶瓷等制造企业),占消费总量的 14%。

3.3.2 石油炼制及相关石化原料生产工艺介绍

石油炼制是一种相对成熟的工业(见附录 9),包含相当复杂的工艺。除了各种物理性的分馏方法外,更进行化学的重组、裂化(或裂解)、脱氢、缩合、裂化、及催化裂化 (catalytic cracking) 等反应方式来制造各类产品(图 3－1)。以催化裂化来说,可以产生如表 3－8 所列的各类化学品。

表 3-8　不同原料裂解的主要产物收集

裂解原料 \ 主要产物	乙烯 wt%	丙烯 wt%	丁二烯 wt%	混合芳烃 wt%	其他 wt%
乙烷	84.0	1.4	1.4	0.4	12.8
丙烷	44.0	15.6	3.4	2.8	34.2
正丁烷	44.4	17.3	4.0	3.4	30.9
轻石脑油	40.3	15.8	4.9	4.8	34.2
全沸程石脑油	31.7	13.0	4.7	13.7	36.8
抽余油	32.9	15.0	5.3	11.0	35.8
轻柴油	28.3	13.5	4.8	10.9	42.5
重柴油	25.0	12.4	4.8	11.2	46.6

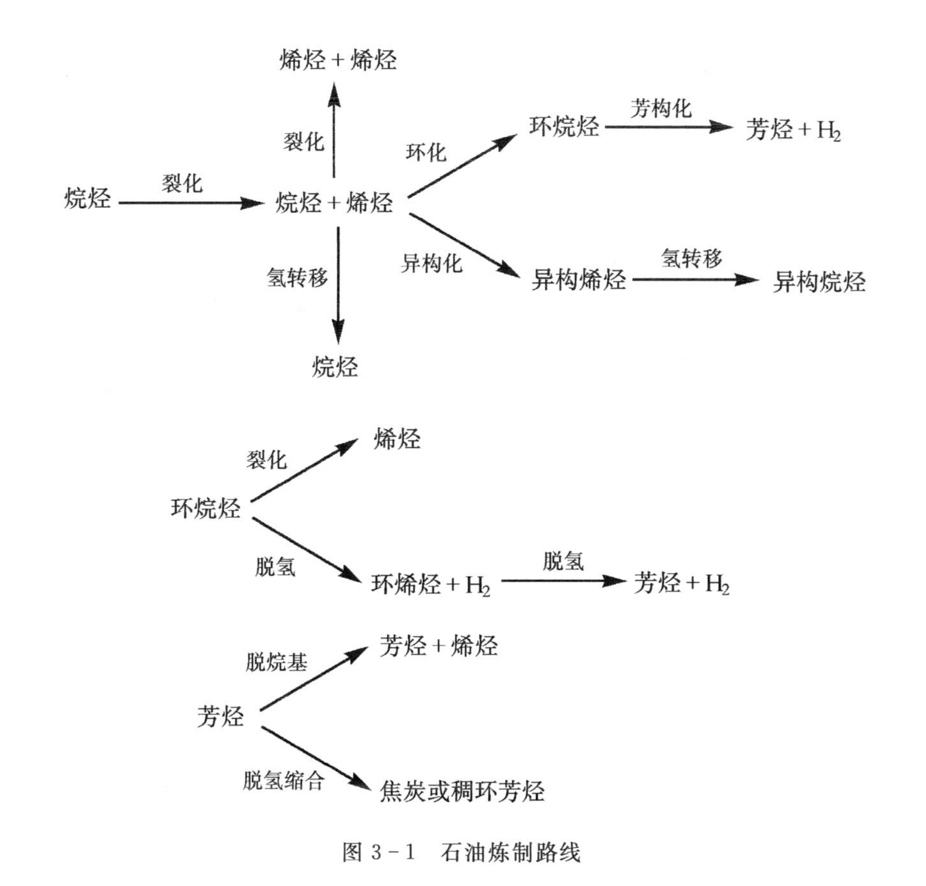

图 3-1　石油炼制路线

裂解是一种更深度的裂化，以比裂化更高的温度（700℃～800℃，有时甚至高达1 000℃以上），使石油分馏产物（包括石油气）中的长链烃断裂成乙烯、丙烯等短链烃的加工过程。石油裂解的化学过程比较复杂，生成的裂解气是成分复杂的混合气体，除主要产品乙烯外，还有丙烯、异丁烯及甲烷、乙烷、丁烷、炔烃、硫化氢和碳的氧化物等。裂解气经净化和分离，就可以得到所需纯度的乙烯、丙烯等基本有机化工原料。烃类裂解的主要目的是制取乙烯，同时可得丙烯、丁二烯和苯、甲苯、二甲苯等产品，因此它是石油化工的基础。目前石油裂解已成为生产乙烯的主要方法。

石油烃裂解反应过程极为复杂。1967年美国S. B. 茨多尼克等人对各种烃类按自由基机理进行裂解的方式，作了较详尽的解释。以乙烷为例，裂解反应经历自由基引发、增长（或转移）和终止三个基本过程而生成乙烯、甲烷、氢等产物。

链引发　$C_2H_6 \longrightarrow 2CH_3\cdot$

链增长　$CH_3\cdot + C_2H_6 \longrightarrow CH_4 + C_2H_5\cdot$

$C_2H_5\cdot \longrightarrow C_2H_4 + H\cdot$

$H\cdot + C_2H_6 \longrightarrow H_2 + C_2H_5\cdot$

链终止　$H\cdot + C_2H_5\cdot \longrightarrow C_2H_6$

3.3.3 天然气

天然气的主要成分是甲烷（CH_4），无色无味无毒，热值高，在36～42 $MJ/N\cdot m^3$之间。其燃烧稳定，清洁、无灰渣，是洁净环保的优质能源。同其他所有燃料一样，天然气的燃烧需要大量氧气（O_2）。如果居民用户在使用灶具或热水器时不注意通风，室内的氧气会大量减少，造成天然气的不完全燃烧。不完全燃烧的后果就是产生有毒的一氧化碳（CO），最终可能导致使用者中毒，反应式为：

$$2CH_4 + 3O_2 \longrightarrow 2CO + 4H_2O$$

1. 天然气性质

天然气无色，比空气轻，不溶于水。气田天然气的重量只有同体积空气的55%左右。天然气是一种易燃易爆的气体，和空气混合后，温度只要到达550℃就会燃烧。在空气中，天然气的浓度只要达到5%～15%（体积），遇到火种就会爆炸。天然气的主要成分是甲烷，本身无毒，但空气中的甲烷含量达到10%以上时，人就会因氧气不足而呼吸困难，眩晕虚弱而失去知觉，昏迷甚至死亡。天然气中如含有一定量的硫化氢时，也具有一定的毒性。

2. 天然气的来源及划分

以甲烷为主的天然气可以有几种不同的划分。如果按其形成，可分为：油田气、煤成(层)气、生物气和水合物气四种。油田气是石油烃类天然气，包括从气田开采的气田气(纯天然气)；伴随石油一起开采出来的石油气(也称石油伴生气)；及含有轻质馏分的凝析气田气。煤成气是成煤过程中有机质产生的甲烷气，从煤矿井下煤层中抽出的矿井气亦称为矿井瓦斯气。生物气(沼气)是有机质被厌氧微生物分解产生的甲烷气。水合物气是在低温高压下，甲烷等气体分子渗入水分子晶隙中缔合的气体，存在于海底和陆地，据估计其潜在储量是煤炭资源总量的 10 倍，石油的 130 倍，天然气的 487 倍，在我国海洋中也广泛存在，陆地上则在西部冻原发现了大量水合物气的存在。

3. 天然气的加工

一般只要除去 H_2S，COS 和 CO_2，即可送入管道。天然气的优点是其 H/C 比值高，其热值高于煤炭和石油；车用时排出的 CO_2 降低 $\frac{1}{3}$，CO 降低 99%；它可用管道输送；又是优质的化工原料。

4. 天然气液化

当天然气在大气压下冷却至约 −162℃时，天然气由气态转变成液态，称为液化天然气(liquefied natural gas，LNG)。LNG 无色、无味、无毒且无腐蚀性，其体积约为同量气态天然气体积的 $\frac{1}{600}$，便于储存和运输。LNG 的重量仅为同体积水的 45%左右，热值为 52 MMBtu/t(Million Btu，1 MMBtu = 252 000 kcal)。压缩天然气(compressed natural gas，CNG) 是天然气加压，并以气态储存在容器中。它与管道天然气的组分相同，可由 LNG 来制作。CNG 可作为车辆燃料利用。

5. 天然气的用途

天然气主要可用于以下几个方面。

① 发电。以天然气为燃料的燃气轮电厂的废物排放水平大大低于燃煤与燃油电厂，而且发电效率高，建设成本低，速度快。另外，燃气轮机启停速度快，调峰能力强，耗水量少，占地省。由于来源的关系，在中国天然气用于发电较少，而在美国则比较普遍。

② 用作化工原料。以天然气为原料的一次加工产品主要有合成氨、甲醇、炭黑等近 20 个品种，经二次或三次加工后的重要化工产品则包括甲醛、醋酸、碳酸二甲酯等 50 个品种以上。以天然气为原料的化工生产装置的优点一般为：投资省、能耗低、占地少、人员少、环保性好、运营成本低。

$$CH_4 + H_2O \rightarrow CO + 3H_2$$

$$CO + 2H_2 \rightarrow CH_3OH$$

$$N_2+3H_2 \rightarrow 2NH_3$$

③ 民用及工商业燃气。用于灶具、热水器、采暖及制冷，也用于造纸、冶金、采石、陶瓷、玻璃等行业，还可用于废料焚烧及干燥脱水处理。

④ 天然气汽车。其排放的一氧化碳、氮氧化物与碳氢化合物都远低于汽油及柴油发动机汽车，不积碳，运营费用较低，是一种环保型汽车。目前大都市公交车及计程车使用压缩天然气(CNG)为燃料已相当地普及。

液化石油气、天然气、氢气等重要气体的性质如表 3－9、表 3－10，表 3－11 所示。

表 3－9　液化石油气、压缩天然气、氢气的性质比较

性质	液化石油气	压缩天然气	氢气
平均分子量	44	16	2
分子含碳数	3	1	0
比重 (60 F)	0.508	0.424	0.07
一般沸程/F	－44	－259	－423
热能值，Btu/lb	19 800	21 300	51 532
与空气混合时的爆炸极限含量%(v)	1.6～8.4	2.2～9.5	5.3～15

表 3－10　天然气及液化石油气的物理化学特性

性质 Properties	天然气	液化石油气
相对密度 relative density [15℃ / 1 bar]	0.72 ～ 0.81	0.5
沸点 boiling temperature [℃ / 1 bar]	－162	－42
自燃温度 autoignition temperature [℃]	540 ～ 560	457
辛烷值 octane number	120 ～130	97 ～ 112
空燃比 stoichiometric air/fuel ratio [mass]	17.2	15.7
蒸气闪爆极限 vapour flammability limits [volume %]	5 ～ 15	2.1 ～ 9.5
热含量 lower heating value [MJ/kg]	38 ～ 50	46
甲烷含量 methane concentration [volume %]	80 ～ 99	
乙烷含量 ethane concentration [volume %]	2.7 ～ 4.6	
氮气含量 nitrogen concentration [volume %]	0.1 ～ 15	
二氧化碳含量 carbon dioxide concentration [volume %]	1 ～ 5	
含硫量 sulphur concentration [ppm, mass]	<5 ppm	<50
凝固点 freezing temperature [℃]		－187

表 3-11　重要的气体及液体燃料热值

燃料	热值 Btu/加仑	含能容积比(相对汽油) volumetric energy content ratio(compared to gasoline)
柴油 diesel	129 000	0.86
汽油 gasoline	111 400	1.0
E85 含 85%乙醇的汽油	80 460	1.38
乙醇 Ethanol	75 000	1.49
丙烷 Propane	84 000	1.36
CNG 压缩天然气，3000 psi（磅/平方英寸）	29 000	3.84
液化天然气 LNG	73 500	1.52
M85 含 85%甲醇的汽油	64 735	1.72
甲醇 methanol	56 500	1.97
液态氢 liquid hydrogen	34 000	3.28
氢气 hydrogen，3 000 psi(磅/平方英寸)	9 667	11.52

6. 液化天然气接收终端

液化天然气的接收终端建有专用码头，用于运输船的靠泊和卸船作业；储罐用于容纳从 LNG 船上卸下来的液化天然气，再汽化装置则是将液化天然气加热使其变成气体后，经管道输送到最终用户。液化天然气在再汽化过程中所释放的冷能可被重新利用。

3.3.4　城市燃气的分类及性质

城市燃气是由若干种气体组成的混合气体，其中主要成分是一些可燃气体，如甲烷等碳氢化合物、氢、一氧化碳等，另外也含有一些不可燃的气体组分，如二氧化碳、氮、氧等。燃气按其来源的不同，除天然气外，主要包括人工煤气及液化石油气两大类。

1. 人工煤气

人工煤气的主要物理化学性质如下：

① 易燃易爆性。人工煤气同天然气一样具有易燃易爆的特性；

② 毒性。人工煤气中含有一氧化碳，一氧化碳是有毒气体；

③ 比重。人工煤气比空气、液化石油气轻。

根据制气原料和加工方式的不同,可生产多种类型的人工煤气。

① 干馏煤气。煤在隔绝空气的情况下经加热干馏所得的燃气为干馏煤气。炭化炉生产的主要目的是取得煤气,所产焦炭一般供作气化炉原料,或用于直接加热。高温干馏煤气的热值一般在 18 MJ/N·m^3 左右。

② 气化煤气。煤在高温下与气化剂反应所生产的燃气,统称为气化煤气。气化煤气主要组分为氢气与一氧化碳,适宜于用作燃料气和化工原料的合成气,热值一般在 13 MJ/N·m^3 以下。

③ 高炉气。高炉气是炼铁时产生的副产气,其主要组分是一氧化碳和氮气,热值只有在 4～4.2 MJ/N·m^3 范围内。

2. 液化石油气

液化石油气或称 LPG (liquefied petroleum gas),有别于 LNG。其主要组分是丙烷,还有少量的丁烷、丙烯、丁烯。液化石油气主要从油、气开采或石油加工过程中取得。目前,我国供应的民用液化石油气主要由炼油厂的催化裂解和催化重整装置中获取。油田气或凝析气田气中含有相当数量的烃类,也可分离回收液化石油气。LPG 在适当的压力下以液态储存在储罐容器中,常被用作炊事燃料。在国外,LPG 被用作轻型车辆燃料已有许多年。

液化石油气主要有以下特点:

① 液化石油气在低温或高压下呈液态,但在常温常压下就会变成气态,且体积比液态扩大 250 多倍;

② 液态液化石油气比同体积的水约轻一半,而气态液化石油气却比同体积空气重 1.5～2 倍;

③ 液化石油气本身无毒,但当空气中液化石油气浓度含量较高时,对人的中枢神经有麻醉作用,另外,如果燃烧不完全也会产生一氧化碳等有毒气体;

④ 液化石油气也有易燃易爆的的特性,其着火温度约为 450℃,空气中液化石油气的爆炸极限为 2%～9%(V)。

3. 油制气

油制气是用石油系原料经热加工制成的燃气总称。采用的加工工艺,有蒸汽转化法、热裂解法、部分氧化法和加氢气化法等。有些工艺在国内化工原料制造行业已有使用,而生产城市燃气的方法尚局限于以重油或渣油采取热裂解法的工艺。目前使用的是循环式热裂解法或循环式催化热裂解法。热裂解气以甲烷、乙烯和丙烯为主要组分,热值约为 41～42 MJ/N·m^3。催化热裂解气含氢最多,也含有甲烷和一氧化碳,其热值与干馏煤气相接近,热值约在 17～21 MJ/N·m^3 之间。

3.4　主要石油化学工业

石油化学工业产品包括以下重要化学品和聚合物基本单体：甲烷、甲醇、二甲醚、乙烯、环氧乙烷、氯乙烯、乙醇、乙二醇、丙烯、异丙醇、丙酮、丁二烯、苯、甲苯、二甲苯、苯乙烯、对苯甲酸、环已烷等。基本单体经聚合反应合成聚乙烯(PE)，聚氯乙烯(PVC)，聚丙烯(PP)，聚对苯二甲酸乙二醇酯(聚酯、涤纶树脂、PET)，丁苯橡胶(SBR)，聚乙二醇(PVA)，尼龙(Nylon)等聚合物。

基础石油化学工业包含以下各类。

1. 气体燃料及原料的生产

天然气、氢气、合成气和一氧化碳是传统的燃料气体。

2. 天然气及合成气化工的主干是氨、尿素及甲醇的生产

$$CH_4 + H_2O \rightarrow CO + 3H_2 \qquad -206.4\ kJ/mol$$

$$CO + H_2O \rightarrow CO_2 + H_2 \qquad +41.2\ kJ/mol$$

$$C + 2H_2O \rightarrow CO_2 + 2H_2 \qquad -80\ kJ/mol$$

$$N_2 + 3H_2 \rightarrow 2NH_3 \qquad +46.2\ kJ/mol$$

$$CO + 2H_2 \rightarrow CH_3OH$$

气体燃料及氨的热值及性质如表 3-12 所示。

表 3-12　气体燃料及氨的热值及性质

substrate	calorific value Q_{p298} (kJ/mol)	calorific value (MJ/kg)	calorific value (MJ/N · m³)	fluidization temperature at 1 bar(℃)	density of fluidized substrate (kg/m³)
H_2	285.8	142.9	12.8	−252.77	70.78
CH_4	882.0	55.1	39.4	−161.49	415
syn-gas (H_2/CO=2∶1)	854.7	26.7	12.7	—	—
NH_3	474.9	27.9	21.2	−33.42	790
CO	283.0	10.1	12.6	−191.5	—

天然气也可合成二甲醚(dimethyl ether，DME)代替传统汽油，二甲醚近来也

作为汽油及柴油代替燃料。

$$CO + 2H_2 \rightarrow CH_3OH$$

$$2CH_3OH \rightarrow CH_3OCH_3 + H_2O$$

3. 轻油裂解和乙烯生产

现代石油化工的生产途径主要是先将石油原料中的较大分子的饱和烃裂解成为小分子不饱和烃,然后进行分离,再由小分子不饱和烃合成分子大小不同的乃至高分子的化工产品。

广义地说,凡是有机化合物在高温下分子发生分解的反应过程都称之为裂解。而石油化工中所谓的"裂解",是指石油烃(裂解原料)在隔绝空气或高温条件下,分子发生分解反应而生成小分子烯烃或(和)炔烃的过程。在这个过程中还伴随着许多其他反应,生成多种产物。

如前所述,"裂解"是总称,不同的情况还可以有不同的名称,如单纯加热不使用催化剂的裂解称为热裂解(简称热解);使用催化剂的裂解称为催化裂解;使用添加剂的裂解,随着添加剂的不同,有水蒸气裂解、加氢裂解等。特别值得注意的是,石油化学工业中的裂解与石油炼制工业中的裂化有其共同点,即符合前面所说的广义定义,但也有其不同点,主要区别有二:一是所用温度不同,一般大体以600℃为界,在600℃以上所进行的过程为裂解,在600℃以下的过程为裂化;二是生产的目的不同,前者的目的产物为乙烯、丙烯、乙炔、联产丁二烯、苯、甲苯、二甲苯等化工产品,后者的目的产物是汽油的燃料产品。

4. 乙烯和有机化学工业产品

乙烯是有机化学工业最重要的基本产品及原料,它的发展带动着其他化工产品的发展,因此乙烯的产量往往标志着一个国家化学工业的发展水平。由乙烯出发可以生产许多重要的有机化学工业产品。乙烯装置在生产乙烯的同时,副产大量的丙烯、丁烯和二丁烯、芳烃(苯、甲苯、二甲苯),成为石油化学工业基础原料的主要来源。除生产乙烯外,约70%的丙烯、90%的丁二烯、30%的芳烃均来自乙烯副产品。以"三烯"(乙烯、丙烯、丁二烯)和"三苯"(苯、甲苯、二甲苯)总计量,约65%来自乙烯生产装置。正因为乙烯生产在石油化工基础原料的生产中所占的主导作用,常常将乙烯生产作为衡量一个地区石油化工生产水平的标志。由于乙烯生产的同时副产大量其他烯烃和芳烃等基础原料,相应地,乙烯生产必然与多种中间产品和最终产品的生产联结在一起。因此,石油化学工业总是以乙烯生产为中心,配套多种产品加工生产的联合企业。乙烯生产的规模、成本、生产稳定性、产品质量都将对整个联合企业起到支配作用。乙烯装置在石油化工联合企业中是关系全局的核心生产装置。

乙烯系统的主要产品如下：

① 乙烯 $\xrightarrow{\text{聚合}}$ 高压聚乙烯 $\longrightarrow$ 薄膜、成型制品

② 乙烯 $\xrightarrow{\text{聚合}}$ 低压聚乙烯 $\longrightarrow$ 薄膜、成型制品

③ 乙烯 $\xrightarrow[\text{第二单体 1-丁烯}]{\text{聚合}}$ 线性低密度聚乙烯 $\longrightarrow$ 薄膜、成型制品

④ 乙烯 $\xrightarrow{\text{与丙烯共聚}}$ 乙丙橡胶 $\longrightarrow$ 薄膜、成型制品

$$nH_2C{=}CH_2 \xrightarrow[\substack{100\sim250℃ \\ 150\sim300\ \text{kPa}}]{\text{引发剂}} \left[\cdots CH_2{-}CH_2\cdots + \cdots CH_2{-}CH_2\cdots + \cdots CH_2{-}CH_2\cdots\right]$$

$$\longrightarrow \left[\!-H_2C{-}H_2C-\!\right]_n$$

聚乙烯

$$nHC(CH_3){=}CH_2 \xrightarrow{\text{引发剂}} \left[\!-HC(CH_3){-}H_2C-\!\right]_n$$

聚丙烯

$$nH_2C{=}CH_2 + nHC(CH_3){=}CH_2 \longrightarrow \left[\!-H_2C{-}H_2C{-}CH(CH_3){-}CH_2-\!\right]_n$$

⑤ 乙烯 $\xrightarrow{\text{氧化}}$ 环氧乙烷 $\xrightarrow{\text{水合}}$ 乙二醇 $\longrightarrow$ 涤纶、抗冻剂、炸药等

　　环氧乙烷 $\longrightarrow$ 表面活性剂

　　环氧乙烷 $\longrightarrow$ 乙醇胺

⑥ 乙烯 $\xrightarrow{\text{氯化}}$ 二氯乙烷 $\longrightarrow$ 氯乙烯 $\longrightarrow$ 聚氯乙烯 $\longrightarrow$ 塑料薄膜、合成纤维

⑦ 乙烯 $\xrightarrow{\text{氧化}}$ 乙醛 $\longrightarrow$ 醋酸 $\longrightarrow$ 酯类、维尼纶、制药等

　　乙醛 $\longrightarrow$ 合成材料、增塑剂原料

⑧ 乙烯 $\xrightarrow{\text{乙酰氧基花}}$ 醋酸乙烯 $\longrightarrow$ 合成纤维、涂料、粘合剂

⑨ 乙烯 $\xrightarrow{\text{苯烷基化}}$ 乙苯 $\xrightarrow{\text{脱氢}}$ 苯乙烯 $\longrightarrow$ 聚苯乙烯塑料、ABS 树脂、丁苯橡胶

⑩ 乙烯 $\xrightarrow{\text{二聚}}$ 丁烯 $\longrightarrow$ 聚丁烯、线性低密度聚乙烯

⑪ 乙烯 $\xrightarrow{齐聚水合}$ 高碳醇 ⟶ 表面活性剂、增塑剂

⑫ 乙烯 $\xrightarrow{水合}$ 乙醇 ⟶ 溶剂、合成原料

据中国石油石化 2008 年报道，到 2010 年，中国将建成 21 个大炼油项目，加工能力超过 2.4 亿吨，占全国总能力的 57%（2010 年全国炼油总能力约为 4.2 亿吨）。在这些大炼油项目中，属于中国石化的有 14 个，总产能达 1.6 亿吨/年以上，这将让中国石化在长三角、珠三角、环渤海等地区构建起强大的产业集群。属于中国石油的有 6 个，包括大连石化、兰州石化、抚顺石化、大连西太、独山子石化以及长庆石化。属于中国海油的有惠州大炼油项目。大型化将成为炼油业发展的必然趋势，因为这是降低成本的重要途径之一。据估算，1 200 万吨/年规模的炼厂比 600 万吨/年规模的炼厂，单位投资节约 2.5%，生产费用节约 12%～15%，占地和能耗自然也随之减少。

3.5 炼油及石油化学工业的环保现况及需要

3.5.1 重大意外事故及防范观念

防范于未然的观念及措施是非常重要的。在许多国家，有关负责人员对份内环保职责负有重大法律责任。

(1) 爱克森石油公司(Exxon)巨型油轮在阿拉斯加海岸的漏油事件曾造成对环境、生态、渔业、旅游业及自身经济利益的重大灾害，但其肇事原因本来是可以防范的，紧急处理也应是事前有所准备的。

(2) 吉林化工厂爆炸导致含苯废水流入松花江，引发国际索求赔偿的重大事故，同时对饮用水源安全、水生生物、渔业及自身经济利益造成了重大损害。此事件带给我们的教训是：做好事前准备紧急处理很重要；现场抢险人员环保意识事前训练也非常有必要。

3.5.2 炼油厂、重要石油化学工业的三废来源

炼油厂、重要石化工业的主要废物包括以下几类：

① 泄漏挥发性有机物（volatile organic compounds，VOC）。包括毒性和可燃性及爆炸性气体，如苯、甲苯、二甲苯、二甲醚、氯乙烯、丁二烯、卤化物、硫化物等。

② 生产过程的副产物及废物。如含硫废污泥、废催化剂、废油渣、酸碱废液、含硫废碱液、含酚废碱液。含酚废碱可经处理回收其中的酚类。

以下为含硫废碱液产生的碱洗法原理：使裂解气中 CO_2 和 H_2S 等酸性气体和

硫醇、氧硫化碳等硫化物与 NaOH 溶液发生下列反应而除去，以达到净化的目的，反应生成的 Na_2CO_3，Na_2S，RSNa 等溶于碱液中。

$$CO_2+2NaOH \rightarrow Na_2CO_3+H_2O$$

$$H_2S+2NaOH \rightarrow Na_2S+2H_2O$$

$$COS+4NaOH \rightarrow Na_2S+Na_2CO_3+2H_2O$$

$$RSH+NaOH \rightarrow RSNa+H_2O$$

含硫废碱液需要特殊处理，常用的有湿式氧化法。

③ 废水。包含酸水、冷却水、清洗水、冷凝水、泄漏的原料及产品等，有机物含量常以 BOD，COD 及 TOC 表示。冷却水、清洗水、冷凝水等可回收或再使用。

④ 氮与硫在燃烧后产生的氧化物。这是主要的空气污染物，包括 NO，NO_2，SO_2，SO_3，(NO_x，SO_x)，及生成的臭氧和光化学污染物。

3.5.3　炼油厂及一般石油化学工业的三废减排及处理

① 废水初级处理(除油、除渣)、生物处理(除有机物)、深度处理及利用(例：消防用储水)。

② 冷却水、清洗水、冷凝水应当回收，并增加水循环使用的比例。

③ 废油渣能源化使用，废催化剂回收。

④高浓度废碱液需要特殊处理。

⑤有效利用酸碱废液的中和，废溶剂回收等。

⑥发展及采用新工艺，如以往成功地使用隔膜法电解食盐水(取代汞电极)制备氢氧化钠、氯乙烯。

⑦发展及采用新产品，如生物降解性好的清洁剂。

⑧防止有机气体的泄漏，回收及处理有机气体。

3.6　煤的使用及其对环境的影响

3.6.1　中国煤的使用现况

煤炭是我国的许多重要化工品的主要原料。煤化工是以煤为原料，经过化学加工使煤转化为气体、液体、固体燃料和化学品，以及进一步生产出各种化工产品的工业过程。煤化工的产量约占化学工业(不包括石油和石化)50%。煤化工包括煤的一次化学加工、二次化学加工和深度化学加工。煤的焦化、汽化、液化，煤的合成气化工、焦油化工和电石乙炔化工等，都属于煤化工的范围。合成氨、甲醇两大基础化工产品，主要以煤为原料。2005 年，中国共生产焦炭 23 282 万吨、电石 895

万吨、煤制化肥约 2 500 万吨(折纯),煤制甲醇约 350 万吨,均位居世界前列。煤化工行业的发展对于缓解中国石油、天然气等优质能源供求矛盾,促进钢铁、化工、轻工和农业的发展,发挥了重要的作用。2006 年全国总计生产焦炭 29 768 万吨,同比增产 4 356 万吨,增长 17.14%,增幅比上年回落 6.11 个百分点。其中机焦产量 26 279 吨,同比增长 18.36%。其他半焦、石油焦、改良焦、土焦等产量为 3 489 万吨,比上年略有增加。其中规模以上焦化企业累计生产焦炭 28 121 万吨,同比增产 4 217 万吨,增长 17.64%。必须指出的是,焦炭的生产过程对环境的影响巨大,如果不能充分利用焦炭生产过程中所有的副产品,既浪费了资源,也会对环境造成严重的破坏。我国能源发展"十一五规划"阐明了我国的煤炭工业的发展现状及能源发展战略,明确了能源发展目标、开发布局、改革方向和节能环保重点。

3.6.2 煤燃烧废气对于城市空气品质严重的影响及酸雨的形成

中国 SO_2 排放量居世界第一,其中燃煤 SO_2 排放量占 SO_2 排放总量的 90% 以上,SO_2 进入大气后氧化形成 SO_3,最后形成酸雨。酸雨导致大片森林枯萎,土壤酸化,农作物减产,许多水生生物消失,建筑物遭侵蚀,给人们的生产生活带来严重危害。我国酸雨覆盖面积已超过国土面积的 30%,每年因为酸雨造成的经济损失达 1 000 亿元人民币以上。我国的 CO_2 排放量已占全球排放量的 13%,中国在 2007 年取代美国,成为全球最大的二氧化碳排放国,并且从目前趋势看,中国将在 2010 年后成为最大的能源消耗国。而其中燃煤造成的 SO_2、CO_2 和氮氧化物排放量分别占全国总量的 85%,85%和 60%。2020 年之前,我国每年将排放 2 750～3 650万吨 SO_2。但研究表明,全国 SO_2 的环境容量只有 1 200 万吨。因此,如果不加处理,将会带来严重的环境灾难。

大量未经环保处理的燃煤使用,不仅会带来酸雨,还会造成严重的粉尘污染,使城市的空气能见度大幅降低,诱发交通事故和多种呼吸道疾病,对城市的空气品质造成严重的影响。

3.7 煤的加工、传统炼焦及水煤气工艺

3.7.1 炼焦

煤化工利用生产技术中,炼焦是应用最早的工艺(见图 3-2),并且至今仍然是煤化学工业的重要组成部分。煤焦油是炼焦工业煤热解生成的粗煤气中的产物之一,在常温常压下其产品呈黑色粘稠液状,密度通常在 0.95～1.10 g/cm^3 之间,具有特殊臭味。煤焦油又称焦油,主要由多环芳香族化合物组成,烷基芳烃含量较

少，高沸点组分较多，热稳定性好。其组分萘含量较多，其余相对含量较少，主要有酚及其同系物、1-甲基萘、2-甲基萘、蒽、菲、咔唑、莹蒽、喹啉、芘等。其中萘及稠环芳烃构成焦油的中性组分，酚及同系物构成焦油的酸性组分，吡啶及其同系物构成焦油的碱性组分。沥青是焦油蒸馏残液，是多种多环高分子化合物的混合物。焦油馏分的组成见表3-13～3-16。

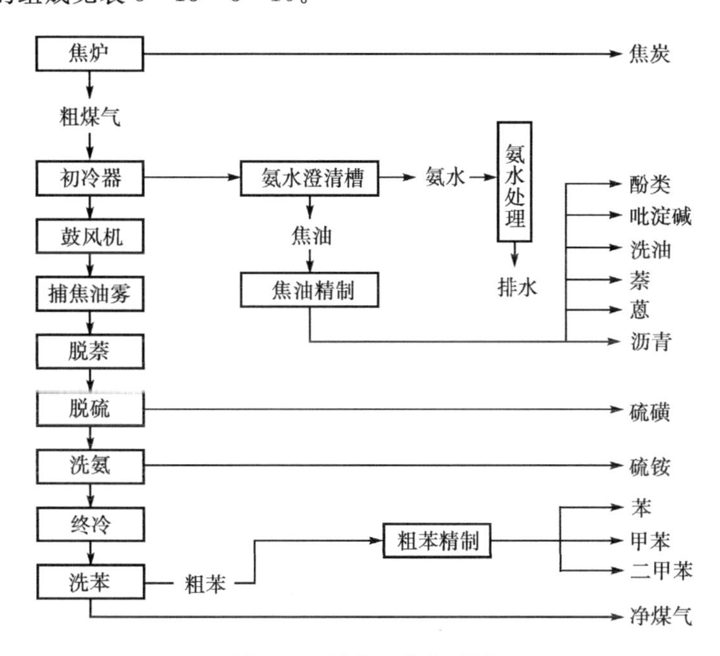

图3-2 炼焦工艺简示图

表3-13 焦油馏分部分组成

馏分	沸点范围/℃	馏分产率(对无水焦油)wt%
轻油	<170	0.4～0.6
酚油	170～210	1.8～2.5
萘油	210～230	10～16
洗油	230～300	7～10
一蒽油	300～360	17～23
二蒽油	360～440	3～8

表 3-14 焦油中的主要中性组分

组分	结构式	含量/wt%	沸点/(101 kPa)℃	熔点/℃
萘		8～12	218	80.3
1-甲基萘	CH_3	0.6～1.2	244.7	−30.5
2-甲基萘	CH_3	1.0～1.5	241.3	34.7
苊	CH_2—CH_2	1.2～2.0	227.5	95.0
芴		1.0～2.0	297.9	114.2
氧芴	O	0.6～1.2	286.0	81.6
蒽		1.2～1.8	342.3	216.0
菲		4～5	340.1	99.1
咔唑	N	1.2～2.5	353.0	246.0

续表 3-14

组分	结构式	含量/wt%	沸点/(101 kPa)℃	熔点/℃
萤蒽	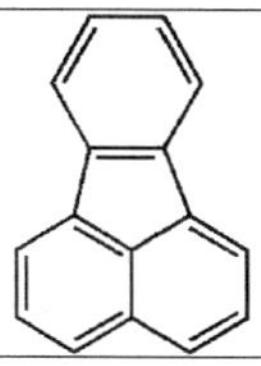	1.8～3.3	383.5	109.0
芘	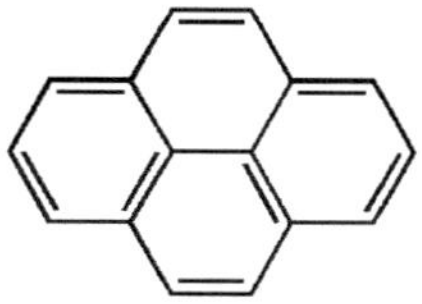	1.2～2.1	393.5	150.0
䓛	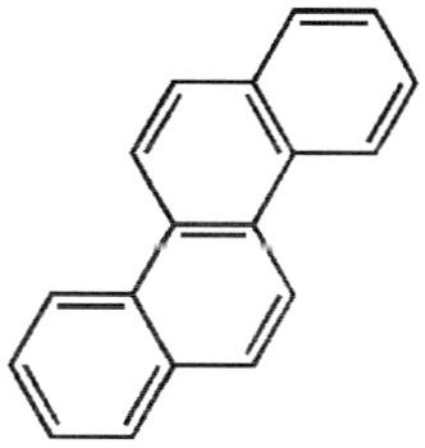	0.4～2.0	448.0	254.0

表 3-15 粗酚组成及性质

名称	结构式	含量/wt%	沸点/℃	熔点/℃
苯酚	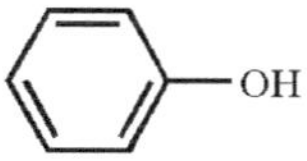 OH	37～43	182.2	40.8
邻甲酚	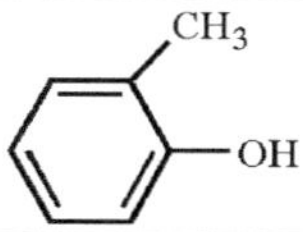 CH_3, OH	7～10	191.0	32
间甲酚	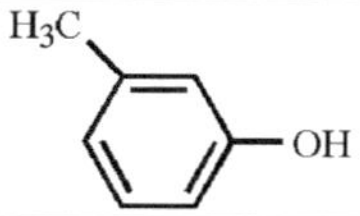 H_3C, OH	32～38	202.7	10.8
对甲酚	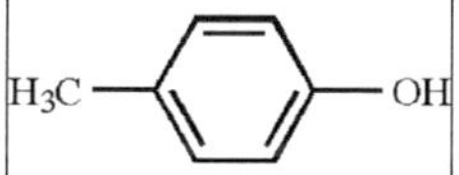 H_3C, OH		202.5	35.6

续表 3-15

名称	结构式	含量/wt%	沸点/℃	熔点/℃
3,5-二甲酚	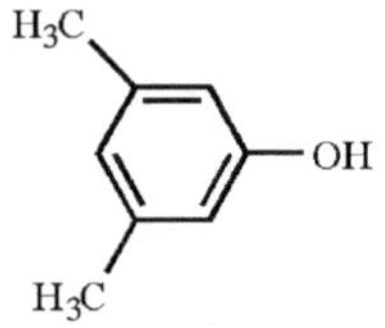 H_3C, H_3C, OH	7～9	221.6	64.0
其他二甲酚	——	6～10	201～227	25～75

表 3-16　吡啶及其同系物性质

名称	结构式	沸点/℃	熔点/℃
吡啶	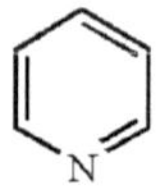 N	115.26	−41.55
2-甲基吡啶	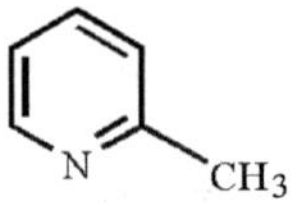 N, CH_3	129.44	−66.55
3-甲基吡啶	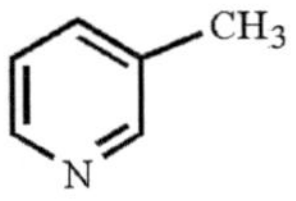 CH_3, N	144.00	−17.7
4-甲基吡啶	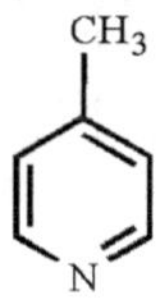 CH_3, N	145.30	−4.3
2,4-二甲基吡啶	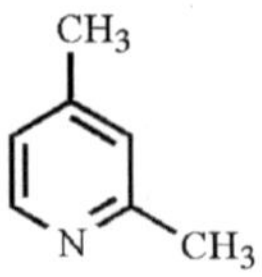 CH_3, N, CH_3	158.5	−70.0

3.7.2　重要的现代煤化学工艺

现代的煤化学工业主要包含：① 煤制合成气；② 以合成气合成氨及化肥；③ 以合成气合成甲醇及二甲醚为替代燃料；④ 以合成气合成烃类；⑤ 合成气发电；⑥ 煤直接液化等。如图 3-3 所示。

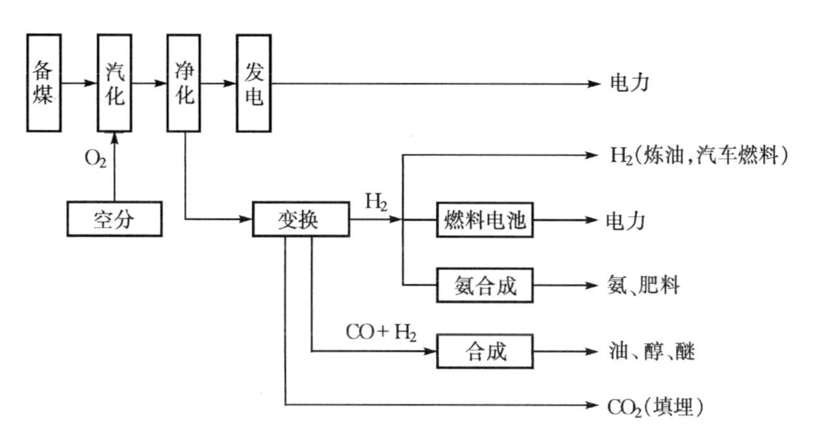

图 3-3　现代煤化工业简示图

1. 煤制合成气

$$C + H_2O = CO + H_2 \qquad C + 2H_2O = CO_2 + 2H_2$$

2. 利用合成气合成氨及化肥

煤汽化生成的合成气大量用来合成氨及化肥，已成为我国占主要地位的煤化学工业，并于近年来得到持续快速地发展。其基本反应如下

$$C + 2H_2O = CO_2 + 2H_2 \qquad N_2 + 3H_2 = 2NH_3$$

3. 合成气合成甲醇及二甲醚为替代燃料

$$CO + 2H_2 = CH_3OH \qquad 2CH_3OH = CH_3OCH_3 + H_2O$$

4. 合成气合成烃类

生产可替代石油化工的产品为主，如柴油、汽油、航空煤油、液化石油气等替代燃料。

5. 合成气发电

煤的汽化与电热等联产可以实现煤炭能源效率最高、有效组分最大程度转化、投资运行成本最低和全生命周期污染物排放最少的目标。

6. 煤直接液化

即煤高压加氢液化,可以生产人造石油和化学产品。在石油短缺时,煤的液化产品可替代目前的天然石油。

现代先进的煤化学工艺及工艺组合大致有下列的几种主要方式。

① 大型先进煤汽化。煤汽化是发展新型煤化工的重要单元技术。国内大型先进煤汽化技术与国外相比虽有一定差距,但近年来加快了开发速度。对具有自主知识产权的多喷嘴水煤浆汽化、干煤粉气流床汽化技术进行工业示范开发和放大研究。煤汽化流程如图 3-4 所示。

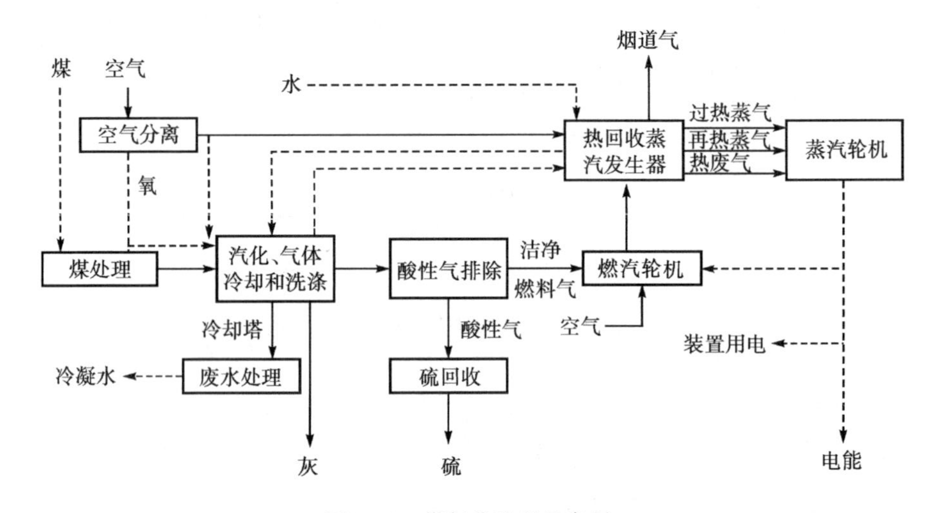

图 3-4　煤气化流程示意图

② 一步法合成二甲醚技术。二甲醚可以代替柴油用作发动机燃料,也可以作为民用燃料替代 LPG。与甲醇为原料两步法制取二甲醚相比,以合成气为原料通过一步法合成二甲醚的技术具有效率高、工艺环节少 、生产成本低的优点。国内正在研究开发一步法合成二甲醚技术。

$$2CO + 4H_2 \longrightarrow CH_3OCH_3 + H_2O$$

③ 煤化工联产系统。煤化工联产系统是新型煤化工发展的重要方向,联产的基本原则是利用不同技术途径的优势和互补性,将不同工艺优化集成,达到资源、能源的综合利用,减少工程建设投资,降低生产成本,减少污染物或废弃物排放。煤化工联产藉不同煤化工工艺或煤化工与其他工艺的联合生产,前者如煤焦化以煤气制甲醇,后者如煤基甲醇与燃气联合循环发电。

④ 以煤汽化为核心的多联产系统。新一代煤化工技术是指以煤汽化为龙头,以一碳化工技术为基础合成,以制取各种化工产品和燃料油的煤炭洁净利用技术,

与电热等联产可以实现能源效率最高、有效组分最大程度转化、投资运行成本最低和污染物排放最少的目标。新型煤化工发展还涉及其他单元工艺技术的研发和应用,如高效气体净化和分离技术,大型高效合成技术,适应不同热值的燃汽轮机发电技术等。

以煤汽化为核心的资源/能源/环境一体化系统流程可见图 3-5。

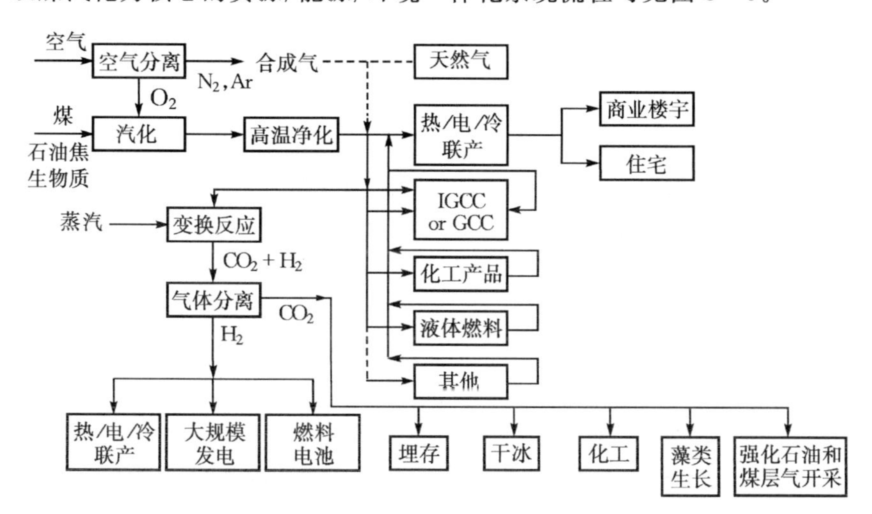

图 3-5 多联产:资源/能源/环境一体化能源系统
(倪维斗,山西能源与节能,2009.4.2)

3.7.3 中国的煤化工业

我国的煤化工业发展方针是对煤炭采取合理高效经济清洁的开发利用技术。近期发展超临界、超超临界锅炉等高效火电技术和污染控制技术,满足电力增长需求。中远期,以煤汽化为基础的多联产技术作为战略选择。

煤化工产业包括煤碳焦化、煤汽化、煤液化和电石生产等。我国煤化工经过几十年的发展,在化学工业中占有很重要的位置。煤化工的产量约占化学工业(不包括石油和石化)50%,合成氨、甲醇两大基础化工产品主要以煤为原料。2005 年我国生产焦炭 23 282 万吨,电石 895 万吨,煤制化肥约 25 000 万吨(折纯),煤制甲醇约 350 万吨,均居世界前列。

近年来,由于国际油价节节攀升,煤化工越来越显示出优势。全国各地拟上和新上的煤化工项目很多,项目规模大小不一,几乎是有煤的地方都想发展煤化工。然而传统的煤化工已经出现了产能过剩的迹象,电石和焦炭等产能严重过剩,2005 年底我国电石生产能力是当年产量的 2 倍。焦炭生产能力高出国内市场需求

7 000多万吨。2006 年 1—5 月电石和焦炭产量同比仍分别增长 33.9%和 24.2%。受石油价格不断上涨的拉动，煤制甲醇、二甲醚等石油替代产品盲目发展的势头正逐渐显现。2005 年我国甲醇产量 536 万吨。根据不完全统计，目前在建甲醇规模已接近 900 万吨，拟建和规划产能还有千万吨以上。

3.7.4 煤汽化技术在中国的发展与应用

煤汽化技术在中国已有近百年的历史，但仍然比较落后，且发展缓慢。全国有近万台各种类型的汽化炉在运行，其中以固定床汽化炉为最多。如氨肥工业中应用的 UGI 水煤气发生炉就达 4 000 余台；生产工业燃气的汽化发生炉近 5 000 台，其中还包括近年来引进的两段汽化炉和生产城市煤气和化肥的鲁奇炉（Lurgi 炉），温克勒（Winkler）流化床；U－GAS 流化床汽化，德士古（Texaco）汽化床汽化等先进技术则多用于化肥工业，但数量有限。

就总体而言，中国煤气化以传统技术为主，工艺落后，环保设施不健全，煤炭利用效率低，污染严重。近 40 年来，在国家的支持下，中国在研究与开发煤气化技术方面进行了大量工作。有代表性的工作包括：20 世纪 50 年代末到 80 年代的仿 K－T 汽化技术研究与开发，曾于 60 年代中期和 70 年代末期在新疆芦草沟和山东黄县建设中试装置，为以后国内引进德士古水煤浆汽化技术提供了丰富的经验；80 年代在灰熔聚流化床煤气化领域中进行了大量工作并取得了专利；又发展了新型（多喷嘴对置）气流床汽化炉，改进了德士古技术，已经获得了专利。此外对整体煤气联合循环（IGCC）关键技术（含高温净化）、流化床（含循环）、煤及煤浆燃烧、两相流动与混合、传热、传质、煤化学、汽化反应、煤岩形态、磨煤与干燥、高温脱硫与除尘等科学领域与工程应用等方面也进行了大量的研究工作。

中国与国外煤汽化技术供应商也进行了积极的合作，引进了大批先进的煤汽化技术，如德士古水煤浆汽化技术，壳牌（Shell）干煤粉汽化技术和 GSP 干煤粉汽化技术。下面简要介绍一下这些技术的应用情况。

1. 德士古水煤浆汽化技术

由美国 Texaco 石油公司开发（现为 GE 并购）。1984 年中国山东鲁南化肥厂从美国 Texaco 公司引进技术，建设了中国第一套德士古水煤浆汽化装置，1993 年建成投产。此后上海焦化厂、陕西渭河煤化工公司、安徽淮南化工总厂、浩良河化肥厂和中石化金陵石化公司又相继引进了德士古水煤浆汽化技术。水煤浆汽化技术在中国已有多年的应用业绩，技术成熟，主要设备都可以国产化，只引进烧嘴、煤浆泵等少量设备。

2. 壳牌干煤粉汽化工艺

由壳牌公司开发。壳牌技术对煤种的适应性较强，效率高，同时具有良好的环保性能。但是壳牌技术国产化程度较低，主要设备如汽化炉内件依然需要从国外进口，由此投资比较大。迄 2008 年，壳牌在中国已经出售了 16 个煤汽化技术许可证，包括 7 个面向化肥生产的合成气工厂、8 个面向甲醇和相关产品生产的合成气工厂，以及 1 个面向氢气生产的合成气工厂，其中包括湖北双环、广西柳化等在内的 5 套装置已经投产。

3. 未来能源 GSP 干煤粉汽化工艺

属于德国未来能源公司 GmbHF。该工艺在国内有五个项目正在建设中。GSP 汽化工艺具有原料适应性广、碳转化率高、开工率高、低污染等特点，具有不错的发展前景。

3.7.5　煤汽化工艺的比较

煤汽化技术主要分为三大类：以块煤（10～50 mm）为原料的固定床；以碎煤（小于 6mm）为原料的流化床；以粉煤（小于 0.1 mm）为原料的气流床。为提高单炉能力和降低能耗，现代汽化炉均在适当的压力（1.5～4.5 MPa）下运行，相应地出现了增压固定床、增压流化床和增压气流床技术。我国绝大多数正在运行的汽化炉仍为水煤气或半水煤气固定床。

1. 固定床汽化工艺

先进的固定床汽化工艺以鲁奇移动床加压汽化为代表，其主要优点包括：可以使用劣质煤汽化，加压汽化生产能力高，氧耗量低，是目前三类汽化方法中氧耗量最低的方法，鲁奇炉是逆向汽化，煤在炉内停留时间长达 1 小时，反应炉的操作温度和炉出口煤汽温度低，碳效率高、汽化效率高。虽然鲁奇汽化工艺优点很多，但由于固定床汽化只能以不粘块煤为原料，不仅原料昂贵，汽化强度低，而且气—固逆流换热，粗煤汽中含酚类、焦油等较多，使净化流程加长，增加了投资和成本。

2. 气流床汽化工艺

德士古炉、K－T 炉、壳牌炉，以粉煤为原料的气流床在极高温度下运行（1 300～1 500℃），汽化强度极高，气体中不含焦油、酚类，非常适合化工生产和先进发电系统的要求。气流床汽化工艺的煤种适应范围较宽，（但水煤浆汽化炉在一般情况下不宜汽化褐煤，因为成浆困难）。工艺灵活，合成气质量高，产品气可适用于化工合成，制氢和联合循环发电等。汽化压力高，生产能力高，污染环境小，三废处理较方便。该工艺缺点是，高温汽化为使灰渣易于排出，要求所用煤灰熔点低（小于 1 300℃），含灰量低（低于 10%～15%），否则需加入助熔剂（CaO 或 Fe_2O_3），增加运行成本。这一点特别不利于我国煤种的使用。此外，高温汽化炉耐火材料和喷嘴均在高温下工作，寿命短、价格昂贵、投资高。同时汽化炉在高温运行，氧耗高，也提高了煤气生产成本。

3. 流化床汽化工艺

使用碎煤为原料的流化床技术一直受到国内外的关注。德国发挥了其既有传统,开发出高温温克勒汽化炉,美国正努力发展以流化床汽化和燃烧相结合的高效工艺(Hybrid 工艺),预期可获得最良好的系统效率。流化床汽化以空气或氧气或富氧和蒸气为汽化剂,在适当的煤粒度和气速下,使床层中粉煤沸腾,气固两相充分混合接触,在部分燃烧产生的高温下进行煤的汽化。其工艺流程包括供煤、进料、供气、汽化、除尘、废热回收等系统,将原煤破碎至 8 mm 以下,烘干后进入进煤系统,再经螺旋加料器加入汽化炉内,在炉内与经过预热的汽化剂(氧气/蒸气或空气/蒸气)发生汽化反应,携带细颗粒的粗煤气由汽化炉逸出,在旋风分离器中分离出较粗的颗粒并返回汽化炉,除去粉尘的煤气经废热回收系统进入水洗塔,使煤汽最终冷却和除尘。图 3-6 显示了未来的煤化工艺与发电、燃料、化学工业的组合。

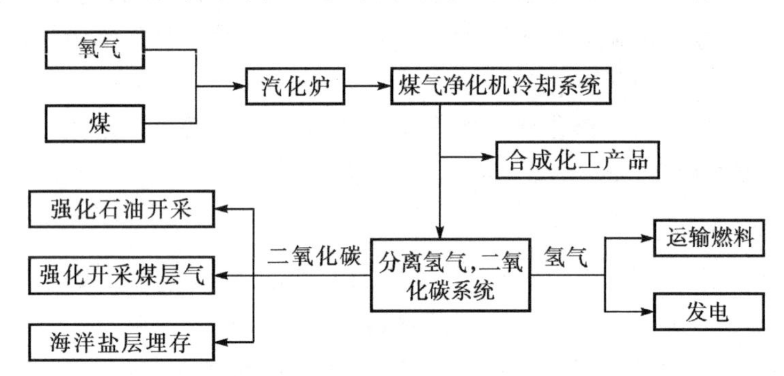

图 3-6 未来的煤汽化工艺“FutureGen”系统

表 3-17 显示了三种汽化代表工艺的废水性质。

表 3-17 三种汽化代表工艺的废水性质

废水中杂质 mg/L	固定床 (Lurgi 鲁奇炉)	流化床 (Winkler 温克勒床)	气流床 (Texaco 德士古炉)
焦油	<500	10~20	—
苯酚	1 500~5 500	20	<10
甲酸化合物	—	—	100~1 200
氨	3 500~9 000	9 000	1 300~2 700
氰化物	1~40	5	10~30
COD	3 500~23 000	200~300	200~760

3.8 煤液化技术

1. 煤直接液化

直接液化最早在1913年由德国人发明,1927年大规模生产,在高温、高压下加氢,成液体燃料并进一步加工成汽油、柴油及其他化工产品。20世纪30～40年代曾在德国实现工业化;70年代国外又进行新工艺、新技术开发,2000年后开发工作基本结束,但没有大规模工业化应用的实例。国内正在引进国外核心技术建设示范工厂;国内有关研发机构跟踪研究已有20多年,目前正在开发具有自主知识产权的煤炭直接液化新工艺以及专用高效催化剂等关键技术。

2. 煤间接液化

1923年由德国人发明。煤间接液化是将煤炭汽化,并制得合成气(CO,H_2),然后通过Fischer-Tropsch法(FT法)在催化剂帮助下制成以石蜡烃(直链烃)为主的燃料油和其他化工产品,见图3-7。南非于20世纪50年代开始建设商业化工厂,目前已形成年产700万吨产品的生产能力。国内对间接液化技术的开发已有20年的历史,目前正在开发浆态床低温合成工艺及专用催化剂,另外还进行了引进国外技术建设工业示范厂的前期研究。

$$nCO + 2nH_2 \longrightarrow (-CH_2-)_n + n\,H_2O$$

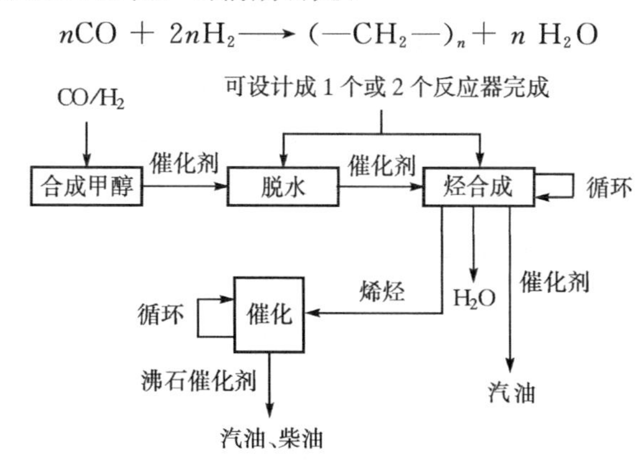

图3-7 煤间接液化流程示意图

3.9 环保需要及煤化工业的规划

近年煤化工产业在快速发展的同时,也带出了一些严峻的问题。煤化工产业的发展对煤炭资源、水资源、生态、环境、技术、资金和社会配套条件要求较高,如果不顾水资源、生态、环境等方面的承载能力，盲目规划、竞相建设煤化工项目，将对煤化工产业，对经济社会持续、稳定、健康发展均产生不利的影响。推进煤化工行业发展的关键在于真正做到以经济效益及环境的持续发展为中心。新型煤化工工程建设和生产运行是应用多领域高新技术和实施大规模工程相结合的复杂系统工程，技术和工程管理水平要求高，因此必须注重组织管理和培育高素质的技术队伍，实行先进、科学、高效的管理和经营模式。

水资源是建设新型煤化工工程的重要基础条件。以耗水量来考虑，许多产煤基地本身就很缺水，这对发展新型煤化工是一大制约。例如 150 万吨/年油品的间接液化，工厂日需原水供应量约为 5.5 万立方米；100 万吨/年油品的直接液化工厂日需原水约 2.3 万立方米。因此新型煤化工产业发展应充分注重水资源的约束影响，发展节水工艺。煤液化制油及新型煤化工项目耗资大、能耗高，以多的能源换取更少的能源，必须审慎考虑长期利益及生命周期。煤制油每吨油耗水 10 吨，国内煤矿多在缺水的北方地区，而且煤转化过程能效损失高达 50%左右。因此，今后国家仍将严格限制煤制油项目。以下举例说明洗煤及洗煤废水、焦化厂废水及冷煤气发生站废水的性质与排量。

3.9.1 洗煤及洗煤废水

(1) 含硫化铁，易氧化成强酸性

$$2FeS_2 + 7O_2 + 2H_2O \rightarrow 2Fe^{2+} + 4SO_4^{2-} + 4H^+$$

$$4FeS_2 + 15O_2 + 14H_2O \rightarrow 4Fe(OH)_3 + 8H_2SO_4$$

(2) 需要中和硫酸、亚硫酸及沉淀分离处理，并回收废水

$$CaCO_3 + H_2SO_4 \rightarrow CaSO_4 + H_2O + CO_2$$

3.9.2 焦化厂废水及冷煤气发生站废水

此类废水含高浓度的酚类、氨、硫化物、氰化物及 COD，需要特别处理才能排放。其废水的排量和水质如表 3-18 和表 3-19 所示。

表 3-18 宝钢焦化厂废水的排量和水质

废水来源	水量/$m^3 \cdot d^{-1}$	水质/$mg \cdot L^{-1}$						
		总 NH_3	酚	总 CN^-	SCN^-	S^{2-}	油	COD
氨水	830	4 000	2 000	150	700	75	320	6 300
粗苯	100	4 500	400	150	600	—	140	6 700
焦油	20	5 500	3 600	300	145	1 600	110	15 000

续表 3-18

废水来源	水量/$m^3 \cdot d^{-1}$	水质/$mg \cdot L^{-1}$						
		总 NH_3	酚	总 CN^-	SCN^-	S^{2-}	油	COD
苯加氢	50	2 500	30	20	20	3 800	1 000	3 000
酚精制	65	—	200	—	—	—	85	12 700
古马隆	5	—	6 000	—	—	—	140	1 100
吡啶精制	—	—	—	300	—	—	5	600
沥青焦	195	1 340	1 200	120	120	960	210	5 540
混合氨水	1 265	3 370	1 750	130	630	370	300	5 450
溶剂脱酚废水	1 265	3 370	70	130	630	370	90	2 250
蒸氨废水	1 385	270	64	36	480	7	58	1 750

表 3-19　冷煤气发生站废水水质

污染物浓度/$mg \cdot L^{-1}$	无烟煤		烟煤		褐煤
	水不循环	水循环	水不循环	水循环	
悬浮物	—	1 200	<100	200～3 000	400～1 500
总固体	150～500	5 000～10 000	700～1 000	1 700～15 000	1 500～11 000
酚类	10～100	250～1 800	90～3 500	1 300～6 300	500～6 000
焦油	—	少量	70～300	200～3 200	多
氨	5～250	50～1 000	10～480	500～2 600	700～10 000
硫化物	20～40	<200	少量	少量	少量
氰化物和硫	5～10	50～500	<10	<25	<10
COD	20～150	500～3 500	400～700	2 800～20 000	1 200～23 000

3.9.3　烟气处理

煤化工业产生的烟气通常需要经过除尘及脱硫处理后排放。烟气的一般脱硫方法如图 3-8 所示。

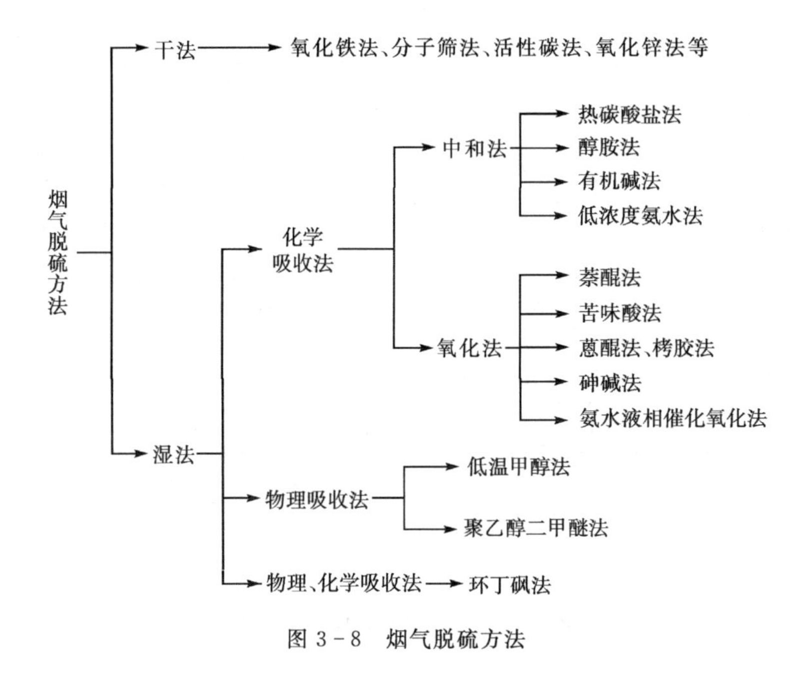

图 3-8　烟气脱硫方法

3.10　煤层气

煤层气是一种在含煤岩层中，以腐植性有机物质为主的成煤物质在成煤过程中自生的非常规天然气，主要成分为 CH_4，占 90%以上。

3.10.1　煤层气的储存及开采

煤层气在煤层中生成，并以吸附、游离状态储存在煤层及邻近岩层之中。当其气体浓度达到 5%至 16%时，遇明火便爆炸。中国煤矿安全事故 80%与瓦斯有关，所以煤层气一直以来被看作是对煤矿开采造成严重安全威胁的有害气体。煤层气的主要成分甲烷是具有强烈温室效应的气体，其温室效应要比二氧化碳大 20～25 倍。资料显示，对于浅层煤层气，全国平均每开采一吨煤将造成 1～1.1 立方米的甲烷排放。甲烷具有很高的经济价值，应加以回收利用。全球已进入能源紧缺时代，煤层气作为气体化石能源家族三大成员之一，与天然气、天然气水合物的勘探开发一样，日益受到世界各国的重视。英国石油公司(BP)预测显示，2020 年至 2030 年前后，天然气在世界能源结构中的比重可能赶上和超过煤炭和石油，世界能源结构逐步向气体能源为主的趋势发展。全球的煤层气总资源量大约为 260 万亿立方米，我国拥有丰富的煤层气资源。据测算，中国煤层气资源总量超过 31

万亿立方米，相当于 450 亿吨标准煤，位居世界第三，以山西、陕西、内蒙古等西部省区煤层气资源量最大，有 17 万亿立方米。在鄂尔多斯、准噶尔和塔里木以及东海、南海等地陆续发现了煤层气田和含煤层气构造，其中资源条件较好、具有良好开发前景的有 16 万亿立方米。煤层 1 500 米以内浅煤层气资源量约 27 万亿立方米，是天然气比较现实的后备资源，开发潜力巨大。

目前，国外煤层气勘探开发的主要国家有美国、澳大利亚、加拿大、俄罗斯、英国、法国、印度、南非等国，其中美国已在多个盆地投入大规模开发，并形成工业产能。美国煤层气总资源量 21 万亿立方米，是世界上煤层气商业化开发最成功的国家，也是煤层气产量最高的国家，煤层气已占到天然气总量的 10%，在美国能源产业中占有举足轻重的地位。20 世纪 70 年代末，美国煤层气年生产水平不足 1 亿立方米；1994 年以前，美国每年因采煤排放的甲烷总量达到 42 亿立方米，不仅严重污染了大气层，而且浪费了巨大的能源和资金。但到 20 世纪 90 年代末，年生产水平达到 350 亿立方米。其探明储量占天然气探明储量的 10%。美国煤层气成本为每立方米 4 美分(约合 0.3 元人民币，2007)。我国沁水盆地晋城地区投入开发，预计每口煤层气井的勘探、开发、生产平均费用为人民币 230 万元，煤层气成本也仅为每立方米 0.25 元。中国煤层气资源最近预测结果显示，到 2010 年，中国煤层气产量将达到 100 亿立方米，建设全长 1 400 多公里的输气管道，设计总输气能力 65 亿立方米，是继美国之后第二个大规模进行地面煤层气勘探与开发的国家。随着中国西部大开发的推进，煤层气正在成为新一轮能源开发中的重要角色。中国对煤层气的开发利用始于 20 世纪 90 年代后期，拥有煤层气全国总储量 1/3 的山西省，已被列为国家煤层气资源开发的重点，特别是煤层气最为富集的沁水煤田和河东煤田有望成为中国两大煤层气基地。

3.10.2　煤层气对环境的影响及环保展望

煤层气回收增强技术被视为一种有广阔商业前景的新兴环保技术。该技术于 20 世纪 90 年代出现，目前仍处于起步阶段。煤层气回收增强技术是把二氧化碳注入不可开采的深煤层中加以储藏，同时排挤出煤层中所含的甲烷加以回收的过程，氮气也同样适用于这一方法。二氧化碳能增加煤层气的回收而且其本身被煤层隔离封闭，是一个复杂的物理和化学的互相作用过程。甲烷和二氧化碳以一定的比例存在于煤层中，煤层中既有气态的甲烷和二氧化碳，也有吸附态的甲烷和二氧化碳存在。当纯二氧化碳注入煤层时，气态的甲烷就被挤出，由于二氧化碳具有高度的吸附性，煤层会迅速吸附二氧化碳并排出原先吸附的甲烷。把二氧化碳注入目前不可开采的深煤层中加以储藏，处在一定压力下的二氧化碳就很难流失或泄漏，能提高储藏的安全性，这是煤层气回收带来的另一益处。

与巨大的储量相比，煤层气过去在西部能源开发中并未得到应有的重视，每年有大量煤层气作为矿井有害气体随煤炭开采排入大气，既浪费资源又污染环境，同时对矿工的生命安全造成严重危害。中国将煤层气开发利用作为温室气体减排的一项重要对策。《京都议定书》规定了各国的温室气体减排量，如果某个国家达不到这一规定，它可以向额度尚有富余的发展中国家购买剩余配额，从而保证全球总体减排量达标，而支付的资金可以作为国际基金，帮助这些发展中国家实施具有环保意义的项目。更加具体的操作是：煤矿公司回收煤层气，将其用于发电。由于从矿井回收煤层气的成本只有煤开采成本的30%～35%，煤层气所发电力的价格比煤电价格要低。煤层气主要成分为甲烷，但也含硫化氢。通过除硫过程燃烧后产生水蒸气和温室效应较甲烷更为低的二氧化碳（$\frac{1}{20}$），同时比起燃煤发电，其二氧化硫排放量也大为减少。当煤矿公司回收煤层气发电项目产生的温室气体减排量被核实后，将由专门的国际基金收购。掌握基金的组织采用政府与私营部门合作机制，由多国政府和多家私营公司组成。这一组织可授权世界银行等国际组织作为托管方，代表该组织各参与方从项目中购买温室气体减排量。

3.11 能源环境政策

能源环境政策在执行的顺序上有先后的考虑，或循序渐进或并进，其整体的推动顺序可参考表3-20。中国在“十一五”期间对节能减排有特别指标，能耗/GDP的比值需要下降20%。同时在优化能源结构方面努力降低用煤比例，推动使用清洁煤工艺，淘汰污染性高的小型电厂及小型煤矿。在税制方面对造成生态环境破坏的工厂及工业落实罚款，并将罚款用于生态环境的恢复等等。另外，加强与国际接轨，在二氧化碳、SO_x 的排放上推动能源环保市场的繁荣发展。

表 3-20 能源环境政策执行优先顺序(由上而下)的排列

(1) 节能	政府率先，带动清洁生产
(2) 优化能源结构	降低用煤比例，使用清洁煤
(3) 推动环保标准	发电厂功能效率及环保标准达标
(4) 能源环保技术改进	火力发电厂以低成本环保设备降低污染
(5) 环保成本纳入机制	火力发电厂环保效益奖励，生态环境破坏罚款，建立环保能源基金
(6) 推动能源环保市场	排污达标余额出售、可再生能源配额及再生电源市场化

习 题

3.1 熟悉化石燃料有关的中英文专有名词(见附录)。

3.2 归纳并熟悉石油及煤化工主要产品的化学品名及产生过程的方程式。

3.3 熟悉煤焦化主要产品的化学名称及结构式。

3.4 列举汽车燃料的主要成分及取代品的名称和结构式。

3.5 阅读以下英文资料(见附录 9):"Brief history of the petroleum industry and petroleum refining","Flow diagram of a typical petroleum refinery", "Processing units used in refineries", "Auxiliary facilities required in refineries", "The crude oil distillation unit", "Refining end-products".

参考文献

[1] 朱银惠. 煤化学. 北京:化学工业出版社,2004.
[2] 郭树才. 煤化工工艺学. 2 版. 北京:化学工业出版社,2006.
[3] 袁权. 能源化学进展. 北京:化学工业出版社,2005.
[4] 邬国英,李为民,单玉华. 石油化工概论. 2 版. 北京:中国石化出版社,2006.
[5] 翟秀静,等. 新能源技术. 北京:化学工业出版社, 2005.
[6] 陈军,陶占良. 能源化学. 北京:化学工业出版社,2004.

第 4 章　生物圈及生物质能

4.1　生物圈

生物圈(biosphere)是地球上所有出现并感受到生命活动影响的地区，是地表生物生存的环境空间的总称，是地球特有的圈层。它在地面以上达到大致 23 000 m 的高度，在地面以下延伸至 12 000 m 的深处，其中包括平流层的下层、整个对流层以及沉积岩圈和水圈。但绝大多数生物通常生存于地球陆地之上和海洋表面之下各约 100 m 厚的范围内，集中在大气圈、水圈、岩石圈、土壤圈等圈层的交界处，这里是生物圈的核心。

生物圈主要由生命物质、生物生成性物质和生物惰性物质三部分组成。生命物质又称活质，是生物有机体的总和；生物生成性物质是由生命物质所组成的有机矿物质相互作用的生成物，如煤、石油、泥炭和土壤腐殖质等；生物惰性物质是指大气低层的气体、沉积岩、粘土矿物和水。由此可见，生物圈是一个复杂的、全球性的开放系统，是一个生命物质与非生命物质的自我调节及维系的系统。生物圈与水(水圈，hydrosphere)，大气(大气圈，atmosphere)，及土壤(土圈或岩石圈，lithosphere)，都有紧密的交互影响及平衡的关系。生态 (ecology)则是关于生物生存的相互关系，以及与环境的关系和影响(见图 4 - 1)。

生物圈存在的基本条件有四条。第一，可以获得来自太阳的充足光能。因一切生命活动都需要能量，而其基本来源是太阳能，绿色植物吸收太阳能合成有机物而进入生物循环。第二，要存在可被生物利用的大量液态水。几乎所有的生物全都含有大量水分，没有水就没有生命。第三，生物圈内要有适宜生命活动的温度条件，在此温度变化范围内的物质存在气态、液态和固态三种变化。第四，提供生命物质所需的各种营养元素，包括 O,P,N,C,K,Ca, Fe,S 等，它们是生命物质的组成及中介。总之，地球上有生命存在的地方均属生物圈。生物的生命活动促进了能量流动和物质循环，并引起生物的生命活动及生态发生变化。生物圈里繁衍着各种各样的生命，为了获得足够的能量和营养物质以支持生命活动，在这些生物之间存在着食物链的关系。生物圈中的各种生物，按其在物质和能量流动中的

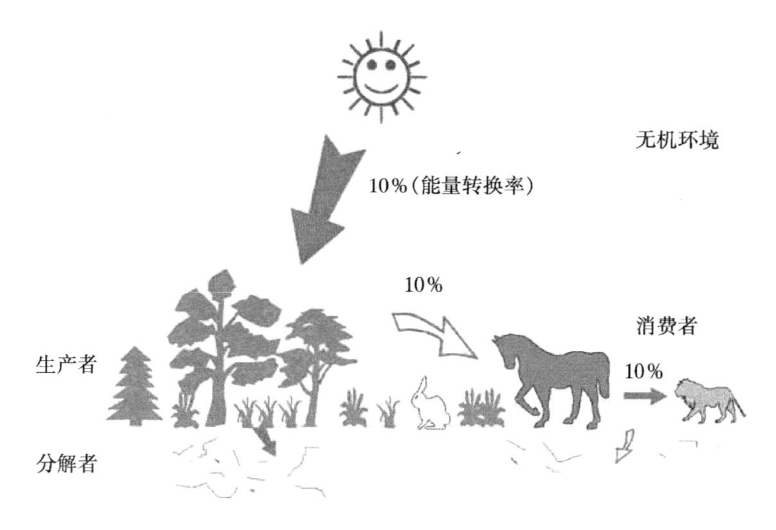

图 4－1　生物圈及其能量转化示意图

作用可分为三类：生产者，主要是绿色植物，它能通过光合作用将无机物合成为有机物；消费者，主要指动物；分解者，主要指微生物，可将有机物分解为无机物。这三类生物与其所生活的无机环境一起，构成了一个生态系统：生产者从无机环境中摄取能量，合成有机物；生产者被一级消费者吞食以后，将自身的能量传递给一级消费者；一级消费者被捕食后，再将能量传递给二级、三级；最后，当所有的有机生命死亡以后，分解者将它们再分解为无机物，把来源于环境的再复归于环境。这就是一个生态系统完整的物质和能量流动。只有在生态系统内生物与环境、各种生物之间长期的相互作用下，生物的种类、数量及其生产能力都达到相对稳定的状态时，系统的能量输入与输出才能达到平衡。反过来说，只有能量达到平衡，生物的生命活动也才能相对稳定。所以，生态系统中的任何一部分都不能被破坏，否则就会打乱整个生态系统的秩序。可以说，生物圈是最大的生态系统。我们必须明白，人也是生态系统中扮演消费者的一员，人的生存和发展离不开整个生物圈的繁荣，因此保护生物圈就是保护我们自己。

4.2　生物质能的转化

生物质能的基本来源是太阳能，这是取之不尽的可再生的能源。资源、环境、人口是世界各国关注的三大热点话题。人口增长、经济发展导致了不可再生能源的递减，因此合理利用不可再生能源，研究开发再生能源是非常重要的。生物质能又称“绿色能源”，即通过植物光合作用而将太阳能以生物质形式储存为生物化学能(见碳循环)。据估计,地球上每年植物光合作用固定的碳达 2×10^{11} 吨,含能量 3×10^{21} J,因此每年通过光合作用储存在植物的枝、茎、叶中的太阳能,相当于全世界每年耗能量的 6 倍,或相当于世界现有人口食物能量的 100 倍以上;而作为能源的利用量还不到其总量的 2%。这些未加以利用的生物质,为完成自然界的碳循环,其绝大部分由自然腐解将能量和碳素释放,回到自然界中。

生物质能是可再生能源,它是仅次于石油、煤炭和天然气而居于世界能源消费总量第四位的能源(约占 11%),在整个能源系统中占有重要地位。然而传统的生物质直接燃烧,不仅热效率低,而且消耗劳动力多,污染严重。通过生物质能转换技术可以高效地利用生物质能源,生产电力。生产各种清洁燃料,替代煤炭、石油和天然气等燃料,从而减少对矿物能源的依赖,保护国家能源资源,减轻能源消耗给环境造成的污染。

4.2.1　生物质能的主要成分及种类

近年来,生物质能的开发利用受到许多国家的重视。典型生物质的热值约为 17 600～22 600 kJ/kg,干木热含量约为 20 200 kJ/kg。经转化后的生物质能源包括燃料乙醇、生物柴油,以及沼气等。

① 传统生物质能源。木料,稻草及纤维物质的直接燃烧,木头干馏为木炭等。

② 来自生物质的清洁能源。生物质(甘蔗、玉米、薯类、甜高粱等)发酵产生的乙醇,废物(如污泥生成的沼气甲烷)。

③ 发展中及未来有潜力的生物质能源。植物油转化的生物柴油,生长快速的藻类、海草、树木、秸杆、有机垃圾为原料转化为清洁能源,生物制氢。

生物质亦可用来发电或供热。生物质能源不仅能够有效延长地球上有限石油资源的使用时间,还能为人类争取到宝贵时间开发新的替代能源,延长实施过渡措施的时间,并为其他种类生物燃料的使用积累经验。随着国际原油价格的不断攀升,乙醇在世界上正成为一种主要的能源补充品,是从"黑色能源"走向"绿色能源"的出路之一。表 4-1、表 4-2 显示了生物质能源成本和木质原料发电需要的种植土地面积。

表 4-1　生物质能源成本

技术	目前能源成本	未来能源成本
生物质发电	5～15(美分/度电)	4～10(美分/度电)
生物质供热	1～5(美分/度电)	1～5(美分/度电)
乙醇	8～25 美元/GJ	6～10 美元/GJ
天然气	6～13 美元/GJ	10～20 美元/GJ

表4-2 木质原料发电需要的种植土地面积
(假定干木热含量为20 200 kJ/kg)

发电厂规模/MW	能源植物效率/%	木材生长速率/%	总土地量/公顷
25	28.4	11.3	10 520
50	32.5	11.3	18 400
150	34.1	11.3	52 610

4.2.2 使用生物质能的优缺点

· 优点:可再生,不增加大气中的CO_2,减少对化石能源的依赖,生产潜力巨大,并可增加就业机会。

· 缺点:陆上生物质消耗水资源及土地资源大(表4-2),加工过程能耗比例高,消耗农产品和粮食,收集及转化程序复杂,经济效益受原油价格影响大。

4.2.3 生物质转化为能源的途径

生物质在大自然或生物圈的主要转化可以下列化学式表示(见图4-2)。其中包括好氧呼吸产生二氧化碳、厌氧甲烷菌产生沼气(甲烷)、糖类转化为乙醇以及硫细菌、反硝化细菌的作用等。好氧呼吸产生二氧化碳所消耗的自由能最多,而产生甲烷及乙醇所保存的自由能则最多。所消耗的自由能为生物活动及生长所用,而保存的自由能则以甲烷及乙醇的化学能存在,后者是生物质能的主要燃料。硫的还原菌则会产生臭味及有毒性的硫化氢。反硝化细菌则在废水生物处理过程中扮演重要角色。

好氧氧化 (aerobic oxidation)

$$C_6H_{12}O_6+6O_2 \longrightarrow 6CO_2+6H_2O$$

反硝化 (denitrification)

$$5C_6H_{12}O_6+24NO_3^-+24H^+ \longrightarrow 30CO_2+42H_2O+12N_2$$

硫还原 (sulfate reduction)

$$2C_6H_{12}O_6+6SO_4^{2-}+9H^+ \longrightarrow 12CO_2+3H_2S+3HS^-+12H_2O$$

产生甲烷 (methanogenesis)

$$C_6H_{12}O_6 \longrightarrow 3CO_2+3CH_4$$

乙醇发酵 (ethanol fermentation)

$$C_6H_{12}O_6 \longrightarrow 2CO_2+2CH_3CH_2OH$$

图4-2 生物质在生物圈的主要转化化学式

成熟的传统及现代的生物质转化及转换技术的整体概念可见图4-3,包括物理转换、化学转化及生物转化。此外，光合作用还可以产生油脂类，多存在于植物种子中，是生物柴油的原料。

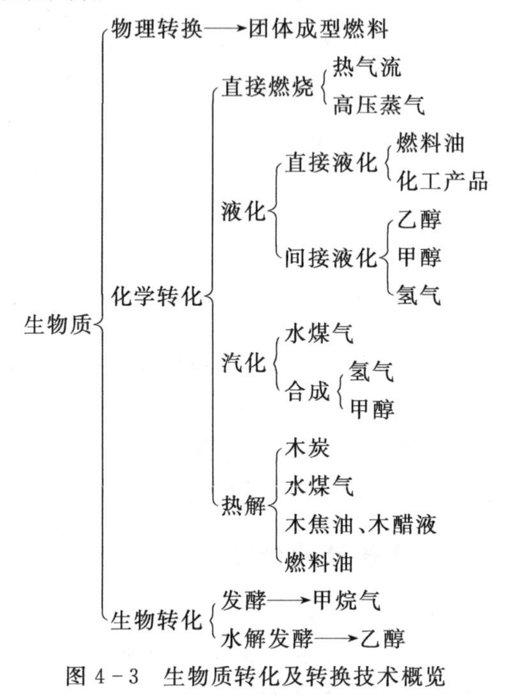

图 4-3　生物质转化及转换技术概览

4.2.4　生物质转化为能源的现况及成熟工艺

1. 乙醇生产

由甘蔗、玉米、谷类及木薯为原料发酵制造乙醇，并经提炼为成品燃料，其具体工艺如图 4-4 所示。燃料乙醇是目前世界上生产规模最大的生物能源。乙醇俗称酒精，以合适的比例掺入汽油可作为汽车的燃料，不但能替代部分汽油，而且可改善汽车的尾气。我国的燃料乙醇正在积极开发甜高粱、薯类、秸秆等其他原料生产乙醇，目前产量居世界第三。巴西政府于 1975 年开始推行乙醇汽油计划，目前巴西燃料乙醇总产量超过 800 万吨，约占该国汽油消耗量的三分之一以上。巴西甘蔗年产量和出口量均居世界首位。巴西现有甘蔗耕地约 650 万公顷，2007 年其甘蔗产量超过 5.5 亿吨，其中 80%以上的甘蔗用于生产蔗糖和乙醇燃料。若原油价格在每桶 40 美元以上，巴西学者研制由蔗糖生产乙醇工艺就具有竞争优势。巴西政府在 2008 年宣布将继续投资大约 250 亿美元发展燃料乙醇工业，以满足未来 10 年内巴西国内对于燃料乙醇的需求。预计从 2008 年至 2017 年，巴西国内对燃料乙醇的需求将以年均 11%的速度增长，从目前的 203 亿升增加到 532 亿升。到

2017 年,乙醇将占巴西全国汽车液体燃料消耗量的 80%左右。

欧盟也于最近提出了 2010 年乙醇等生物燃料的消费比例占汽油消费 12%的规划。美国的玉米生产乙醇仍受政府贴补,并且影响国际粮价。美国已于 2007 年 12 月提出,在 2020 年约 60%的乙醇燃料必须由玉米以外的生物质产生,并大幅提高生物乙醇的产量。甘蔗是生产燃料乙醇较理想的原材料,同等质量原料的乙醇产出量分别是玉米和小麦的 2.5 倍和 3.9 倍,其最具发展潜力。我国两广地区纬度气候与巴西较相似,发展能源甘蔗有较佳的自然资源条件,此外还有木薯。目前利用甘蔗及木薯生产乙醇的成本比用其他作物具有优势。需要指出的是,我国是人口大国,采用玉米生产乙醇,可能会导致与人畜争粮的情况发生。因此,以粮食作物作为乙醇生产的原料进行大规模的开发需要慎重行事。

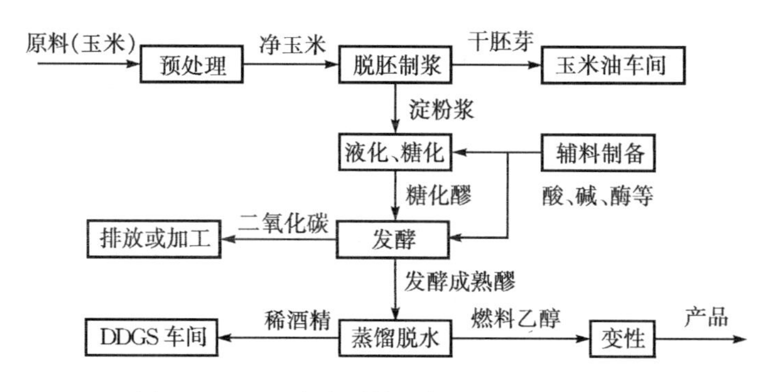

图 4-4　以玉米为原料生产乙醇的工艺流程

2. 生物乙醇及混合成品(bioethanol and blends)

乙醇汽油作为一种新型清洁燃料,原则上符合我国能源替代战略和可再生能源发展方向,可以改善汽油的质量,增加其辛烷值,技术上较为成熟可靠,主要污染物(一氧化碳、碳氢化合物、氮氧化物、酮类、苯系物等)排放浓度明显减少。生物乙醇可以不同的比例与汽油或柴油混合,投入使用。常用的体积混合比如下:E85G (85% 乙醇+15%汽油)和 E15D (15%乙醇+85%柴油)。由于在北美添加乙醇作为汽油辛烷加强燃料,E85G 已在轻型灵活的燃料机车(FFV)中广泛试用。在柴油中掺加 15%的乙醇并没有引入任何技术上的问题,并且使氧浓度大约保持在 5%,有助于燃烧效率及减少空气污染。2005 年中国每年消耗汽油 4 500 万吨左右,如果 10%换成燃料乙醇,需要乙醇 450 万吨,而中国目前乙醇产量仅为 102 万吨。到 2010 年,我国燃料乙醇的年产量估计可以达到 200 万吨,到 2020 年达到 1 000万吨。国家正在制定相关法规政策,规范燃料乙醇的生产,合理推广车用乙醇。

表 4-3　生物乙醇及混合成品性质

性质 property	乙醇 Ethanol	E85G	E15D
相对分子量 relative molar mass	46.1	—	—
含碳量 Carbon content [mass %]	52.2	56～58	—
含氢量 Hydrogen content [mass %]	13.1	13 ～14	—
含氧量 Oxygen content [mass %]	34.8	29 ～ 30	5
含水量 Water content [mass %]	<6.2	2.9 ～ 6.6	—
磷含量 Phosphor content [ppm]	—	<0.5	—
硫含量 Sulfur content [ppm]	—	<30	0.01%
相对密度 Relative density [@15°C / 1 bar]	0.8 ～ 0.82	0.78 ～ 0.80	0.815
燃点 Boiling temperature [°C / 1 bar]	78	49 ～ 80	—
凝固点 Freezing temperature [°C]	−114	—	—
自燃温度 Auto-ignition temperature [°C]	423	>257	—
空燃比 Stoichiometric air/fuel ratio [mass]	9	9.9	—
Lower heating/calorific value [MJ/kg]	25 ～ 27	26 ～ 27	—
闪点 Flash point temperature [°C]	13	—	<20
蒸气压 Vapor pressure @38°C [kPa]	15.9	48 ～ 103	—
蒸气闪爆极限 Vapor flammability limits [volume %]	4.3 ～ 19	—	—
研究法辛烷值 Research Octane number [RON]	108.6	107	—
马达法辛烷值 Motor Octane number [MON]	89.7	89	—
汽化潜热 Latent heat of vaporization @ 1bar [kJ/kg]	923	836	—
比热 Specific heat [kJ/kg • K]	2.4	2.3	—

3. 生物柴油

除了乙醇外，植物油可以转化作为生物柴油直接代替汽油等石油燃料。生物柴油是一种可再生燃料，它可通过甲酯化作用从植物油(包括菜籽油、大豆油、葵花子油和棕榈油)中得到。更加广泛使用的是油菜甲酯(RME)和大豆甲酯(SME)，它们都是大家所熟知的脂肪酸甲酯(FAME)。

$$CH_3OH + \text{rape seed triglyceride} \rightarrow \text{RME} + \text{glycerol}$$

$$CH_3OH + \text{soybean triglyceride} \rightarrow \text{SME} + \text{glycerol}$$

这些生物柴油的优点之一是自身良好的生物降解性，在溢出或泄漏的情况下比来自石油的产品对环境的损害较小。但菜籽油、大豆油、葵花子油都是主要的食用油，作为生物柴油的原料会产生与人争粮的问题，因此发展其他非食用油料植物对生物柴油的发展至关重要。目前各国的生物柴油品质要求标准列于表 4 - 4。

表 4 - 4　生物柴油标准

性质	欧盟 EN 14214	美国 ASTM6751 - 02	中国（试用）	德国
密度(15℃)/g • cm^{-3}	0.86～0.90	0.87～0.89	0.82～0.90	0.875～0.90
运动黏度(40℃)/mm^2 • s^{-1}	3.5～5.0	0.9～6.0	0.9～6.0	3.5～5.0
十六烷值	>51	>45	49	49
闪点/℃	>120	>100	130	110
灰分含量/%	<0.3	<0.02	0.02	
冷滤点(CFPP)/℃	不同国家不同标准	—	—	−10
馏程(95%)/℃	—	90%,360℃	360℃	—
酸值/mg KOH • g^{-1}	<0.5	<0.8	0.8	0.5
硫含量/%	<10	<0.0015	0.05	0.01
水分含量/mg • kg^{-1}	<500	<500	500	300

已有生产规模的生物柴油的限制是由于其原料的植物油成本较高。同时，大量种植产油植物也可能对生态有不良的影响。然而，我国植物资源丰富，产油植物达 400 余种，其中 300 种含油超过 20%。美国科学院推荐的适于世界不同气候带栽培的 60 多种优良能源植物中，几乎有一半原产于我国。野生油料植物主要包括大戟科、卫矛科、樟科、萝摩科、夹竹桃科、桑科、菊科、桃金娘科和豆科等植物。野生麻疯树果实含油率达 40%～60%，超过油菜和大豆，用其加工的生物柴油的闪点、凝固点等关键指标优于国产零号柴油，达到欧洲二号排放标准，我国已在四川省攀枝花、凉山等地种植十万余亩。陕西安康年产 30 万吨生物柴油项目已于 2008 年 10 月奠基，该项目将成为全国年产量最大的生物柴油项目。该地生物资源较丰富，是漆树、油桐、乌桕、黄连木等极具潜力的油料作物的主产区。其林业用地面积约 2 700 万亩，木本油料作物潜在培育面积约 1 600 万亩。据估计，该项目

达产达效后主副产品产值可达 30 亿元，农民采摘油料籽种的直接收入可达 8 亿元。从长远来看，开发适宜边际性土地发展的、非实用的各类油料植物资源，才是解决生物柴油产业原料的一个主要途径。

油棕榈是产油率最高的种子植物之一（见表 4－5），乌桕适应性强且分布广，也是重要的生物柴油资源。而光合藻类则是潜力甚大的生物油源，其单位面积产量为植物油类的 10～100 倍。某些非光合微生物也能合成油脂，如美国宾夕法尼亚州立大学将来自产油藻类的基因插入耗氢的红细菌中，使它可以利用电能产生石油，为研发生物柴油的原料提供了一个新方向。

表 4－5　生物油脂来源及特性

油源	单位面积产油量 /(kg·ha)	单位面积产油量 /(L·ha^{-1})	种子油率 /(kg/100 kg)	熔点/℃			碘值	辛烷值
				油脂	甲酯化产物	乙酯化产物		
乌桕子		4700						
玉米	145	172		−5	−10	−12	115～124	53
棉籽	273	325	13	−1～0	−5	−8	100～115	55
大豆	375	446	14	−16～−12	−10	−12	125～140	53
桐油子	790	940		−2.5			168	
葵花子	800	952	32	−18～−17	−12	−14	125～135	52
菜籽	1 000	1 190	37	−10～−5	−10−0	−12～−2	97～115	55～58
椰子	2 260	2 689		20～ 25	−9	−6	8～10	70
棕榈	5 000	5 950	20～36	20～40	−8～21	−8～18	12～95	65～85
藻类		95 000						

广义来说，微生物油脂（microbial oils）又称单细胞油脂（single cell oil，SCO），是由酵母、霉菌、细菌、微藻类等微生物在一定条件下利用碳水化合物、碳氢化合物为碳源，或以二氧化碳为碳源及日光为能源，在菌体或藻体内产生的油脂。采用微生物办法来生产油脂，最早开始于第二次世界大战时期油脂资源短缺的德国。通常微生物细胞中含有 2％～3％的油脂，在一定培养条件下，其干细胞中油脂含量可达到 60％，藻体内亦可达到 40％～60％，甚至比一些植物种子含油量高。

与传统的油脂生产工艺相比较，利用微生物及微藻生产油脂具有以下特点。

① 微生物或微藻适应性强，生长繁殖迅速，生长周期短，代谢活力强，易于培

养和品种改良，油脂含量高。

② 微生物或微藻产油脂所需劳动力低，占地面积小，且不受场地、气候和季节变化等的限制，能连续大规模生产，生产成本低。

③ 微生物或微藻生长所需原料来源丰富且便宜，可利用农副产品、工业副产品（二氧化碳）、食品加工及造纸业的废弃物（如乳清、糖蜜、木材糖化液等）为培养基原料，十分有利于废物再利用和环境保护。

④ 大部分微生物或微藻油的脂肪酸组成和一般植物油相近，以 C_{16} 和 C_{18} 系脂肪酸，如油酸、棕榈酸、亚油酸和硬油酸为主，因此微生物或微藻油脂可替代植物油脂生产生物柴油。

当前生物柴油的研究已是世界科研的一个重点，世界各国纷纷根据本国国情选择合适的油脂原料生产生物柴油。美国国家可再生能源实验室 NREL 的报告特别指出，微生物油脂生产技术可能是生物柴油产业和生物经济的重要研究方向。微生物油脂或微藻开发研究的主要方向为：① 继续寻找或改良高产油脂菌（藻）种；② 降低产油微生物培养成本，如利用廉价碳源等促进微生物油脂产业化；③ 对微生物发酵产油脂工艺进行优化；④ 降低生物柴油制取成本。

表 4－6 对我国柴油和生物柴油的需求量作了预测。预计到 2020 年，我国柴油消费量将约是 2006 年的 1.8 倍，按生物柴油的替代比例 2％计算，生物柴油的年需求量将达到 420 万吨。以每吨 7 000 元估计，相当于约 300 亿元的市场价值。由此可见，我国生物柴油市场前景相当可观，发展生物柴油对我国某些适合地区的经济可持续发展具有重要意义。这些估计未包括在研究中的微生物或微藻油脂生产潜力。

表 4－6 我国柴油与生物柴油需求量预测

项 目	实际值		预测值		
（年份）	2005 年	2006 年	2010 年	2015 年	2020 年
柴油消费量/万吨	100 968	11 776	14 860	18 080	21 000
生物柴油替代比例/％	0.00	0.00	1.00	1.50	2.00
生物柴油需要量/万吨	—	—	150.00	270.00	420.00

4. 沼气生产及利用

沼气是一种可燃气体，由于这种气体最先是在沼泽中发现的，所以称为沼气。沼气是有机物例如禽畜粪便、高浓度有机废水、垃圾及废水处理厂的污泥在厌氧条件下经多种微生物的分解与转化作用后产生的可燃气体。其主要成分是甲烷和二氧化碳，其中甲烷含量一般为60%～70%，二氧化碳含量为30%～40%，此外，还有少量的氢(H_2)、氮、一氧化碳(CO)、硫化氢(H_2S)和氨等。标准沼气的热值为21.52 kJ/L，约为甲烷的$\frac{2}{3}$。我国已有许多地方的农村和畜牧场修建了沼气池，产生的沼气多是就地使用。沼气的推广使用即节约了资源，保护了环境，也提高了农民的生活质量。

沼气的规模化生产需要解决的是设备及提高甲烷含量等技术问题。目前，日本、丹麦、荷兰、德国、法国、美国等国家均普遍采取厌氧法处理禽畜粪便及废水处理产生的污泥。荷兰IC公司用啤酒废水厌氧处理的产气率达到每立方米废水每天产生10立方米沼气的水平，大量节省了投资、运行成本和占地面积。美国纽约斯塔腾垃圾处理站投资2 000万美元，采用湿法处理垃圾，日产26万立方米沼气，用于发电、回收肥料，效益可观，预计10年可收回全部投资。英国以垃圾为原料实现沼气发电18 MW，今后10年内还将投资1.5亿英镑，建造更多的垃圾沼气发电厂。中国生物质能发展的主要目标是到2010年，生物质发电达到550万千瓦，生物液体燃料达到200万吨，沼气年利用量达到190亿立方米，生物固体成型燃料达到100万吨，生物质能年利用量占到一次能源消费量的1%。

4.2.5　生物质转化为能源的发展及潜力

有潜力和发展中之生物质转化工艺，除上节所述已开发的之外还包括秸秆能源化及生物质热裂解汽化、光合成细菌产生氢气、水生植物(巨型海带、海藻、水藻)发酵产生甲烷等。

早在20世纪70年代，美国、日本、加拿大、欧共体诸国就开始了以生物质热裂解汽化技术研究与开发。例如，芬兰坦佩雷电力公司在瑞典建立一座废木材汽化发电厂，装机容量为60 MW，产热65 MW，于1996年运行。瑞典能源中心取得世界银行贷款，计划在巴西建一座装机容量为20～30 MW的发电厂，利用生物质汽化、联合循环发电等先进技术处理当地丰富的蔗渣资源。

1. 生物质热解

生物质热解是指生物质在没有氧化剂(空气、氧气、水蒸气等)存在或只提供有限氧的条件下，加热到逾500℃，通过热化学反应将生物质大分子物质(木质素、纤维素和半纤维素)分解成较小分子的燃料物质(固态炭、可燃气、生物油)的热化学转化技术方法。生物质热解的燃料能源转化率可达95.5%，最大限度地将生物质能量转化为能源产品。

2. 热解技术原理

从化学反应的角度对其进行分析，生物质在热解过程中发生了复杂的热化学反应，包括分子键断裂、异构化和小分子聚合等反应。木材、林业废弃物和农作物废弃物等的主要成分是纤维素、半纤维素和木质素。热重分析结果表明，纤维素随着温度的升高热解反应速度加快，到 350～370℃时，分解为低分子产物。其热解过程为

$$(C_6H_{10}O_5)_n \rightarrow nC_6H_{10}O_5$$

$$C_6H_{10}O_5 \rightarrow H_2O + 2CH_3-CO-CHO$$

$$CH_3-CO-CHO + H_2 \rightarrow CH_3-CO-CH_2OH$$

$$CH_3-CO-CH_2OH + 2H_2 \rightarrow CH_3-CHOH-CH_3 + H_2O$$

半纤维素结构上带有支链，是木材中最不稳定的组分，在 225～325℃时分解，比纤维素更易热分解，其热解机理与纤维素相似。

根据热解过程的温度变化和生成产物的情况，热解反应基本过程可以分为四个阶段。

①干燥阶段（温度为 120～150℃）。生物质中的水分进行蒸发，物料的化学组成几乎不变，为吸热反应阶段。

②预热解阶段（温度为 150～275℃）。物料的热反应比较明显，化学组成开始变化，生物质中的不稳定成分如半纤维素分解成二氧化碳、一氧化碳和少量醋酸等物质，为吸热反应阶段。

③固体分解阶段（温度为 275～475℃）。热解的主要阶段，物料发生了各种复杂的物理、化学反应，产生大量的分解产物。生成的液体产物中含有醋酸、木焦油和甲醇（冷却时析出来）；气体产物中有 CO_2，CO，CH_4，H_2 等，可燃成分含量增加。这个阶段要放出大量的热。

④煅烧阶段（温度为 450～500℃）。生物质依靠外部供给的热量进行木炭的燃烧，使木炭中的挥发物质减少，固定碳含量增加，为放热阶段。

实际上，上述四个阶段的界限难以明确划分，各阶段的反应过程会相互交叉进行。

3. 热解工艺类型

从对生物质的加热速率和完成反应所用时间的角度来看，生物质热解工艺基本上可以分为两种类型：一种是慢速热解，一种是快速热解。在快速热解工艺中，当完成反应时间甚短（<0.5 s）时，又称为闪速热解。根据工艺操作条件，生物质热解工艺又可分为慢速、快速和反应性热解三种。慢速热解工艺又可以分为炭化和常规热解。

① 慢速热解。又称干馏工艺、传统热解，工艺具有几千年的历史，是一种以生成木炭为目的的炭化过程，低温干馏的加热温度为 500～580℃，中温干馏温度为 660～750℃，高温干馏的温度为 900～1 100℃。将木材放在窑内，在隔绝空气的情

况下加热，可以得到占原料质量30%～35%的木炭产量。常规热解是将生物质原料放在常规的热解装置中，在低于600℃的中等温度及中等反应速率(0.1～1 ℃/s)条件下，经过几个小时的热解，得到占原料质量的20%～25%的生物质炭及10%～20%的生物油。

② 快速热解。将磨细的生物质原料放在快速热解装置中，严格控制加热速率(一般大致为10～200℃/s)和反应温度(控制在500℃左右)，生物质原料在缺氧的情况下，被快速加热到较高温度，从而引发大分子的分解，产生了小分子气体和可凝性挥发份以及少量焦炭产物。可凝性挥发份被快速冷却成可流动的液体，成为生物油或焦油，其比例一般可达原料质量的40%～60%。

与慢速热解相比，快速热解的传热反应过程发生在极短的时间内，强烈的热效应直接产生热解产物，再迅速淬冷，通常在0.5 s内急冷至350 ℃以下，最大限度地增加了液态产物(油)。

影响热解的主要因素包括化学和物理两方面。化学因素包括一系列的一次反应和二次反应；物理因素主要是反应过程中的传热、传质以及原料的物理特性等。具体的操作条件为：温度、物料特性、催化剂、滞留时间、压力和升温速率。生物质热解过程中，温度是一个很重要的影响因素，它对热解产物的分布、组分、产率和热解气热值都有很大的影响。生物质热解最终产物中气、油、炭各占比例的多少，随反应温度的高低和加热速度的快慢有很大差异。一般来说，低温、长期滞留的慢速热解主要用于最大限度地增加炭的产量，其质量产率和能量产率分别达到30%和50%(质量分数)。温度小于600℃的常规热解时，采用中等反应速率，生物油、不可凝气体和炭的产率基本相等；闪速热解温度在500～650℃范围内，主要用来增加生物油的产量，生物油产率可达80%(质量分数)。同样的闪速热解，若温度高于700℃，在非常高的反应速率和极短的气相滞留期下，主要用于生产气体产物，其产率可达80%(质量分数)。当升温速率极快时，半纤维素和纤维素几乎不生成炭。

生物质种类、分子结构、粒径及形状等特性对生物质热解行为和产物组成等有着重要的影响，与热解温度、压力、升温速率等外部特性共同作用，在不同水平和程度上影响着热解过程。由于木质素较纤维素和半纤维素难分解，因而含木质素多者焦炭产量较大；而半纤维素多者，焦炭产量较小。在生物质构成中，以木质素热解所得到的液态产物热值为最大；气体产物中以木聚糖热解所得到的气体热值最大。表4-7显示了草木生物质的主要成分及其比例。图4-5为纤维素类物质生产乙醇的工艺流程图。

表 4-7　草木生物质的主要成份的比例（%）

生物质	纤维素（%）	半纤维素（%）	木质素（%）
软木	35～40	25～30	27～30
硬木	45～50	20～25	20～25
麦秆	33～40	20～25	15～20
草	30～50	10～40	5～20

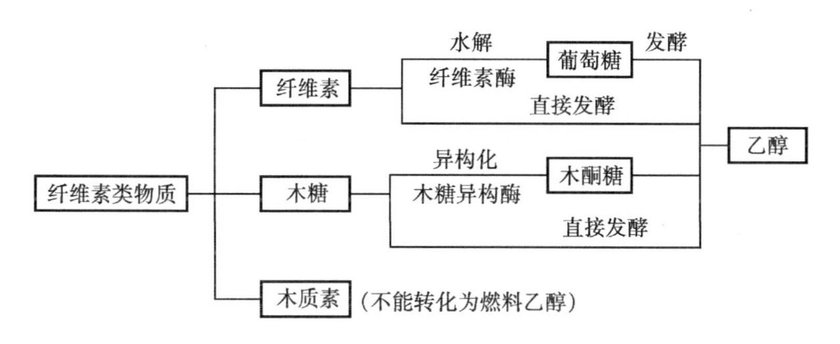

图 4-5　纤维素类物质生产乙醇的工艺流程示意图

4. 生物质热解研究现状

生物质热解技术最初的研究主要集中在欧洲和北美，20 世纪 90 年代开始蓬勃发展，随着试验规模大小的反应装置逐步完善，示范性和商业化运行的热解装置也被不断地开发和建造。欧洲一些著名的实验室和研究所开发出了许多重要的热解技术，20 世纪 90 年代欧共体 JOULE 计划中，生物质生产能源项目内很多课题的启动就显示了欧盟对于生物质热解技术的重视程度。与欧美一些国家相比，亚洲及我国对生物质热解的研究起步较晚。近十几年来，广州能源研究所生物质能研究中心、浙江大学、西安交通大学、东北林业大学等单位做了一些这方面的工作。其研究内容大致为：①高能环境下的热解机理研究，即等离子体热解汽化、超临界热解等；②汽化新工艺研究，即高温汽化、富氧汽化、水蒸气汽化等；③汽化技术系统集成及应用，即新型汽化装置、汽化发电系统等；④生物质汽化燃烧与直接燃烧，即汽化燃烧技术、热解燃烧技术、直接燃烧等；⑤流化床技术及生物质热裂解液化反应器；⑥转锥式生物质闪速热解液化装置。我国生物质热解技术方面的研究进展较慢，主要是因为研究以单项技术为主，缺乏系统性。特别是在高效反应器研发、工艺参数优化、液化产物精制以及生物燃油对发动机性能的影响等方面与欧美存在明显差距。

较有影响力的成果多在北美涌现，例如加拿大的 Castle Capital 有限公司将 BBC 公司开发的 10 kg/h～25 kg/h 的橡胶热烧蚀反应器放大后，建造了 1 500 kg/h～2 000 kg/h 规模的固体废物热烧蚀裂解反应器。英国 Aston 大学、美国可再生能源实验室、法国的 Nancy 大学及荷兰的 Twente 大学也相继开发了这种装置。Twente 大学反应器工程组及生物质技术集团（BTG）研制开发了旋转锥热裂解反应器，由于工艺先进、设备体积小、结构紧凑，得到了广泛的研究和应用。Hamberg 木材化学研究所对混合式反应器鼓泡床技术进行了改进和发展，成功地采用静电扑捉和冷凝器联用的方式，非常有效地分离了气体中的可凝性烟雾。ENSYN 基于循环流化床的原理在意大利开发和建造了闪速热解装置（RTP），还有一些小型的实验装置也相继在各研究所安装调试。

传统的热解技术不适合湿生物质的热转化。针对这个问题，欧洲很多国家已开始研究新的热解技术，例如 Hydro Thermal Upgrading（HTU）。将湿木片或生物质溶于水中，在一个高压容器中，经过 15 min（200℃，300 bar）软化，成为糊状，然后进入另一反应器（330℃，200 bar）液化 5～15 min。经脱羧作用，移去氧，产生 30%的二氧化碳及 50%的生物油。荷兰壳牌公司证明：通过催化，可获得高质量的汽油和粗汽油。这项技术可产生优质油（氧含量比裂解油低），且生物质不需干燥，可直接使用。

其他开发中的生物质转变技术包括以下五项。

①1996 年，美国可再生资源实验室已研究开发出利用纤维素废料生产酒精的技术。

② 由美国哈斯科尔工业集团公司建立了一个 1 MW 稻壳发电示范工程，年处理稻壳 12 000 吨，年发电量 800 万度，年产酒精 2 500 吨，具有明显的经济效益。

③世界最大生物能源生产商之一的杜邦公司于 2008 年 6 月表示，将首期投资 1.4 亿美元，用于研发以玉米秸秆和甘蔗渣为原料生产乙醇的技术方案，未来还将对多种木质纤维素原料，包括麦秸和多种能源作物的转化展开研究，用于生产纤维素乙醇，并强调采用非粮食原料直接生产。据估计，作为下一代生物燃料，全球纤维素乙醇的潜在市场约有 750 亿美元。

④生物质压缩技术可使固体农林废弃物压缩成型，制成可代替煤炭的压块燃料。如，美国曾开发了生物质颗粒成型燃料；泰国、菲律宾和马来西亚等第三世界国家发展了棒状成型燃料。

⑤利用生物质通过微生物发酵产生氢气，这一过程被称为生物制氢。目前科学家已获得了能高效产氢的微生物，可以小规模地进行生物制氢，但要实现生物制氢的产业化，还有大量的技术和经济问题需要解决。

4.2.6　光生物制氢

清洁能源之中，氢具有高热值、高热效率、无污染等特点而成为各国争先开发利用的可再生能源。目前近 90%的氢是用天然气或轻质油汽化重整、煤汽化和水电解等工业方法制得。这些工业方法主要消耗化石燃料作为能源，或者消耗电作为能源，消耗大且污染环境。与此相比，未来光生物制氢过程大部分都是在室温和常压下进行的，不仅能源消耗小，而且环境友好，并可以利用各种各样的废弃物，有利于废物的循环利用，但光生物过程制氢尚未达到实际应用阶段。以下对各种不同的光生物制氢过程的研究发展作一介绍。

1. 光生物制氢过程

到目前为止，已报道的能进行生物产氢的微生物可归纳为五类，分别为异养型厌氧细菌、固氮菌、真核藻类、蓝细菌和厌氧光营养细菌（光合细菌），它们代表了五种不同的产氢模型（见表 4－8），其中产氢过程中需要利用太阳能的微生物为真核藻类、蓝细菌和厌氧光营养菌。光生物制氢过程可以分为：藻类和蓝细菌光照培养产氢；利用光合细菌光降解有机物产氢；微生物发酵制氢；发酵细菌和光合细菌的混合体系。

表 4－8　生物产氢的不同模型

微生物种类	产氢酶	对光需求	抑制物	电子供体
异养型厌氧菌 heterotrophic anaerobic bacteria	氢酶 hydrogenase	不需要	CO，O_2	还原性有机物
固氮菌 non-photosynthetic N_2-fixing bacteria	固氮酶 nitrogenase	不需要	O_2，N_2，NH_4^+	还原性有机物
真核藻类 algae	氢酶 hydrogenase	需要，但＜500lx	CO，O_2	水
蓝细菌 cyanobacteria	固氮酶 nitrogenase	需要	O_2，N_2，NH_4^+	水
厌氧光营养菌 anoxygenic phototrophic bacteria	固氮酶 nitrogenase	需要	O_2，N_2，NH_4^+	还原性有机物

(1) 藻类和蓝细菌光照培养产氢

这种方法与绿色植物和藻类体内光合作用是同样的生产过程，区别在于前者是通过调控后用来产氢，而不是产生生物质碳。光合作用是由两个具有不同光吸收作用的光合系统耦合而成：水分解产氧光系统(PSII)和产生还原剂用于二氧化碳还原的第二个光系统(PSI)。在这个耦合的过程中，从水中移动一个电子用于还原二氧化碳或者氢气的生成需要两个光子，一个光系统一个。在绿色植物中由于缺乏催化氢气形成的酶(即氢化酶)，所以只发生二氧化碳的还原过程。微藻，包括真核的(比如绿藻)和原核的(蓝细菌或绿青藻)都含有氢化酶，所以能在一定条件下产氢。绿藻的能量转化率可能比蓝细菌更好，因为后者需要消耗更多的能量来敏化用于产氢的固氮酶。

通过单细胞藻类进行光生物制氢已有很多的研究，如使用微藻来制氢。在一个直接的光生物分解反应中，电子通过植物光合作用的两个光体系(PSII 和 PSI)，借助电子载体(铁氧化还原蛋白 Fd)从水移动到氢化酶，释放出氢气，反应过程如下：

$$H_2O \rightarrow PSII \rightarrow PSI \rightarrow Fd \rightarrow hydrogenase \rightarrow H_2 + O_2$$

藻类产氢的最大缺陷是在产氢的同时也产生氧气，而氧气除了能与氢反应生成水以外，还是氢酶活性抑制剂，从而影响产氢速率；而且当光强足够大时(E>500lx)，藻类的主要光合作用将光能转为从 CO_2 合成所需的生化物质，产氢反应将停止。因此，如何提高藻类的耐氧性达到稳定地产氢是目前的研究重点。为了利用绿藻光合作用获得较高的 H_2 产量，也有研究采用绿藻和其他菌种共同培养来制氢，通过绿藻的光合作用和发酵以及光合细菌的生物光解获得较高的 H_2 产出率。

通过蓝细菌里的固氮酶或者氢化酶产氢已经被证明是一种光分解水制氢的良好生物体系。与藻类相似，蓝细菌产氢所需的电子和质子也来源于水的分解，产氢的过程也是产氧的过程。氧同样是固氮酶的抑制剂，但许多种蓝细菌具有一种被称为异质体(heterocyst)的特殊构造。在异质体内，光合系统Ⅱ失去了裂解水的功能，而外界的氧气能被阻挡在外面，由相邻的植物型细胞所产生的还原物则能够进入，从而使产氢能够得以正常进行。

(2) 光合细菌光分解有机物

研究表明光合营养细菌是最有前景的生物产氢微生物体系，优点为：① 高的理论转化产量；② 没有氧气产生活性，不会导致各种生物体系的氧钝化；③ 能够利用较广光谱范围的光能；④ 能够消耗来自废物的有机物，对废水处理有潜在的应用前景。

与蓝细菌和真核藻类不同,光合细菌没有光合系统Ⅱ。因此它们不能利用水作为电子供体,需要还原电势能低于水的电子供体（如有机质）。光合细菌的氢代谢与三种酶有关,即固氮酶、氢酶和可逆氢酶(蚁酸脱氢酶)。光产氢与固氮酶有关,暗产氢与可逆氢酶有关,吸氢现象与氢酶有关。光合产氢是这三种酶共同作用的结果。影响光合产氢的主要因素有光合细菌、光照条件、pH,COD 浓度、温度、菌龄、培养时间、基质碳源和氮源以及与氢代谢相关的三种酶的酶活比等。选育产氢能力较高的菌株是提高氢产量的关键。pH 值直接影响酶的氧化还原电位,使酶表现出不同活性,甚至失活,pH 值最佳范围在 5.5～7.5,而光合细菌的最佳温度是 30～40℃。光合细菌的最大特点,就是能进行厌氧光合作用来产氢,其产氢与光能的利用是耦联的,当从明条件转到暗条件,它们的产氢将会很快停止或仅维持在很低的速率上。目前,利用光合细菌产氢的光能转换率已达到 7.9%。光合细菌产氢的总的生物化学途经可以表示为:

$$(CH_2O)_2 \longrightarrow \underset{\uparrow\atop \text{ATP}}{\text{铁氧化还原蛋白}} \longrightarrow \underset{\uparrow\atop \text{ATP}}{\text{固氮酶}} \longrightarrow \text{氢}$$

光合细菌能利用葡萄糖、果糖、蔗糖、核糖、甘露醇、山梨醇、丙酮酸、乙酸、琥珀酸、延胡索酸、苹果酸、丙酸、二氧化碳(需加氢)、某些醇类及氨基酸作为碳源进行生长,一些种类还具有分解芳香化合物的能力。一般而言,碳源代谢的多样性也意味着产氢所能利用的原始电子供体的多样性,这对考虑从有机废水进行产氢是十分有利的。

(3) 有机物化合物发酵制氢

发酵产氢是利用厌氧活性污泥中的微生物,发酵有机物产氢(见表 4-9)。整个厌氧过程大致可分为三个阶段:水解,产氢产酸,产甲烷。产氢处于第二阶段,氢化酶在发酵产氢过程中起着十分重要的作用。

厌氧发酵是各种菌群协同代谢过程,目前研究结果表明,发酵产氢有三类发酵类型:丁酸型,丙酸型,乙醇型。丁酸型及丙酸型在发酵过程中不同程度地存在着丁酸和丙酸产率过高,导致发酵细菌中毒的问题。乙醇型产物以乙酸、乙醇为主,发酵气中含有大量的氢,无论产氢和产甲烷都有优势。因而乙醇型发酵是最理想的产氢类型。这三种发酵类型在环境改变时可以形成适宜各自环境的优势菌群。pH 值(合适范围:6.8～7.4) 和氧是重要的决定性生态因子。除此之外,COD 浓度、环境温度及反应器具也对产氢有显著影响。我国在这方面的研究已处于国际先进水平,已完成了发酵产氢的中试研究。但发酵产氢比起成熟的发酵产甲烷(沼气)工艺仍然有很长的研发过程。

表 4-9　厌活性污泥中微生物群及作用

菌群	名称	菌型	作用
发酵性细菌 (fermentative microbes)	厌氧淀粉分解菌	多为杆形	淀粉水解为葡萄糖
	厌氧纤维素分解菌	多为弧形	纤维素水解为二糖
	蛋白质分解菌	多为双球形	蛋白质水解为氨基酸
	脂肪分解菌	弧，杆，假单胞菌	脂肪水解为脂肪酸
产氢产乙酸菌 (obligate H_2 producing acetogenic mirobes)	丙酸分解菌	链球形，球形	丙酸代谢为乙酸
	丁酸盐分解菌	芽孢杆菌或梭菌	丁酸代谢为乙酸
	硫酸盐还原菌	杆菌和弧菌	SO_4^{2-} 还原为 H_2S
	硝酸盐还原菌	杆菌	NO_3^- 还原为 N_2，NO_2^-
产甲烷菌 (methanogenes)		球状，杆状，微球状	利用甲酸，乙酸
		八叠球状等	H_2，CO_2 产生 CH_4

(4) 使用光合细菌和发酵细菌的混合系统

混合体系由发酵细菌和光合细菌构成，将光合产氢和发酵产氢联合起来，发酵产氢后的有机残留物作为光合产氢的基质，既提高了产氢率，又使废水得到了彻底处理。图 4-6 显示了厌氧细菌和光合细菌产生氢气中能量的变化情况。厌氧菌分解碳水化合物以获得能量和电子，但其分解消化碳水化合物后形成的有机酸不能再进一步分解为氢气。光合细菌可利用光能来分解有机酸产生氢气。这两种细菌的结合不仅减少了光合细菌对光能量的需求，而且能够提高产氢量。

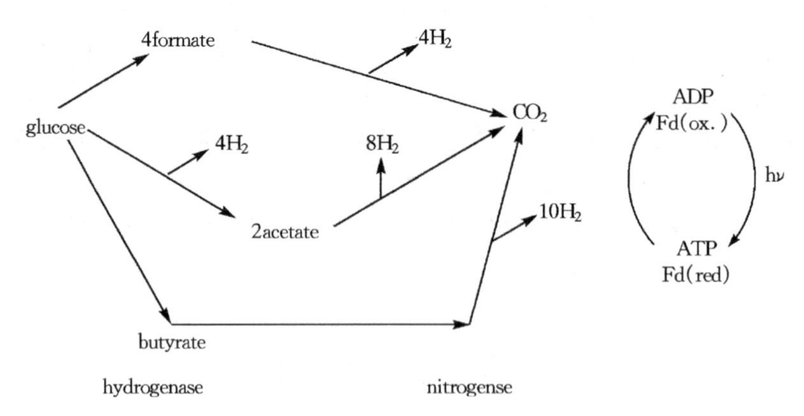

图 4-6　光合细菌与厌氧菌耦合分解葡萄糖产氢机理模型

2. 光生物制氢研究进展及比较

研究进展主要是在基因工程、废物利用、细菌的固定化研究、光生物与光催化耦合的光生物催化反应体系、生物反应器组合各方面。表 4－10 综合了对不同微生物制氢系统的比较研究。显然，发酵制氢效率总比光合成制氢效率高。

不同生物制氢过程的优缺点列于表 4－11 中。研究发现大多数生物制氢过程均可在室温和常压下(30～40℃)进行，且能耗小。此外，发酵制氢过程中会产生一些脂肪酸，例如乳酸、醋酸、丁酸等。必须对这些酸进行分离，否则它们将造成水污染问题。

表 4－10　不同生物制氢过程比较

系统	所用原料	最大产氢率 (mmol H_2/g dry cell h)	主要产物
光合细菌（双光系统）	贫氮基质	1.3	H_2，O_2，有机质
	Allen & Arnon medium	0.6	H_2，O_2，有机质
	ASP-2 medium	2.14	H_2，O_2，有机质
光合细菌（单光系统）	乳酸脂与其他氮源	5.3	H_2，O_2，有机质，少量脂肪酸
	植物淀粉	1.3	H_2，O_2，有机质，少量脂肪酸
	造纸废水	1.2	H_2，O_2，有机质，少量脂肪酸
	脂肪酸发酵废水	5.9	H_2，O_2，有机质，少量脂肪酸
	蒸馏室废水	0.46	H_2，O_2，有机质，少量脂肪酸
	有机化合物	2.5	H_2，O_2，有机质，少量脂肪酸
发酵细菌绝对厌氧型	含葡萄糖基质	7.3	H_2，O_2，有机质，高浓度脂肪酸
发酵细菌厌氧型	纤维素、葡萄糖、淀粉	9.5	H_2，O_2，有机质，高浓度脂肪酸
	糖渣	17	H_2，O_2，有机质，高浓度脂肪酸
	釜馏物	1.8	H_2，O_2，有机质，高浓度脂肪酸
混合微生物系统	贫氮的 ASNIII 基质	19	H_2，O_2，有机质，少量脂肪酸

表 4-11　各种生物制氢过程的优缺点

微生物种类	优点	缺点
绿藻	能从水中产氢，与树木、农作物相比，太阳能转换效率提高了 10 倍	氧对系统具有损害性
蓝细菌	能从水中产氢，固氮酶既产氢，又可固氮	所产氢中含有 30% 的氧，氧对固氮酶有抑制性
光合细菌	可利用多种有机废物产氢，光谱利用范围宽	发酵过程会产生水污染，所产气体中含二氧化碳
发酵细菌	不需要光，可以连续制氢。可以利用各种碳源及各种原生材料。厌氧过程，无氧	在使用前，发酵产物需经进一步处理，否则会产生水污染，气体中有二氧化碳

3. 生物制氢的展望

生物产氢系统的研究虽然在机理及实用系统研究开发方面取得了相当大的进展，但仍有许多问题亟待解决。主要表现在产氢系统优化，产氢抑制因素去除，菌种优化及大规模制氢等诸多问题。此外，利用太阳能的产氢系统还无法克服由于昼夜变化所带来的产氢效率的下降和由于光能无法均匀进入反应器所带来的光能转化效率的下降等缺陷。因此，如何实现多菌种联合培养、多级培养产氢、新型光功能反应器的设计应是研究工作的重点之一。

4.3　有机废物的利用

有机废物来源除了农业废物以外，尚包含废污泥、废塑料、家庭垃圾等。表 4-12列出了各种污水处理厂的污泥热含量，表 4-13 显示了有机废物所示为转化为能源的途径及工艺，包括污泥转化为甲烷，垃圾焚化回收热能，油污泥有毒废弃物掺合水泥生产等。有机废物如废塑料 PVC，PET 已大量回收及再使用，其他废塑料及轮胎等回收及再使用还需大量研究及发展。

有机废物亦可转化为建材、堆肥和土壤改良剂等。例如水泥生产可用的代用燃料(见表 4-13)污泥制砖、废水处理场污泥制土壤改良剂、污泥灰掺配水泥及混凝土等。

表4-12　各种污泥的热值

污泥种类	热值(MJ/kg 干重)	
	范围	典型值
未处理污泥	23～29	25.5
活性污泥	16～23	21
厌氧消化初级污泥	9～13	11
化学沉淀后的初级污泥	14～18	16
生物滤池污泥	16～23	19.5

表4-13　水泥生产可用的代用燃料

液体废物燃料	柏油、化学废物、蒸馏残液、废弃溶剂、废油、蜡液、石化废弃物、沥青浆、油漆废料、油污泥
固体废物燃料	废纸、橡胶废弃物、纸浆污泥、废旧轮胎、塑料废物、废木材、家庭垃圾、秸杆、稻壳、坚果壳、污水处理厂产生的污泥
气体废物	垃圾填埋厂所生沼气

4.4　我国生物质资源及利用

我国基本上是一个农业国家，农村人口占总人口的60%以上，生物质一直是农村的主要能源之一，在国家能源构成中也占有重要地位。据估算，我国可开发的生物质能资源总量约7～8亿吨标准煤。实际上，目前可以作为能源利用的生物质相当多量为废弃物(见表4-14)，包括秸秆、薪柴、禽畜粪便、生活垃圾和有机废渣废水等。据调查，目前我国秸秆资源量已超过7.2亿吨，约3.6亿吨标准煤，除了大约1.2亿吨作为饲料、造纸、纺织和建材等用途外，其余6亿吨可作为能源用途。一项调查表明：我国年均薪柴产量约为1.27亿吨，折合标准煤0.74亿吨，薪柴的来源主要为林业采伐、育林修剪和薪炭林。禽畜粪便资源量约1.3亿吨标准煤。城市垃圾生产量超过1.2亿吨，并以每年8%～10%的速度增加。同时伴随着污水处理厂的增多，污泥发电在中国具有广阔前景。

表 4－14　中国 2002 年农村地区家庭能耗比例

总能耗	秸秆	木质燃料	煤	电力	燃油	其他
454	31 %	25 %	35 %	6 %	2%	1 %

目前中国污泥无害化处理率非常低，无害化处置设施还不到四分之一。由于费用昂贵，即使在相对发达的城市，污泥处理率也仅为 20%～25%，污泥隐患日益凸显。另一方面，沼气发电是目前发达国家处理污泥最常用的途径，因此污泥发电值得在中国推广。据了解，我国城市污水日处理能力已由 20 世纪末的 100 多万吨增长到现在的 3 000 多万吨，每天产生的湿污泥约为 3 万吨左右。到 2015 年城市污水处理厂将达 2 000 座以上，污水日处理能力将达 8 000 多万吨，每天产生的湿污泥约为 8 万吨左右。污泥发电的主要方法是通过污泥厌氧发酵产生沼气，然后沼气经燃气内燃机及发电机产生电能和热能。这种方法无需对污泥进行脱水处理，经厌氧罐发酵后，能消化污泥内的大部分有机质，剩余的沼渣经脱水无害化处理后，还可制成有机肥；产生的沼气回收到沼气储罐内，随时可用于发电，供污水处理厂循环自用；发电产生的余热一部分用来加温发酵池，剩下部分用于区域供热，实现热电联产。这样可以实现经济效益，更解决了污泥出路问题。

目前，我国绝大部分农村生物质未经转化而用于农村生活能源，极少部分用于乡镇企业的工业生产。利用方式长期以来一直以直接燃烧为主，能源利用率仅为 25%，而且大量的烟尘和余灰的排放使人们的居住和生活环境日益恶化，严重损害了居民的身心健康。此外，还对生态、社会和经济造成极其不利的影响。例如对森林等自然资源进行不合理采伐，破坏了自然植被和生态平衡。近年来开始采用新技术利用生物质能源，但规模较小，普及程度较低。对于禽畜粪便以及部分农业废弃物等资源没有充分加以利用，不仅造成资源浪费，而且使其成为主要的有机污染源，除造成传染病威胁及严重的大气和水污染之外，还排放大量的温室气体，加剧了全球温室效应。我国农村节能减排潜力巨大，农业部在今后将推动农村节能减排十大技术。这十大技术均经过各地实践的检验，技术较为成熟，适宜大规模推广。这十大技术是：畜禽粪便综合利用技术、秸秆能源利用技术、太阳能综合利用技术、农村小型电源利用技术、能源作物开发利用技术、农村薪柴节煤炉灶炕技术、耕作制度节能技术、农业主要投入品节约技术、农村生活污水处理技术和农机与渔船节能技术，其中一半和生物质能的利用有关。

2008 年 9 月，中国农业部阐释发展生物能源的四原则为：一不争粮；二不争地；三不与农业发展争自然资源（例如水资源）；四不能对生态环境造成负面影响。同样是幅员广大的国家，我国的国情与美国和巴西有很大的不同，这些国家有着丰富的耕地和水资源，它们可用 50%的玉米储备来生产燃料乙醇，而在我国却无法办到。我国耕地本来就贫乏，人均耕地不及世界平均耕地的一半。同时，人口却在以每年 1 300 万至 1 400 万人的速度增长。强大的人口压力激化了人地关系的紧张态势。美国的人均耕地是 0.59 公顷，中国只有 0.11 公顷，仅有美国的五分之一。据估计，2008 年美国人均粮食消费 1 000 公斤，中国只有 390 公斤。因此，我国目前每年必须花外汇进口约 2 000 万吨左右的粮食。中国进口可观的油料食糖(2005 年使用油籽 2 604 万吨，食糖 103 万吨)，所以不宜以食用油料制造生物柴油或用甘蔗制造乙醇。因此，中国的原则是燃料不争粮地。对于中国燃料乙醇业而言，前景并非想像中的那么乐观。首先，中国有盐碱地 1 亿公顷、5 400 万公顷荒山荒林，而生物质资源分布极其分散，如何采集、运输都需要示范，建立一套商业化的机制。再次，荒山荒林和盐碱地都需要水，水资源也是一个主要的因素。值得关注的是 2007 年全球粮食总产量在 21 亿吨，其中超过一亿吨(占总产量的 5%左右)被用作生物能源生产。正是这部分额外的需求打破了全球粮食供求的均衡。玉米主要产地美国近来约 25%玉米投入乙醇生产，结果造成其他谷粮严重短缺。当然，前面讨论的开发以纤维素为主的废料作为生物质原料的工艺发展及应用还是很有潜力的。

习　题

4.1　查阅秸秆和城市落叶的主要生物及化学组分。随意燃烧后的产物是什么？燃烧废秸秆和城市落叶对城市空气品质的影响如何？

4.2　从新能源网站查看如何改善农村的生物质能使用的技术。

4.3　思考并研讨本市(省)及中国的生物能源问题的机会、政策及技术。

参考文献

[1]　赵廷林，王鹏，邓大军，等.生物质热解研究现状与展望.河南农业大学机电工程学院，农业部可再生能源重点开放实验室，2008

[2]　IEA Bioenergy Working Period 2003－2005. International Energy Agency; IEA Strategic Plan 2003－2006. International Energy Agency. 2002: 1－24; Renewables for Power Generation (2003)－ Status Prospects. International Energy Agency.

[3]　有关网站：国际能源署(IEA, http://www.iea.org)、美国能源部 Energy Information Administration, EIA, http://www.doe.eia.gov)、《中国能源

网》、《中国新能源网》、《中国可再生能源网》、《中国能源导航网》、《中国科学院广州分院广州能源研究所》、《中国沼气网》、《中国环保设备网》、《中国能源信息网》、《能源研究利用》等.

阅 读

"国际能源署"(International Energy Agency, IEA)

国际能源署(IEA)成立于 1974 年,是在世界经济与合作组织的框架中自发形成的世界性能源组织。其致力于世界能源的协调与新技术的促进和合作,并公布阶段性统计资料。在促进全球可在生能源研发及使用领域,IEA 也起到了非常积极的促进作用。IEA -生物能源计划是通过一系列的项目来实现,每一个都有确定的工作任务。每一个参加成员国出一部分经费,共享管理计划的费用,并提供对于参加计划的人员的支持。IEA -生物能源计划从 1998 至今可分为两个大的阶段计划,即 IEA -生物能源计划 1998～2002 和 IEA -生物能源计划 2003～2006。其中前者由 13 个研究项目组成,后者包括 11 个研究项目,其中有:

① 执行生物能源计划过程中的社会经济动力 2000－01－01～2005－12－31;

② 短期生长作物对于生物能源系统的影响 2001－01－01～2006－12－31;

③ 源于可持续再生森林的生物质生产 2004－01－01～2006－12－31;

④ 生物质的燃烧和共燃 2001－01－01～2006－12－31;

⑤ 生物质的热汽化 2001－01－01～2006－12－31;

⑥ 生物质高温分解(解决阻止生物质快速高温分解的商业化实施技术问题和障碍) 2001－01－01～2006－12－31 ;

⑦ 来自整合的土壤废弃物管理系统 2001－01－01～2006－12－31;

⑧ 源自沼气和垃圾气体的能量(综述和交流厌氧消化方面的信息以生产、升级和利用沼气作为能源,消化产物作为有机肥料,厌氧消化过程作为废弃物处理链的一环) 2001－01－01～2006－12－31;

⑨ 生物质和生物能源系统的温室效应气体平衡(整合和分析有关温室效应气体、生物能源、土地利用的信息,覆盖构成生物量和生物能源系统的所有要素) 2001－01－01～2006－12－31;

⑩ 源自生物质的液体生物燃料(提供给成员国全面的信息,以帮助作为汽车用燃油的生物燃料的开发和利用) 2001－01－01～2006－12－31。

国际能源署先后提出的有关生物能源的主要政策有三种。

① 以税收为基础的政策。混合的或纯生物燃料比石油燃料的税收要低，税收的减少使得生物燃料能够以与石油燃料相同或更低的价格卖出。以税收为基础的政策在北美洲对增加使用乙醇、在德国增加使用生物柴油是很有效的。这些政策帮助维持了生物燃料的低价格，但是也降低了政府的税收。

② 以农业为基础的政策。以农业为基础的政策在一些地区被用来帮助贯彻使用生物燃料。在那些地区，农业的银行贷款提供给无法用于食品生产的土地的生物质能的生产。这些政策降低了生物质能的原料成本，导致了生物燃料的成本降低。

③ 燃料授权。燃料授权要求运输燃料中含有最少比例的生物燃料。例如，巴西要求动力汽油含有至少 22%的乙醇。欧盟也调整了政策，来鼓励在混合运输燃料中加入小量的生物燃料。燃料授权在其他许多地区，包括北美洲也在考虑中。这个方法在运输燃料税的基础上保护了政府税收，但是消费者将付高价，其中包括生物燃料的差量成本。这些及其他可能的方法提供了很多帮助使用生物燃料的方法。这些政策和法规的选择可以根据政府的需要来制定，但是保证生物燃料的使用是政策的重要组成部分。

作为国际性的能源组织，国际能源署不仅在协调世界各国能源技术的发展、交流方面做出了努力和贡献，其为促进生物能源的发展而采取的各种政策对各国也有借鉴作用。国际能源署的网站还提供主要的世界能源统计资料。

第5章 化学平衡

5.1 酸碱平衡(acid-base equilibrium)

在研究能源和环境化学时,需要很充分地讨论酸碱平衡问题。这对于了解碳酸盐系统是必需的,因为碳酸盐系统对天然水的 pH 有着重大的影响,而且会进一步影响某些金属离子在水体中的溶解度。许多沉淀—溶解、氧化—还原和配合反应都与酸碱反应有关。水中金属离子的浓度很大程度上是受酸碱现象所控制的,因为氢氧根离子的浓度可决定很多金属离子的浓度。某些金属离子具有酸性,例如铁离子的酸性强度可与磷酸相比拟,它的很多化学性质都与其酸的性质有关。在水处理中为降低硬度(钙和镁)所需化学药剂的用量也部分地受到被处理水的酸碱性质的影响。

5.1.1 溶液 pH 的计算

1. 强酸(碱)溶液的 pH

强酸(碱)在水溶液中全部电离,生成大量 H^+(OH^-)离子,这主要来自两个方面的贡献:强酸(碱)本身和水。

若以 HA 表示强酸,其在水中发生完全电离:

$$HA \rightarrow H^+ + A^-$$

根据强酸浓度的不同,其 pH 计算可分为如下几种情况。

①当强酸的浓度不是太低,即 $c_a \geqslant 10^{-6}\ \mathrm{mol \cdot l^{-1}}$ 时,由于同离子效应,水本身的电离往往可以忽略不计,只根据强酸或强碱的浓度计算溶液的 pH。

$$[H^+]=c_a, pH=-\lg c_a \tag{5-1}$$

②当强酸的浓度很低,即 $c_a \leqslant 1.0\times10^{-8}\ \mathrm{mol \cdot l^{-1}}$ 时,溶液 pH 值主要由水的离解决定。

$$[H^+]=\sqrt{K_w} \tag{5-2}$$

③当强酸的浓度较低时,即 $10^{-6}\ \mathrm{mol \cdot l^{-1}} \leqslant c_a \leqslant 10^{-8}\ \mathrm{mol \cdot l^{-1}}$ 之间时,有以

下关系。

$$[H^+]=[A^-]+[OH^-]$$

$$[H^+]=c_a+\frac{K_w}{[H^+]}$$

解上式可得 pH 计算的精确式

$$[H^+]=\frac{1}{2}(c_a+\sqrt{c_a^2+4K_w}) \tag{5-3}$$

同理可计算强碱的 pH。

例 1　计算 10^{-2} mol·l^{-1} HCl 的 pH。当 HCl 浓度为 10^{-8}mol·l^{-1}，pH 是多少？

解　由于 HCl 是强酸，电离常数很大，可以认为在水中完全电离。

当 $c_{HCl}=10^{-2}$ mol·l^{-1}时，可以忽略水的电离，$[H^+]=[Cl^-]=10^{-2}$ mol·l^{-1}，故 pH=2。

而当 $c_{HCl}=10^{-8}$ mol·l^{-1}时，不能认为$[H^+]=[Cl^-]=10^{-8}$ mol·l^{-1}，pH=8，而要考虑水的电离。

$[H^+]=[Cl^-]+[OH^-]$，$[H^+]=c_{HCl}+\frac{K_w}{[H^+]}$，应用公式(5-3)可得

$$[H^+]=1.05\times10^{-7},pH=6.98$$

2. 一元弱酸溶液的 pH

乙酸(CH_3COOH)、甲酸(HCOOH)、氢氰酸(HCN)等一元弱酸在水中只有部分电离，若以通式 HA 表示，则电离平衡式为

$$HA \rightleftharpoons H^+ + A^-$$

同样有，$[H^+]=[A^-]+[OH^-]$，根据弱酸的电离平衡常数

$$K_a=\frac{[H^+][A^-]}{[HA]}$$

$$[H^+]=\frac{K_a[HA]}{[H^+]}+\frac{K_w}{[H^+]}$$

可解得

$$[H^+]=\sqrt{K_a[HA]+K_w} \tag{5-4}$$

以上是计算一元弱酸 pH 的精确公式。

(1)如果弱酸的 K_a 和浓度 c_a 都不是非常小，即 $c_aK_a\geqslant20K_w$，这时由酸离解提供的$[H^+]$将远高于水离解所提供的$[H^+]$，水的离解可以忽略。将前式中的 K_w 项略去，则得

$$[H^+]\approx\sqrt{K_a[HA]}=\sqrt{K_a(c_a-[H^+])}$$

可解得

$$[H^+]=\frac{1}{2}(-K_a+\sqrt{K_a^2+4c_aK_a}) \tag{5-5}$$

(2)若酸的浓度不大或酸极弱，$c_aK_a \leqslant 20K_w$，而且 $c_a/K_a \geqslant 500$，水的离解不能忽略，但可认为$[HA]\approx c_a$，式(5-4)可简化为近似公式

$$[H^+]=\sqrt{K_a[HA]+K_w}\approx\sqrt{c_aK_a+K_w} \tag{5-6}$$

(3)如果 $c_aK_a \geqslant 20K_w$，而且 $c_a/K_a \geqslant 500$，则上式可进一步简化为

$$[H^+]=\sqrt{c_aK_a} \tag{5-7}$$

例 2 HCOOH 浓度为 1.0 $mol\cdot l^{-1}$，25℃电离常数 $K_a=1.7\times10^{-4}$，计算其 pH。若 HCOOH 浓度为 0.001 $mol\cdot l^{-1}$呢？

解 $c_aK_a=1.7\times10^{-4}\gg 20K_w$，$c_a/K_a=5.9\times10^3>500$，故可以用最简式(5-7)计算该溶液 pH。

$$[H^+]=\sqrt{c_aK_a}=\sqrt{1.0\times1.7\times10^{-4}}=1.304\times10^{-2}$$

$$pH=1.88$$

若 HCOOH 浓度为 0.001 $mol\cdot l^{-1}$，$c_aK_a=1.7\times10^{-7}\gg 20K_w$，但 $c_a/K_a=5.9<500$，HCOOH 的解离相对于其初始浓度较高，不能忽略，故只能用式(5-5)计算。

$$\begin{aligned}[H^+]&=\frac{1}{2}(-K_a+\sqrt{K_a^2+4c_aK_a})\\&=\frac{1}{2}(-1.7\times10^{-4}+\sqrt{(1.7\times10^{-4})^2+4\times0.001\times1.7\times10^{-4}})\\&=3.36\times10^{-4}\end{aligned}$$

$$pH=3.47$$

若仍采用最简式(5-7)，$[H^+]=\sqrt{c_aK_a}=\sqrt{0.001\times1.7\times10^{-4}}=4.12\times10^{-4}$，pH=3.38，误差 $E_r=2.6\%$。

3. 多元弱酸溶液 pH 的计算

多元酸在溶液中存在逐级离解，但因多级离解常数存在显著差别，因此第一级离解平衡是主要的，而且第一级离解出来的 H^+ 又将大大抑制以后各级的离解，故一般把多元酸(如碳酸、磷酸、柠檬酸等)作为一元酸来处理。

如果 $c_aK_{a1}\geqslant 20K_w$，则用近似式

$$[H^+]=\frac{1}{2}(-K_{a1}+\sqrt{K_{a1}^2+4c_aK_{a1}})$$

当 $c_aK_{a1}\geqslant 20K_w$，$c_a/K_{a1}\geqslant 500$ 且 $2K_{a1}/\sqrt{c_aK_{a1}}\ll 1$ 时，有最简式

$$[H^+]=\sqrt{c_aK_{a1}}$$

5.1.2　缓冲溶液和缓冲容量

1. 缓冲溶液(buffer solution)的 pH 值

在一定程度上能承受外加少量酸、碱或稀释，而保持溶液 pH 值基本不变的作用称为缓冲作用。具有缓冲作用的溶液称为缓冲溶液。它常是某种弱酸和该弱酸盐的混合溶液，或是某弱碱和该弱碱盐的混合溶液，如醋酸(CH_3COOH)和醋酸钠(CH_3COONa)，碳酸(H_2CO_3)和碳酸氢钠($NaHCO_3$)，氨(NH_3)和氯化铵(NH_4Cl)等。

若弱酸以 HA 表示，它的盐以 MA 表示，则存在如下电离平衡：

$$HA \rightleftharpoons H^+ + A^-$$

$$MA \longrightarrow M^+ + A^-$$

两者有共同的阴离子 A^-，由于同离子效应，弱酸的电离平衡强烈地向左移动，电离更加微弱，因此可认为 $[HA]=c_a$，而 $[A^-]$ 全部来自 MA 的电离，即 $[A^-]=c_m$。

$$K_a=\frac{[H^+][A^-]}{[HA]}=[H^+]\frac{c_m}{c_a}$$

$$[H^+]=K_a\frac{c_a}{c_m} \tag{5-8}$$

缓冲溶液 pH 值为

$$pH=pK_a-\lg\frac{c_a}{c_m} \tag{5-9}$$

若添加少量强酸，添加量为 x，则

$$[H^+]=K_a\frac{[HA]+x}{[A^-]-x}=K_a\frac{c_a+x}{c_m-x}$$

由于 x 相对于 c_a 和 c_m 不大，所以溶液 pH 值变化不大。同理，加入少量强碱后溶液 pH 也变化不大。

缓冲溶液之所以具有在一定范围内保持 pH 值相对稳定的能力，是因为溶液中同时存在大量的分子 HA 和离子 A^-，而它们在溶液中 H^+ 增加或减少时就发生相互转化，转化过程中相应吸收或放出 H^+，使溶液 pH 基本保持稳定。溶液的这种缓冲能力恰似包含有一座 H^+ 的调节水库，在 H^+ 增多时就予以吸收，在 H^+ 减少时就予以补充，使溶液中自由 H^+ 离子的数量变化不大。

例 3　CH_3COOH 和 CH_3COONa 的混合溶液，浓度各均为 0.1 $mol \cdot l^{-1}$，CH_3COOH 电离平衡常数为 1.75×10^{-5}，求其 pH 值。

解　根据题意，$c_a=c_m=0.1\ mol \cdot l^{-1}$，根据缓冲溶液氢离子浓度公式(5-8)，有

$$[H^+]=K_a\frac{c_a}{c_m}=1.75\times10^{-5}\times\frac{0.1}{0.1}=1.75\times10^{-5}$$

$$pH = pK_a=4.76$$

可见当酸和盐的浓度相等时,溶液的 pH 值由酸的电离常数 K_a 决定。

2. 缓冲容量(buffer capacity)

缓冲容量是指使缓冲溶液 pH 值变化一个单位需加入的强酸或强碱的量。缓冲容量越大,溶液缓冲能力越高。

缓冲能力可用下式分析:

$$[H^+]=K_a\frac{c_a+x}{c_m-x}$$

可以分析得出,当溶液中酸的浓度 c_a 和盐的浓度 c_m 都较大且相等时,其缓冲能力最大。

由定义知,缓冲容量的精确定义式为

$$\beta=\frac{dc_a}{dpH}\text{ 或 }\beta=\frac{dc_b}{dpH}$$

缓冲容量可通过实验确定,即用强碱或强酸滴定缓冲溶液得到滴定曲线,根据斜率求得,也可以通过计算求得。

天然水中的缓冲容量首先取决于其中所含碳酸浓度,其次因素是含磷酸盐或腐殖质的浓度。富营养水体比贫营养水体具有更大的缓冲容量。

对地表水来说,一般只有很小缓冲容量,不能随意接受大量酸碱废水,否则将引起 pH 值很大变化,对水质和水生生物会产生很大影响。一般当地表水的实测 pH 值小于 4.5 或大于 10.8 时,表明水体必定已经受到强酸或强碱的污染。

5.1.3 碳酸盐平衡

1. 碳酸的存在形态

碳酸在水中以三种不同的化合形式存在:①游离碳酸或游离 CO_2,即呈分子状态的碳酸,包括溶解的气体 CO_2 和未离解的 H_2CO_3 分子;②重碳酸盐碳酸或重碳酸盐 CO_2,即重碳酸根离子 HCO_3^-,是一般清水中主要的存在形式;③碳酸盐碳酸或碳酸盐 CO_2,即碳酸根离子 CO_3^{2-},有时也称为化合性碳酸,并相应把 HCO_3^- 称为半化合性碳酸。

在碳酸盐体系中,存在如下平衡体系:

$$CO_2+H_2O \rightleftharpoons H_2CO_3$$

该式平衡时,CO_2 形态占最主要地位,而 H_2CO_3 只占分子状态游离碳酸总量的 1%以下，因此把水中溶解的 CO_2 气体含量作为游离碳酸总量不会引起太大误差。

$$H_2CO_3 \rightleftharpoons HCO_3^- + H^+$$

$$HCO_3^- \rightleftharpoons CO_3^{2-} + H^+$$

$$H_2O \rightleftharpoons H^+ + OH^-$$

在碳酸盐水溶液体系中存在如下组分：

$$CO_2(aq), H_2CO_3, HCO_3^-, CO_3^{2-}, H^+, OH^-$$

其中　$[CO_2(aq)]/[H_2CO_3]=K_{水化}$　　$(pK_{水化}=-2.8)$

说明　$[CO_2(aq)]=10^{2.8}\times[H_2CO_3]\gg[H_2CO_3]$

所以定义　$[H_2CO_3^*]=[CO_2(aq)]+[H_2CO_3]\approx[CO_2(aq)]$

碳酸体系中存在以下平衡关系式：

$$[H^+][HCO_3^-]/[H_2CO_3^*]=K_{a1}\qquad(pK_{a1}=6.3)$$

$$[H^+][HCO_3^-]/[H_2CO_3]=K_{H_2CO_3}$$

$$[H^+][CO_3^{2-}]/[HCO_3^-]=K_{a2}\qquad(pK_{a2}=10.25)$$

$$[H^+][OH^-]=K_W$$

关于浓度条件的物料衡算：

$$总碳\ c_T=[H_2CO_3^*]+[HCO_3^-]+[CO_3^{2-}]$$

2. 封闭碳酸体系

假定将水中溶解$[H_2CO_3^*]$看作不挥发酸，由此组成的是封闭碳酸体系。可以在海底深处、地下水、锅炉水及实验水样中遇到这样的体系。

在平衡体系中，定义离子分率 $\alpha_0, \alpha_1, \alpha_2$ 如下：

$$[H_2CO_3^*]=c_T\alpha_0, [HCO_3^-]=c_T\alpha_1, [CO_3^{2-}]=c_T\alpha_2$$

根据以上平衡关系式和离子分率定义，可以推导出以下表达式：

$$\alpha_0=\left(1+\frac{K_{a1}}{[H^+]}+\frac{K_{a1}K_{a2}}{[H^+]^2}\right)^{-1}\tag{5-10}$$

$$\alpha_1=\left(\frac{[H^+]}{K_{a1}}+1+\frac{K_{a2}}{[H^+]}\right)^{-1}\tag{5-11}$$

$$\alpha_2=\left(\frac{[H^+]^2}{K_{a1}K_{a2}}+\frac{[H^+]}{K_{a2}}+1\right)^{-1}\tag{5-12}$$

根据以上表达式，可作图 5-1。

由图 5-1 可见，在低 pH 区，溶液中只有 $CO_2+H_2CO_3$，在高 pH 区则只有 CO_3^{2-}，而 HCO_3^- 在中等 pH 区内占绝对优势。三种碳酸形态在平衡时的浓度比例与溶液 pH 值有完全对应关系。每种碳酸形态浓度受外界影响而变化时，将会引起其他各种碳酸形态的浓度以及溶液 pH 值的变化，而溶液 pH 值的变化也会

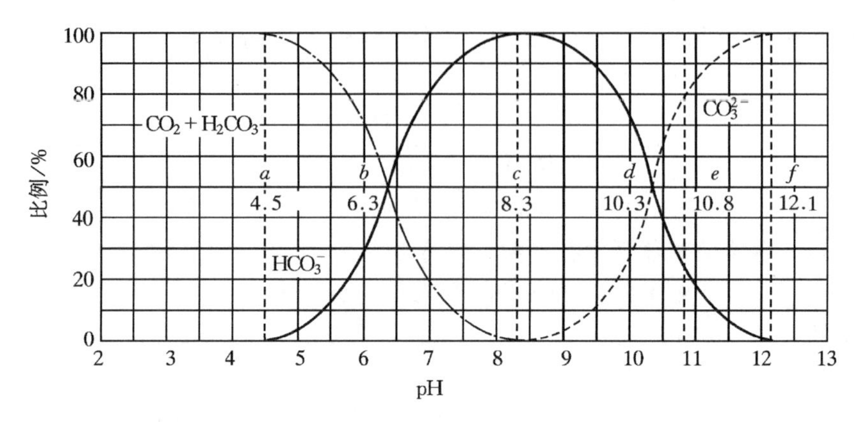

图 5-1　不同 pH 下水中碳酸的存在形式($c_T=2\times10^{-3}$ mol·l^{-1},25℃)

同时引起各种碳酸形态浓度比例的变化。由此可见,水中的碳酸平衡与 pH 值是密切相关的。

在图 5-1 中,a,b,c,d,e,f 等特征点所对应的 pH 值已同时标在曲线上。这些 pH 值也可通过计算得出。如配制浓度同为 2×10^{-3} mol·l^{-1} 的 $H_2CO_3^*$,$NaHCO_3$ 和 Na_2CO_3 溶液,则这三种溶液的 pH 计算值分别相当于 a,c,e 三点所显示的 pH 值,具体计算如下

a 点:$[H^+]=\sqrt{c_a K_{a1}}=\sqrt{2\times10^{-3}\times4.45\times10^{-7}}=2.98\times10^{-5}$, pH=4.5

c 点:$[H^+]=\sqrt{K_{a1}K_{a2}}=\sqrt{4.45\times10^{-7}\times4.69\times10^{-11}}=4.57\times10^{-9}$,pH=8.3

e 点:$[H^+]=\sqrt{\dfrac{K_w K_{a2}}{c_T}}=\sqrt{\dfrac{1.0\times10^{-14}\times4.69\times10^{-11}}{2\times10^{-3}}}=1.53\times10^{-11}$, ,pH=10.8

b 和 d 的 pH 值分别相当于

b 点:pH=pK_{a1}=6.3

d 点:pH=pK_{a2}=10.3

f 点的位置可根据曲线对称性推算为 pH=12.1。在相应于 f 点的 pH 值下,CO_3^{2-} 形态约占 99%,但因 CO_3^{2-} 还会发生水解:

$$CO_3^{2-}+H_2O \rightleftharpoons OH^-+HCO_3^-$$

所以纯溶液的 pH 值实际上移到了 e 点。

3. 开放碳酸体系

开放碳酸体系指的是与大气相通的碳酸水溶液体系。对于敞开体系,根据亨利定律(当温度不变时,气体在溶液中的溶解度与溶液上方该气体的分压成正比,即 $c=K_H p$,其中 K_H 为气体的亨利系数,该定律只适用于理想气体稀溶液)有:

$$[CO_2(aq)]=K_H p_{CO_2} \tag{5-13}$$

$$[H_2CO_3^*]=[CO_2(aq)]+[H_2CO_3]\approx[CO_2(aq)]=K_H p_{CO_2} \quad (5-14)$$

根据离子分率公式可计算敞开体系中碳酸的总浓度如下：

$$c_T=\frac{[H_2CO_3^*]}{\alpha_0}=\frac{K_H p_{CO_2}}{\alpha_0} \quad (5-15)$$

将式(5－15)代入离子分率关系式，用式(5－10)、式(5－11)和式(5－12)化简，同时可以计算$[HCO_3^-]$和$[CO_3^{2-}]$浓度：

$$[HCO_3^-]=c_T\alpha_1=\frac{\alpha_1}{\alpha_0}K_H p_{CO_2}=\frac{K_{a1}}{[H^+]}K_H p_{CO_2} \quad (5-16)$$

$$[CO_3^{2-}]=c_T\alpha_2=\frac{\alpha_2}{\alpha_0}K_H p_{CO_2}=\frac{K_{a1}K_{a2}}{[H^+]^2}K_H p_{CO_2} \quad (5-17)$$

$$\lg[H_2CO_3^*]=\lg K_H p_{CO_2}$$

标准状况下 $K_H=10^{-6.5}$ mol/(L · Pa)，$p_{CO_2}=32$ Pa，可得

$\lg[H_2CO_3^*]=\lg K_H p_{CO_2}=-4.9$　　(在 $\lg c\sim$pH 图中斜率为 0)

$\lg[H_2CO_3]=\lg(K_H p_{CO_2}/K_{水化})=-4.9-2.8=-7.7$　(在 $\lg c\sim$pH 图中斜率为 0)

$\lg[HCO_3^-]=\lg K_{a1}+\lg[H_2CO_3^*]+pH=-11.3+pH$　(在 $\lg c\sim$pH 图中斜率为 1)

$\lg[CO_3^{2-}]=\lg K_{a1}+\lg K_{a2}+\lg[H_2CO_3^*]+2pH=-21.6+2pH$ (在 $\lg c\sim$pH 图中斜率为 2)

另有 $\lg[H^+]=-pH$，$\lg[OH^-]=pH-14$。

根据以上 6 个关系式可以作图 5－2，步骤如下。

①图 5－2 中 A 点$[H^+]=[HCO_3^-]$，这一点相当于纯 CO_2 溶液，因为此种溶液的质子条件式为：

$$[H^+]=[HCO_3^-]+2[CO_3^{2-}]+[OH^-]$$

当 $pH<pK_1$，$[HCO_3^-]\gg 2[CO_3^{2-}]+[OH^-]$，故可将上式中 $2[CO_3^{2-}]+[OH^-]$省略，得$[H^+]=[HCO_3^-]$。

故 A 点，$[H^+]=[HCO_3^-]=\frac{K_{a1}}{[H^+]}K_H p_{CO_2}$，$[H^+]=\sqrt{K_{a1}K_H p_{CO_2}}$，代入数据可得，$[H^+]=10^{-5.6}$，故 pH＝5.6。这就是 25℃时，与大气中 CO_2 相平衡的水溶液的 pH。

②B 点的情况为$[H_2CO_3^*]=[HCO_3^-]$，由式(5－14)和式(5－16)可解得，$[H^+]=K_{a1}$，$pH=pK_{a1}=6.3$。

③C 点是$[H_2CO_3^*]=[CO_3^{2-}]$的一点，相当于纯 $NaHCO_3$ 溶液，因为此种溶液中质子条件式为$[H^+]+[H_2CO_3^*]=[CO_3^{2-}]+[OH^-]$，在 pH 为 6～9 范

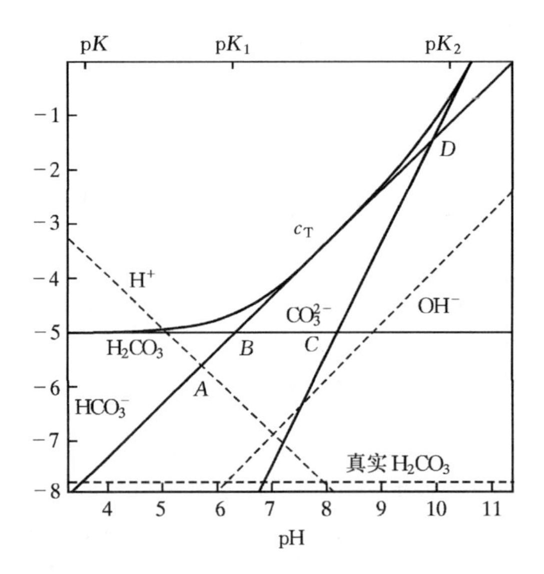

图 5-2 敞开体系碳酸盐水溶液的平衡

围内，$[H^+] \ll [H_2CO_3{}^*]$，$[OH^- \ll [CO_3^{2-}]$，故有$[H_2CO_3{}^*]=[CO_3^{2-}]$。

利用式(5-14)和式(5-17)计算 C 点 pH 得$[H^+]=\sqrt{K_{a1}K_{a2}}=10^{-8.3}$，pH=8.3。

(4)D 点 $[HCO_3^-]=[CO_3^{2-}]$，利用式(5-16)和式(5-17)可得$[H^+]=K_{a2}=10^{-10.25}$，pH=10.25。

由图 5-2 还可以看出以下几点：①在敞开体系中 c_T 是随 pH 值的改变而变化的；②在 pH<6 时，溶液中主要碳酸成分为$[H_2CO_3{}^*]$，当 pH 在 6～10 时，溶液中主要组分为$[HCO_3^-]$，当 pH>10.25 时，溶液中主要组分为$[CO_3^{2-}]$；③ $p[HCO_3^-]$和 $p[OH^-]$线相平行，说明在敞开体系中不可能有纯 Na_2CO_3 溶液，如果将配成 Na_2CO_3 纯溶液，则在敞开与大气中的情况下，它会吸取空气中的 CO_2，使溶液变成 $NaHCO_3$ 和 Na_2CO_3 的混合溶液。

5.1.4 酸度和碱度

1. 酸度

水的酸度指水中所含能与强碱发生中和作用的物质总量，亦即能放出质子 H^+ 或经水解能产生 H^+ 的物质总量。组成水中酸度的物质可归纳为三类：①强酸如 HCl、HNO_3 和 H_2SO_4 等；②弱酸如 CO_2，H_2CO_3，H_2S 以及各种有机酸；③强酸弱碱盐如 $FeCl_3$，$Al_2(SO_4)_3$ 等。

水中所有这些物质对强碱的全部中和能力称为总酸度,大多数天然水只含有弱酸碳酸。总酸度与溶液[H^+]不同,在强碱中和前已经电离生成的 H^+ 数量称为离子酸度,它与溶液[H^+]是一致的,即

$$H_2O+CH_3COOH \rightleftharpoons H_3O^+ + CH_3COO^-$$

后备酸度 + 离子酸度 =总酸度

如图 5-3 所示,酸度的表示除了总酸度还有无机酸度和 CO_2 酸度。无机酸度又称为强酸酸度,当溶液中存在微量强酸时,其 pH 值将低于 4,所以凡是含有无机强酸的水,pH 均在 4 以下。若采用甲基橙为指示剂,溶液在 pH=4.4 由红色变为黄色,可认为强酸都已中和完毕,即图 5-3 中 a 点,所得结果为无机酸度。

水的 pH 高于 4 时,酸度一般由弱酸组成,当水未受到其他工业废酸等的污染时,大多数情况下是由碳酸构成。这时的中和滴定就是含碳酸水的碱滴定情况,溶液中的反应首先是

$$OH^- + H_2CO_3 \rightleftharpoons HCO_3^- + H_2O$$

若采用酚酞为指示剂,溶液由无色转为淡红色时停止滴定,这时到达 b 点(pH=8.3),溶液中全部 H_2CO_3 被中和转化成 HCO_3^-,测定结果就是水中 CO_2+H_2CO_3 的含量,称为游离碳酸酸度,也称为游离 CO_2。

2. 碱度

碱度指水中所含能与强酸发生中和作用的全部物质,亦即能接受质子 H^+ 的物质总量。组成水中碱度的物质也可归纳为三类:①强碱,如 NaOH,$Ca(OH)_2$ 等,在溶液中全部电离生成 OH^- 离子;②弱碱,如 NH_3,苯胺($C_6H_5NH_2$)等,在水中有一部分发生反应生成 OH^- 离子;③强碱弱酸盐,如各种碳酸盐、重碳酸盐、硅酸盐、磷酸盐、硫化物、腐殖酸盐等,它们在水解时生成 OH^- 或直接接受质子 H^+。

大多数天然水、处理后的清水、生活污水和工业废水的碱度是由氢氧化物、碳酸盐和重碳酸盐等各种成分构成的。假设氢氧化物和重碳酸盐这两种碱度不能共存,因为 pH 高时,下列反应会强烈地向右方进行:

$$HCO_3^- + OH^- \rightleftharpoons H_2O + CO_3^{2-}$$

根据这一假设,水中碱度可有五种不同组合类型:①单独的氢氧化物 OH^-;②氢氧化物与碳酸盐 OH^-+CO_3^{2-};③单独的碳酸盐 CO_3^{2-};④碳酸盐和重碳酸盐 CO_3^{2-}+HCO_3^-;⑤单独的重碳酸盐 HCO_3^-。

用强酸滴定时,假设由酚酞红色滴到无色的强酸用量为 P,再向水中加入甲基橙指示剂,继续滴定到甲基橙由黄色变为红色为止,强酸的总用量为 M,则可由 P 和 M 计算水中碱度的组成和含量。

根据 P 和 M 可以判断水中碱度类型和含量,结果列为表 5-1。

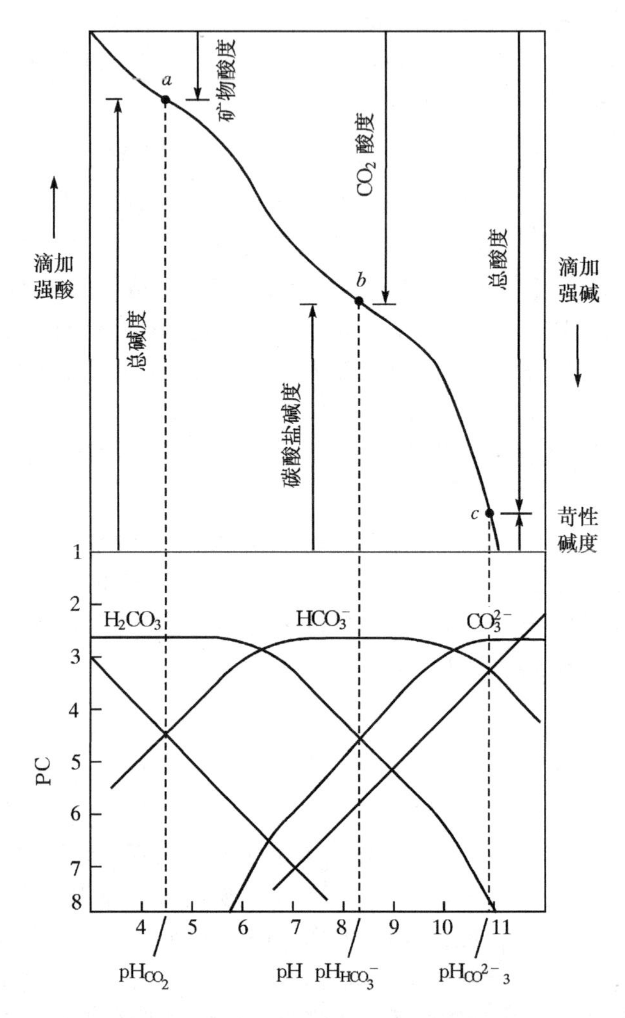

图 5-3　含碳酸水的中和曲线

表 5-1　碱度测定分析结果(以当量浓度为准)

滴定结果		$P=M$	$P>\frac{1}{2}M$	$P=\frac{1}{2}M$	$P<\frac{1}{2}M$	$P=0$
碱度组成		OH^-	$OH^- + CO_3^{2-}$	CO_3^{2-}	$CO_3^{2-} + HCO_3^-$	HCO_3^-
碱度	OH^-	P	$2P-M$	0	0	0
计算	CO_3^{2-}	0	$2(M-P)$	M	$2P$	0
结果	HCO_3^-	0	0	0	$M-2P$	M

以水中碱度由氢氧化物与碳酸盐 $OH^- + CO_3^{2-}$ 组成为例，此时水的 pH 一般在 10 以上，根据强酸用量 P 和 M 应有以下关系：

$$P = OH^- + \frac{1}{2}CO_3^{2-}$$

$$M = OH^- + \frac{1}{2}CO_3^{2-} + \frac{1}{2}CO_3^{2-}$$

滴定结果应为 $P > 1/2M$。因此，若得到此结果即可判断为此种碱度组成，同时可计算出：

$$OH^- = 2P - M$$

$$CO_3^{2-} = 2(M - P)$$

例 4　有水样 50 ml，以 $0.05\ mol \cdot l^{-1}$ 的 HCl 溶液滴定测定碱度，在酚酞由红色转为无色时用去滴定液 0.65 ml，在甲基橙由黄色转为红色时一共用去 4.86 ml，分析计算该水样碱度组成。

解　根据题意，$P = 0.65$ ml，$M = 4.86$ ml，或者

$$P = 0.65 \times \frac{0.05}{50} = 0.65 \times 10^{-3}\ mol \cdot l^{-1} = 0.65\ \text{毫克当量/升}$$

$$M = 4.86 \times \frac{0.05}{50} = 4.86 \times 10^{-3}\ mol \cdot l^{-1} = 4.86\ \text{毫克当量/升}$$

$P < \frac{1}{2}M$，查表 5-1，判断水中有 CO_3^{2-} 和 HCO_3^- 两种碱度，其值各为

$$CO_3^{2-}\ \text{碱度} = 2P = 0.65 \times 2 = 1.30\ \text{毫克当量/升}$$

$$HCO_3^-\ \text{碱度} = M - 2P = 4.86 - 1.30 = 3.56\ \text{毫克当量/升}$$

3. 碱度的精确计算

上述计算方法是近似的，因为引入了氢氧化物不能和重碳酸盐共存的假设，但事实上，根据 CO_3^{2-} 水解反应式

$$H_2O + CO_3^{2-} \rightleftharpoons HCO_3^- + OH^-$$

必有一定量的 HCO_3^- 和 OH^- 共存。实际上，在水中任何 pH 时都同时存在三种碱度。

在测定碱度的水样中，阴离子有 CO_3^{2-}，HCO_3^- 和 OH^- 等，阳离子有 H^+ 和构成碱度的各盐类的金属离子如 Na^+，K^+，Ca^{2+} 和 Mg^{2+} 等，这些金属离子的总当量数应等于测定总碱度时得到的总当量数，这一总碱度当量以[碱]表示。根据电中性原理：

$$[\text{碱}] + [H^+] = [OH^-] + [HCO_3^-] + 2[CO_3^{2-}]$$

$$[OH^-] = \frac{K_w}{[H^+]}$$

$$[CO_3^{2-}]=K_{a2}\frac{[HCO_3^-]}{[H^+]}$$

可解得

$$[HCO_3^-]=\frac{[碱]+[H^+]-K_w/[H^+]}{1+2K_{a2}/[H^+]} \tag{5-18}$$

$$[CO_3^{2-}]=K_{a2}\frac{[HCO_3^-]}{[H^+]}=\frac{K_{a2}}{[H^+]}\left(\frac{[碱]+[H^+]-K_w/[H^+]}{1+2K_{a2}/[H^+]}\right) \tag{5-19}$$

例 5　有一水样，测得总碱度为 2.0 毫克当量/升，pH=10.0，求其三种碱度。

解　根据题意

$$[H^+]=10^{-10}\ \text{mol}\cdot l^{-1}=10^{-10}\text{克当量/升}$$

故$[OH^-]=K_w/[H^+]=10^{-4}\ \text{mol}\cdot l^{-1}=10^{-4}$克当量/升

根据式(5-18)和式(5-19)可得

$$\begin{aligned}[HCO_3^-]&=\frac{[碱]+[H^+]-K_w/[H^+]}{1+2K_{a2}/[H^+]}\\&=\frac{2.0\times10^{-3}+10^{-10}-10^{-4}}{1+2\times4.7\times10^{-11}/10^{-10}}\\&=0.98\times10^{-3}\ \text{mol}\cdot l^{-1}\\&=0.98\ \text{毫克当量/升}\end{aligned}$$

$$\begin{aligned}[CO_3^{2-}]&=K_{a2}\frac{[HCO_3^-]}{[H^+]}=4.7\times10^{-11}\times\frac{0.98}{10^{-10}}\\&=0.46\times10^{-3}\ \text{mol}\cdot l^{-1}\\&=0.92\ \text{毫克当量/升}\end{aligned}$$

5.1.5　酸碱调整

1. 中和处理

工业废水如金属酸洗、电镀、化纤、炼油等常具有较强的酸性，而造纸、皮革、电解等工业常排出碱性废水。含酸浓度高于 4%～5%、含碱浓度超过 2%～3%的废水应首先设法回收利用。回收后，剩余废水或浓度较低不易回收的酸碱废水需进行中和处理，调节 pH 到 4～10 之间。

中和的方法大致可分为酸碱废水相互中和、药剂中和、中和滤池等。

(1)酸碱废水相互中和

若酸性废水当量浓度为 A，流量为 m，碱性废水当量浓度为 B，流量为 n，完全中和的关系式为

$$mA=nB$$

若两者不等，混合后残余酸度或碱度为

$$P=\frac{|mA-nB|}{m+n}$$

(2)药剂中和

酸性废水常用石灰 CaO,消石灰 $Ca(OH)_2$,碳酸钠 Na_2CO_3,苛性钠 NaOH,氧化镁 MgO 等,碱性废水常用工业硫酸和工业盐酸等。若有可能尽量利用工业废料,碱性废渣有电石渣[$Ca(OH)_2$],软水站废渣($CaCO_3$),废石灰(CaO)等,酸性废料有各种废酸和烟道气(CO_2 和 SO_2)等。

按照中和生成盐类的溶解性,酸性废水可分为三类:①水中含有强酸 HCl 和 HNO_3,其钙盐易溶于水;②水中含强酸为 H_2SO_4,其钙盐 $CaSO_4$ 难浓于水;③水中含弱酸如 CH_3COOH,CO_2 等。

第一类废水用各种碱性药剂都不会生成沉淀,第二类废水用钙盐中和,会生成难溶性沉淀物,需消除沉渣,并需把药剂粉碎后投加,同时加强搅拌,使反应在药剂颗粒表面被沉淀物包围前就可完成。第三类废水由于弱酸和碳酸盐反应迟缓,中和反应需时较长,所以一般采用氢氧化物中和,如 $Ca(OH)_2$。

(3)中和滤池

把药剂颗粒材料填放成层,使废水以一定速度过滤,从而达到中和。显然,药剂颗粒应难溶于水,一般是各种碳酸盐矿物,所以中和滤池只用于处理酸性废水。

中和滤池所用的矿物材料有大理石和石灰石,两者主要成分都是 $CaCO_3$,但结晶构造不同。还有白云石,是钙和镁的复合碳酸盐,分子式为 $CaMg(CO_3)_2$ 或 $CaCO_3 \cdot MgCO_3$。

对于含硫酸的第二类酸性废水,生成的难溶性钙盐 $CaSO_4$ 会在滤料颗粒表面结晶,影响中和反应继续进行。但硫酸浓度不高时可以采用,一般认为硫酸浓度不应高于 2 g/L。

用碳酸盐中和后的水由于含有过量的 CO_2,pH 往往低于 5,此时应采用空气吹脱的方式脱除水中过量的 CO_2。

2. pH 调整的基本方程式

根据电中性方程

$$[\text{碱}]+[H^+]=[OH^-]+[HCO_3^-]+2[CO_3^{2-}]$$

和不同碳酸成分在水中的离子分率

$$[H_2CO_3]=c_T\alpha_0,\ [HCO_3^-]=c_T\alpha_1,\ [CO_3^{2-}]=c_T\alpha_2$$

可得

$$[\text{碱}]+[H^+]=c_T\alpha_1+2c_T\alpha_2+[OH^-]$$

$$c_T=\frac{1}{\alpha_1+2\alpha_2}([\text{碱}]+[H^+]-[OH^-])$$

令

$$\alpha=\frac{1}{\alpha_1+2\alpha_2} \tag{5-20}$$

则有

$$c_T=\alpha\ ([碱]+[H^+]-[OH^-]) \tag{5-21}$$

若[碱]相对[H^+] 和 [OH^-]均较大,则有

$$c_T=\alpha[碱] \tag{5-22}$$

此式适用于[碱]≥1 毫克当量/升及 5<pH<9 时;或 0.1 毫克当量/升≤[碱]≤1 毫克当量/升而 6<pH<8 时,这是酸碱调整的基本方程式。

应用式(5-21)和式(5-22)计算 pH 调整时,要掌握各种酸碱物质对溶液中各有关参数所引起的变化。表 5-2 列出了普遍情况,说明向水中加入强酸、强碱、CO_2、重碳酸盐如 $NaHCO_3$、碳酸盐如 Na_2CO_3 或 $CaCO_3$ 等,使溶液各种浓度 c_a,c_b,[H_2CO_3],[HCO_3^-]和[CO_3^{2-}]等分别增加 1 个单位时,溶液各种参数值如碳酸物总量 c_T、总碱度、总酸度、游离碳酸、碳酸盐碱度、无机酸度、氢氧化物碱度等所相应产生的变化。如向水中加入 1 克当量/升的强酸时,溶液中的碳酸物总量不发生变化,而总碱度将减少 1 克当量/升,总酸度将增加 1 克当量/升,溶液中具体参数的变化可能是氢氧化物碱度、碳酸盐碱度的减少和无机酸度、游离碳酸量的增加。

表 5-2 含碳酸水中各参数值的变化

产生相应变化的参数	加入下列物质 1 mol/L				
	强酸	强碱	二氧化碳	重碳酸盐	碳酸盐
	[H^+]	[OH^-]	[H_2CO_3]	[HCO_3^-]	[CO_3^{2-}]
碳酸物总量 $c_T(M)$	0	0	+1	+1	+1
总碱度[碱](N)	−1	+1	0	+1	+2
总酸度[酸](N)	+1	−1	+2	+1	0
游离碳酸[H_2CO_3]	+1	−1	+1	0	−1
碳酸盐碱度[CO_3^{2-}]	−1	+1	−1	0	+1
无机酸度[H^+]	+1	−1	0	−1	−2
氢氧化物碱度[OH^-]	−1	+1	−2	−1	0

由表 5-2 可见,加入每种酸碱物质时,溶液中总有某种相对无关的参数值并不发生变化,但溶液的 pH 值却总要发生变化,这从式(5-21)和式(5-22)可以看

到，加入各种物质，碳酸物总量或总碱度必有一项会发生数值变化，这时，方程式的关系仍然保持着，因此，α 值即 pH 值必然同时也发生变化。也正因如此，才可以利用式(5－21)和式(5－22)计算有关 pH 值调整变化的问题。

为了方便计算，根据式(5－10)，式(5－11)，式(5－12)和式(5－20)计算 25℃ 下不同 pH 值对应的 α_0，α_1，α_2 和 α，列于表 5－3 中。

表 5－3　碳酸平衡系数(25℃)

pH	α_0	α_1	α_2	α
4.5	0.986 1	0.013 88	2.058×10^{-8}	72.062
4.6	0.982 6	0.017 41	3.250×10^{-8}	57.447
4.7	0.978 2	0.021 82	5.128×10^{-8}	45.837
4.8	0.972 7	0.027 31	8.082×10^{-8}	36.615
4.9	0.965 9	0.034 14	1.272×10^{-7}	29.290
5.0	0.957 4	0.042 60	1.998×10^{-7}	23.472
5.1	0.946 9	0.053 05	3.132×10^{-7}	18.850
5.2	0.934 1	0.065 88	4.897×10^{-7}	15.179
5.3	0.918 5	0.081 55	7.631×10^{-7}	12.262
5.4	0.899 5	0.100 5	1.184×10^{-6}	9.946
5.5	0.876 6	0.123 4	1.830×10^{-6}	8.106
5.6	0.849 5	0.150 5	2.810×10^{-6}	6.644
5.7	0.8176	0.182 4	4.286×10^{-6}	5.484
5.8	0.780 8	0.219 2	6.487×10^{-6}	4.561
5.9	0.738 8	0.261 2	9.729×10^{-6}	3.828
6.0	0.692 0	0.308 0	1.444×10^{-5}	3.247
6.1	0.640 9	0.359 1	2.120×10^{-5}	2.785
6.2	0.586 4	0.413 6	3.074×10^{-5}	2.418
6.3	0.529 7	0.470 3	4.401×10^{-5}	2.126
6.4	0.472 2	0.527 8	6.218×10^{-5}	1.894
6.5	0.415 4	0.584 5	8.669×10^{-5}	1.710
6.6	0.360 8	0.639 1	1.193×10^{-4}	1.564
6.7	0.309 5	0.690 3	1.623×10^{-4}	1.448
6.8	0.262 6	0.737 2	2.182×10^{-4}	1.356

续表 5-3

pH	α_0	α_1	α_2	α
6.9	0.220 5	0.779 3	2.903×10^{-4}	1.282
7.0	0.183 4	0.816 2	3.828×10^{-4}	1.224
7.1	0.151 4	0.848 1	5.008×10^{-4}	1.178
7.2	0.124 1	0.875 2	6.506×10^{-4}	1.141
7.3	0.101 1	0.898 0	8.403×10^{-4}	1.111
7.4	0.082 03	0.916 9	1.080×10^{-3}	1.088
7.5	0.066 26	0.932 4	1.383×10^{-3}	1.069
7.6	0.053 34	0.944 9	1.764×10^{-3}	1.054
7.7	0.042 82	0.954 9	2.245×10^{-3}	1.042
7.8	0.034 29	0.962 9	2.849×10^{-3}	1.032
7.9	0.027 41	0.969 0	3.610×10^{-3}	1.024
8.0	0.021 88	0.973 6	4.566×10^{-3}	1.018
8.1	0.017 44	0.976 8	5.767×10^{-3}	1.012
8.2	0.013 88	0.978 8	7.276×10^{-3}	1.007
8.3	0.011 04	0.979 8	9.169×10^{-3}	1.002
8.4	$0.876\ 4\times10^{-2}$	0.979 7	1.154×10^{-2}	0.997 2
8.5	$0.695\ 4\times10^{-2}$	0.978 5	1.451×10^{-2}	0.992 5
8.6	$0.551\ 1\times10^{-2}$	0.976 3	1.823×10^{-2}	0.987 4
8.7	$0.436\ 1\times10^{-2}$	0.972 7	2.287×10^{-2}	0.981 8
8.8	$0.344\ 7\times10^{-2}$	0.967 9	2.864×10^{-2}	0.975 4
8.9	$0.272\ 0\times10^{-2}$	0.961 5	3.582×10^{-2}	0.968 0
9.0	$0.214\ 2\times10^{-2}$	0.953 2	4.470×10^{-2}	0.959 2
9.1	$0.168\ 3\times10^{-2}$	0.942 7	5.566×10^{-2}	0.948 8
9.2	$0.131\ 8\times10^{-2}$	0.929 5	6.910×10^{-2}	0.936 5
9.3	$0.102\ 9\times10^{-2}$	0.913 5	8.548×10^{-2}	0.922 1
9.4	$0.799\ 7\times10^{-3}$	0.893 9	0.105 3	0.905 4
9.5	$0.618\ 5\times10^{-3}$	0.870 3	0.1291	0.886 2
9.6	$0.475\ 4\times10^{-3}$	0.842 3	0.157 3	0.864 5

续表 5-3

pH	α_0	α_1	α_2	α
9.7	$0.362\ 9\times10^{-3}$	0.809 4	0.190 3	0.840 4
9.8	$0.274\ 8\times10^{-3}$	0.771 4	0.228 3	0.814 3
9.9	$0.206\ 1\times10^{-3}$	0.728 4	0.271 4	0.786 7
10.0	$0.153\ 0\times10^{-3}$	0.680 6	0.319 2	0.758 1
10.1	$0.112\ 2\times10^{-3}$	0.628 6	0.371 2	0.729 3
10.2	$0.813\ 3\times10^{-4}$	0.573 5	0.426 3	0.7011
10.3	$0.581\ 8\times10^{-4}$	0.516 6	0.483 4	0.6742
10.4	$0.410\ 7\times10^{-4}$	0.459 1	0.540 9	0.649 0
10.5	$0.286\ 1\times10^{-4}$	0.402 7	0.597 3	0.626 1
10.6	$0.196\ 9\times10^{-4}$	0.348 8	0.651 2	0.605 6
10.7	$0.133\ 8\times10^{-4}$	0.298 5	0.701 5	0.587 7
10.8	$0.899\ 6\times\times10^{-5}$	0.252 6	0.747 4	0.572 3
10.9	$0.598\ 6\times\times10^{-5}$	0.211 6	0.788 4	0.559 2
11.0	$0.394\ 9\times\times10^{-5}$	0.175 7	0.824 2	0.548 2

例 6　有天然水，其 pH＝6.5，碱度为 1.4 毫克当量/升，计算把 pH 降低到 6.0所需酸量。若将其 pH 提高到 8.0，用 NaOH 或 Na_2CO_3 调节，各需多少？

解　(1)根据题意，并查表 5-2，加入强酸后总碳酸物量不变，而总碱度降低。

初始状态时，[碱]＝1.4 毫克当量/升，查表 5-3，pH＝6.5 时，α＝1.710。

因[碱]＞1 毫克当量/升，5＜pH＜9，$[H^+]$和$[OH^-]$相对[碱]可以忽略，用式(5-22)计算总碳酸物量 c_T。

$$c_T=\alpha[\text{碱}]=1.710\times1.4=2.39\ \text{毫克当量/升}$$

pH 降低到 6.0，查表 5-3，α＝3.25，总碳酸物量 c_T 不变，根据式(5-22)可得

$$[\text{碱}]=\frac{c_T}{\alpha}=\frac{2.39}{3.25}=0.735\ \text{毫克当量/升}$$

碱度的降低量等于强酸的加入量，故强酸的加入量为

$$\Delta A=1.4-0.735=0.665\ \text{毫克当量/升}$$

(2)若用 NaOH 调节溶液 pH 至 8.0，用以上的计算思路可得

pH＝8.0 时 α＝1.02，故$[\text{碱}]=\dfrac{c_T}{\alpha}=\dfrac{2.39}{1.02}=2.34$ 毫克当量/升

碱度的增加量即为 NaOH 的加入量,

$$\Delta B = 2.34 - 1.4 = 0.94 \text{ 毫克当量/升}$$

(3)若用 Na_2CO_3 调节溶液 pH 至 8.0,与 NaOH 不同的是溶液的碱度和总碳酸物量 c_T 同时发生变化,不过根据表 5-2,碱度变化数值是总碳酸物量 c_T 变化的两倍,由此可以计算

$$c_T + \Delta B = \alpha([\text{碱}] + 2\Delta B)$$

$$2.39 + \Delta B = 1.02 \times (1.4 + 2\Delta B)$$

可解得 $\Delta B = 0.924$ mmol/L=1.848 毫克当量/升。

例 7 混合水的 pH 值计算:水 A 和 B,其碱度分别为 6.34 和 0.38 毫克当量/升,pH 分别为 7.28 和 9.60,计算两者等体积混合后的 pH。

解 水 A 的 pH=7.28,查表 5-3 可得,$\alpha=1.11$,由此可以求得

$$c_T = \alpha[\text{碱}] = 1.11 \times 6.34 = 7.04 \text{ 毫克当量/升}$$

水 B 的 pH=9.60,$\alpha=0.865$,由此可以求得

$$c_T = \alpha([\text{碱}] - [OH^-]) = 0.865 \times (0.38 - 10^{-4.4} \times 10^3) = 0.294 \text{ 毫克当量/升}$$

等体积混合后

$$c_T = \frac{(7.04 + 0.294)}{2} = 3.67 \text{ 毫克当量/升}$$

$$[\text{碱}] = \frac{(6.34 + 0.38)}{2} = 3.36$$

$$\alpha = \frac{c_T}{[\text{碱}]} = \frac{3.67}{3.36} = 1.09$$

查表得 pH 为 7.40。

5.2 沉淀平衡(precipitation equilibrium)

在天然水和水处理过程中,沉淀和溶解现象是极为重要的。确定天然水的化学组成时,各种矿物质的溶解是一个首要的因子。天然水的化学组成可以因矿物质的溶解和这些矿物质固体从饱和溶液中沉淀出来而有所改变。一些水和废水的处理过程,如石灰-苏打软化、除铁、用水解金属盐类进行凝聚和磷酸盐沉淀等,都是以沉淀现象为依据的。

5.2.1 硬度及其沉淀

1. 水的硬度

所谓硬水,一般是指在洗涤时肥皂不易起泡沫,在加热时易生水垢的水。造成这种现象的是一些容易生成难溶盐类的金属阳离子,如 Ca^{2+},Mg^{2+},Fe^{2+},Mn^{2+},

Sr^{2+},Fe^{3+},Al^{3+}等,其中最主要的是Ca^{2+}和Mg^{2+},因此一般常以水中钙离子和镁离子的含量来计算硬度。

水中所含钙镁离子的总量$[Ca^{2+}+Mg^{2+}]$称为水的总硬度。根据阴离子的不同又分为碳酸盐硬度和非碳酸盐硬度,前者阴离子为CO_3^{2-}和HCO_3^-,煮沸后很容易成为沉淀物析出,故又称为暂时硬度,后者阴离子为SO_4^{2-}和Cl^-,煮沸不能析出,所以又称为永久硬度。

根据硬度和阴离子的对比关系可把水中硬度分为两种情况,见图5-4。

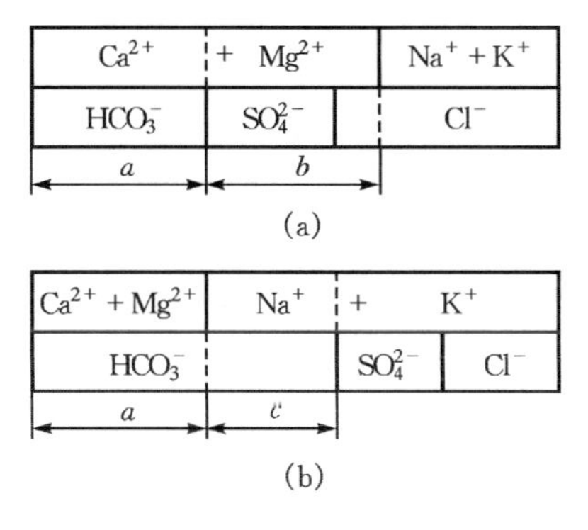

图5-4 硬度的组成

图5-4(a)$[Ca^{2+}+Mg^{2+}]>[HCO_3^-]$。一般水中碱度主要以$HCO_3^-$的形式存在,当水的总硬度大于总碱度时,其碳酸盐硬度就等于总碱度值,即图5-4(a)中$a=[HCO_3^-]$。而非碳酸盐硬度为总硬度与总碱度之差,即图5-4(b)中$b=[Ca^{2+}+Mg^{2+}]-[HCO_3^-]$。

图5-4(b)$[Ca^{2+}+Mg^{2+}]<[HCO_3^-]$。水的总硬度小于总碱度,可认为全部硬度都是碳酸盐硬度,即图5-4(b)中$a=[Ca^{2+}+Mg^{2+}]$。这时没有非碳酸盐硬度,故$b=0$。水中另有非硬度的碳酸盐钠盐、钾盐。有时在这种情况下,把总碱度同总硬度相比多出的这部分称为负硬度,即图5-4(b)中$c=[HCO_3^-]-[Ca^{2+}+Mg^{2+}]$。

由于硬度并非单一的一种离子,用重量浓度表示时,一般统一换算成以$CaCO_3$的重量表示,即1毫克当量/升的硬度相当于50 mg$CaCO_3$/L。

2. 锅炉的水垢沉积

在各种锅炉用水中若含有碳酸盐硬度,在加热汽化过程中,锅炉管壁加热面上就会结成一层水垢。水垢由于导热性能较低而使锅炉效率降低,这就会增大燃料损耗。水垢造成的更为严重的后果是使加热金属壁面过热而变软破裂,甚至引起锅炉爆炸,这在高压锅炉更为危险。所以,高压和超高压锅炉,特别要求控制水中硬度盐类的含量，一般要求硬度达到零值。

水垢的主要成分是一些难溶的钙镁盐类，还有各种铁、铝、铜等的化合物，大多数是碳酸盐、硅酸盐、氧化物、硫酸盐等，常见的如 $CaCO_3$，$CaSO_4$，$CaSiO_3$，$Mg(OH)_2$，Fe_2O_3，Al_2O_3，SiO_2 等，有时则可称为成分复杂的铝硅酸矿物盐类。由水中析出这些盐类的直接原因是它们在溶液中处于过饱和状态。过饱和由以下因素引起：①某些盐类在温度升高时其溶解度下降，如 $CaCO_3$，$CaSO_4$，$Ca(OH)_2$，$Mg(OH)_2$等；②锅炉水不断汽化，溶液中盐类浓度逐渐升高；③在水加热和汽化过程中可生成某些离子，进一步结合而构成难溶盐类。

这些难溶盐类由锅炉水中析出时，可能首先在溶液中生成沉淀物，沉积到加热面上，再转化成为水垢而固结到壁面上，这种水垢成为二次生成水垢。有时这些沉积物也生成松散的泥渣，而不一定成为固结壁面的水垢层。另一种水垢成为一次生成水垢，是盐类直接在金属壁面上沉积结晶而成。它们可能在金属壁面上某些点首先生成晶核，进一步连接成片，形成牢固结合的坚硬结晶层。一次水垢的主要形成机理是盐类局部过饱和而结晶。

硫酸盐和硅酸盐易生成固结壁面的坚硬水垢，磷酸盐常生成松散的泥渣，而碳酸钙在不同条件下可能生成坚硬结晶或者海绵状物质。

3. 化学沉淀软化法

化学沉淀消除水中硬度的基本原理是投加适当的药剂促成硬度盐类的沉淀析出。一类是在水进入锅炉前预先加以软化，使硬度盐类在炉外沉淀分离，称为炉外处理；另一类是向锅炉内水中投加某些药剂生成沉淀，但沉淀物成为松散泥渣状，易于清洗排除而不会生成固结壁面的水垢，称为炉内处理。

①炉外预处理的常用药剂有时会用 CaO，$Ca(OH)_2$，苏打 Na_2CO_3，苛性钠 $NaOH$，此外，尚有钡盐、草酸盐，但因价格较高而不常使用。

石灰软化只能去除碳酸盐硬度：

$$CO_2 + Ca(OH)_2 \rightleftharpoons CaCO_3 + H_2O$$

$$Ca(HCO_3)_2 + Ca(OH)_2 \rightleftharpoons 2CaCO_3 + 2H_2O$$

$$Mg(HCO_3)_2 + 2Ca(OH)_2 \rightleftharpoons Mg(OH)_2 + 2CaCO_3 + 2H_2O$$

非碳酸盐硬度，需要投加苏打除去：

$$CaSO_4 + Na_2CO_3 \rightleftharpoons CaCO_3 + Na_2SO_4$$

$$CaCl_2 + Na_2CO_3 \rightleftharpoons CaCO_3 + 2NaCl$$

非碳酸盐镁硬度，投加石灰虽然可以生成沉淀，但不能消除硬度，只能将镁硬度转化为钙硬度：

$$MgSO_4 + Ca(OH)_2 \rightleftharpoons Mg(OH)_2 + CaSO_4$$

由石灰加入带入的钙硬度必须投加苏打才可除去：

$$CaSO_4 + Na_2CO_3 \rightleftharpoons CaCO_3 + Na_2SO_4$$

上述化学计量关系可归纳为：a. 碳酸盐钙硬度 1 当量需用 1 当量石灰；b. 碳酸盐镁硬度 1 当量需用 2 当量石灰；c. 非碳酸盐钙硬度 1 当量需用 1 当量苏打；d. 非碳酸盐镁硬度 1 当量需用 1 当量石灰和 1 当量苏打。

②炉内软化最常用的药剂是磷酸盐，如磷酸三钠 Na_3PO_4，磷酸氢二钠 Na_2HPO_4，磷酸二氢钠 NaH_2PO_4，六偏磷酸钠 $(NaPO_3)_6$ 等，加入后与钙生成磷酸三钙，此反应需在 pH>9.7 的条件下进行，因此一般同时要加入苛性钠或苏打。

$$3Ca(HCO_3)_2 + 6NaOH \rightleftharpoons 3CaCO_3 + 3Na_2CO_3 + 6H_2O$$

$$3CaCO_3 + 2Na_3PO_4 \rightleftharpoons Ca_3(PO_4)_2 + 3Na_2CO_3$$

$$Mg(HCO_3)_2 + 4NaOH \rightleftharpoons Mg(OH)_2 + 2Na_2CO_3 + 2H_2O$$

磷酸钙的溶度积远小于碳酸钙，碳酸钙沉淀完全转化为磷酸钙沉淀，磷酸钙和氢氧化镁都是泥渣状沉淀，在一定条件下可保持流动状态，不致在加热面上结成水垢，在清洗时比较容易除去。

炉内处理可以与磷酸盐同时或单独投加一些高分子有机物，如单宁、木质素、淀粉、藻朊酸等，可以对沉淀物发生分散或絮凝作用，阻碍它们生成晶体结构而使之成为松散的泥渣。

5.2.2　水的稳定性

1. 碳酸钙的溶解平衡

天然水对碳酸盐矿物的溶解和沉积、生活用水和锅炉用水的结垢、给水管道中的沉积与侵蚀、水对混凝土构筑物的侵蚀、石油开采注水在岩隙中的淤塞等问题都与碳酸钙的溶解平衡有关系。

碳酸钙在水中的溶解反应为：

$$CaCO_3(s) \rightleftharpoons Ca^{2+} + CO_3^{2-} \qquad K_{sp} = [Ca^{2+}][CO_3^{2-}] = 4.8 \times 10^{-9}$$

溶液中 CO_3^{2-} 直接受溶液 pH 和碳酸平衡状态的影响，碳酸平衡的反应为：

$$H_2CO_3 \rightleftharpoons HCO_3^- + H^+ \qquad K_{a1} = \frac{[H^+][HCO_3^-]}{[H_2CO_3]} = 4.2 \times 10^{-7}$$

$$HCO_3^- \rightleftharpoons CO_3^{2-} + H^+ \qquad K_{a2} = \frac{[H^+][CO_3^{2-}]}{[HCO_3^-]} = 4.7 \times 10^{-11}$$

综合以上两式可得：

$$2HCO_3^- \rightleftharpoons CO_3^{2-} + H_2CO_3 \qquad \frac{[HCO_3^-]^2}{[CO_3^{2-}][H_2CO_3]} = \frac{1}{K} = \frac{K_{a1}}{K_{a2}}$$

当溶液中有某一固定的 $[Ca^{2+}]$，据碳酸钙溶解平衡原理，必相应有 $CaCO_3$ 达

到饱和时的一个$[CO_3^{2-}]_s$值，即

$$[CO_3^{2-}]_s = \frac{K_{sp}}{[Ca^{2+}]} \tag{5-23}$$

若水中碱度固定，同时根据碳酸平衡，可求得饱和时对应的$[H_2CO_3]_s$，即

$$[H_2CO_3]_s = \frac{K_{a2}}{K_{a1}}\frac{[HCO_3^-]}{[CO_3^{2-}]_s} = \frac{K_{a2}}{K_{a1}}\ \frac{[HCO_3^-]^2[Ca^{2+}]}{K_{sp}} \tag{5-24}$$

同时也可求得达到平衡时的$[H^+]_s$和pH_s

$$[H^+]_s = \frac{K_{a2}[HCO_3^-]}{[CO_3^{2-}]_s} \tag{5-25}$$

$$pH_s = pK_{a2} + p[HCO_3^-] - p[CO_3^{2-}]_s \tag{5-26}$$

以上计算得到的$[H_2CO_3]_s$和pH_s称为平衡碳酸和平衡pH，但实际溶液中碳酸钙不一定达到饱和平衡状态，或者处于过饱和状态，通过比较实际水中$[H_2CO_3]$，pH与平衡值，就可判断水溶液对碳酸钙进行溶解或沉淀的趋势。

实际水中$[H_2CO_3]$可以用碳酸一级解离平衡关系计算如下

$$[H_2CO_3] = \frac{[H^+][HCO_3^-]}{K_{a1}}$$

平衡或水样稳定后的$[H_2CO_3]$可以用式(5-24)计算，若水具有侵蚀性，则游离碳酸量超过平衡碳酸量，其超出部分称为侵蚀性碳酸，其计算式如下

$$\begin{aligned}[H_2CO_3] - [H_2CO_3]_s &= \frac{[H^+][HCO_3^-]}{K_{a1}} - \frac{K_{a2}}{K_{a1}K_s}[HCO_3^-]^2[Ca^{2+}] \\ &= \frac{[HCO_3^-]}{K_{a1}}\left([H^+] - \frac{K_{a2}[HCO_3^-][Ca^{2+}]}{K_s}\right)\end{aligned}$$

pH<9时，可认为其碱度即等于$[HCO_3^-]$，由此得到

$$[H_2CO_3] - [H_2CO_3]_s = \frac{[碱]}{K_{a1}}\left([H^+] - \frac{K_{a2}[碱][Ca^{2+}]}{K_s}\right) \tag{5-27}$$

2. 水的稳定性指数

当水的pH低于平衡pH，就具有进一步溶解碳酸钙的能力，这种水遇到混凝土的管道和构筑物就具有侵蚀作用，而且会腐蚀金属。当pH高于平衡pH，则水中碳酸钙就处于过饱和状态，当在管道或缝隙中流过时，就有可能发生沉积，造成堵塞。

根据式(5-26)，含一定浓度$[Ca^{2+}]$的水的平衡pH为

$$pH_s = pK_{a2} + p[HCO_3^-] - p[CO_3^{2-}]_s$$

根据式(5-18)

$$[HCO_3^-] = \frac{[碱] + [H^+] - K_w/[H^+]}{1 + 2K_{a2}/[H^+]}$$

pH<10 时，$[H^+]$和 $K_w/[H^+]$与[碱]相比很小，故从分子中略去，得

$$[HCO_3^-]=\frac{[碱]}{1+2K_{a2}/[H^+]}$$

又有式(5-23)

$$[CO_3^{2-}]_s=\frac{K_{sp}}{[Ca^{2+}]}$$

故

$$pH_s=pK_{a2}-pK_{sp}+p[Ca^{2+}]+p[碱]-p(1+2K_{a2}/[H^+]) \qquad (5-28)$$

若 pH<9，上式 $p(1+2K_{a2}/[H^+])$小于 0.05，可以略去，得

$$pH_s=pK_{a2}-pK_{sp}+p[Ca^{2+}]+p[碱] \qquad (5-29)$$

水的稳定性指数通过比较实际 pH 与平衡 pH 得到，其中一种称为朗格指数(Langelier Index)，定义为实际 pH 与平衡 pH 的差值，即 $S=pH-pH_s$。

当 S<0，即 pH< pH_s 时，水具有侵蚀性；当 S>0，即 pH> pH_s 时，水具有沉积性；当 S=0，即 pH= pH_s 时，水具有稳定性。稳定性指数 S 只是定性地表示水的稳定性，S 的绝对值越大，水的不稳定程度越大，若$|S|\leqslant 0.25\sim0.3$，水即为稳定的。

水的稳定性指数还可以用实验方法直接求得。把水样置于密闭容器中，其中加入大理石粉末，经振荡及长时间接触，然后测定 pH 值与原来水样 pH 值比较，即可得到此时的稳定性指数。

例 8　有水样，其分析结果为：pH=6.8，总碱度为 0.4 毫克当量/升，$[Ca^{2+}]$=1.4 毫克当量/升，t=25℃，判断水的稳定性并求侵蚀性碳酸含量。

解　[碱]=0.4 毫克当量/升=4×10^{-4}克当量/升

$[Ca^{2+}]$=1.4 毫克当量/升=1.4×10^{-3}克当量/升=7×10^{-4} mol/L

代入式(5-29)

$$\begin{aligned}pH_s&=pK_{a2}-pK_{sp}+p[Ca^{2+}]+p[碱]\\&=10.33-8.32-\lg(7\times10^{-4})-\lg(4\times10^{-4})=8.57\end{aligned}$$

$$S=pH-pH_s=6.8-8.57=-1.77$$

因此该水样具有侵蚀性。

侵蚀性碳酸根据式(5-27)计算

$$\begin{aligned}[H_2CO_3]-[H_2CO_3]_s&=\frac{[碱]}{K_{a1}}\left([H^+]-\frac{K_{a2}[碱][Ca^{2+}]}{K_s}\right)\\&=\frac{4\times10^{-4}}{4.2\times1-^{-7}}\times\left(10^{-6.8}-\frac{4.7\times10^{-11}\times4\times10^{-4}\times7\times10^{-4}}{4.8\times10^{-9}}\right)\\&=1.41\times10^{-4}\ \text{mol/L}\end{aligned}$$

3. 水的稳定性调节

当水具有沉积性或侵蚀性时，需要对水进行 pH 调整，方法是直接加入酸碱进行酸化或碱化，或是通过曝气向水中加入或排除 CO_2 气体。

pH 调整可用 pH 调整的基本方程式(5－21)$c_T=\alpha([碱]+[H^+]-[OH^-])$和简化式(5－22)$c_T=\alpha[碱]$。

根据离子分率定义，$c_T=\dfrac{[CO_3^{2-}]}{\alpha_2}$

根据式(5－23)，$[CO_3^{2-}]_s=\dfrac{K_{sp}}{[Ca^{2+}]}$，所以水质调整至稳定时有

$$c_T=\frac{K_{sp}}{(\alpha_2[Ca^{2+}])}=\alpha[碱]$$

故水质稳定时有

$$\alpha\alpha_2=\frac{K_{sp}}{[Ca^{2+}][碱]} \tag{5-30}$$

根据 $\alpha\alpha_2$ 的值，可以通过表 5－3 找到对应的平衡 pH，这种方法求得的饱和平衡 pH_S 值是在水中$[Ca^{2+}]$和总碱度不变的条件下，设法使$[CO_3^{2-}]$含量达到 $CaCO_3$ 饱和平衡的$[CO_3^{2-}]_S$ 数值时，水所具有的 pH 值。这种条件适用于向水中通入或排除 CO_2，改变水中游离碳酸含量时的情况。

进行水的稳定性调整时有下列几种情况。

①若加入或排除 CO_2 气体，水中总的碳酸物质 c_T 发生变化，而$[Ca^{2+}]$和[碱]都不会发生变化，需要调整的 ΔpH 等于稳定性指数 S。

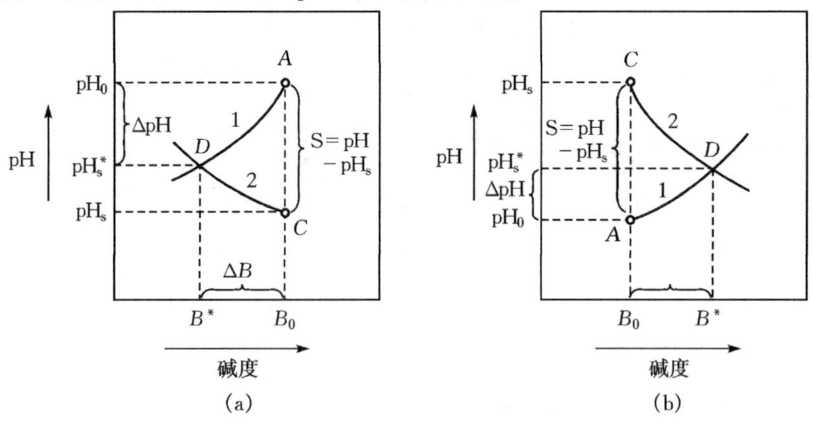

图 5－5　水的稳定性调整

(a)加酸调整；(b)加碱调整

②若加入非碳酸盐酸碱药剂如 HCl，H_2SO_4，NaOH，水中总的碳酸物质 c_T 不变，但[碱]会发生变化，调整后的 pH_s^* 不等于最初的 pH_s，因此调整的 ΔpH 不等于稳定性指数 S，而是如图 5－6 所示。

此时的 $pH_s{}^*$ 值可以按照碳酸物总量 c_T 不变而总碱度变化的条件，根据 pH 值调整基本方程式求出。溶液中$[Ca^{2+}]$是保持不变的，因此，达到平衡时$[CO_3^{2-}]_s$的也是固定的数值。

根据式(5－23) $[CO_3^{2-}]_s=\dfrac{K_{sp}}{[Ca^{2+}]}$和离子分率定义$[CO_3^{2-}]_s=c_T\alpha_2^*$，其中 α_2^* 为平衡时(即水质稳定时)的 α_2 值，$[CO_3^{2-}]_s$ 为平衡时 CO_3^{2-} 浓度值，可以得出

$$\alpha_2^*=\frac{K_{sp}}{[Ca^{2+}]c_T}$$

由于调整前后碳酸物总量 c_T 不变，可以代入调整前的 c_T 值，根据 pH 调整的基本方程式(5－22)$c_T=\alpha$[碱]，可得

$$\alpha_2^*=\frac{K_{sp}}{\alpha[Ca^{2+}][碱]} \tag{5-31}$$

此式与式(5－30)在形式上是相同的，只是式(5－30)中的 α 值和 α_2 值都相应于待求的饱和(平衡)状态的 pH_s 值，而式(5－31)中 α 值相应于原水的 pH 值，而 α_2 值则相应于碳酸物总量 c_T 不变条件下待求的饱和(平衡)状态的 pH_s^* 值。

③若加入碳酸盐药剂如 Na_2CO_3，水中 c_T 和[碱]都发生变化，若加入含钙的碱如 $Ca(OH)_2$，则水中[碱]和$[Ca^{2+}]$都发生变化，可用试算法或计算机程序计算。

例 9　水样同例 8，调整其稳定性。

解　由于原水具有侵蚀性，可采用排除 CO_2 或加碱的方法来调整其稳定性。

①若采用曝气的方法排除 CO_2，需计算 CO_2 的排除量，由于此种条件下总碱度不变而碳酸物总量 c_T 降低，可以分析，碳酸物总量 c_T 的降低量就是 CO_2 的排除量。

原水 pH＝6.8，查表 5－3 得，$\alpha=1.356$，故

$$c_T=\alpha[碱]=1.356\times4\times10^{-4}=5.424\times10^{-4}\ \text{mol/L}$$

稳定时 $pH_s=8.57$，$\alpha=0.9885$，此时碳酸物总量 c_{TS}为

$$c_{TS}=\alpha[碱]=0.9885\times4\times10^{-4}=3.954\times10^{-4}\ \text{mol/L}$$

$$c_{TS}-c_T=(5.424-3.954)\times10^{-4}=0.147\times10^{-3}\text{mol/L}$$

需排除的 CO_2 气体量为

$$CO_2=0.147\times44=6.47\ \text{mg/L}$$

(2)若采用 NaOH 调整稳定性，需调整的 pH_s^* 值可由式(5－31)计算

$$\alpha_2^*=\frac{K_{sp}}{\alpha[Ca^{2+}][碱]}=\frac{4.8\times10^{-9}}{1.356\times7\times10^{-4}\times4\times10^{-4}}=1.264\times10^{-2}$$

查表 5-3 可得，稳定后的 $pH_s^* = 8.44$，由此可知，在碱化过程中的 pH_s 由 8.57降低到 8.44。

碱化中碳酸物总量 c_T 不变，碱度上升值即为应该加入的碱量。

$$pH_s^* = 8.44 \text{ 时}, \alpha^* = 0.9954,$$

$$[\text{碱}]^* = \frac{c_T}{\alpha^*} = \frac{5.424\times10^{-4}}{0.9954} = 5.45\times10^{-4}$$

因此加碱量为

$$[\text{碱}]^* - [\text{碱}] = 5.45\times10^{-4} - 4\times10^{-4} = 0.145 \text{ 毫克当量/升}$$

5.3 氧化还原平衡(oxidation-reduction equilibrium)

在能源利用和环境工程过程中发生的很多反应中，氧化还原反应起着重要的作用。煤的燃烧及燃烧中二氧化硫、氮氧化物的产生都是氧化还原反应，这些过程产生很大的环境问题，如温室效应、酸雨等。在天然水和水处理过程中，含碳、氮、硫、铁和锰的化合物的行为很大程度上受氧化还原反应的影响。除了化学氧化还原作用，还存在生物氧化还原作用，废水处理中，依靠微生物的氧化还原作用形成了如活性污泥、生物过滤和厌氧消化等不同的处理过程。这种由微生物引起的氧化还原反应，在天然水体中营养物质、金属和其他化学物质的转移过程中也是很重要的。

5.3.1 氧化还原平衡

对于以下氧化还原反应：

$$\alpha\text{Ox}_1 + b\text{Red}_2 \rightleftharpoons a\text{Red}_1 + b\text{Ox}_2$$

$$K^\ominus = \frac{\{[\text{O}x_2]/c^\ominus\}^b\{[\text{Red}_1]/c^\ominus\}^a}{\{[\text{O}x_1]/c^\ominus\}^a\{[\text{Red}_2]/c^\ominus\}^b} = \frac{[\text{O}x_2]^b[\text{Red}_1]^a}{[\text{O}x_1]^a[\text{Red}_2]^b}$$

上面的反应方程中 Ox 表示氧化物，Red 表示还原反应物，整个氧化还原反应的标准平衡常数可由标准电位推算。溶液中同时存在着两种物质的氧化还原平衡体系，若以 $z=ab$ 表示，25℃时有：

$$a\text{O}x_1 + ze \rightleftharpoons a\text{Red}_1 \qquad \varphi_1 = \varphi_1^\ominus - \frac{0.0592}{z}\lg\frac{[\text{Red}_1]^a}{[\text{O}x_1]^a}$$

$$b\text{Red}_2 - ze \rightleftharpoons b\text{O}x_2 \qquad \varphi_2 = \varphi_2^\ominus - \frac{0.0592}{z}\lg\frac{[\text{Red}_2]^b}{[\text{O}x_2]^b}$$

式中：φ_1，φ_2 表示的是半反应的电极电势；$\varphi_1^\ominus$，$\varphi_2^\ominus$ 分别表示还原及氧化半反应的标准电极电势。反应能自动向右进行的条件是 $\varphi_1 > \varphi_2$，反应开始时，$[\text{O}x_1] \gg [\text{Red}_1]$，故 $\varphi_1 \gg \varphi_1^\ominus$；同时$[\text{Red}_2] \gg [\text{O}x_2]$，故 $\varphi_2 \ll \varphi_2^\ominus$，此时 $\varphi_1 \gg \varphi_2$，反应推动力最

大，随反应进行，φ_1 逐渐减小而 φ_2 逐渐增大，两者不断接近，最终相等，这时 $\varphi_1=\varphi_2$，即为氧化还原平衡状态，溶液中两体系氧化还原能力相等。因 $\varphi_1=\varphi_2$，故有：

$$\varphi_1^{\ominus}-\varphi_2^{\ominus}=\frac{0.059\ 2}{z}\lg\frac{[Ox_2]^b[Red_1]^a}{[Ox_1]^a[Red_2]^b}=\frac{0.059\ 2}{z}\lg K^{\ominus}$$

$$\lg K^{\ominus}=\frac{z}{0.059\ 2}(\varphi_1^{\ominus}-\varphi_2^{\ominus})=\frac{z}{0.059\ 2}E^{\ominus} \tag{5-32}$$

常见氧化还原反应涉及到的电极电势见附录。

5.3.2　氧化还原平衡实例

人体内食物的消化吸收涉及到很多的氧化还原反应，自然界和废水生物处理中，也主要存在着各种生物氧化还原作用，微生物不同的代谢方式对有机物的利用程度也不同。

以葡萄糖（$C_6H_{12}O_6$）为例，有氧呼吸（好氧代谢）时方程式和产生的自由能数值如下：

$$C_6H_{12}O_6+6O_2\longrightarrow 6CO_2+6H_2O,\ \Delta G=-2\ 880\ \text{kJ/mol 葡萄糖}$$

缺氧条件中，葡萄糖在反硝化细菌的作用下被氧化时，方程如下：

$$5C_6H_{12}O_6+24NO_3^-+24H^+\longrightarrow 30CO_2+42H_2O+12N_2$$

$$\Delta G=-2\ 720\ \text{kJ/mol 葡萄糖}$$

厌氧条件中，在硫酸盐还原细菌的作用下被氧化时，方程如下：

$$2C_6H_{12}O_6+6SO_4^{2-}+9H^+\longrightarrow 12CO_2+3H_2S+3HS^-$$

$$\Delta G=-492\ \text{kJ/mol 葡萄糖}$$

厌氧条件中产甲烷时方程如下：

$$C_6H_{12}O_6\longrightarrow 3CO_2+3CH_4,\ \Delta G=-428\ \text{kJ/mol 葡萄糖}$$

厌氧条件中酒精发酵方程如下：

$$C_6H_{12}O_6\longrightarrow 2CO_2+2CH_3CH_2OH,\ \Delta G=-244\ \text{kJ/mol 葡萄糖}$$

以上缺氧条件下葡萄糖被硝酸盐氧化是自然界氮循环的重要环节，也是污水处理厂脱氮（解决河流、湖泊富营养化问题）的反应式；厌氧条件下被硫酸盐氧化是硫循环的重要环节，也是目前研究热点生物脱硫的一个反应步骤；厌氧条件下产生的甲烷是一种重要的可持续的能源。以上方程产生的自由能越多，说明葡萄糖中化学能被利用的越充分，产物含有的化学能越少。不仅葡萄糖在不同代谢作用中会产生不同的自由能和产物，很多有机物都有类似的过程，表 5-4 列出了乙酸在不同代谢作用下的方程式和产生的自由能值。

表 5-4 乙酸在不同代谢作用下的反应方程式及反应自由能

reaction		$\Delta G^{0'}$ kJ/eq
Aerobic：		
$\frac{1}{8}CH_3COO^- + \frac{1}{4}O_2$	$= \frac{1}{8}CO_2 + \frac{1}{8}HCO_3^- + \frac{1}{8}H_2O$	−106.13
Fe(Ⅲ)reduction：		
$\frac{1}{8}CH_3COO^- + Fe^{3+} + \frac{3}{8}H_2O$	$= \frac{1}{8}CO_2 + \frac{1}{8}HCO_3^- + Fe^{2+} + H^+$	−101.68
denitrification：		
$\frac{1}{8}CH_3COO^- + \frac{1}{5}NO_3^- + \frac{1}{5}H^+$	$= \frac{1}{8}CO_2 + \frac{1}{8}HCO_3^- + \frac{1}{10}N_2 + \frac{9}{40}H_2O$	−99.61
Mn(Ⅳ) reduction：		
$\frac{1}{8}CH_3COO^- + \frac{1}{2}MnO_2(s) + H^+$	$= \frac{1}{8}CO_2 + \frac{1}{8}HCO_3^- + \frac{1}{2}Mn^{2+} + \frac{5}{8}H_2O$	−66.3
anaerobic：		
$\frac{1}{8}CH_3COO^- + \frac{1}{8}SO_4^{2-} + \frac{3}{16}H^+$	$= \frac{1}{8}CO_2 + \frac{1}{8}HCO_3^- + \frac{1}{16}H_2S + \frac{1}{16}HS^- + \frac{1}{8}H_2O$	−6.56
$\frac{1}{8}CH_3COO^- + \frac{1}{8}H_2O$	$= \frac{1}{8}CH_4 + \frac{1}{8}HCO_3^-$	−3.89

习　题

5.1　计算 0.20mol · l^{-1} $Cl_2CHCOOH$ 的 pH，$pK_a = 1.26$。

5.2　计算 1.0×10^{-4} mol · l^{-1} HCN 的 pH，$pK_a = 9.31$。

5.3　根据一元弱酸 pH 值公式的推导过程推导一元弱碱的 pH 公式，并与公式(5-4)～式(5-7)对比。

5.4　计算 0.150 mol·l^{-1} NH_3(aq)和 0.200 mol·l^{-1} NH_4Cl 缓冲溶液的 pH,其中 $K_b = 1.8\times10^{-5}$。

5.5　有地面水,其总碱度为 1.5 毫克当量/升,所含藻类进行光合作用吸收 CO_2,结果使水的 pH 值在 3 小时内 pH 由 7.4 上升为 7.9,求藻类固定 CO_2 的速度,设其间水体与周围大气并无 CO_2 交换。

5.6　有地下水,pH=6.3,总碱度为 1.8 毫克当量/升,为除铁需用曝气法吹脱 CO_2 使 pH 提高至 7.2 以上,求至少应去除的 CO_2 量。

5.7　一种经软化处理的水,已知[Ca^{2+}]=2 毫克当量/升,总碱度为 2 毫克当量/升,pH=8.7,判断水质的稳定性并调整。

参考文献

[1] 大连理工大学无机化学教研室. 无机化学. 4 版. 北京:高等教育出版社,2001.

[2] 汤鸿霄. 用水废水化学基础. 北京:中国建筑工业出版社,1979.

[3] 汤鸿霄. 环境水化学纲要. 环境科学丛刊,1988,9(2):1~74.

[4] 陈绍炎. 水化学. 北京:水利电力出版社,1989.

[5] 王凯雄. 水化学. 北京:化学工业出版社,2001.

[6] 何燧源. 环境化学. 4 版. 上海:华东理工大学出版社,2005.

[7] Clair N. Sawyer, Perry L. McCarty, Gene F. Parkin. Chemistry for Environmental Engineering and Science (Fifth Edition). 北京:清华大学出版社,2004.

第6章　物质循环

6.1　物质循环的一般特点

能源是经济和社会发展的物质基础，在其开采、输送、加工、转换、利用和消费过程中，都直接或间接地干扰着地球上的物质平衡，引发全球性的环境污染和生态破坏。

6.1.1　生命与元素

生命的维持不仅依赖能量的供应，也依赖于各种营养物质的供应。生物需要的养分很多，如碳(C)，氢(H)，氧(O)，氮(N)，磷(P)，钾(K)，钙(Ca)，镁(Mg)，硫(S)，铁(Fe)，钠(Na)等。其中C，H，O占生物总重量的95%左右，需要量最大，最为重要，称为能量元素；N，P，Ca，K，Mg，S，Cl，Na称为大量元素。生物对硼(B)，铜(Cu)，锌(Zn)，锰(Mn)，钼(Mo)，钴(Co)，碘(I)，硅(Si)，硒(Se)，铝(A1)，氟(F)等的需要量很小，称微量元素。这些元素对生物来说缺一不可，作用各不相同。

6.1.2　物质循环的模式

生物地球化学循环是指营养元素在生态系统之间的输入和输出、生物间的流动和交换以及它们在大气圈、水圈、岩石圈之间的流动。生态系统中的物质循环可以用库和流通两个概念来加以概括，并衍生出流通率、周转率和周转时间的概念。

①库：指某一物质在生物或非生物环境超时滞留(被固定或储存)的数量。可分为以下两类：

a. 储存库，即容积大、活动慢，一般为非生物成分，如岩石、沉积物等；

b. 交换库，即容量小、活跃，一般为生物成分，如植物库、动物库等。

②流通率：单位时间、单位面积内物质流动的数量(物质/(单位面积·单位时间))；

③周转率：是指某物质出入一个库的流通率与库量之比，即

$$周转率=\frac{流通率}{库中营养物质总量}$$

④周转时间:周转率的倒数,即

$$周转时间=\frac{库中营养物质总量}{流通率}=\frac{1}{周转率}$$

以池塘生态系统为例说明上述概念(见图 6-1)。

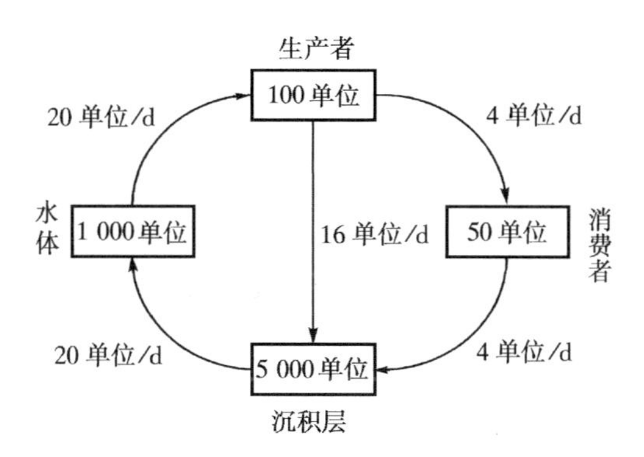

图 6-1　池塘生态系统中库与库流通的模式

图中,①四个库:沉积层,水体,生产者,消费者;

②各个库的流通率:沉积层—水体:20;水体—生产者:20;生产者—消费者:4;消费者—沉积层:4;

③周转率:沉积层为$(\frac{20}{5000})=0.004$;

④周转时间:沉积层为$(\frac{1}{0.004})=250$ d;沉积层中营养物质的更新需要250天。

在物质循环中,周转率越大,则周转时间越短。例如,在大气圈中,CO_2 的周转时间大约是一年左右(光合作用从大气团中移走 CO_2);分子氮的周转时间需要100万年(主要是生物的固氮作用将氮分子转化为氨氮被生物所利用);水的周转时间为10.5天,也就是说,大气圈中的水分一年要更新大约34次。在海洋中,硅的周转时间最短,约800年;钠最长,约2.06亿年。

物质循环的速率在空间和时间上有很大的变化,影响物质循环速率最重要的因素包括:①循环元素的性质,即循环速率由循环元素的化学特性和被生物有机体利用的方式不同所致;②生物的生长速率,这一因素影响着生物对物质的吸收速度和物质在食物链中的运动速度;③有机物分解的速率,适宜的环境有利于分解者的生存,并使有机体很快分解,迅速将生物体内的物质释放出来,重新进入循环。

物质循环的平衡使得在生态系统内部各库之间的物质储量和流通相互协调。物质平衡取决于两个方面：一是各库之间物质储量的比例适当；二是流通的渠道通畅。也就是说，各库之间的物质能协调地进行流通运转。一个平衡或稳定的生态系统，其营养物质在库与库之间，输入量与输出量处于平衡状态。人类在从事生产建设时，必须从整体出发，了解区域生物地球化学循环的特点，考虑物质循环中互相关联的因素及其平衡问题，否则物质平衡一旦遭到破坏，引起的后果是难以想象的。尼罗河阿斯旺水坝的建设就是其中典型的一个例子。发源于埃塞俄比亚的尼罗河，上游河水带来大量粉砂和养分流经苏丹和埃及而入地中海，在埃及的河口形成约 100 km 宽的肥沃三角洲，埃及的农业和 3 300 万人口几乎都集中在这个三角洲上。千百年来河水定期泛滥，使平原和河谷积累了大量肥沃养料，增添了土壤新的肥力；同时也冲洗了三角洲土壤中的盐分，这些盐分被带到地中海，有利于浮游生物的繁殖，保证了地中海沙丁鱼的产量。这种通过物质循环联系起来的平衡关系，使整个尼罗河流域，包括地中海在内的水、土、盐、农业、浮游生物、鱼类等一系列无机和有机成分相互联系、相互制约组成一个相对稳定的生态系统。但是，1959 年埃及政府为了获得廉价的电力，兴建了阿斯旺水坝。水坝建成后，河水不再泛滥，使得尼罗河水中的粉砂和养分沉积在坝内的水库底部，从而使尼罗河下游两岸的农田失去了肥源和洗盐条件，导致土壤盐渍化。同时，地中海因缺少从大陆上来的盐分，海水浓度降低，浮游生物减少，鱼类缺乏食料，致使沙丁鱼产量从 1965 年(水坝未建成前)年产 15 000 万吨，降到 5 000 万吨，水库完工后(1971 年)就几乎没有沙丁鱼了。不仅如此，由于形成了相对静水条件，还为血吸虫的病原体中间寄主钉螺和疟蚊的繁衍提供了生活条件，致使水库一带居民血吸虫病发病率达 80%～100%。

6.1.3 生物地球化学循环类型

生物地球化学循环可以分为三种类型，即水循环、气体型循环和沉积型循环。

①水循环。由自然力促成的水循环，称为水的自然循环。它是水的基本运动形式。海水蒸发为云，随气流迁移到内陆，遇冷气流凝为雨雪而降落，称为降水。一部分水沿地表流动，汇成江河湖泊，称为地面径流；另一部分降水渗入地下，形成地下径流。在流动过程中，地面水和地下水相互补给，最终复归大海。这种从海洋到内陆再回到海洋的水循环，称为大循环。水在小的自然地理区域内的循环，称为小循环。生物体内的水，也进行着从吸收到蒸腾或蒸发再到吸收的内外循环。生态系统中所有的物质循环都是在水循环的推动下完成的，水循环是物质循环的核心。没有水的循环，也就没有生态系统的功能，生命也将难以维持。

②气体性循环。属于气体性循环的物质，其分子或某些化合物常以气体的形

式参与循环过程，如 O_2，CO_2，N，Cl，Br，F 等。气体性循环物质的主要储存库是大气和海洋，循环与大气和海洋密切相连，具有明显的全球性，循环性能最为完善，气体循环速度比较快，物质来源充沛，且不会枯竭。

③沉积型循环。参与沉积型循环的物质的主要储存库在土壤、沉积物和岩石中，没有气体形态，这类物质循环的全球性不如气体型循环，循环性能也很不完善，如 P，Ca，K，Na，Mg，Mn，Fe，Cu，Si 等。沉积型循环速度比较慢，参与循环的物质主要通过岩石风化和沉积物的溶解转变为生态系统可利用的营养物质，而海底沉积物转化为岩石圈成分则是一个相当长的、缓慢的、单向的物质转移过程，时间要以千年来计算。

在物质循环中，气体型循环和沉积型循环都受太阳能驱动，并都依托于水循环。

6.2 碳循环

6.2.1 碳的源和库

碳循环研究的重要意义在于：①碳是构成生物有机体的最重要元素，因此，生态系统碳循环研究成了系统能量流动的核心问题；②人类活动通过化石燃料的大规模使用，对碳循环过程造成重大影响，是当代气候变化的重要原因。

碳是一切生物体中最基本的成分，有机体干重的 45%以上是碳。C 原子可以结合成一个长链——C 链，为复杂的有机分子——蛋白质、脂肪、碳水化合物和核酸提供了骨架。地球上碳的储存量约为 26×10^{15} t。其中，最大量的碳被固结在岩石圈中，其次是在化石燃料的石油和煤中。生物可直接利用的碳是水圈和大气圈中以 CO_2 形式存在的碳，所有生命的碳源均是 CO_2。

1. 碳的源

①化石燃料的燃烧；

②陆地植被的破坏。

2. 碳的储存库

①岩石圈。占总量的 99.9%，主要以碳酸盐形式存在。

②海洋。海洋中 CO_2 的含量约为 0.1%。

③大气。大气中 CO_2 的含量约为 0.012 6%，总量约 $7\,000\times10^8$ t，每年只有 $200\times10^3\sim300\times10^3$ t 为光合作用利用，却有 $1\,000\times10^8$ t 以碳酸盐形式溶于水，并流入大海。

④森林。约储存碳 1.7×10^{10} t，相当于大气中碳的 $\frac{2}{3}$。

6.2.2 碳的循环及其特点

1. 碳循环

碳循环从大气的 CO_2 蓄库开始，经过生产者的光合作用，把碳固定，生成糖类，然后经过消费者和分解者，在呼吸和残体腐败分解后，再回到大气蓄库中，见图6-2。碳循环包括的主要过程是：①生物的同化过程和异化过程，主要是光合作用和呼吸作用；②大气和海洋之间的 CO_2 交换；③碳酸盐的沉淀作用；④化石燃料的燃烧。

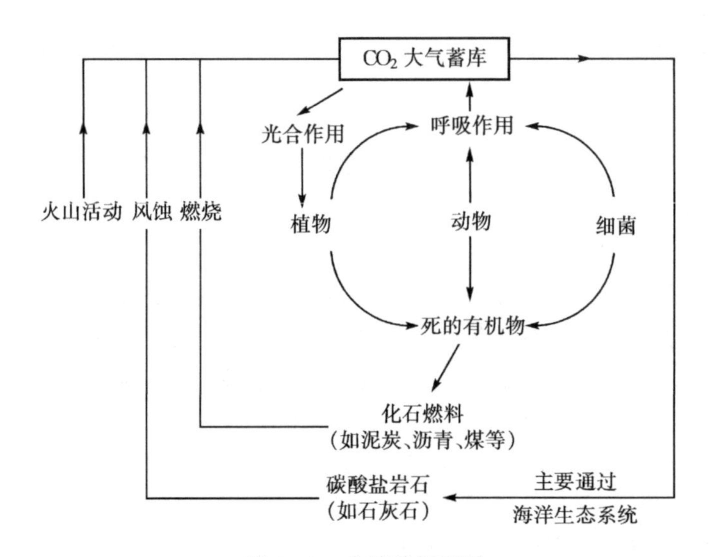

图6-2 全球碳循环图

2. 碳循环的特点

①绿色植物通过光合作用将大气中的 CO_2 和水转化成有机物，构成全球的基础生产。

②含碳分子中，CO_2，CH_4 和 CO 是最重要的温室气体。而 CO_2 是生物地球化学循环最重要的核心之一。

③各类生态系统固定 CO_2 的速率差别很大。北极冻原和干旱的沙漠区的固定速率仅相当于热带雨林区的1%。

6.2.3 关于碳循环的环境问题

一般来说，大气中 CO_2 的浓度基本上是恒定的。但是，近百年来，由于森林大量被砍伐和在工业发展中大量化石燃料的燃烧，使得大气中 CO_2 的含量呈上升趋势。CO_2 对来自太阳的短波辐射有高度的透过性，而对地球反射出来的长波辐射有高度的吸收性，导致大气层低处的对流层变暖，而高处的平流层变冷，这一现象称为温室效应。大气中 CO_2 浓度不断增大，导致地球气温上升，引起全球性气候改变，促使南北极冰雪融化，使海平面上升，对地球上生物具有不可忽视的影响，这一点是不容置疑的。

为了维持当今全球碳平衡，每年碳的去处和动态问题成为碳循环研究中的焦点问题之一，通过 CO_2 的源和汇的各种局域生态系统的碳流确定全球碳循环中各种流通率的极限。目前，人类活动向大气净释放碳大约为 6.9×10^{15} g C/a，其中大约 25%的全球碳流的汇是科学尚未研究清楚的，这就是著名的失汇(missing sink)现象(见表 6-1)。

表 6-1　人类活动排放的 CO_2 及其去向

类型	数量/10^{15} g C/a
化石燃料燃烧	6.0
陆地植被破环	0.9
大气中 CO_2 上升	3.2
海洋吸收	2.0
未知去向	1.7

6.3　氮循环

6.3.1　氮的源和库

氮是蛋白质的基本成分，是生命结构的原料。氮在地球大气圈、岩石圈和生物圈都有广泛的分布。在大气中氮的储量最为丰富，约 3.9×10^{21} g N。生物圈中的氮总量最少，但是它对生命体却有着决定性的作用，土壤和陆地植被的氮库分别为 3.5×10^{15} g N 和 $95\times10^{15}\sim140\times10^{15}$ g N。虽然大气中有 79%的氮，但一般生物不能直接利用，必须通过固氮作用将氮与氧结合成为硝酸盐和亚硝酸盐，或者与氢结合形成氨以后，植物才能利用。

6.3.2　氮循环及其特点

植物从土壤中吸收无机态的氮(主要是硝酸盐)，用作合成蛋白质的原料。植物中的氮一部分为草食动物所取食，合成动物蛋白质。在动物代谢过程中，一部分蛋白质分解为含氮的排泄物(尿素、尿酸),再经过细菌的作用,分解释放出氮。动植物死亡后经微生物等分解者的分解作用,使有机态氮转化为无机态氮,形成硝酸盐。硝酸盐可再为植物所利用,继续参与循环,也可通过反硝化细菌作用形成氮气,返回大气库中(见图 6-3)。

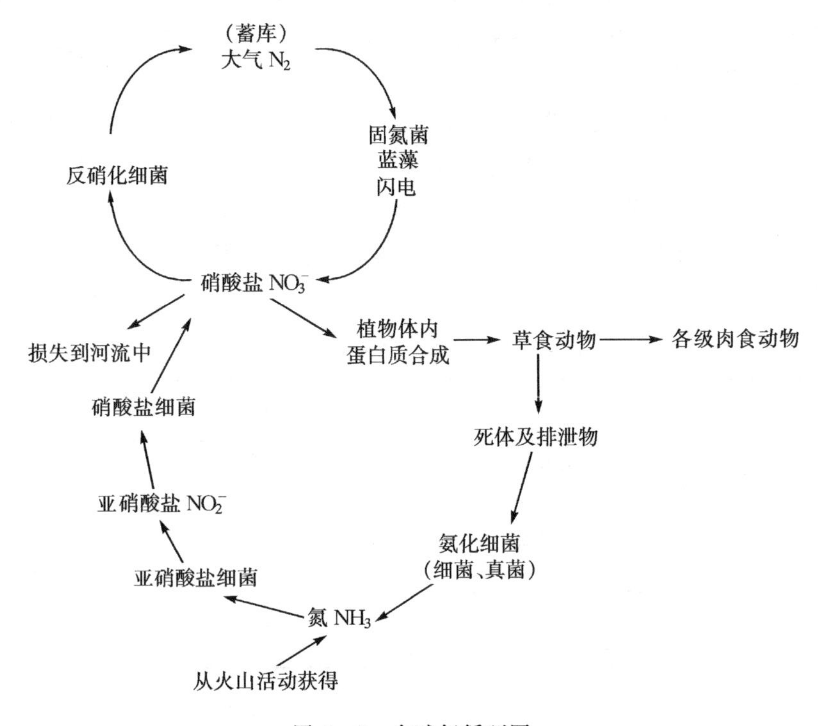

图 6-3 全球氮循环图

构成氮循环的主要环节包括 4 种基本生物化学过程,其数量可见表 6-2。这些过程包括:

(1)固氮作用

①高能固氮。闪电、宇宙射线、陨石、火山爆发等活动,将大气中的 N_2 转化成氨或硝酸盐,随降雨到达地表。

②工业固氮。工业固氮能力在 20 世纪末已达 1×10^8 t,主要生产氮肥。

③生物固氮。这是最重要的固氮途径,约占地球固氮的 90%,具有固氮能力的生物主要有固氮菌、根瘤菌及某些藻类和细菌等。

(2)氨化作用

由氨化细菌和真菌将有机氨分解成为氨与氨化物。

(3)硝化作用

由亚硝酸盐与硝酸盐细菌将氨转化为亚硝酸盐、硝酸盐。

(4)反硝化作用

又叫脱氮作用,由反硝化细菌将硝酸盐、亚硝酸盐转变为 N_2 而回到大气。

表6-2 氮循环中不同生化过程的规模

氮的交换	氮的数量/$\times 10^{12}$ g N/a
闪电固氮	3
生物固氮	140
氮肥生产	80
化石燃料燃烧	20
陆地进入海洋	36
降水进入海洋	30
海洋生物固氮	15
陆地植被吸收	1 200
陆地生态系统的反硝化作用	12～233
生物物质的燃烧	50
海洋反硝化	110
沉埋于海底	10

6.3.3 氮循环的环境问题

为满足人口增长对食物的需求,促使氮肥消耗量的快速增长,人工固氮对于养活世界上不断增加的人口做出了重大贡献。同时,它也干扰全球氮循环的过程,大量有活性的含氮化合物进入土壤和各种水体,带来了许多不良后果,其影响范围深至地下水,高达同温层。

硝酸盐是高溶解性的,容易从土壤淋洗出来.污染地下水和地表水,在使用化肥过多的农田区是一个严重问题。水体硝酸盐(NO_3^-)含量对于生物是危险的。硝酸盐在消化道中可以转化为亚硝酸盐,后者是有毒的,它与血红蛋白相结合形成正铁血红朊(methemoglobinea),导致红细胞运输氧功能的损失,婴儿皮肤因缺氧而呈蓝色,尤其是在眼和口部,"蓝婴病"(blue baby disease)即由此而得名。"蓝婴病"如不及时发现和救治,可以致死,死亡率可达8%～52%。这种病还可能与皮肤病和一些癌症有联系。

流入池塘、湖泊、河流、海湾的氮可造成水体富营养化,藻类和蓝细菌种群暴发。其死体分解过程中大量掠夺其他生物所必需的氧，造成鱼类、贝类大规模死亡。海洋中的富营养化现象称为赤潮，湖泊中的富营养化现象称为水华。某些赤潮或水华藻类还会形成毒素，这种毒素即使在100℃下也很难被破坏分解，会引起如记忆丧失、肾脏和肝脏等疾病。造成水体富营养化的原因，除过多的氮以外，还有磷，两者经常是共同起作用的。

可溶性硝酸盐能够流到相当远的距离，加上含氮化合物能保持很久，因此很容易造成可耕土壤的酸化。土壤酸化会致使更多的微量元素流失，并使作为重要饮水来源的地下水中的重金属含量增加。

过多地使用化肥，不仅污染土壤和水体，而且能把一氧化二氮（N_2O）送入大气。N_2O在大气中的寿命可以超过一世纪。大气中N_2O含量虽然不高，但它在同温层中与氧反应，破坏臭氧，增加大气中的紫外辐射；它在对流层作为温室气体，促进气候变暖，每个分子吸收地球反射能量的能力要比CO_2分子高大约200倍。此外，大气中的含氮化合物在日光作用下促进光化学烟雾的形成，还会与SO_2一起形成酸雨。

6.4　硫循环

6.3.1　硫的源和库

硫是原生质体的重要组分。硫的主要蓄库是岩石圈，但大气中也有少量的存在（见表6-3）。硫在大气圈中能自由移动，有一个较短的气体阶段；因此，硫循环有一个长期的沉积阶段和一个较短的气体阶段。在沉积相，硫被束缚在有机或无机沉积物中（见表6-4）。

表6-3　自然界中硫的分布

类型	数量/$\times 10^6$ t S
大气中氧化态硫	1.1
大气中还原态硫	0.6
气溶胶中硫酸盐	3.2
陆地上的无机硫 火成岩中的硫	3×10^9
沉积岩中的硫	2.6×10^9
土壤中的硫（无生命）	7×10^4
海洋中无机硫	1.3×10^9

续表 6-3

类型	数量/$\times 10^6$ t S
陆地植物中硫	3.3×10^3
海洋植物中硫	4.0×10
陆地动物中硫	2×10
海洋动物中硫	1×10

表 6-4　自然界中硫的流动和交换

类型	数量/$\times 10^6$ t S
矿物燃料燃烧	6.5×10
植物体燃烧	2.5
陆地上生物体腐败	4.0
火山爆发	4.0
陆地上的降落	7.1×10
海洋上的降落	7.2×10
岩石风化	4.2×10
径流输送入海	1.3×10^2
海水溅沫	4.4×10*
海洋上生物体腐败	2.7×10

* 其中 0.4×10 到陆地，4.0×10 返回海洋，已分别包括在“陆地上的降落”和“海洋上的降落”两项中

硫进入生态系统的途径：

①生物分解，如铁硫杆菌将硫转变为硫酸盐；

②侵蚀与风化，无机硫经细菌作用还原为硫化物，再氧化为硫酸盐；

③火山爆发，释放硫化氢；

④人类活动，如硫的开采、化石燃料的燃烧，人类每年向大气中排放 SO_2 已达 1.47×10^8 t，80%源自煤的燃烧。

6.4.2　硫的循环及其特点

有机物分解释放 H_2S 气体或可溶硫酸盐、火山喷发（H_2S，SO_4^{2-}，SO_2）等过程使硫变成可移动的简单化合物进入大气、水或土壤中。土壤、水和空气中 H_2S，

SO_4^{2-},SO_2 可被植物吸收,然后沿着食物链在生态系统中转移。动物的排出物和动植物遗体被微生物分解,释放出硫酸盐或硫化氢返回环境。人类在开采和利用含硫的矿物燃料和金属矿石的过程中,硫被氧化成为 SO_2 和还原成为 H_2S 进入大气(见图 6-4)。

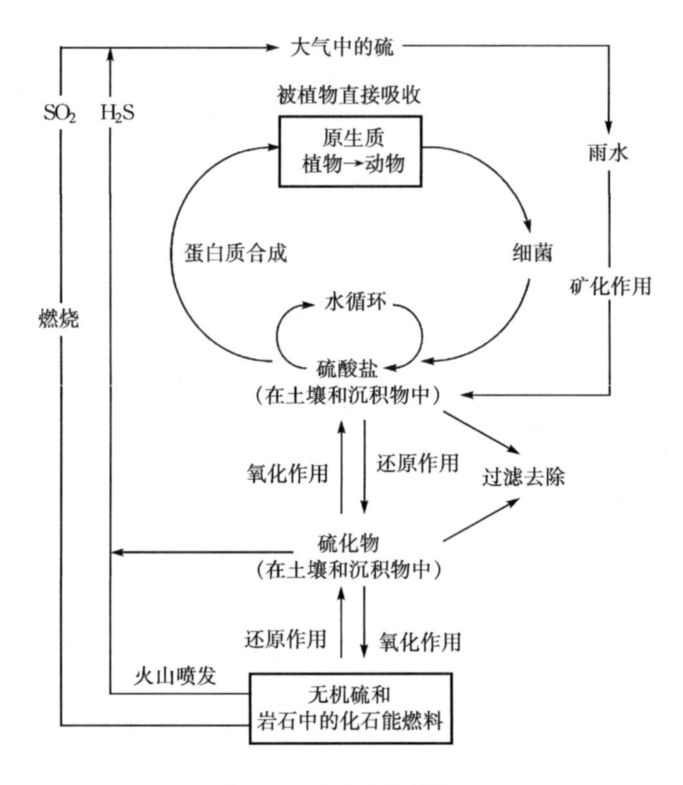

图 6-4　全球硫循环图

6.4.3　硫循环的环境问题

地表的硫以挥发性气体的形式进入大气,又随降水回到地表。这本是全球硫循环中的一个普通子循环而已,但是由于人类大量燃烧含硫燃料和熔炼有色金属,导致大量的 SO_2 进入大气,造成大气中 SO_2 含量迅速增加。目前,大气中所含的 SO_2 有 $\frac{2}{3}$ 来源于自然界,另外 $\frac{1}{3}$ 来自人类活动。大气中 SO_2 浓度过高,会成为灾害性的空气污染,对人类及动物的呼吸道产生刺激作用。如果是细雾状的微小颗粒,还能进入肺,刺激敏感组织。大气中 SO_2 在 Fe,Mn 等金属的催化下,能转化为 SO_3 并遇水汽而生成硫酸,随降水返回地面,导致了全球关注的酸雨问题。当降水发生时,大量酸性的雨雪落回地面,导致土壤突然酸化、植被死亡、水体环境受到改变。更严重的是,当降水的 pH 值小于 4.0 时,地表的很多生物将不能生存。这种危险大多出现在靠近工业中心或污染严重的地方,我国的西南地区已经成为世界三大酸雨灾害区之一。

习　　题

6.1　说明物质循环的概念及其类型。

6.2　比较气体型和沉积型两类循环的特点。

6.3　全球碳循环包括哪些重要生物的和非生物的过程?

6.4　全球碳循环与全球气候变化有什么重要联系?

6.5　氮循环的复杂性在哪里?对人工固氮的正反两方面后果做一个评价。

6.6　说明硫循环的特点、过程及其环境影响。

参考文献

[1]　李博,杨持,等. 生态学. 北京:高等教育出版社,2000.

[2]　孙儒泳,等. 基础生态学. 北京:高等教育出版社,2002.

第 7 章　水化学及水圈

7.1　水圈

水是地球上人类和一切生物得以生存的物质基础，是一切生命机体的组成物质，也是生命代谢活动所必需的载体。

7.1.1　地球上的水分布

在地球表面、岩石圈内、大气层中、生物体内以气态、液态和固态形式存在的水，包括海洋水、冰川水、湖泊水、沼泽水、河流水、地下水、土壤水、大气水和生物水，在全球构成一个完整的水系统，是地球自然地理环境的重要组成部分。地球上各种存在形式的水量统计见表 7－1，地球上各种形式的水量所占比例见图 7－1。

表 7－1　地球上各种存在形式的水量统计

	水的分布	估计数量/km^3
1	海洋水	1 350 000 000
2	陆地水	35 977 800
	河水	1 700
	湖泊淡水	100 000
	内陆湖咸水	105 000
	土壤水	70 000
	地下水	8 200 000
	冰盖/冰川中的水	27 500 000
	生物体内的水	1 100
3	大气水	13 000
总水量		1 385 990 800

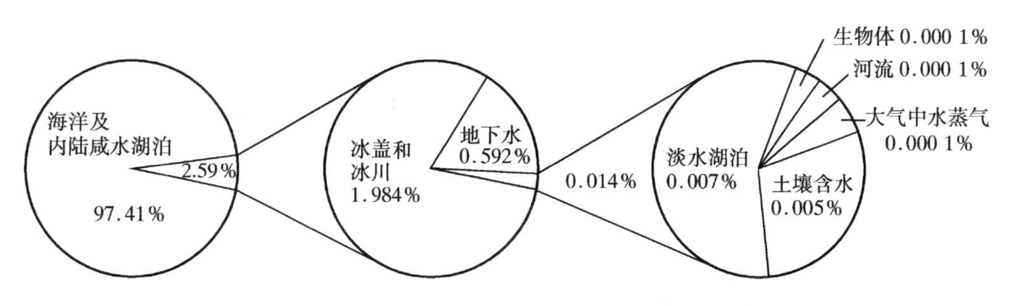

图 7－1　世界水资源所占比例

7.1.2　水循环

地球上的水经常处于循环运动中，包括自然循环和社会循环(见图7－2、图7－3。

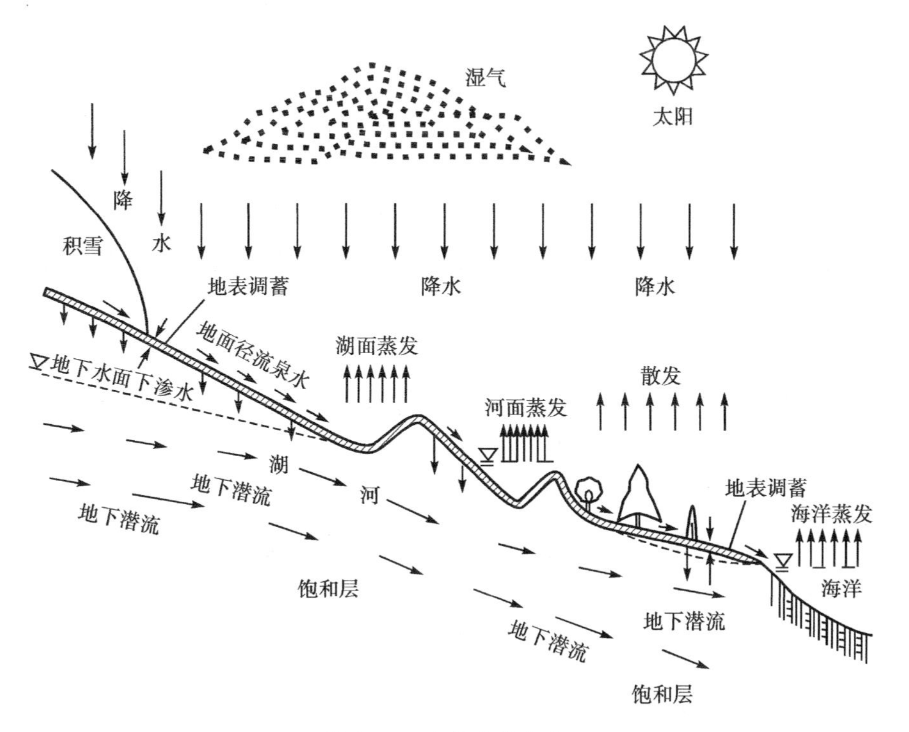

图 7－2　水的自然循环

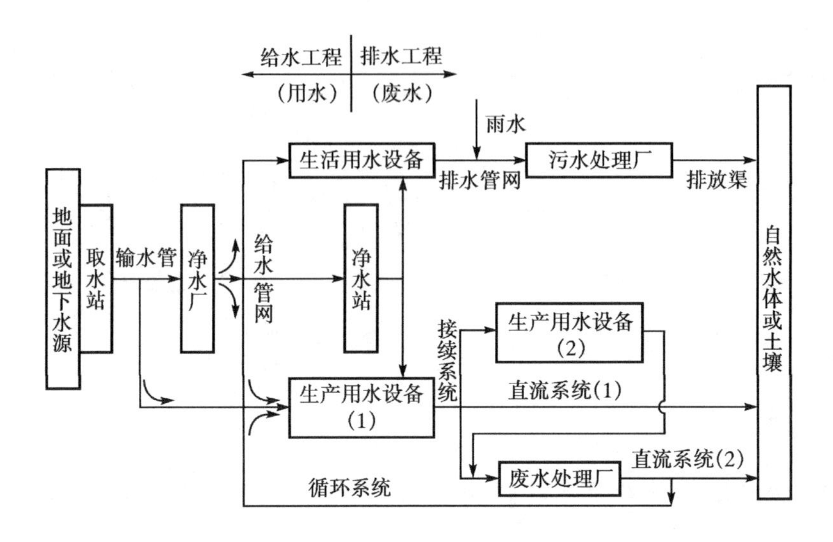

图 7-3 水的社会循环

7.2 天然水的组成

天然水中一般含有可溶性物质和悬浮物质(包括悬浮物、颗粒物、水生生物等),天然水的组成可分为主要离子、金属离子、可溶性气体、水生生物四大类。

1. 主要离子

K^+,Na^+,Ca^{2+},Mg^{2+},HCO_3^-,NO_3^-,Cl^-和SO_4^{2-}是天然水中常见的八大离子,占天然水中离子总量的95%~99%。水中这些主要离子的分类,常用来作为表征水体主要化学特征的指标,如表7-2所示。

表7-2 水中的主要离子组成

硬度	酸	碱金属	阳离子
Ca^{2+},Mg^{2+}	H^+	K^+,Na^+	
HCO_3^-,CO_3^{2-},OH^-		NO_3^-,Cl^-和SO_4^{2-}	阴离子
碱度		酸根	

2. 水中的金属离子

水溶液中金属离子的表示式常写成M^{n+},是指简单的水合金属阳离子

$M(H_2O)_x^{n+}$，它可通过酸碱、沉淀、配合及氧化-还原等反应在水中达到最稳定状态。水中可溶性金属离子可以多种形态存在，例如，铁可以 $Fe(OH)^{2+}$，$Fe(OH)_2^+$，$Fe_2(OH)_2^{4+}$ 和 Fe^{3+} 形态存在。

3. 气体在水中的溶解性

大气中的气体分子与溶液中同种气体分子间的平衡为：

$$X(g) \rightleftharpoons X(aq)$$

气体在水中溶解服从亨利定律，即一种气体在液体中的溶解度正比于与液体所接触的该种气体的分压。但是，亨利定律并不能说明气体在溶液中进一步的化学反应，如

$$CO_2 + H_2O \rightleftharpoons H^+ + HCO_3^-$$

$$SO_2 + H_2O \rightleftharpoons H^+ + HSO_3^-$$

气体在水中的溶解度可用以下平衡式表示：

$$[G(aq)] \rightleftharpoons K_H \cdot p_G$$

式中：K_H，各种气体在一定温度下的亨利定律常数，查表可得；p_G，各种气体的分压。

①氧在水中的溶解度。大部分元素氧来自大气，水体与大气接触再复氧的能力是水体的一个重要特征。在水体自净过程中，水中溶解氧的变化反映了水中有机物的净化过程，根据耗氧作用和复氧作用的综合效应，沿河流纵断面可以绘出一条溶解氧下垂曲线，它是溶解氧亏值随时间而变化的轨迹（见图 7-4）。

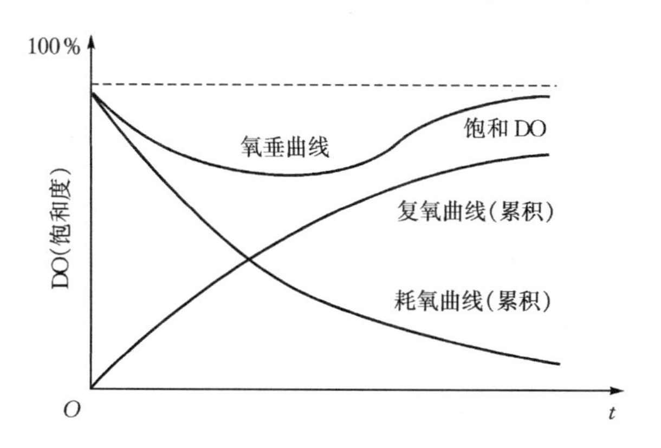

图 7-4　耗氧、复氧和溶解氧下垂曲线

纵坐标为 DO（溶解氧），可用实际数量表示，也可用占饱和溶解氧的百分数表示，横坐标为时间 t。耗氧速率开始时最大，以后逐渐减小而趋于零。复氧速率开始时为零，此时水中溶解氧饱和，以后随亏氧量增大而加大。耗氧作用使水中溶解

氧在某一时刻降至最低点(即临界点)。在临界点以后,复氧作用渐占优势,使水中溶解氧开始上升。河流中水体自净过程最为著名的数学描述是斯特里特-菲尔普斯(Streeter-Phelps)公式,即

$$D_t = \frac{k_1 c_a}{k_2 - k_1}(10^{-k_2 t}) + D_a \times 10^{-k_2 t}$$

式中:D_t 为污染物分解 t 日后水中亏氧量,mg/L;c_a 为排放点污水与河水混合液中有机物浓度,mg/L;D_a 为污水排放点的亏氧量,mg/L;k_l 为耗氧速率常数,随水温升降而变化;k_2 为复氧速率常数,随水温升降而变化。只要测得河流有关常数 k_l,k_2 和起始点的 D_a,即可按不同污染物的排入量计算出不同河段的亏氧量,但此值常因光合作用、底泥分解等而与实际情况有所出入。

氧在水中的溶解度与水的温度、氧在水中的分压及水中含盐量有关。若温度从 0℃上升到 35℃时,氧在水中的溶解度将从 14.74mg/L 降低到 7.03mg/L。由此可见,与其他溶质相比,溶解氧的水平是不高的,一旦发生氧的消耗反应,溶解氧的水平可以很快降至零。仅需 7～8 mg 的有机质就可以把 25℃为空气所饱和的 1L 水中的氧耗尽。

②CO_2的溶解度。25 ℃水中[CO_2]的值可以用亨利定律来计算。已知干空气中 CO_2的含量为 0.031 4%(体积),水在 25℃蒸气压为 $0.031\ 67\times10^5$ Pa,CO_2的亨利定律常数是 3.34×10^{-7} mol/(L·Pa)(25℃),则 CO_2在水中的溶解度为 1.24×10^{-5} mol/L。

4. 水生生物

水生生物直接影响许多物质的浓度,其作用有代谢、摄取、转化、存储和释放等。在水生生态系统中生存的生物体,可以分为自养生物和异养生物。自养生物利用太阳能或化学能量,把简单、无生命的无机物元素引进至复杂的生命分子中即组成生命体。藻类是典型的自养水生生物,通常 CO_2,NO_3^- 和 PO_4^{3-} 为自养生物的 C,N,P 源。异养生物利用自养生物产生的有机物作为能源及合成它自身生命的原始物质。

藻类的生成和分解就是在水体中进行光合作用(P)和呼吸作用(R)的一个典型过程,可用简单的化学计量关系来表征:

$$106CO_2 + 16NO_3^- + HPO_4^{2-} + 122H_2O + 18H^+ \ (+\text{痕量元素和能量})$$

$$R \uparrow\downarrow P$$

$$C_{106}H_{263}O_{110}N_{16}P + 138O_2$$

7.3　天然水的化学特性

7.3.1　天然水体的碳酸平衡

天然水体的碳酸平衡是指水中的碳酸化合物之间及其与气相中二氧化碳(CO_2)的化学平衡关系。在天然水、一般清水和轻度污染的工业废水、生活污水以至降水中，普遍存在着各种形态的碳酸盐。其来源有大气中的二氧化碳、岩石土壤中碳酸盐和重碳酸盐矿物的溶解、水生动植物的新陈代谢和生物氧化的产物。各种来源的碳酸化合物构成水中碳酸盐的总量约 10^{-3} mol/L。水中的碳酸化合物有 CO_2，H_2CO_3，HCO_3^- 和 CO_3^{2-} 等化合态。不同碳酸盐的分布随着 pH 值而变化(详见 5.1.3)。对于大多数天然水体而言，其 pH 值范围在 4～9 之间，所以 HCO_3^- 占优势。在实际水体系中，经大气溶入的 CO_2 是决定水质 pH 值的重要因素，并对外来酸碱有一定的缓冲能力，对水中各种反应过程有多方面的作用，可以影响天然水的物理、化学以及生物过程。

酸碱废水是工业上比较常见的废水，在化工厂、电镀厂、造纸厂、矿山排水、制造化学纤维以及金属酸洗工厂等制酸制碱和用酸用碱的过程中，都排出酸性或者碱性废水。如果这些废水直接排放，会腐蚀管道，使受纳水体 pH 值发生变化，破坏水体的自然缓冲作用，造成水体鱼类等生物的死亡等，进而影响或者危害人类的健康。对酸性废水常用的碱性药剂有石灰石、生石灰、苛性钠和纯碱等；中和法治理碱性废水时常用药剂有硫酸、盐酸等。治理酸碱废水的其他方法还有蒸发、浓缩、冷却、结晶以及膜技术等等。

7.3.2　溶解和沉淀作用

溶解和沉淀是污染物在水环境中迁移的重要途径。一般金属化合物在水中的迁移能力，直观地可以用溶解度来衡量。溶解度小，迁移能力小。溶解度大，迁移能力大。不过，溶解反应时常是一种多相化学反应，在固—液平衡体系中，一般需用溶度积来表征溶解度。天然水中各种矿物质的溶解度和沉淀作用也遵守溶度积原则。

1. 水体中的沉积过程

水体中的沉积过程分为化学沉淀、物理性重力沉降和胶体颗粒沉降作用三种类型。

①化学沉淀。水体中溶解性物质之间发生的化学反应所造成的化学沉淀，是形成水底沉积物的主要原因之一。例如，当含有较高浓度磷的水进入硬性水体中

时，产生羟基磷灰石沉淀：

$$5Ca^{2+} + OH^{-} + 3PO_4{}^{3-} \rightleftharpoons Ca_5OH(PO_4)_3 \text{（羟基磷灰石）}$$

②重力沉降。水体中悬浮颗粒的去除，可以利用颗粒与水的密度差在重力或者浮力的作用下进行分离去除，可以分为四种基本类型：自由沉淀、絮凝沉淀、分层沉淀和压缩沉淀。

③胶体颗粒物质沉降作用。胶体的凝聚有两种基本形式，即凝结（聚）和絮凝。凝结（聚）过程是指在外来因素（如化学物质）作用下降低静电斥力，从而使胶粒合在一起。向胶体溶液中加入某种电解质（如铁盐、铝盐等）后，降低了粒子间的斥力，因此粒子能互相靠拢，范德华引力也就进一步得到增强，完成粒子间的凝结（聚）；絮凝是借助于某种架桥物质，通过化学键联结胶体粒子，使凝结的粒子变得更大。当水体受纳了一些高分子聚合电解质后，也可能通过架桥絮凝作用而破坏胶体系统的稳定性。这种高分子化合物可能是天然的，例如淀粉、丹宁（多糖）、动物胶（蛋白质）等；也可能是人造的，如聚丙烯酰胺及其衍生物等。

2. 水的软化与除盐

水体中含有大量的溶解物质，无机离子含量较多的一般是 Ca^{2+}，Mg^{2+}，Na^{+}，K^{+} 和 Fe^{2+} 等阳离子，以及 $SO_4{}^{2-}$，Cl^{-}，$HCO_3{}^{-}$ 及 $SO_3{}^{2-}$ 等阴离子。水的硬度包括暂时硬度（又称碳酸盐硬度，指通过加热的办法能以碳酸盐形式沉淀下来的钙镁离子）和永久硬度（又称非碳酸盐硬度，即加热后不能沉淀下来的那部分钙镁离子）。

水的软化和除盐的基本方法：

①加热软化法：在地下水等水体中所含有的阴离子 $HCO_3{}^{-}$ 和阳离子 Ca^{2+}，Mg^{2+} 的浓度较高时采用；

②药剂软化法：借助化学药剂与 Ca^{2+}，Mg^{2+} 的反应，使其转化为 $CaCO_3$ 及 $Mg(OH)_2$ 而沉淀出来，一般使用的化学药剂是生石灰（CaO），纯碱（Na_2CO_3）等；

③膜处理技术：利用离子交换膜使水中的盐离子被定向脱除，达到脱盐淡化的目的。

④离子交换法：采用阴阳离子交换树脂，将水中的盐离子吸附除去，达到使水软化的目的，树脂可以通过一定的方法再生后重新使用；

(5)电化学法除盐　利用微电解原理，在一定的直流电压的作用下，使水中的盐离子在阴极被沉淀析出，达到脱盐的目的。

7.3.3　氧化还原平衡

1. 天然水体的 pE 及 pH 图

不同天然水的 pE 及 pH 情况如图 7－5 所示，反映了不同水质区域的氧化还原特性。氧化性最强的是上方同大气接触的富氧区，这一区域代表大多数河流、湖泊和海洋水的表层情况。还原性最强的是下方富含有机物的缺氧区，这区域代表富含有机物的水体底泥和湖海底层水情况。在这两个区域之间的是基本上不含氧、有机物比较丰富的水体，如沼泽水。

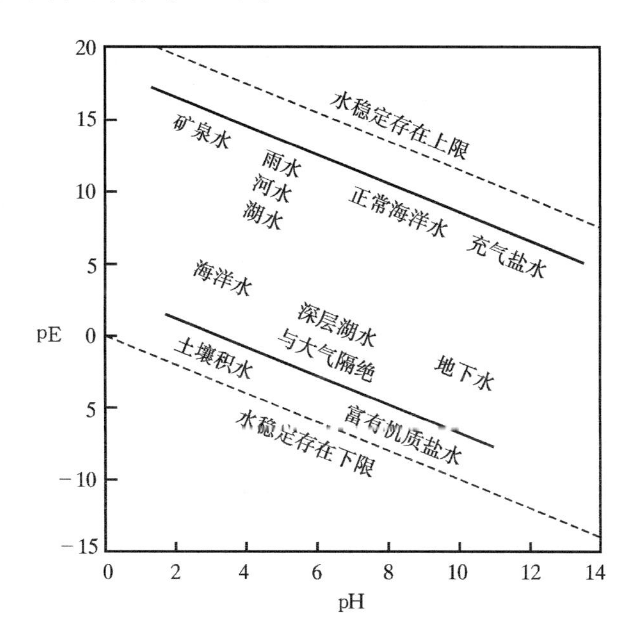

图7-5　不同天然水的pE-pH图中的近似位置

2. 天然水体的氧化还原类型及其应用

水体中发生的氧化还原反应可以分为化学氧化还原反应、生物氧化还原反应和光化学氧化还原反应三种类型。

(1)化学氧化还原反应

天然水体中常见的氧化剂有 O_2，Cl_2，NO_3^-，NO_2^-，Fe^{3+}，SO_4^{2-}，S，CO_2，HCO_3^-等，还有浓度较低的 H_2O_2，O_3及自由基·OH 等。天然水体中常见的还原剂有有机物、H_2S，S，FeS，NH_3，NO_2。影响氧化还原反应的因素有溶液的浓度、pH 值、温度等。加氯消毒是一种广泛应用于饮用水消毒处理、某些废水回用消毒处理的方法。消毒的作用主要是利用氯的强氧化性杀死水中对人体健康有害的病原微生物，以保证人类的生存环境和身体健康。在水中不含有氨的情况下，加氯后发生的主要化学反应如下：

$$Cl_2 + H_2O \rightleftharpoons HClO + H^+ + Cl^-$$

$$HClO \rightleftharpoons H^+ + ClO^-$$

HClO(次氯酸)和 ClO^- 都具有氧化能力。由于水中的微生物体等大部分都是带有负电荷的,在电荷的相互作用下,使得 ClO^- 不容易渗透入细菌内部,而由于 HClO 为中性分子,其可以扩散到带负电荷的细菌表面,并渗入其体内,通过氧化还原作用破坏菌体内的酶,达到杀灭细菌的目的。

(2)生物氧化还原反应

在动植物、微生物等生物生长过程中,光合作用、化能合成作用和呼吸作用都是生物氧化还原反应过程。异养细菌依靠摄取水体中的有机物,通过呼吸作用氧化有机物,以获取其自身生长所需要的能量及合成生物自身细胞组织。同时,水体中的这些有机污染物质也完成了生物降解过程。

① 微生物有氧呼吸。微生物的呼吸过程是在微生物细胞内的各种氧化还原酶和一系列辅酶的催化作用下完成的,有机污染物被细菌等微生物降解的中间产物生成了各种有机酸。

$$C_xH_yO_z + O_2 \longrightarrow H_2O + CO_2 + \text{能量}$$

厌氧情况下,有机酸利用较弱的 NO_3^-,Fe^{3+},Mn^{4+},SO_4^{2-},CO_2等电子受体,进行反硝化、反硫化、甲烷发酵、酸性发酵等厌氧过程,最终产物有 CO_2和 H_2O,以及 NH_3,H_2S,CH_4,有机酸、醇等。好氧情况下,有机酸优先进行以 O_2作为电子受体的有氧呼吸,无机的或有机的电子给体被进一步氧化分解为 CO_2,H_2O 及 NO_3^-,SO_4^{2-}等。

② 生物氧化分解过程。微生物在合成细胞原生质情况下,发生的氧化还原反应可以表示为:

$$C_xH_yO_z + NH_3 + O_2 \longrightarrow C_5H_7O_2N + H_2O + CO_2 + \text{能量}$$

$$C_xH_yO_z + H^+ + NO_3^- \longrightarrow C_5H_7O_2N + N_2 + CO_2 + H_2O + \text{能量}$$

生物陶粒技术和生物预处理技术,以及废水处理应用领域的活性污泥法、生物接触氧化法和生物膜反应等技术中对水体中有机物的去除过程,就是由水中的生物体对有机物进行氧化分解,将原有的较大有机物分子转变为生物体能够吸收利用的小分子,从而完成去除水体中有机污染物的过程。

7.3.4 天然水体的配合作用

1. 基本概念

①配合物。由一简单离子(一般是金属阳离子)或原子(统称中心离子或中心原子)和分子(原子)或阴离子(称配位体、简称配体)以配位键(成键两原子间共用电子对是由一方提供的化学键)的方式结合而成的复杂离子(或分子),称为配离子(或称络离子)。含有配离子(配合分子)的化合物统称为配合物(或称络合物)。过

渡元素(如 Cu^{2+},Fe^{2+},Ni^{2+} 等)容易形成配合物(见图 7-6)。

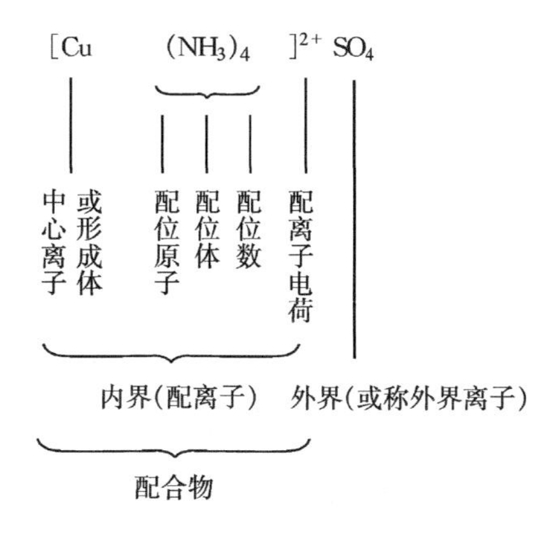

图 7-6　配合物示意图(以$[Cu(NH_3)_4]^{2+}SO_4$为例)

②螯合物。一个多齿配体通过两个或两个以上的配位原子,与一个中心原子连接而成的配合物叫螯合物。螯合物形成的特点是每一个配位体至少含有两个配位原子,配合后形成环状结构,与中心离子键合的配体叫螯合剂,一般是有机物质,螯合剂的配位原子常是 N,O,S,P 等元素的原子(见图 7-7)。

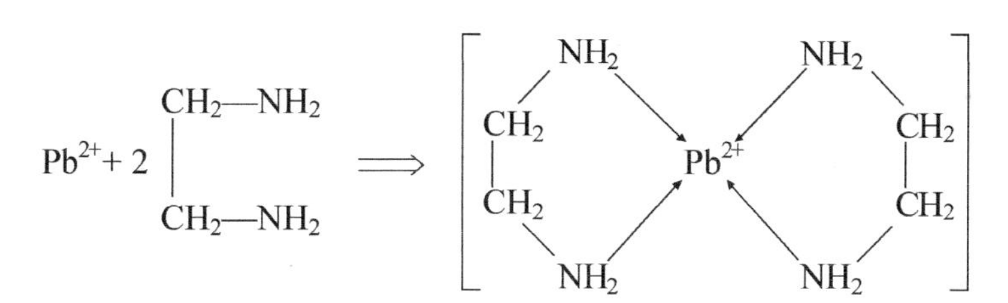

图 7-7　螯合物示意图(以$[Pb(NH_2CH_2CH_2NH_2)_2]^{2+}$为例)

2. 水环境中的配位体

水体中的配位体包括无机配位体和有机配位体两种类型。

①无机配位体。Cl^- 和 OH^- 是水环境中影响金属迁移的重要因素。其他重要的无机配位体是 HCO_3^-,SO_4^{2-} 等。在某些特定水体中还含有 NH_3,PO_4^{3-},F^-,S^{2-} 等配位体。

②有机配位体。水体中动植物、微生物的新陈代谢产物或它们残骸的分解物。其中,腐殖质是水环境最重要的有机配位体,其他还有泥炭、厩肥、植物残体、微生物代谢产物、动植物生活中分泌物质等。一些人为污染物,如洗涤剂、农药、表面活性剂等也是水环境中的有机配位体。

3. 羟基配合物与混凝剂

普通给水和废水处理中,人们日益认识到水和废水中对人体健康影响很大的重金属大部分以配合物的形态存在,其迁移、转化及毒性等均与配合作用密切相关。金属离子在水溶液中生成氢氧化物或羟基配离子的过程,实际上是金属离子的水解过程。借羟基作为中介,把单核配合物的金属离子结合起来成为多核配合物。水解和羟基桥联良种作用交替进行,最终形成难溶的氢氧化物沉淀,反应式如下:

$$Al_2(SO_4)_3 \xlongequal{} 2Al^{3+} + 3SO_4^{2-}$$

$$2Al(OH)(H_2O)_5^{2+} \longrightarrow [(H_2O)_4Al(OH)_2Al(H_2O)_4]^{4+} + 2H_2O$$

$$\downarrow$$

$$[(H_2O)_4Al(OH)_2Al(H_2O)_2(OH)_2Al(H_2O)_4]^{5+} + 2H_2O$$

$$\downarrow$$

$$[Al_n(H_2O)_{2n}] \longrightarrow [Al(OH)_3]_n \downarrow$$

在水处理领域,利用 Fe^{2+}, Al^{3+}, Zn^{2+}, Cu^{2+}, Mg^{2+}, Pb^{2+}, Hg^{2+}, Sn^{2+} 等离子化合物作为混凝剂,通过凝聚作用促进水体中的粒子凝结,絮凝作用破坏胶体系统的稳定性,和金属离子水解形成沉淀物的网捕、沉降作用达到去除水体中胶体和微小悬浮物的目的。例如,常用明矾、铁盐和石灰等作为混凝剂,用于含汞废水的处理;在含铅废水的处理中,采用混凝法处理含铅废水,常先用沉淀剂先除去其中无机铅,再采用 $FeSO_4$ 或者采用 $Fe_2(SO_4)_3$ 作混凝剂,将其中含有的有机铅除去。

7.3.5 天然水体的吸附作用

吸附是指固体物质从水溶液中吸附溶解离子(或分子)的作用,是固体表面反应的一种普遍现象。具有吸附能力,能吸附液相中溶解离子的固体称为吸附剂,被吸附的物质叫吸附物。吸附主要发生在胶体表面，它是水环境中的一种液相与固相界面化学平衡，是环境水化学研究中的一个重要方面。

1. 吸附种类及吸附机理

根据吸附现象产生的原因，吸附可分为物理吸附，化学吸附和专属吸附。

①物理吸附。是一种物理作用，发生原因主要是胶体具有巨大的比表面积和表面能。物理吸附中的吸附质一般是中性分子，吸附力是范德华引力，吸附热一般小于 40 kJ/mol。被吸附分子不是紧贴在吸附剂表面上的某一特定位置，而是悬在靠近吸附质表面的空间中，所以这种吸附作用是非选择性的，且能形成多层重叠的分子吸附层。物理吸附是可逆的，在温度上升或介质中，吸附质浓度下降时会发生解吸。

②化学吸附。是指胶体微粒所带电荷对介质中异号离子的吸附，或者是由于液体中的离子靠强化学键(如共价键)结合到固体颗粒表面。化学吸附的吸附热一般在 120～200 kJ/mol，有时可达 400 kJ/mol 以上。温度升高往往能使吸附速度加快。通常在化学吸附中只形成单分子吸附层，且吸附质分子被吸附在固体表面的固定位置上，不能再作左右前后方向的迁移。这种吸附一般是不可逆的，但在超过一定温度时也可能被解吸。

③专属吸附。指在这种吸附中，除化学键的作用外，尚有加强的憎水基团和范德华力在起作用。由于专属吸附作用的存在，不但可以使表面电荷改变符号，而且可以使离子化合物吸附在同号电荷的表面上。在水环境胶体化学中，专属吸附是特别重要的。

2. 等温吸附方程

水体中颗粒物对溶质的吸附是一个动态平衡过程，在固定的温度条件下，当吸附达到平衡时，颗粒物表面上的吸附量(G)与溶液中溶质平衡浓度(c)之间的关系，可用吸附等温线来表达。水体中常见的吸附等温线有三类，即 Henry 型、Freundlich 型、Langmuir 型，简称为 H，F，L 型(见图 7－8)。

①Henry 型。H 型吸附等温线为直线型，表示溶质在吸附剂与溶液之间按固定比值分配，其吸附等温式为：

$$G = kc，k \text{ 为分配系数}$$

②Freundlich 型。F 型吸附等温线表示吸附量随浓度增长的强度，不能给出饱和吸附量，其吸附等温式为：

$$G = kc^{1/n}$$

两边取对数得：$\lg G = \lg k + \dfrac{1}{n}\lg c$。

③Langmuir 型。L 型吸附等温线在一定程度上反应了吸附剂与吸附物的特性，其吸附等温式为：

$$G=\frac{G^0 c}{(A+c)}$$

两边取倒数得：$\frac{1}{G}=\frac{1}{G^0}+(\frac{A}{G^0})(\frac{1}{c})$。

式中：G^0 为单位表面上达到饱和时间的最大吸附量：A 为常数，为吸附量达到 $\frac{G^0}{2}$ 时溶液的平衡浓度。

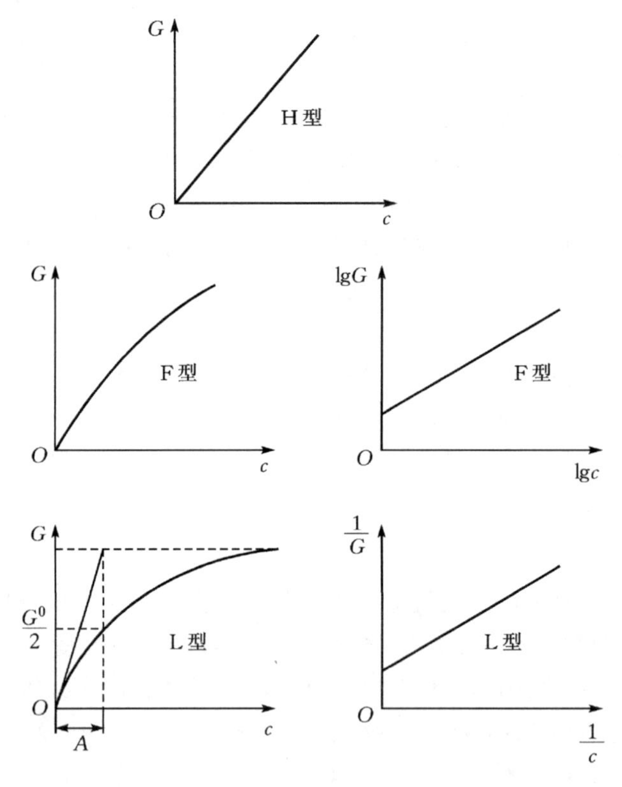

图 7－8　常见吸附等温线类型

3. 吸附作用的应用

①用于含汞废水的治理。采用活性炭及具有强螯合能力的天然高分子化合物等作为吸附剂。吸附效果取决于废水中汞的初始形态和浓度、吸附剂用量、处理时间等。一般有机汞的去除率优于无机汞。某些浓度高的含汞废水吸附处理后，去除率可达 85％～99％。

②用于含镉废水的治理。采用草灰、风化煤、磺化煤、活性炭等吸附去除含镉离子的废水,有报道称去除效率较高。

③用于含酚废水(酚浓度低于300 mg/L)的治理。吸附剂主要有磺化煤、吸附树脂以及活性炭。活性炭吸附法对酚类物质有很高的吸附效率,几乎可完全除去酚。对有机物及TOC的去除功效通常以吸附等温线来判断。

7.4 水污染

7.4.1 水污染概述

进入水体的外来物质经过水体自身的物理、化学、生物作用而减少或降低的过程称为水体的自净。水环境承载能力是在一定水域,在水体功能能够继续保持并仍保持良好生态系统的条件下,容纳污水及污染物的最大能力。水污染指水体因某种物质的介入而导致水体的化学、物理、生物或放射性等方面特性的改变,从而影响水的有效利用,危害人体健康,或者破坏生态环境,造成水质恶化的现象。

由于自然因素和人为影响,水环境正朝着不利于人类利用的方向演变。与19世纪相比,20世纪世界人口增加了2倍,用水量却增加了5倍。一些发展中国家,约50%的饮用水和60%的灌溉用水因使用不当而浪费;约90%的废水没有经过处理就被排放到河流、湖泊,造成环境污染。随着经济高速增长,城市化水平不断提高,我国水污染问题日趋严重。全国工业和城镇废污水年排放量从1949年的20多亿吨增加到2000年的738亿吨。目前,我国75%的湖泊、90%以上的城市河流和50%以上的城市地下水都受到不同程度的污染。在我国,河流污染以有机污染为主,重金属污染重点出现在西南、长江等局部区域;江河湖库底质污染严重,重金属污染率高达80.1%;由于人为污染造成地下水水质变差的约占55%。近年来,我国部分区域的污染得到控制,但地表水资源质量总体在下降,水环境污染势头未能有效遏制,情势严峻。此外,水环境污染还造成了"富水"地区水质性缺水的危机。

7.4.2 水污染源

根据不同的分类方法,水体中污染物的来源可以分为不同的类型。

① 根据形成原因,水污染源可分为天然污染源和人为污染源。天然污染源包括大气沉降物、岩石风化、有机物自然降解以及水体由于自然灾害等原因产生的放射性物质和硫化物、氟化物等。人为污染源包括工农业生产过程中产生的废水以及生活污水等。

② 根据污染物属性分类，水污染源可分为物理污染源、化学污染源、生物污染源(致病菌、寄生虫与卵)以及同时排放多种污染物的复合污染源等。

③ 根据污染源的空间分布方式，水污染源可分为点污染源(如城市污水和工矿企业与船舶等废水排放口)和非点污染源(如农田排水、地表径流)。

根据受纳水体，水污染源可分为地面水污染源(河流污染源、湖泊污染源和水库污染源等)、地下水污染源、海洋污染源。地面水污染源还可根据污染源位置分为固定污染源和流动污染源。其中固定污染源数量多、危害大，是造成水污染的最主要污染源；根据人类社会活动，水污染源可分为工业污染源、农业污染源、交通运输污染源和生活污染源。其中工业污染源是造成水污染的最主要来源，工业门类繁多，生产过程复杂，污染物种类多，数量大，毒性各异，污染物不易净化，对水环境危害最大。

7.4.3 水污染物的种类及其危害

按照污染物的性质划分，水污染可划分为物理性污染物、化学性污染物、生物性污染物三类(见表 7-3)。物理性污染包括悬浮物质污染、热污染和放射性污染等。化学性污染是指由化学物品污染造成的水体污染。化学污染物质包括无机污染物、无机有毒物质、有机有毒物质、需氧污染物质、植物营养物质和油类污染物质。生物性污染是由病原微生物、病毒、寄生虫等引起的水体污染。

表 7-3 水污染的主要类型及其污染物质

类型			主要污染物
化学性污染物	无机、低毒或无毒	微量金属	Fe，Ni，V，Co 等
		非金属	N，B，C，Br，I，Si 等
		酸、碱、盐污染物	HCl，H_2SO_4，HCO_3^-，HS^-，SO_4^{2-}，CO_3^{2-}，Cl^-，酸雨等
		硬度	Ca^{2+}，Mg^{2+}
	需氧有机物		碳水化合物、蛋白质、油脂、氨基酸、核酸等
	有毒物质	重金属	Hg，Cd，Pb，Cr，Cu，Zn 等
		非金属	F^-，CN^-，As，Se
		有机物	苯、酚、醛、卤代有机物、有机磷农药、多氯联苯(PCB)、多环芳烃、芳香烃
	油类污染物		石油、煤焦油、及其产品等

续表 7-3

类　型		主要污染物
生物性污染物	营养性污染物	有机氮、有机磷化合物(洗涤剂)，NO_3^-，NO_2^-，NH_4^+等
	病原微生物	细菌、病毒、霉菌、病虫卵、寄生虫、原生动物、藻类等
物理性污染物	固体污染物	溶解性固体、胶体、悬浮物、尘土、漂浮物
	感官性污染物	H_2S，NH_3，胺、硫、醇、染料、色素、恶臭、肉眼可见物、泡沫等
	热污染	工业热水及冷却水等
	放射性污染物	^{235}U(铀)，^{232}Th(钍)，^{226}Ra(镭)，^{90}Sr(锶)，^{137}Cs(铯)，^{289}Pu(钚)及其他放射性同位素。

各种污染物造成水环境污染的后果，可以概括为使水体缺氧(有机污染)和富营养化、水体具有生物毒性和水体功能破坏三个方面。对水环境影响较大的污染物包括以下类型。

①热污染。热污染是物理性污染中最常见的一类形式，一般来源于火(核)电厂、冶炼厂、石油化工厂、炼焦炉、钢厂等冷却水。高温废水，如温度超过60℃的工业废水排入水体后，使水体水温升高，影响水体自净作用，加速水体与底泥有机物的生物降解，降低水体中溶解氧含量，影响水体的感官质量和卫生质量，危害水生动植物的繁殖与生长。

②耗氧污染。生活污水和工业废水中含有糖类、脂肪、蛋白质、木质素等有机物，可在微生物的作用下最终分解为简单的无机物，其分解过程需要消耗大量氧，故称为耗氧有机物，由此类污染物造成的污染称为耗氧有机污染。耗氧有机污染消耗水中溶解氧，如果消耗的溶解氧不能及时通过水体复氧过程得到补偿，就会导致溶解氧大幅度降低，威胁好氧生物的生存。另外，当水中溶解氧消失，厌氧细菌繁殖，形成厌氧分解，分解出甲烷、硫化氢等有毒气体，影响水体感官。

③植物营养盐。水体中的植物营养盐主要指氮(氨态氮、尿素、硝酸盐等)、磷(磷酸盐为主)等化合物，进入水体后在造成污染的同时引发富营养化。富营养化的最直接影响是在藻类或水生植物过度繁殖的水域，藻类和水生植物的呼吸作用可以将水中的溶解氧消耗殆尽，致使无脊椎动物和鱼类窒息而死。同时，某些藻类，如蓝绿藻会释放毒素，通过食物链、密切接触和觅食等方式和途径，威胁哺乳动物(包括人类)、鱼和鸟类的健康。伴随着耐富营养化藻类和植物的过度繁殖和对优势地位的控制，富营养化最终会导致一些对环境较敏感且具有高保护价值的物

种消失。另外，富营养化破坏水体承担生活和工业供水、农业灌溉、旅游航运等的功能，直接影响人类对水资源的开发利用。

④酚类污染。水环境中酚主要来源于含酚废水的排放，包括以酚为原料的工业、焦化厂废水、煤气厂废水、合成酚类化工厂废水等。水体中苯酚浓度达到5～25 mg/L时，各种鱼类会死亡。低于致死浓度的酚浓度，影响鱼类的回游繁殖。酚污染也会大大抑制水体微生物的生长，降低水体自净能力。极低浓度的酚污染，也会使水具有臭味而无法饮用。

⑤重金属类污染。重金属可以在环境中长久存在而不被降解。化石燃料的燃烧、采矿和冶炼、工业生产(电镀、合金制造、玻璃、制革、纺织、核工业、化肥、氯碱、炼油等)、使用污染水灌溉等直接或间接造成水体重金属污染。水环境中的重金属污染物以水为介质发生迁移、转化和浓集。环境里浓度很低的重金属，可以通过食物链传递和放大，在高营养级生物体中富集，使重金属的生态风险大大增加。沉积物是水环境中重金属的主要寄宿体，重金属可能在一定条件下从沉积物中重新释放，成为水环境污染潜在的“化学定时炸弹”。

⑥农药污染。根据农药化学性质，农药可以分为有机氯农药、有机磷农药、氨基甲酸酯农药和除莠剂等。一般来说，农业生产施用的农药只有10％～20％附着在农作物上，80％～90％流失在土壤、水体和空气里。因此，雨水较多、农药使用量大的区域，农药对水体的污染十分严重。

⑦油类污染。水体中油类污染物主要源自船舶漏油和清洗，钻井、油管和储存器泄漏，工业废水、城镇生活污水排放等。油类污染物对水生生态系统的影响表现在两个方面：首先，浮在水面的油膜，在水流作用下扩展成薄膜，对水体复氧、光照等形成直接阻碍，并且油在降解过程中消耗水中溶解氧，使水质状况恶化；其次，油类污染物具有毒性，水体中非水溶性焦油类物质能够附着在鸟的羽毛上，覆盖在螃蟹、牡蛎等动物的表面，损害水生生物的正常生命活动，对生物产生涂敷及窒息效应。

⑧氰化物污染。水体中的氰化物主要来自矿冶、化学、电镀、农药、煤气、炼焦等工业行业排放的废水。氰化物是剧毒物质，会抑制氧的代谢，阻断生物功能组织的氧交换；会抑制各种动物的活动，是真正的非累积性毒物。

⑨酸污染。酸性污染主要来自煤矿排水、冶金和金属加工酸洗废水、酸沉降。酸污染与碱污染均破坏水体自然缓冲作用，消灭和抑制细菌等微生物的生长，降低水体自净能力。同时，水体酸度提高会加大重金属毒性。当水呈中性或碱性时，铅、汞等重金属以特定形式沉淀到底泥中，如果水体变为酸性，这些重金属可能会很快溶入水体中，导致水体重金属浓度增高，毒性增强。水体酸度的提高可能对水生生态系统中多种生物体产生负面影响，如干扰鱼的生殖周期，导致雌鱼体内钙降

低而不能正常产卵。

⑩病原体污染。水体中病源微生物主要来自生活污水、医院废水、制革、屠宰、洗毛等工业废水以及畜牧污水等。病源微生物分为病源菌、寄生虫和病毒三种类型。自 1980 年以来，美国平均每年爆发 31 起与水传播有关的疾病，水传播疾病病例数为平均每年 7 000 人。

⑪放射性污染。放射性物质主要来源于核电厂、核武器试验和放射性同位素在化学、冶金、医学、农业等部门的广泛应用，随污水和地表径流造成水体污染。污染水体最危险的放射性物质有 ^{90}Sr，^{137}Cs 等，这些物质半衰期长，化学性能与生命必须元素 Ca，K 相似，进入生物和人体后，能在一定部位累积，增加对人体的放射性辐照，引起变异或癌症。

⑫有毒有机物污染。水体中的有毒有机化合物，部分来源于自然环境，但主要来源于工业、农业、矿山等人类生产和生活活动。有毒有机化合物具有潜在的致癌、致畸、致突变的“三致”效应及干扰内分泌作用，尤其在影响人和动物的生育繁殖方面引起普遍关注。它们一般难于降解，可在生物脂肪中累积，通过食物链经生物富集、浓缩后传递。在迁移、转化过程中，浓度可提高数倍甚至上百倍。大量流行病学研究资料表明，饮用水体中的有毒有机污染物对人体健康有着极大的危害。它能破坏人体正常的内分泌，限制荷尔蒙的作用功能，或者影响、改变人体的免疫系统、神经系统和内分泌系统的正常调节功能。

在我国水环境中，优先控制污染物共 14 类 68 种，其中有毒有机物有 12 类 58 种，见表 7 - 4。

表 7 - 4　我国水中优先控制污染物黑名单

序号	化学类别	污染物名称
1	挥发性卤代烃类	二氯甲烷、三氯甲烷、四氯化碳、1,2 -二氯乙烷、1,1,1 -三氯乙烷、1,1,2 -三氯乙烷、1,1,2,2 -四氯乙烷、三氯乙烯、四氯乙烯、三溴甲烷，计 10 个
2	苯系物	苯、甲苯、乙苯、邻二甲苯、对二甲苯，计 5 个
3	氯代苯类	氯苯、邻二氯苯、对二氯苯、六氯苯，计 4 个
4	多氯联苯	多氯联苯，计 1 个
5	酚类	苯酚、间甲酚、2,4 -二氯酚、2,4,6 -三氯酚、五氯酚、对硝基酚，计 6 个

续表 7-4

序号	化学类别	污染物名称
6	硝基苯类	硝基苯、对硝基甲苯、2,4-二硝基甲苯、三硝基甲苯、对硝基氯苯、2,4-二硝基氯苯,计6个
7	苯胺类	苯胺、二硝基苯胺、对硝基苯胺、2,6-二氯硝基苯胺,计4个
8	多环芳烃类	萘、荧蒽、苯并(b)荧蒽、苯并(k)荧蒽、苯并(a)芘、茚并(1,2,3-c,d)芘、苯并(ghi)芘,计7个
9	酞酸酯类	酞酸二甲酯、酞酸二丁酯、酞酸二辛酯,计3个
10	农药	六六六、滴滴涕、敌敌畏、乐果、对硫磷、甲基对硫磷、除草醚、敌百虫,计8个
11	丙烯腈	丙烯腈,1个
12	亚硝胺类	N-亚硝基二甲胺、N-亚硝基二正丙胺,计2个
13	氰化物	氰化物,1个
14	金属及其化合物	砷及其化合物、铍及其化合物、镉及其化合物、铬及其化合物、汞及其化合物、镍及其化合物、铜及其化合物、铅及其化合物、铊及其化合物,计9个

7.5 水资源管理技术

7.5.1 水资源危机

水资源问题的严重性、急迫性越来越被人们所认识,已从个别城市、个别地区、个别国家发展成全球战略问题之一。全球水资源危机表现在以下三个方面。

①用水量增加了5倍。据联合国公布的数据,全球用水量在20世纪增加了5倍,其增长速度是人口增速的2倍。联合国教科文组织认为,目前地球上淡水资源总体充足,但由于分布不均、管理不善、环境变化及基础设施投入不足等原因,全球约有五分之一的人无法获得安全的饮用水,40%的人缺乏基本卫生设施。

②超过半数河流枯竭。目前,在全球500条大河中,超过半数严重枯竭。全球很多地区的农村和城市面临水资源匮乏的危机。就农村而言,据预测,到2030年,全球粮食需求将提高55%,因此农村地区需要更多的灌溉用水,而这部分用水已

经占到全球人类淡水消耗的近 70%。就城市而言，据测算，在 2007 年，全球一半人口居住在城镇。到 2030 年，城镇人口比例会增加近三分之二，从而造成城市用水需求激增。联合国估计，届时将有 20 亿人口居住在棚户区和贫民窟，而缺乏清洁用水和卫生设施将严重威胁城市贫民的基本生存。

③淡水鱼种群濒临灭绝。科学证据表明，全球大部分地区的水质正在下降。五分之一的淡水鱼种群或濒临灭绝，或已经绝迹。2002 年，全球约有 310 万人死于腹泻和疟疾，其中近 90%的死者是不满 5 岁的儿童。每年约 160 万人的生命原本都是可以通过提供安全的饮用水来挽救的。

我国水资源总量约为 2.8 万亿立方米，约占全球河川径流总量的 6%，居世界第 6 位。由于人口众多，人均水量却仅占世界人均水量的 $\frac{1}{4}$，且水资源分布非常不均匀，占全国土地面积 63.7%的北方诸流域，其水资源仅占全国水资源的 20%，而占全国土地仅 36.3%的南方流域，水资源却占约 80%。我国人均水资源量约为 2 220 m^3，预测到 2030 年，人口增加至 16 亿时，人均水资源量将降到 1 760 m^3，属于用水紧张的国家。在全国 669 个城市中，缺水城市达 400 多个，其中严重缺水的城市 114 个，日缺水 1 600 万吨，每年因缺水造成的直接经济损失达 2 000 亿元，全国每年因缺水少产粮食约 0.7～0.8 亿吨。

7.5.2　节水技术

根据联合国最新公布的报告，全球很多地方正在面临水资源匮乏的危机，而水资源开发与管理不善是导致这一危机的重要原因。从客观因素方面讲，人口增长、工农业生产发展、人民生活水平提高，使得用水量增多，而全球气候变化又导致近年来降水量有所减少。从人为因素方面看，利用率低、污染严重、管理不善等问题，对水资源的影响更大。水已经成为我国经济发展的制约因素。尽管我国水资源如此紧张，但用水效率极其低下，用水浪费现象更是普遍存在。目前，我国工业万元产值用水量为 103 m^3，是发达国家的 10～20 倍；工业用水的重复利用率约为 40%，而发达国家为 75%～85%。而且，我国城镇生活用水存在严重的浪费问题。一是供水跑、冒、滴、漏现象普遍，据专业部门调查，全国城市供水漏失率为 9.1%，有 40%的特大城市供水漏失率在 12%以上；二是节水器具和设施少，用水效率较低。

节约用水、高效用水是缓解水资源供需矛盾的根本途径。节约用水的核心是提高用水效率和效益。我国《节水型城市目标导则》(1997) 中对节水作了如下定义："节约用水指通过行政、技术、经济等管理手段加强用水管理，调整用水结构，改进用水工艺，实行计划用水，杜绝用水浪费，运用先进的科学技术建立科学的用水体系，有效地使用水资源，保护水资源，适应城市经济和城市建设持续发展的需要”。节水作为水资源管理的一项重要活动和内容，已在世界范围内得到了广泛的实施，并形成了一些成熟的节水方法和技术，主要包括农业节水、工业节水、生活用水节水、供水系统节水和其他节水技术。

1. 农业节水

农业用水主要包括农田、林业、牧业的灌溉用水及水产养殖业、农村工副业等用水。农田灌溉用水是农业的主要用水和耗水对象，占农业用水量的比例达到90%以上。农业的节水灌溉是节约用水、高效用水的一项战略措施，是以节约农业用水为中心的一项高效技术措施，农业灌溉节水技术包括农业用水优化配置技术、高效输配水技术、田间灌水技术(例如喷灌、滴灌)、生物节水与农艺节水技术和降水和回归水利用技术等类型。

2. 工业节水

城市工业用水在城市用水中占有较大比例，有时甚至高达70%。因此，工业节水对于城市节水具有重大意义。城市工业节水主要在循环水和冷却水方面。在循环用水工艺中，可以将工艺过程中的用水回收循环利用，或者在排放下水道前经预处理后回收利用。在具体节水技术上，主要注重重复用水技术，包括冷却水的循环节水、一般循环水节水(指循序用水、闭路用水等)和工艺节水(包括冷却工艺改革、无水少水工艺等)等，这些技术在火电、钢铁、炼油、石化、化工、印染、造纸等行业都有成功应用的例子。

3. 城市生活用水节水

城市生活用水在城市用水中占有较大份额，国内城市生活用水(大生活用水)一般占城市总用水量的30%左右。随着社会经济的快速发展，城市生活用水量将迅速增加，节水大有潜力。目前，国外城市生活用水节水主要注重三个方面。

①水表安装与计量。城市生活用水的经验表明，有水表比无水表用水节约，而一户一表用水比一单元装总表节水。山西大同7个大型企业改包费制为计量收费制后，生活用水节约75.3%，每月节水87万立方米。

②采用节水型器具。节水型器具一般是低流量或超低流量的卫生器具，节水效果明显，用以代替低用水效率的卫生器具可节省约32%的生活用水。包括节水型便具、节水型淋浴器具和洗涤器具等，但这些器具要真正做到既方便使用，又具节水效果，且能普及应用尚需时日。

③城市节水灌溉。随着人民生活水平的提高，城市绿化面积不断增加，城市灌溉用水量逐年增长。目前我国着重推广喷灌、微喷灌和滴灌等新技术，比原来的地面灌节水30%～50%，同时节省了大量劳力。

4. 其他节水技术和措施

其他节水技术包括供水厂节水、供水系统漏水控制、中水道技术、城市污水回用技术、海水利用、地下水利用与保护、调整水价、开展节水教育提高节水意识等。

供水厂的自用水量一般为 5%～10%，主要用于滤池和沉淀池冲洗以及厂区生活用水。当水厂规模大时，这部分排水量是相当大的。结果表明，通过适当处理，将生产过程中的废水回用到某些位置是可行的，但要注意对 TOC 的检测。漏水的位置主要在主干管、蓄水池、配水管、连接管、卫生器具等，同时管网压力也是一个重要因素，美国和英国都有专门培训的技术人员对漏水进行管理和控制。

7.5.3 水处理技术

水处理过程可以简单地分为给水处理和废水处理，给水处理是指为满足用水者的需求，而从天然水体中(河川水、湖沼水、地下水等)获得生活饮用水、工业用水等进行的处理；废水处理是为了保护环境，减弱或者防止工业废水、生活污水等可能引起水体污染而进行的处理。

给水处理技术主要分为物理法、化学法和生物法三种类型(见表 7-5)。

表 7-5　给水处理基本方法

方法类别	处理对象及单元操作			
	悬浮物	溶解性无机物	溶解性有机物	消毒除菌等
物理法	气浮 自然沉降 微滤、过滤 超过滤	电渗析 纳滤 反渗透	活性炭吸附 汽提 超过滤 纳滤 反渗透	紫外线照射 超过滤、纳滤和反渗透可以过滤去除细菌
化学法	混凝气浮 混凝沉降	酸碱中和 离子交换 螯合吸附 氧化还原	臭氧氧化 氧气氧化等 还原	加氯、臭氧消毒
生物法			塔式生物滤池 生物转盘 接触氧化池 陶粒生物滤池 流化床接触氧化池	

废水处理技术根据具体的排污特点而定，通常采用污水处理厂集中处理。根据处理的原理，废水处理方法可分为物理法、化学法和生物法三个大类（见表7－6）。根据不同的污染物质可以选择不同的处理方法。

表7－6　污水处理的基本方法

分类	处理方法		处理对象	适用范围
物理法		均衡调节	水质、水量波动大	预处理
		沉淀	可沉固体悬浮物	预处理
		离心分离法	悬浮物，污泥脱水	预处理或中间处理
		隔油	大颗粒油滴	预处理
		气浮	乳化油和比重接近于1的悬浮物	中间处理
	过滤分离法	格栅	粗大悬浮物	预处理
		筛网	较小悬浮物和纤维类悬浮物	预处理
		砂滤	细小悬浮物和乳油状物质	中间处理或最终处理
		布滤	细小悬浮物，沉渣脱水	中间处理或最终处理
		微孔管	极细小悬浮物	最终处理
		微滤机	细小悬浮物	最终处理
		超滤	分子量较大的有机物	中间处理或最终处理
		反渗析	盐类和有机物油类	中间处理或最终处理
		电渗析	可离解物质，如金属盐类	中间处理或最终处理
		扩散渗析	酸碱废液	中间处理或最终处理
	热处理法	蒸发	高浓度废液	中间处理（回收）
		结晶	有回收价值的可结晶物质	中间处理（回收）
		冷凝	吹脱、汽提后回收高沸点物质	中间处理（回收）
		冷却、冷冻	高浓度废液	中间处理（回收）
		磁分离法	可磁化物质	中间处理或最终处理

续表 7-6

分类	处理方法		处理对象	适用范围
化学法	投药法	混凝	胶体和乳化油	中间处理或最终处理
		中和	稀酸性或碱性废水	中间处理或最终处理
		氧化还原	溶解性有害物质,如氰化物、硫化物	最终处理
		化学沉淀	溶解性重金属离子	中间处理或最终处理
	传质法	吸附	溶解性物质	中间处理
		离子交换	溶解性物质,如金属盐类、放射性物质	中间处理或最终处理
		萃取	溶解性物质,如酚类	中间处理
		吹脱	溶解性气体,如硫化氢、二氧化碳	中间处理
		蒸馏	溶解性挥发物质,如酚类	中间处理
		汽提	溶解性挥发物质,如酚类、苯胺、甲醛	中间处理
	电解法		重金属离子	最终处理
	水质稳定法		循环冷却水	中间处理
	自然衰变法		放射性物质	最终处理
	消毒法		含病原微生物废水	最终处理
生物法	人工	活性污泥法	胶体状和溶解性有机物	中间处理或最终处理
		生物膜法	胶体状和溶解性有机物	中间处理或最终处理
		厌氧生物处理法	高浓度有机废水和有机物污泥	中间处理或最终处理
	半自然	稳定塘法	胶体状和溶解性有机物	最终处理
		土地处理法	胶体状、溶解性有机物、氮和磷等	最终处理

① 物理法。利用混凝沉积、气浮、过滤作用去除胶体以及较大颗粒。

② 化学法。借助化学沉淀、离子交换、氧化还原、活性炭吸附、臭氧氧化、湿法燃烧等手段去除水体中的有毒有害污染物。

③ 生物法。利用生物体(主要是细菌)的生命过程和某些特定功能,将污水或污泥中的有机物、氮、磷等污染物去除或削减,包括活性污泥法、生物膜反应器,以

及污泥处理中的厌氧发酵。

许多污染物，如农药、油漆，采用单一方法往往难以奏效，需要采用物理、化学和生物方法相结合的综合手段进行处理。对污水中的氮、磷可以采用生物硝化-反硝化与化学沉淀相结合的方法进行。

根据处理的程度，废水处理可以分为一级、二级和三级处理（见表 7－7）。

表 7－7　废水的分级处理

处理级别	污染物质	处理方法
一级处理	悬浮或胶态固体、悬浮油类、酸、碱、TSS，BOD	格栅、沉淀、过滤、混凝、浮选、中和、均衡
二级处理	溶解性可降解有机物，BOD	活性污泥法、生物膜法
三级处理	难降解有机物、N、，P，可溶性有机物	化学凝聚、吸附、离子交换、电渗析、反渗透、砂滤、臭氧氧化等

① 废水一级处理。主要采用物理法，包括筛滤、沉淀等，去除废水中悬浮固体和漂浮物质（包括油类），并通过中和或均衡等预处理对废水进行调节，以便排入受纳水体或二级处理装置。通过一级处理后废水的 BOD 可除去 30％左右，一般达不到排放标准。

② 废水二级处理。多采用较为经济的生物化学处理法去除废水中可分解或氧化的呈胶体和溶解状态的有机污染物质，是废水处理的主体部分。经过二级处理之后，二级生化处理（生化曝气）的废水 BOD 可去除 90％以上，一般均可达到排放标准。活性污泥法是使用最广泛、技术最成熟的污水处理方法。目前，二级处理的工艺有传统活性污泥法、氧气活性污泥法、氧化沟法（oxidation ditch）、序批式活性污泥法（sequential biological reactor）、厌氧-好氧法（anaerobic － oxidative）、厌氧-缺氧-好氧法（A^2O，anaerobic － aerobic － oxidative）、生物吸附降解法（AB）等。

③ 污水三级处理。对二级处理出水实施的各种深度处理过程，主要目的是去除氮、磷等污染物，以防止水体富营养化；或去除残余颗粒物、有机物、无机盐，以便实现污水回用。除氮方法包括碱化交换法、次氯酸断点法、硝化-反硝化法；除磷方法主要是利用铁盐或铝盐混凝剂的混凝沉淀法等。目前污水处理工艺中，氮、磷去除环节在逐渐向二级处理转移。

废水中污染物组成相当复杂，往往采用几种方法组合才能达到处理要求。对于某种废水处理过程的选择，首先要从下述几个方面进行全面考虑，综合分析比较，应用最优化原理确定最佳方案：

① 废水特性：主要指污染物存在的形态、种类、变化规律、净化的难易程度、毒

性大小、排放量等；

② 对出水水质的要求；

③ 有关的环境因素：包括企业的现状和发展现划、现有的下水流道情况、废水是否与雨水分流、当地的水文、地质、气象情况，农渔业状况、技术设备水平及动力供应状况等；

④ 详细的处理费用分析等。

7.5.4　火力发电厂水处理技术

2000～2004 年，我国工业用水量约占全国总用水量的 20%～22%，其中火电行业用水量约占工业用水量的 39%～46%，是工业用水第一大户。近年来，随着火电装机规模的快速发展，行业用水量增长趋势明显。原国家电力公司曾于 2000 年对全国火力发电厂冷却水情况进行统计分析，在火力发电总装机容量中，循环冷却的装机约占 57.4%，装机耗水率为 1.32 $m^3/(s \cdot GW)$。直流冷却（含空冷）约占 42.6%，装机耗水率为 0.37 $m^3/(s \cdot GW)$。2000 年全国平均（包括循环冷却电厂和直流冷却电厂）装机耗水率为 0.92 $m^3/(s \cdot GW)$；平均发电耗水量为 4.13 kg/(kWh)（包括循环供水冷却电厂和直流供水冷却电厂），火力发电厂在各种情况下（包括循环冷却电厂及直流冷却电厂等）共耗水为 45.79 亿立方米。2000 年发达国家发电耗水量为 2.52 kg/kWh，发达国家二次循环供水系统的设计耗水指标为 0.6 $m^3/(s \cdot GW)$。可见，我国火电行业用水量大的同时，水资源使用效率总体水平较低，资源浪费比较严重。

1. 火力发电厂各种用水及其水质

火电厂中水的用途是多方面的，主要包括有锅炉补充水、冷却用水、生活消防杂用水等。由于我国目前火力发电厂中主要采用的是湿式除灰系统，因此，除灰用水在我国火电厂中占有很大的比例。对于采用循环冷却、湿式除灰系统的火电厂（指纯凝机组），几种用水所占总用水量的比例如表 7－8 所示。可以看出，在整个火力发电厂中，冷却用水和冲灰用水占有较高的比例。

表 7－8　电厂各种用水

类别	冷却塔补充水	除灰用水	轴冷却水	锅炉补充水	生活消防杂用水等
比例/%	52	32	5	5.7	5.3

由于水在火力发电厂发电的水汽循环系统中所起的作用不同，对水质的要求有很大的差别。在上述几种用水中，对水质要求最严格的是锅炉补充水。目前火

电厂向大容量、高参数发展，对锅炉用水的水质要求也越来越高，锅炉用水中杂质含量要求低至 10^{-9} 级。表 7－9 是在超临界压直流锅炉不同水化学工况时的水质控制标准。从表 7－9 中可以看出，锅炉给水水质要求十分严格。

表 7－9　不同锅炉水化学工况的水质控制标准

锅炉水化学工况	碱性水工况	络合物工况	中性水工况	联合水工况
pH(25 ℃)	8.8～9.3	9.1	>6.5	8.0～8.5
电导率(直接)($\mu S\cdot cm^{-1}$)	～	～	<0.25	0.4～1.0
氢电导率($\mu S\cdot cm^{-1}$)	≤0.2	≤0.2	<0.2	<0.2
O_2($\mu g\cdot L^{-1}$)	<7	<7	>50	150～300
N_2H_4($\mu g\cdot L^{-1}$)	10～30	20～60	—	—
Fe 离子($\mu g\cdot L^{-1}$)	≤10	<20	<20	<20
Cu 离子($\mu g\cdot L^{-1}$)	≤5	<3	<3	<3
SiO_2($\mu g\cdot L^{-1}$)	≤20	<20	<20	<20

目前国内锅炉给水的源水主要采取天然水体，如江河、水库、湖泊及地下水，也有的电厂以自来水作为原水。锅炉给水处理按处理工艺流程可分为水的预处理和除盐处理。水的预处理包括常规的混凝、沉淀、过滤等；预除盐处理系统包括电渗析、反渗透、离子交换等软化、除盐等纯水制备技术(见表 7－10)。这些技术对水质的要求也很严格，表 7－11 是火电厂后续水处理设备装置所允许的进水水质标准。

表 7－10　火电厂锅炉给水处理技术

处理工艺	处理方法
预处理	混凝—澄清(沉淀)—过滤 曝气—过滤 过滤—吸附 混凝—澄清(沉淀)—过滤—吸附
除盐、除有机物、去离子	电渗析
	反渗透
	一级复床除盐处理
	二级除盐处理
	反渗透预脱盐(RO)——一级复床—混床

表 7－11　火电厂后续水处理设备允许进水水质指标

装 置	离子交换	电渗析	反渗透	
			卷式膜 醋酸纤维素	中空纤维膜 聚酰胺素
浊度(度)	逆流再生＜2	＜2	＜0.5	＜0.3
	顺流再生＜5			
COD/$mg \cdot L^{-1}$	＜2.3	＜3	＜1.5	＜1.5
游离氯/$mg \cdot L^{-1}$	＜0.1	＜0.1	0.2～1.0	0
总铁/$mg \cdot L^{-1}$	＜0.3	＜0.3	＜0.05	＜0.05
铝/$mg \cdot L^{-1}$	—	—	＜0.05	＜0.05
表面活性剂/$mg \cdot L^{-1}$	＜0.5	—	检不出	检不出
油分、H_2S 等	—	—	检不出	检不出

火电厂的冷却形式有三种：直流式、密闭式和敞开冷却式。直流式是指用作冷却介质的水工作后直接排放，不作循环。这种冷却形式，一是要有足够的水源，二是对水体有热污染，目前火电厂中已很少采用这种形式。密闭式循环冷却水本身在一个完全密闭的系统中循环运行，基本不需补充水，用水量少，但造价高。目前，在火电厂中运用最广泛的是敞开式冷却水循环系统。在这种系统中，冷却水由热交换器获得的热量，直接在冷却塔或其他设备中散发至大气，在运行中，有蒸发、风吹和排污等损失，故需不断补充水。火电厂对冷却水的水质要求是不致结垢、腐蚀和堵塞等，水质中杂质的含量一般要求至 10^{-6} 级。具体水质要求与凝汽器管材有较大的关系，对采用国产 HA177－2A 铝黄铜管，其适用水质标准见表 7－12。

表 7－12　HA177－2A 铝黄铜管对冷却水质的要求

冷却形式	直　流	敞开循环	备　注
COD_{Mn}/$mg \cdot L^{-1}$	＜4	＜4	
NH_3/$mg \cdot L^{-1}$	＜1	＜1	
S^{2-}/$mg \cdot L^{-1}$	＜0.02	＜0.02	非交替变化浓度
溶解固形物/$mg \cdot L^{-1}$	1 500～36 000	1 500～36 000	
pH	—	＞6.5	
SO_4^{2-}/$mg \cdot L^{-1}$	—	＜1 500	

我国火电厂中绝大部分采用的是湿式除灰系统，水的作用是将粉煤灰带至灰场，因此冲灰水对原水几乎没有什么要求。目前，有的电厂用海水冲灰、用直流式循环冷却水冲灰、灰水回用再冲灰等，有的电厂直接用生活污水冲灰，由于粉煤灰的特殊结构，在冲灰的同时也使污水得到了净化。

2. 火力发电厂废水种类及其处理方式

根据使用过程及所含污染物，火力发电厂的排水划分为工业废水、灰场排水和生活污水。三种废水的基本特点如下。

①工业废水。包括工业冷却水排水、化学水处理系统酸碱再生废水、过滤器反洗废水、锅炉清洗废水、输煤冲洗和除尘废水、含油废水冷却塔排污废水等。由于工业废水的种类多，各类废水的污染物种类、含量和排量不固定，致使工业废水的成分相当复杂，其主要污染物有悬浮物、油、有机物、酚、硫化物等，这类废水排入受纳水体，将会引起不同程度的环境污染，造成生态破坏。

②灰场排水。是指用于冲洗炉渣和除尘器排灰的水，一般经灰场沉降后排出。冲灰水约占全部废水量的40%～50%。冲灰水中的污染物种类及其含量受煤种、燃煤方式及除尘方式影响较大，是电厂排水中较为严重的污染源。冲灰水中超出标准的主要指标是pH值、悬浮物、含盐量和氟等，个别电厂还有重金属和砷等。这类废水的超标排放，不但会增加水中悬浮物的含量，使受纳水体的生物链遭到严重的破坏，而且还会使周围土壤快速盐碱化。

③生活污水。约占火电厂总需水量的10%左右，生活污水中的污染物成分较复杂，主要为生活废料和人的排泄物，其中存在大量适合微生物生活繁殖的有机物。此类废水排入受水体后会使水中有机物剧增，甚至引起受纳水体富营养化。

目前发电厂基本都建有废水处理设施，一般老电厂多采用分散处理的方式，新建电厂多设有污水站进行集中处理。废水治理一般是根据污染物的性质采取不同的工艺，各类废水常见的处理方式见表7-13。

表7-13 发电厂各类废水常见的处理方式

分类	项目	常见处理方式
工业污水	酸碱再生废水	中和
	锅炉清洗废液	炉内焚烧法、化学氧化分解法、吸附法、化学处理法、活性污泥法
	煤场及输煤系统排水	石灰中和、高分子凝聚剂混凝沉淀、澄清水排入受纳水体或再利用。

续表 7-13

分类	项目	常见处理方式
冲灰水	悬浮物超标	沉淀
	pH 值超标	加酸、炉烟处理、直流冷却排水中和方法
	氟超标	钙盐沉淀法、粉煤灰法
生活污水	生活区和生产区污水	活性污泥法、氧化塘法

习　题

7.1　简述水循环的过程及其意义。

7.2　阐述水体的自净作用。

7.3　阐述饮用水处理中加氯消毒和混凝沉淀的原理。

7.4　天然水体中发生的吸附作用有哪几种类型，各自的吸附机理是什么？

7.5　简述水污染物的种类及其危害，为什么要特别关注水环境中的有毒有机污染物？

7.6　根据处理的原理，废水处理方法可分为哪些类型？

7.7　火力发电厂废水种类及其处理方式有哪些？

参考文献

[1]　孙涛，孙颖慧，李培元. 火力发电厂水处理技术. 水处理技术，2001，27(3)：183～186.

[2]　王永红. 火力发电厂的废水处理与节水技术. 内蒙古：内蒙古电力技术，2004，21(4)：10～11，15.

[3]　田秀君，李进，李志军，等. 火力发电厂废水处理的现状与展望. 环境污染治理技术与设备，2005，6(3)：1～4.

[4]　王佩璋. 火力发电厂全厂废水零排放. 电力环境保护，2003，19(4)：25～29.

[5]　李培元. 火力发电厂水处理及其水质控制. 北京：中国电力出版社，1999.

[6]　张敬东. 关于城市生活污水处理后回用于火力发电厂生产用水的探讨. 工业水处理，1999，19(3)：5～8.

第8章　土壤环境化学

8.1　土壤概述

8.1.1　土壤的组成

土壤是由固态岩石经风化而成，由固、液、气三相物质组成的多相疏松多孔体系。土壤固相包括土壤矿物质和土壤有机质，土壤矿物质占土壤固体总重的90%以上；土壤有机质约占固体总重的1%～10%，一般可耕性土壤有机质含量占土壤固体总重的5%，且绝大部分在土壤表层。土壤液相是指土壤中水分及其水溶物。气相指土壤孔隙所存在的多种气体的混合物，典型的土壤约有35%的体积是充满空气的孔隙。此外，土壤中还有数量众多的微生物和土壤动物等。因此，土壤是一个以固相为主的不匀质多相体系。

1. 土壤矿物质

土壤矿物质主要是由地壳岩石(母岩)和母质继承和演变而来，其成分和物质对土壤的形成过程和理化性质都有极大的影响。按成因可将土壤矿物质分为原生矿物和次生矿物两类。

① 原生矿物。是各种岩石受到程度不同的物理风化而未经化学风化的碎屑物，其原来的化学组成和结晶构造未改变，原生矿物质是土壤中各种化学元素的最初来源。土壤中最主要的原生矿物有四类：硅酸盐类(如橄榄石$(Mg,Fe)SiO_4$)、氧化物类(如石英SiO_2)、硫化物类(如黄铁矿FeS_2)和磷酸盐类(如氟磷灰石$[Ca_5(PO_4)_3F]$)。硅酸盐类矿物较易风化，释放出K，Na，Ca，Mg，Fe和Al等元素供植物吸收，同时形成新的次生矿物；氧化物类矿物相当稳定，不易风化，对植物养分意义不大；硫化物类矿物易风化，是土壤中硫元素的主要来源；磷酸盐类矿物是土壤中无机磷的主要来源。

② 次生矿物。次生矿物大多数是由原生矿物经化学风化后，重新形成的新矿物，其化学组成和晶体结构都有所改变。土壤次生矿物颗粒很小，粒径一般小于0.25 μm，具有胶体性质。土壤的许多重要物理性质(如粘结性、膨胀性等)和化学

性质(如吸收、保蓄性等)都与次生矿物密切相关。通常土壤次生矿物可根据性质和结构分为三类:简单盐类(如方解石 $CaCO_3$),氧化物类(如针铁矿($Fe_2O_3 \cdot H_2O$))和次生铝硅酸盐类(如高岭石($Al_4Si_4O_{10}(OH)_8$))。简单盐类属水溶性盐,易淋溶,一般土壤中较少,多存在于干旱和半干旱地区盐渍土中。氧化物类多是硅酸盐矿物彻底风化后的产物,结晶构造简单,常见于湿热的热带和亚热带地区土壤中。次生铝硅酸盐类,是由原生硅酸盐矿物风化后形成的,在土壤中普遍存在,种类很多,是土壤粘粒的主要成分。

2. 土壤有机质

土壤有机质是土壤中有机化合物的总称,包括腐殖质、生物残体和土壤生物。土壤中腐殖质是土壤有机质的主要部分,约占有机质总量的50%～65%,它是一类特殊的有机化合物,主要是动植物残体经微生物作用转化而成的。在土壤中可以呈游离的腐殖酸盐类状态存在,亦可以铁、铝的凝胶状态存在,也可与粘粒紧密结合,以有机-无机复合体等形态存在。

3. 土壤水分

土壤水分主要来自大气降水和灌溉。在地下水位接近地面的情况下,地下水也是上层土壤水分的重要来源。此外,空气中水蒸气冷凝也会成为土壤水分。土壤水分并非纯水,而是土壤中各种成分溶解在水中形成的溶液,不仅含有 Na^+,K^+,Mg^{2+},Ca^{2+},Cl^-,NO_3^-,SO_4^{2-},HCO_3^-等离子以及有机物,还含有无机和有机污染物。因此,土壤水分既是植物养分的主要来源,也是进入土壤的各种污染物向其他环境圈层(如水圈、生物圈)迁移的媒介。

4. 土壤空气

土壤空隙中存在的各种气体混合物称为土壤空气。这些气体主要来自大气,组成与大气基本相似,主要成分是 N_2,O_2,CO_2及水蒸气等,但是又与大气有着明显的差异。土壤空气中 CO_2含量远比大气中的含量高,大气中 CO_2含量为0.02%～0.03%,而土壤中一般为0.15%～0.65%,甚至高达5%,这主要来自生物呼吸及各种有机质分解。土壤空气中 O_2含量则低于大气,这是由于土壤中耗氧细菌的代谢、植物根系的呼吸和种子发芽等因素所致。其次,土壤空气的含水量一般比大气高出很多,并含有某些特殊成分,如 H_2S,NH_3,H_2,CH_4,NO_2,CO 等,这是由于土壤中生物化学作用的结果。另外,一些醇类、酸类及其他挥发性物质也通过挥发进入土壤。最后,土壤中的空气不是连续的,而是存在于相互隔离的孔隙中,使土壤中的空气组成在土壤各处都不相同。

8.1.2　土壤剖面形态

典型的土壤随深度呈现不同的层次(见图8-1)。最上层为覆盖层(A_0),由地面上的枯枝落叶所构成。淋溶层(A)是土壤中生物最活跃的一层,土壤有机质大部分在这一层,金属离子和粘土颗粒在此层中被淋溶得最显著。溶积层(B)受纳来自上一层淋溶出来的有机物、盐类和粘土类颗粒物质。C 层也叫母质层,是由风化的成土母岩构成,母质层下面为未风化的基岩,常用 D 层表示。

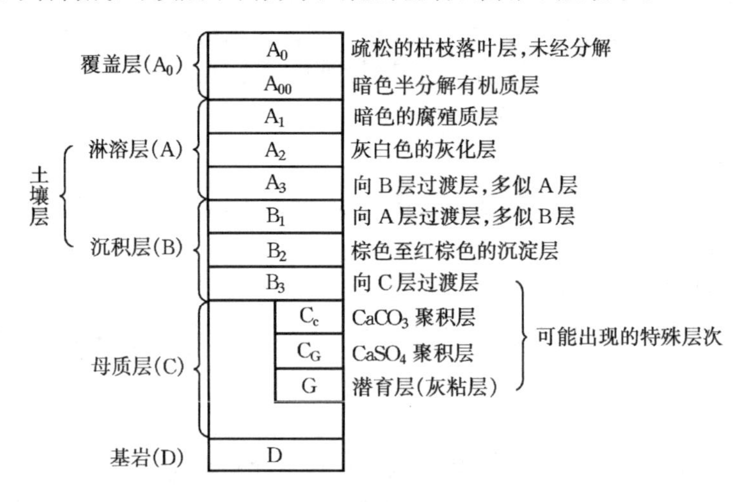

图 8-1　自然土壤的综合剖面图

以上这些层次统称为发生层。土壤发生层的形成是土壤形成过程中物质迁移、转化和积聚的结果,整个土层称为土壤发生剖面。

8.1.3　土壤环境背景值

土壤环境背景值是指未受或少受人类活动(特别是人为污染)影响的土壤本身的化学元素组成及其含量。

土壤环境背景值是一个相对的概念。当今的工业及农用化学品的污染是在世界范围内广为扩散的。因此,“零污染”土壤样本是不存在的,土壤环境背景值只能是尽可能不受或少受人类活动影响的数值,是代表土壤环境发展的一个历史阶段的相对数值。土壤环境背景值是一个范围值,而不是确定值。这是因为受数万年来人类活动及地球化学作用的影响,使地球上不同区域土壤的背景含量有一个较大的变化幅度。

土壤环境背景值是环境科学的基础数据。土壤环境背景值是土壤环境质量评价的基本依据,是制定土壤环境质量标准的基础,是研究污染元素和化合物在土壤环境中化学行为的依据。在土地利用和规划,提高农、林、牧、副、渔业生产水平和品质质量等领域,土壤环境背景值也是重要的参比数据。

8.1.4　土壤环境容量

土壤环境容量是指土壤环境单元所容许承纳的污染物质的最大负荷量。由定义可知，土壤环境容量等于污染起始值和最大负荷值之差，若以土壤环境标准作为土壤环境容量最大允许值，则土壤环境标准值减去背景值就应该是土壤环境容量计算值。目前，环境学界将土壤环境容量进一步定义为："一定土壤环境单元，在一定范围内遵循环境质量标准，既维持土壤生态系统的正常结构与功能，保证农产品的生物学产量与质量，也不使环境系统污染的土壤环境所能容纳污染物的最大负荷值。"

通过对土壤环境容量的研究，有助于我们控制进入土壤污染物的数量。因此，在土壤质量评价、制定"三废"排放标准、灌溉水质标准、污泥使用标准、微量元素累积施用量等方面均发挥着重要的作用。土壤环境容量充分体现了区域环境特征，是实现污染物总量控制的重要基础。有利于人们经济合理地制定污染物总量控制规划，也可充分利用土壤环境的容纳能力。

8.1.5　土壤环境污染

土壤污染是指人类活动产生的污染物质通过各种途径输入土壤，其数量和速度超过了土壤净化作用的速度，破坏了自然动态平衡，使污染物质的积累逐渐占据优势，导致土壤正常功能失调，土壤质量下降，从而影响土壤动物、植物、微生物的生长发育及农副产品的产量和质量的现象。

从上述定义可以看出，土壤污染不但要看含量的增加，还要看后果，即进入土壤的污染物是否对生态系统平衡构成危害。因此，判定土壤污染时，不仅要考虑土壤背景值，更要考虑土壤生态的变异，包括土壤微生物区系（种类、数量、活性）的变化，土壤酶活性的变化，土壤动植物体内有害物质含量对生物和人体健康的影响等。有时，土壤污染物超过土壤背景值，却未对土壤生态功能造成明显影响；有时土壤污染物虽未超过土壤背景值，但由于某些动植物的富集作用，却对生态系统构成明显影响。因此，判断土壤污染的指标应包括两方面，一是土壤自净能力；二是动植物直接或间接吸收污染物而受害的情况。

1. 土壤污染物

土壤环境的污染物种类繁多，从污染物的属性考虑可分为以下几类。

① 有机污染物。主要有合成的有机农药、酚类化合物、石油、稠环芳烃、洗涤剂、农用塑料地膜以及高浓度的可生化降解的有机物等。有机污染物进入土壤后可危及农作物生长和土壤生物的生存，如稻田因施用含二苯醚的污泥，曾造成水稻的大面积死亡和泥鳅、鳝鱼的绝迹。农药在农业生产中起到良好的效果，但其残留

物却在土壤中积累,污染了土壤并进入食物链。

② 无机污染物。土壤中的无机污染物有的是随地壳变迁、火山爆发、岩石风化等天然过程进入土壤,有的则是随人类生产和生活活动进入土壤。如采矿、冶炼、机械制造、建筑、化工等行业,每天都排放出大量的无机污染物质;生活垃圾也是土壤无机污染物的一项重要来源。这些污染物包括重金属、有害元素的氧化物、酸、碱和盐类等。其中尤以重金属污染最具潜在威胁,一旦污染,就难以彻底消除,并且有许多重金属易被植物吸收,最终通过食物链富集危及人类健康。

③ 生物污染物。一些有害的生物,如各类病原菌、寄生虫卵等从外界环境进入土壤后,大量繁殖,从而破坏原有的土壤生态平衡,并可对人畜健康造成不良影响。这类污染物主要来源于未经处理的粪便、垃圾、城市生活污水、饲养场和屠宰场的废弃物等,其中传染病医院未经消毒处理的污水和污物危害最大。近年来,集约化的畜牧养殖所带来的环境问题日益突出,禽流感、甲型 H1N1 流感都与饲养场排放的生物污染物有密切关系。土壤生物污染不仅危害人畜健康,还能危害植物,造成农业减产。

④ 放射性污染物。土壤放射性污染是指各种放射性核素通过各种途径进入土壤,使土壤的放射性水平高于本底值。这类污染物来源于大气沉降、污灌、固废的填埋处置、施肥及核工业等几方面。放射性污染程度一般较轻,但污染范围广泛。放射性衰变产生的 α、β、γ 射线能穿透动植物组织,损害细胞,造成外照射损伤,或通过呼吸和吸收进入动植物体,造成内照射损伤。

2. 土壤污染源

土壤是一个开放的体系,土壤与其他环境要素间不断地进行着物质与能量的交换 ,因而导致污染物质来源十分广泛。有天然污染源,也有人为污染源。天然污染源是指自然界的自然活动(如火山爆发向环境排放的有害物质);人为污染源是指人类排放的污染物的活动。后者是土壤环境污染研究的主要对象。根据污染物进入土壤的途径可将土壤污染源分为以下几个方面。

① 污水灌溉。是指利用城市生活污水和某些工业废水或生活和生产排放的混合污水进行农田灌溉。由于污水中含有大量作物生长需要的 N,P 等营养物质,使得污水可以变废为宝,因而污水灌溉曾一度广为推广。然而,在污水中营养物质被再利用的同时,污水中的有毒有害物质却在土壤中不断积累,导致了土壤污染。例如,沈阳的张氏灌区在 20 多年的污水灌溉中产生了良好的农业经济效益,但却造成了 2 500 ha 的土地受到镉污染,其中 33 ha 的土壤镉含量高达 5～7 mg/kg,稻米含镉 0.4～1.0 mg/kg,有的高达 3.4 mg/kg。又如,京津塘地区污水灌溉导致北京东郊 60%土壤遭受污染。污染的糙米样品数占监测样品数的 36%。

② 固体废弃物的土地利用。固体废弃物包括工业废渣、污泥和城市生活垃圾

等。由于污泥中含有一定养分，因而常被用作肥料施于农田。污泥成分复杂，与灌溉相同，施用不当势必造成土壤污染，一些城市历来都把垃圾运往农村，这些垃圾通过土壤填埋或施用农田得以处置，但却对土壤造成了污染与破坏。

③ 农药和化肥等农用化学品的施用。施在作物上的杀虫剂大约有一半左右流入土壤。进入土壤中的农药虽然可通过生物降解、光解和化学降解等途径得以部分降解，但对于有机氯等这样的长效农药来说，降解过程却十分缓慢。这些降解缓慢的农药会经由土壤，通过食物链的富集作用，对高等生物和人类的健康产生危害。

化肥的不合理施用可促使土壤养分平衡失调，如硝酸盐污染。另外，有毒的磷肥，如三氯乙醛磷肥是由含三氯乙醛(CCl_3CHO)的废硫酸生产而成的，施用后，三氯乙醛可转化为三氯乙酸 (CCl_3COOH)，两者均可毒害植物。另外，磷肥中的重金属，特别是镉，也是不容忽视的问题。世界各地磷矿含镉一般在 1～110 mg/kg，甚至有个别矿高达 980 mg/kg。据估计，我国每年随磷肥进入土壤的总镉含量约为 37 t，因而有理由认为含镉磷肥是一种潜在的污染源。

④ 大气沉降。在金属加工过程集中地和交通繁忙的地区，往往伴随有金属尘埃进入大气(如含铅污染物)。这些飘尘自身降落后随雨水接触植物体，或进入土壤后被动植物吸收。通常，在大气污染严重的地区会有明显的由沉降引起的土壤污染。此外，酸沉降也是一种土壤污染源。我国长江以南的大部分地区属于酸性土壤。在酸雨作用下，土壤渐酸化、养分淋溶、结构破坏、肥力下降、作物受损，从而破坏了土壤的生产力。此外，还有其他非金属和放射性有害散落物，也可随大气沉降造成土壤污染。

8.2　土壤特性

8.2.1　土壤胶体与吸附性

土壤胶体是指土壤中颗粒直径小于 1 μm(10^{-6})，具有胶体性质的微粒。一般土壤中的粘土矿物和腐殖质都具有胶体性质。土壤胶体可按成分及来源分为三大类。

① 有机胶体。主要是生物活动产物，是高分子有机化合物，呈球形、三维空间网状结构，胶体直径在 20～40 nm 之间。如腐殖质、木质素、纤维素、蛋白质等。

② 无机胶体。主要包括土壤矿物和各种水合氧化物，如粘土矿物以及 Fe，Al，Mn，Ti 的水合氧化物。

③ 有机-无机复合体。是由土壤中一部分矿物胶体和腐殖质胶体结合在一起

所形成。这种结合可能是通过金属离子桥键(如通过钙离子、铝离子或铁离子)将二者连接起来,也可能通过交换阳离子周围的水分子氢键来完成。

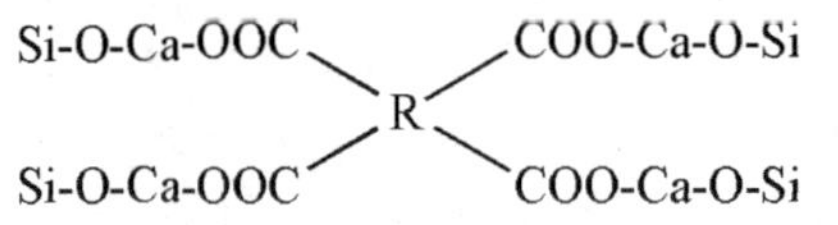

土壤胶体有以下几个方面的特性。

① 土壤胶体具有巨大的比表面和表面能。比表面是单位重量(或体积)物质的表面积。一定体积的物质被分割时,随着颗粒数的增多,比表面也显著地增大。

物体表面分子与内部分子所处条件不同,物体内部分子在各方面都与它相同的分子相接触,受到的吸引力相等,而处于表面的分子受到的吸引力不等,从而使表面分子具有一定的自由能,即表面能,使之具有吸附性。物质的比表面愈大,表面能也愈大,吸附性质表现也愈强。

② 土壤胶体的电性。土壤胶体微粒具有双电层(如图 8-2),微粒的内部称胶核,一般带负电荷,形成一个负离子层(即决定电位离子层),其外部由于电性吸引而形成一个正离子层(即反离子层,包括非活性离子层和扩散层),合称为双电层,也有的土壤胶体带正电,其外部则为负离子层。决定电位层与液体间的电位差通常叫热力电位,在一定胶体体系中它是不变的。在非活性离子层与液体之间的电位差叫电动电位,它的大小视扩散层厚度而定,随扩散层厚度增大而增加。扩散层厚度决定于补偿离子的性质,电荷数量少、水化程度大的补偿离子(如 Na^+)形成的扩散层较厚;反之,扩散层较薄。

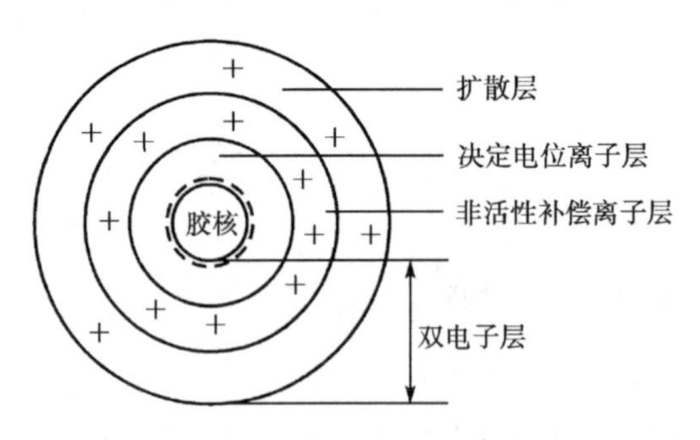

图 8-2　土壤胶体的构造-双电层

③ 土壤胶体还具有凝聚性和分散性。由于胶体比表面和表面能都很大,为减小表面能,胶体具有相互吸引、凝聚的趋势,这就是胶体的凝聚性。但是在土壤溶液中,胶体常带负电荷,具有负的电动电位,所以胶体微粒又因相同电荷而相互排斥。电动电位越高,排斥越强,胶体微粒呈现出的分散性也越强。

影响土壤凝聚性的主要因素是土壤胶体的电动电位和扩散层厚度。例如，当土壤溶液中阳离子增多，由于土壤胶体表面负电荷被中和，从而加强了土壤凝聚。阳离子改变土壤凝聚作用的能力与种类和浓度有关。一般，土壤溶液中常见的阳离子的凝聚能力顺序如下：

$$Na^{+} < K^{+} < NH_4{}^{+} < H^{+} < Mg^{2+} < Ca^{2+} < Al^{3+} < Fe^{3+}$$

此外，土壤溶液中电解质浓度、pH 值也将影响其凝聚性能。

④ 土壤胶体的离子交换吸附。土壤胶体双电层的扩散层中的补偿离子可以和溶液中相同电荷的离子以离子价为依据作等价交换，称为离子交换吸附。鉴于胶体所带电荷性质不同，离子交换作用包括阳离子交换吸附和阴离子交换吸附两类作用。

土壤中常见阳离子交换能力顺序如下：

$$Fe^{3+} > Al^{3+} > H^{+} > Ba^{2+} > Sr^{2+} > Ca^{2+} > Mg^{2+} > Pb^{2+} > K^{+} > NH_4{}^{+} > Na^{+}$$

土壤的可交换性阳离子有两类：一类是致酸离子包括 H^{+} 和 Al^{3+}；另一类是盐基离子，包括 Ca^{2+}，Mg^{2+}，K^{+}，Na^{+}，NH_4^{+} 等。当土壤胶体上吸附的阳离子有一部分为致酸离子，则这种土壤为盐基不饱和土壤。土壤交换性阳离子中盐基离子所占百分数称为土壤盐基饱和度，即

$$盐基饱和度(\%)=[交换性盐基总量(c\ mol/kg)/阳离子交换量(c\ mol/kg)]\times 100\% \qquad (8-1)$$

土壤盐基饱和度与土壤母质、气候等因素有关。

阴离子交换吸附比较复杂，它可与胶体微粒（如酸性条件下带正电荷和含水氧化铁、铝）或溶液中阳离子（Ca^{2+}，Al^{3+}，Fe^{3+}）形成难溶性沉淀而被强烈地吸附。如 $PO_4{}^{3-}$，$HPO_4{}^{2-}$ 与 Ca^{2+}，Al^{3+}，Fe^{3+} 可形成 $CaHPO_4 \cdot 2H_2O$，$Ca_3(PO_4)_2$，$FePO_4$，$AlPO_4$等难溶性沉淀。由于 Cl^{-}，$NO_3{}^{-}$，$NO_2{}^{-}$ 等离子不能形成难溶盐，故它们不被或很少被土壤吸附。

土壤中阴离子交换吸附顺序如下：

F^{-} > 草酸根 > 柠檬酸根 > $PO_4{}^{3-}$ > $AsO_4{}^{3-}$ > 硅酸根 > $HCO_3{}^{-}$ > $H_2BO_3{}^{-}$ > 醋酸根 > SCN^{-} > $SO_4{}^{2-}$ > Cl^{-} > $NO_3{}^{-}$

8.2.2　土壤的酸碱性

土壤的酸碱性是土壤的重要理化性质之一，主要决定于土壤中含盐基的情况。土壤的酸碱度一般以 pH 值表示。我国土壤 pH 值大多在 4.5～8.5 之间，呈"东南酸，西北碱"的规律。

1. 土壤酸度

土壤中的 H^{+} 存在于土壤孔隙中，易被带负电的土壤颗粒吸附，具有置换被土

粒吸附的金属离子的能力。酸雨、化肥和土壤微生物都会给土壤带来酸性。土壤酸度可分为活性酸度和潜性酸度两种。

① 活性酸度。又称有效酸度，是土壤溶液中游离 H^+ 浓度直接反映出的酸度，通常用 pH 表示。

土壤溶液中氢离子的来源，主要是土壤中 CO_2 溶于水，形成碳酸和有机物质分解产生的有机酸，以及土壤中矿物质氧化产生的无机酸，还有施用的无机肥料中残留的无机酸，如硝酸、硫酸和磷酸等。此外，由于大气污染形成的大气酸沉降，也会使土壤酸化，所以它也是土壤活性酸度的一个重要来源。

② 潜性酸度。土壤潜性酸度的来源是土壤胶体吸附的可代换性离子，如 H^+ 和 Al^{3+}，当这些离子处于吸附状态时不显酸性，但当它们通过离子交换进入土壤溶液后，可增大土壤溶液 H^+ 浓度，使 pH 值降低。

土壤中活性酸度和潜性酸度是一个平衡体系中的两种酸度。二者可以相互转换，在一定条件下处于暂时的平衡状态。有活性酸度的土壤必然会导致潜性酸度的生成，有潜性酸度存在的土壤也必然会产生活性酸度。土壤活性酸度是土壤酸度的根本。土壤胶体是 H^+ 和 Al^{3+} 的储存库，潜性酸度则是活性酸度的储备。

土壤的潜性酸度往往比活性酸度大得多，二者的比例，在砂土中约为 1 000；有机质丰富的粘土中则高达 $5\times10^4\sim1\times10^5$。

2. 土壤碱度

当土壤溶液中 OH^- 浓度超过 H^+ 浓度时就显示碱性。土壤溶液中存在着弱酸强碱性盐类，其中最多的弱酸根是 CO_3^{2-} 和 HCO_3^-，它们和碱土金属(Ca，Mg)的盐类是土壤溶液 OH^- 的主要来源。因此，常把碳酸根和重碳酸根的含量作为土壤液相的碱度指标，可用中和滴定法来测定。

当土壤胶体上吸附的 Na^+，K^+，Mg^{2+}(主要是 Na^+)等离子的饱和度增加到一定程度时，会引起交换性阳离子的水解作用，结果在土壤溶液中产生 NaOH，使土壤呈碱性。此时，Na^+ 饱和度亦称为土壤碱化度。

需要指出的是，胶体上吸附的盐基离子不同，对土壤 pH 值或土壤碱度的影响也不同。

3. 土壤的缓冲性能

土壤具有缓和酸碱度激烈变化的能力，它可以保持土壤反应的相对稳定，为植物生长和土壤生物的活动创造比较稳定的生活环境。

首先，土壤溶液中有碳酸、硅酸、腐殖酸和其他有机酸等弱酸及其盐类，构成了一个良好的酸碱缓冲体系。以碳酸及其钠盐为例，当加入盐酸时，碳酸钠与它作用形成中性盐和碳酸，大大抑制了土壤酸度的提高。

$$Na_2CO_3 + 2HCl \rightleftharpoons 2NaCl + H_2CO_3 \tag{8-2}$$

当加入 $Ca(OH)_2$时，碳酸与它作用。形成溶解度较小的碳酸钙，也限制了酸碱度的变化范围。

$$H_2CO_3 + Ca(OH)_2 \rightleftharpoons CaCO_3 + 2H_2O \tag{8-3}$$

土壤中某些有机酸（如氨基酸、胡敏酸等）是两性物质，具有缓冲作用，如氨基酸所含的氨基和羧基可分别中和酸和碱，从而对酸和碱都有缓冲能力，即

$$R—CH\begin{matrix}NH_2\\COOH\end{matrix} + HCl \longrightarrow R—CH\begin{matrix}NH_3Cl\\COOH\end{matrix} \tag{8-4}$$

$$R—CH\begin{matrix}NH_2\\COOH\end{matrix} + NaOH \longrightarrow R—CH\begin{matrix}NH_2\\COONa\end{matrix} + H_2O \tag{8-5}$$

其次，土壤胶体吸附有各种阳离子，其中盐基离子和氢离子能分别对酸和碱起缓冲作用。以 M 代表盐基离子，则对酸碱的缓冲作用表示如下：

$$\boxed{土壤胶体}— M + HCl \rightleftharpoons \boxed{土壤胶体}— H + HCl \tag{8-6}$$

$$\boxed{土壤胶体}— H + MOH \rightleftharpoons \boxed{土壤胶体}— M + H_2O \tag{8-7}$$

土壤胶体数量和盐基代换量越大，土壤缓冲性能越强，在代换量一定的条件下，盐基饱和度愈高，对酸缓冲力愈大；盐基饱和度愈低，对碱缓冲力愈大。

此外，铝离子对碱有缓冲作用。在 $pH<5$ 的酸性土壤中，土壤溶液 Al^{3+} 有 6 个水分子围绕着，当加入碱类使土壤溶液中 OH^- 离子增多时，铝离子周围的 6 个水分子中有 1、2 个水分子离解出 H^+，与加入 OH^- 中和，并发生如下反应：

$$2Al(H_2O)_6^{3+} + 2OH^- \rightleftharpoons [Al_2(OH)_2(H_2O)_8]^{4+} + 4H_2O \tag{8-8}$$

水分子离解出来的 OH^- 则留在铝离子周围，这种带有 OH^- 的铝离子很不稳定，它们要聚合成更大的离子团，可多达数十个铝离子相互聚合成离子团。聚合的铝离子团越大，解离出的 H^+ 越多，对碱的缓冲能力就越强。在 $pH>5.5$ 时，铝离子开始形成 $Al(OH)_3$沉淀，而失去缓冲能力。

8.2.3　土壤的氧化及还原性

土壤中有许多有机和无机的氧化性和还原性物质，而使土壤具有氧化-还原特性。这对土壤中物质的迁移转化具有重要影响。

土壤中主要的氧化剂有土壤中的 O_2，NO_3^- 和高价金属离子（如 Fe^{3+}，Mn^{4+}，Ti^{6+} 等）。土壤中主要的还原剂有有机质和低价金属离子（如 Fe^{2+}，Mn^{2+} 等）。此

外，植物根系和土壤生物也是土壤中氧化还原反应的重要参与者。主要的氧化还原体系如表 8-1。土壤氧化还原能力的大小常用土壤的氧化还原电位(Eh)衡量，其值是以氧化态物质与还原态物质的相对浓度比为依据的。由于土壤中氧化还原物质组分十分复杂，因此计算土壤的实际氧化还原电位(Eh)很困难。主要以实际测量的土壤氧化还原电位(Eh)衡量土壤的氧化还原性。一般旱地土壤 Eh 值为 +400～+700 mV，水田 Eh 值为 −200～+300 mV。

根据土壤 Eh 值可确定土壤中有机质和无机物可能发生的氧化还原反应和环境行为。当土壤的 Eh 值大于 700 mV 时，土壤完全处于氧化条件下，有机物质会迅速分解；当 Eh 值在 400～700 mV 时，土壤中氮素主要以 NO_3^- 形式存在；当土壤渍水时，Eh 值降至 −100 mV，Fe^{2+} 浓度已经超过 Fe^{3+}；Eh 值低于 −200 mV 时，H_2S 大量产生，Fe^{2+} 就会变成 FeS 沉淀了，降低了其迁移能力。其他变价金属离子在土壤中不同氧化还原条件下的迁移转化行为与水环境相似。

表 8-1 土壤氧化还原体系

体　系	氧化态	还原态	$E0$(pH=0.0)
氧体系	O	H_2O	1.23 V
氢体系	H	H_2	0.00 V
碳体系	CO_2	CO 或 C	−0.12 V
铁体系	Fe(Ⅲ)	Fe(Ⅱ)	−0.12 V
锰体系	Mn(Ⅳ)	Mn(Ⅱ)	1.23 V
硫体系	SO_4^{2-}	SO_3^{2-}	0.17 V
		H_2S	0.61 V
氮体系	NO_3^-	NO_2^- N_2，NH_4^+，CH_4	0.94V
铜体系	Cu(Ⅱ)	Cu(Ⅰ)	0.17V

8.2.4 土壤的生物活性

土壤中的生物成分使土壤具有生物活性，这对于土壤形成中物质和能量的迁移转化起着重要的作用，影响着土壤环境的物理化学和生物化学过程、特征和结果。土壤的生物体系由微生物区系、动物区系、微动物区系和植物根系组成，其中尤以微生物最为活跃。

土壤环境为微生物的生命活动提供了矿物质营养元素、有机和无机碳源、空气和水分等，是微生物的重要聚集地。土壤微生物种类繁多，主要类群有细菌（放线菌）、真菌和藻类，它们个体小，繁殖迅速，数量大，易发生变异。据测定，土壤表层每克土中含微生物数目：细菌为 $10^8 \sim 10^9$ 个，放线菌为 $10^7 \sim 10^8$ 个，真菌为 $10^5 \sim 10^6$ 个，藻类为 $10^4 \sim 10^5$ 个。

土壤微生物是土壤肥力发展的决定性因素。自养型微生物可以从阳光或通过氧化无机物摄取能源，通过同化 CO_2 取得碳源，构成有机体，从而为土壤提供有机质。异养微生物通过对有机体的腐生、寄生、共生和吞食等方式获取食物和能源，成为土壤有机质分解和合成的主宰者。土壤微生物能将不溶性盐类转化为可溶性盐类，把有机质矿化为能被吸附利用的化合物。固氮菌能固定空气中的氮素，为土壤提供氮；微生物分解和合成腐殖质可改善土壤的理化性质。此外，微生物的生物活性在土壤污染物迁移转化的进程中起着重要作用，有利于土壤的自净过程，并能减轻污染物的危害。

土壤植物根系和动物区系作为土壤生态环境的重要组成，对于污染物的迁移转化也起着重要的作用。

8.3　污染物在土壤-植物体系的迁移转化机制

污染物在土壤-植物体系的迁移机制如图 8-3 所示，主要是通过植物自身的光合、呼吸、蒸腾和分泌等代谢活动与环境中的污染物质和微生态环境发生交互反

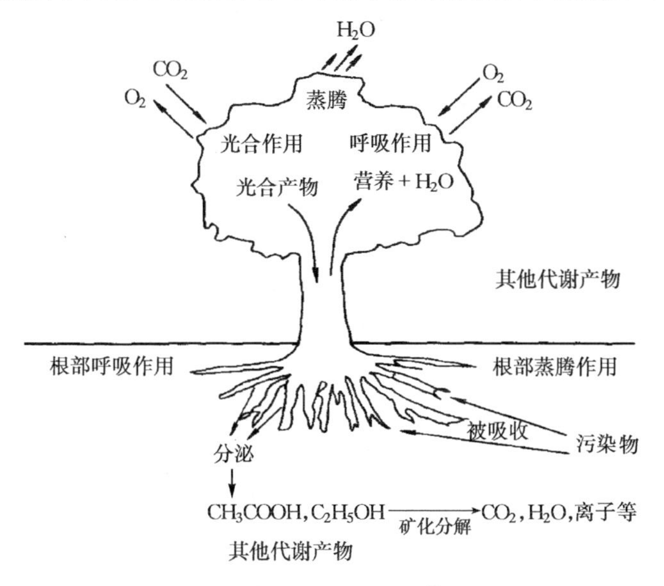

图 8-3　污染物在土壤-植物体系迁移机制

应，从而吸收、分解、挥发和固定污染物。

8.3.1 植物吸收、排泄与累积

植物的新陈代谢过程中始终伴有对污染物质的吸收、排泄和积累过程。

1. 植物吸收

植物为了维持正常的生命活动，必须不断地从周围环境中吸收水分和营养物质。植物体的各个部位都具有一定的吸收水分和营养物质的能力，只是能力大小不同，其中根是最主要的吸收器官，能够从其生长的介质(土壤或水体)中吸收水分和矿质元素。植物对土壤或水体中污染物质的吸收具有广泛性，这是因为植物在吸收营养物质的过程中，除了对少数几种元素表现出选择性吸收外，对大多数物质并没有绝对严格的选择作用，对不同的元素来说只是吸收能力的大小不同而已。

2. 植物排泄

植物也像动物一样，需要不断地向外排泄体内多余的物质和代谢废物，这些物质的排泄常常是以分泌物或挥发的形式进行。植物排泄的途径通常有两条。一条途径是经过根吸收后，再经叶片或茎等地上器官排出去。如某些植物将羟基卤素、汞、硒从土壤溶液中吸收后，将其从叶片中挥发出去。高粱叶鞘可以分泌一些类似蜡质的物质，将毒素排泄出体外。另一条途径是经叶片吸收后，通过根分泌排泄，如1,2-二溴乙烷($C_2H_4Br_2$)通过烟草和萝卜叶片吸收，然后迅速将其从根排泄。其他的如酚类污染物、苯氧基乙酸($C_8H_8O_3$)，2,4-二氯苯氧乙酸(2,4-D，$C_8H_6Cl_2O_3$)和2,4,5-三氯苯氧基乙酸($C_8H_5Cl_3O_3$)也都是从叶片吸收后再通过根分泌排泄的。此外，植物为了免受伤害而得以生存，也常会分泌一些激素(如脱落酸)来促使积累高含量污染物质的器官(如老叶)加快衰老速度而脱落，重新长出新叶用以生长，进而排出体内有害物质，这种“去旧生新”的方式也是植物排泄污染物质的一条途径。

3. 植物积累

进入植物体内的大部分污染物质，与蛋白质或多肽等物质具有较高的亲和性，因而长期存留在植物的组织或器官中，在一定的时期内不断积累增多，形成富集的现象，还可在某些植物体内形成超富集 (hyper-accumulation)，这是植物修复的理论基础之一。超富集植物在超量积累重金属的同时还能够正常生长。通常用富集系数(bioaccumulation factor, BCF)表征植物对某种元素或化合物的积累能力。

BCF＝植物体内某种元素的含量/土壤中该种元素的含量

用位移系数(translocation factor，TF)来表征某种重金属元素或化合物从植物根部到植物地面上部的转移能力如下：

TF＝植物地上部某种元素的含量/植物根部该种元素的含量

富集系数越大，表示植物积累该种元素的能力越强。同样，位移系数越大，说明植物由根部向地上部运输重金属元素或化合物的能力越强。

4. 植物吸收、排泄和积累间的关系

植物对污染物质的吸收、排泄和积累的过程始终是一个动态过程（如图8－4），在植物生长的某个时期可能会达到某种平衡状态，随后因一些影响条件的改变而打破，并随植物生育时期的进展，再不断建立新的平衡，直到植物体内污染物质含量达到最大量，即临界含量，亦即吸收达饱和状态时，植物对污染物质的积累才基本不再增加。

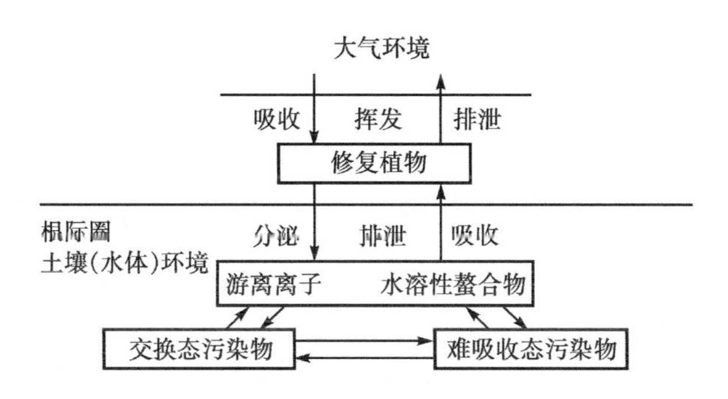

图 8－4　植物对根际圈污染物质吸收、排泄与积累的关系

根据植物根对土壤中污染物质吸收的难易程度，可将土壤中污染物大致分为可吸收态、交换态和难吸收态三种状态。土壤溶液中的污染物，如游离离子及螯合离子，易被植物根所吸收，被称之为可吸收态；残渣态等难为植物吸收的被称之为难吸收态；而介于两者之间的便是交换态，主要包括被黏土和腐殖质吸附的污染物。可吸收态、交换态和难吸收态污染物之间经常处于动态平衡，可溶态部分的重金属一旦被植物吸收而减少时，便主要从交换态部分来补充；而当可吸收态部分因外界输入而增多时，则促使交换态向难吸收态部分转化。这三种形态在某一时刻可达到某种平衡，但随着环境条件（如植物吸收、螯合作用及温度、水分变化等）的改变而不断地发生着变化。

8.3.2　植物根的生理作用

根是植物体重要的器官，它具有固定植株、吸收土壤中水分和矿质营养、合成和分泌有机物等生理特性。

首先，植物根具有深纤维根效应。根所触到的根际环境会因根的深度和分枝的伸展模式不同而不同。植物根系的生长能不同程度地打破土壤的物理化学结构，使土壤产生大小不等的裂缝和根槽，这可以使土壤通风，并为土壤中挥发和半挥发性污染物质的排出起到导管的作用。

其次，根可以通过吸收和吸附作用在根部积累大量的污染物质，加强了对污染物质的固定。根际圈内较高的有机质含量可以改变有毒物质的吸附、改变污染物的生物可利用性和淋溶性。根际圈的微生物可促进有毒物质与腐殖酸的共聚作用。另外，植物本身受到果胶和木质素保护，可以去除或吸附高分子疏水化合物，阻止污染物进入植物的根。

再次，根还有生物合成的作用，可以合成多种氨基酸、植物碱、有机氮和有机磷等有机物，并向周围土壤中分泌有机酸、糖类物质、氨基酸和维生素等有机物，这些分泌物能不同程度地降低根际圈内污染物质的可移动性和生物有效性，减少污染物对植物的毒害。

另外，植物具有多种物理和生化防范功能，阻止有毒物质的浸入，并排斥根表的多种非营养物质进入植物体。

8.3.3　植物根际圈生态环境对污染物质迁移转化的影响

1. 植物根际圈

植物根际圈是指由植物根系和土壤微生物之间相互作用而形成的独特圈带。植物根不断地向根际圈输入光合产物，并且枯死的根细胞和植物分泌物的积累使根际圈演变成一块十分富饶的土壤。以植物的根系为中心，根际圈聚集了大量的细菌、真菌等微生物，蚯蚓、线虫等一些土壤动物，构成独特的“生态修复单元”。根际圈包括根系、与之发生相互作用的生物，以及受这些生物活动影响的土壤，它的范围一般是指离根表几毫米到几厘米的圈带。

2. 植物-微生物-污染物在根际圈的相互作用

植物的根系、土壤微生物和土壤动物之间形成了互生、共生、协同及寄生的关系。生长于污染土壤中的植物，首先通过根际圈与土壤中污染物质接触，有害物质在植物根际圈被微生物降解。根际微生物群落提供的这种外部保护对微生物和植物双方是互利互惠的。微生物受益于植物的营养供给；反过来，植物受益于由根际圈微生物对土壤中有机有毒物质的脱毒作用。当土壤中因化学品出现而产生压力时，植物的响应是增加根际圈的分泌物，其结果导致微生物群落增加了对毒性物质的转化率。

3. 植物根际圈的生物降解

植物根际圈为好氧、兼性厌氧及厌氧微生物的同时生存提供了有利的生境，各种微生物可利用不同有机污染物为营养源进行生长繁殖。首先，植物发达的根系为微生物附着提供了巨大的表面积，易于形成生物膜，促进了污染物被微生物降解利用；其次，植物借助于光能这一清洁能源为推动力进行光合作用，能将部分可溶性污染物及被微生物分解的污染物同化吸收。同时，光合过程中生成的 O_2 可通过茎根输向水体或土壤，使根区周围依次形成多个好氧、缺氧与厌氧小区，为好氧、兼性厌氧及厌氧微生物的生存提供了良好的生境。对同一种污染物的矿化而言，混合微生物群落比单一微生物群落更为有效。污染物有时不能被氧化它们的那组微生物所同化，但是却可以被其他的微生物种群转化。这种共栖关系可以增强难降解污染物的矿化，从而防止有机有害污染物中间体的产生与积累。

8.4　土壤污染预防与控制

1. 控制和消除土壤污染源

采取措施控制进入土壤中的污染物的数量和速度，同时利用和强化土壤本身的净化能力来达到消除污染物的目的。

(1) 控制和消除工业“三废”的排放。大力推广循环工业，实现无毒工艺，倡导清洁生产和生态工业的发展；对可利用的工业“三废”进行回收利用，实现化害为利；对于不可利用又必须排放的工业“三废”，则要进行净化处理，实现污染物达标排放。

(2) 合理施用化肥和农药等农用化学品。禁止和限制使用剧毒、高残留农药，大力发展高效、低毒、低残留农药。根据农药特性合理施用，指定使用农药的安全间隔期。发展生物防治措施，实现综合防治，既要防止病虫害对农作物的威胁，又要做到高效经济地把农药对环境和人体健康的影响限制在最低程度。应合理地使用化肥，严格控制本身含有有毒物质的化肥品种的适用范围和数量。合理经济地施用硝酸盐和磷酸盐肥料，以避免使用过多，造成土壤污染。

(3)加强土壤污灌区的监测和管理。对于污水灌溉和污泥施肥的地区则要经常检测污水和污泥及土壤中污染物质成分、含量和动态变化情况，严格控制污水灌溉和污泥施肥施用量，避免盲目地污灌和滥用污泥，以免引起土壤的污染。

2. 增强土壤环境容量和提高土壤净化能力

通过增加土壤有机质含量，利用沙土掺粘土的方式来改良沙性土壤，以增加土壤胶体的种类和数量，从而增加土壤对有毒有害物质的吸附能力和吸附量，来减少污染物在土壤中的活性。另外，通过分离和培育新的微生物品种，改善微生物的土壤环境条件，以增加微生物的降解作用，提高土壤的净化功能。

3. 污染土壤修复

污染土壤修复是指通过物理、化学、生物、生态学原理，并采用人工调控措施，使土壤污染物浓(活)度降低，实现污染物无害化和稳定化，以达到人们期望的解毒效果的技术措施。目前，理论上可行的修复技术有植物修复、微生物修复、化学修复、物理修复和综合修复等几大类。有些修复技术已经进入现场应用阶段，并取得了较好的效果。污染土壤的修复，对阻断污染物进入食物链，防止对人体健康造成危害，促进土地资源保护和可持续发展具有重要意义。目前，关于该技术的研发主要集中于可降解有机污染物和重金属污染土壤的修复两大方面。

习　题

8.1　解释下列名词：

土壤环境背景值；土壤环境容量；富集系数；植物根际圈

8.2　问答题：

(1)试述土壤的物质组成和剖面形态。

(2)简述土壤具有哪些基本性质。

(3)土壤污染来源和污染途径有哪些？土壤污染物有哪几类？

(4)试述土壤胶体性及其对土壤有何意义。

(5)富集系数和位移系数的科学意义是怎样的？简述两者之间的区别与联系。

(6)简述植物、根际微生物和污染物之间的相互作用。

(7)谈一谈你对污染土壤生物修复的理解，试论其应用前景。

参考文献

[1]　刘培桐.环境学概论.北京:高等教育出版社,1995.

[2]　赵美萍,邵敏.环境化学.北京:北京大学出版社,2005.

[3]　牟树森,青长乐.环境土壤学.北京:中国农业出版社,1993.

[4]　吴毅文,陈金华.保护人类生存之本:土壤.北京:中国环境科学出版社,2001.

[5]　王云,魏复盛.土壤环境元素化学.北京:中国环境科学出版社,1995.

[6]　李天杰.土壤环境学-土壤环境污染防治与土壤生态保护.北京:高等教育出版社,1996.

[7]　周启星.污染土壤修复的技术再造与展望.环境污染治理技术与设备,2002,3(8):36-40.

[8]　程国玲,李培军,王凤友,等.多环芳烃污染土壤的植物与微生物修复研究进

展.环境污染治理技术与设备,2003,4(6):30－36.
[9]　周启星.污染土地就地修复技术研究进展及展望.1998,11(4):207－211.
[10] 沈德中. 污染环境的生物修复. 北京:化学工业出版社,2002.
[11] 张从，夏立江. 污染土壤生物修复技术. 北京:中国环境科学出版社，2000.
[12] 周启星,宋玉芳,等. 污染土壤修复原理与方法. 北京:科学出版社,2004.

第9章　核化学概念、应用及安全

9.1　核化学的基本概念

核化学是一门用化学方法或化学与物理相结合的方法研究原子核及核反应的学科。核化学起始于1898年居里夫妇对钋和镭的分离和鉴定。研究范围包括核性质、核结构、核转变的规律以及核转变的化学效应，同时还包括有关研究成果在各个领域的应用。本节着重介绍与核化学有关的基础概念。

①核化学(nuclear chemistry)。研究原子核(稳定性和放射性)反应、性质、结构、分离、鉴定及其应用的一门学科。

②核子(nucleon)。指组成原子核的基本粒子，如质子和中子都是核子。

③核素(nuclide)。具有确定电荷数(质子数，即原子序数)Z和质量数N的原子核所对应的原子。例如天然存在的铀元素由三种核素组成，它们的Z都是92，而质量数N分别为234，235和238，它们互称同位素，化学性质相同而核性质不同。

④核化学方程式。用于表示核变化过程的方程式，只是不用表明核素的状态。书写时要特别遵守两条规则：①方程式两端的质量数之和相等；②方程式两端的原子序数之和相等，例如

$$ {}_{Z}^{M}\mathrm{X} \longrightarrow {}_{2}^{4}\mathrm{He} + {}_{Z-2}^{M-4}\mathrm{Y} \tag{9-1}$$

⑤放射性(radioactivity)。即不稳定原子核自发放射出α，β和γ射线的现象。可分为“天然放射性”和“人工放射性”。放射性在工业、农业和医疗方面的应用具有极重要的价值和广阔的发展前途。

⑥放射性衰变(radioactive decay)。指由原来的核素(母体)或者变为另一种核素(子体)，或者进入另一种能量状态的过程。根据发射出射线的性质可将最常见的衰变方式分为α衰变、β衰变、γ衰变，分别放射出α射线、β射线、γ射线。

⑦放射系(radioactive series)。自然界存在的放射性核素大多具有多代母子体衰变过程。它们经过多代子体放射性核素最后衰变生成稳定核素，这一过程中发生的一系列核反应，被称之为放射系。自然界存在铀系、钍系和锕系三大天然放

射系。

⑧放射性活度(activity)。是指通过实验观察得到的放射性物质的衰变速度。

⑨核力(nuclear force)。核子之间特有的相互作用力,强度大,力程短。作用范围在 2 fm。通常认为核力是由于核子间交换 π 电子而产生的,它能克服质子之间的库仑斥力,将原子核中的核子维系在一起。

⑩质量亏损(mass defect)。原子核的质量小于它所含有的各核子独立存在时的总质量,这两者的差额称为质量亏损,用 δm 表示,说明当核子集合成原子核时要放射出结合能。它的数值越大原子核就越稳定。

⑪核的结合能(nuclear binding energy)。由核子结合成原子核时质量减少了 δm,根据爱因斯坦的质能关系式($\delta E = mc^2$),其能量应该相应地减少,减少的能量即核的结合能,符号用 E_B 表示。例如,^2H 核的结合能为:

$$E_B(^2H) = \delta mc^2 = 931.5\ \text{MeV} \cdot \text{u}^{-1} \times 0.002\ 389\ 3\ \text{u} \approx 2.225\ 6\ \text{MeV}$$

⑫核裂变(nuclear fission)。指大核分裂成为小核的过程。普通的核武器和核电站都依赖于裂变过程产生的能量。

⑬核反应堆(nuclear reactor)。指通过受控核裂变反应获得核能的一种装置。使裂变链反应持续和可控进行的关键在于控制中子的数目,使裂变产生的中子数等于各种过程消耗的中子数,便形成所谓的自持链反应。

⑭核聚变(nuclear fusion)。有两个或多个轻核聚合形成较重核的过程。轻核聚变时释放的能量比重核裂变释放的能量大得多。

⑮热核反应(thermonuclear reaction)。在极高的温度下轻原子核聚变的过程。当温度足够高时,聚变过程能够持续进行,并放出巨大能量。如氚和氘实现自持热核反应需要 5 千万度以上的高温,而氘和氘则需几亿度。目前已实现的人工热核反应是氢弹的爆炸,可控的热核反应尚未实现。

9.2　核化学反应及应用

核化学性质有不稳定和稳定之分,前者又称放射性核,放射性核经过衰变最终成为稳定核。核化学性质反映了核的结构,通过对核化学性质的研究,可以更深入地认识原子核的本质,为核能的利用提供可靠的基础。核反应包括不稳定的原子核自发发生的核衰变和原子核在其他原子核或粒子作用下发生的各种变化(包括核裂变和核聚变)。核反应是取得新核的主要途径。核反应的研究成果已广泛应用于材料科学、环境科学、生物学、医学、地学、宇宙化学、考古学和法医学等领域。本节主要介绍核衰变、裂变和聚变的基础理论以及与之相关的应用技术。

9.2.1　核衰变及应用

1. 核衰变

(1) α 衰变、β 衰变、γ 衰变

放射性同位素(radioisotopes)的原子核很不稳定,会不间断地、自发地放射出射线,直至变成另一种稳定同位素,这就是所谓“核衰变”。放射性同位素的核衰变分为 α 衰变、β 衰变、γ 衰变,分别放射出 α 射线、β 射线、γ 射线。

α 衰变:原子核放出 α 粒子的衰变叫做 α 衰变。

α 衰变后,新生成的核比原来的核质量数减少 4,电荷数减少 2,即新核在元素周期表中位置比原来核的位置向前移两位。其规律可以用以下通式表示:

$$^{M}_{Z}X \longrightarrow {}^{4}_{2}He + {}^{M-4}_{Z-2}Y \tag{9-2}$$

其中,X 表示原来的原子核,Y 为新生成的原子核。以 ^{238}U 为例,下式为其 α 衰变的方程式:

$$^{238}_{92}U \longrightarrow {}^{4}_{2}He + {}^{234}_{90}Th \tag{9-3}$$

α 粒子是氦原子核($^{4}_{2}He$),射出速度为光速的 $\frac{1}{10}$,贯穿物质的本领很小,一张薄铝箔或一张薄纸就能将它挡住,但有很强的电离作用,很容易使空气电离。

β 衰变:原子核放出 β 粒子的衰变叫做 β 衰变。β 衰变后,新生成的核与原来的核质量数相同,电荷数增加 1,即新核在元素周期表中位置比原来核的位置向后移了一位。其规律可以用以下通式表示:

$$^{M}_{Z}X \longrightarrow {}^{0}_{-1}e + {}^{M}_{Z+1}Y \tag{9-4}$$

其中,X 表示原来的原子核,Y 为新生成的原子核。以 ^{234}Th 为例,下式为其 β 衰变的方程式:

$$^{234}_{90}Th \longrightarrow {}^{0}_{-1}e + {}^{234}_{91}Pa \tag{9-5}$$

β 粒子是高速电子,速度接近光速,贯穿本领大,能穿透几毫米厚的铝板,但电离能力较弱。γ 射线是波长很短的电磁波,贯穿本领最强,能穿透几厘米厚的铅板,但电离能力最小。

放射性同位素在进行核衰变的时候,并不一定能同时放射出这几种射线,有时放射 α 射线,有时放射 β 射线,同时伴有 γ 射线。核衰变的速度不受温度、压力、电磁场等外界条件的影响,也不受元素所处状态的影响,只和时间有关。表 9 - 1 列出了三种射线的基本特征。

表 9-1　三种射线基本特征

	成分	速度	贯穿本领	电离能力
α	氦原子核$^{4}_{2}He$	$\frac{1}{10}$光速	很小	很强
β	电子流$^{0}_{-1}e$	接近光速	很大	很小
γ	电磁波	光速	最强	最小

(2)放射性同位素原子数目

放射性同位素原子数目的减少服从指数规律。随着时间的增加,放射性原子的数目按几何级数减少,用公式表示为:

$$N = N_0 e^{-\lambda t} \tag{9-6}$$

这里,N 为经过时间 t 衰变后,剩下的放射性原子数目;N_0 为初始的放射性原子数目;λ 为衰变常数,是与该种放射性同位素性质有关的常数,$\frac{N}{N_0} = y(t) = e^{-0.693\frac{t}{\tau}}$,其中 τ 指半衰期。

在自然界中,存在着一些放射性核素,构成放射性系列,被称为天然放射系。天然放射系有三种:铀系、钍系和锕系。此外,还存在着多个人工放射系,镎系就是其中的一例。如下

铀系:$^{238}U \rightarrow {}^{284}Th \rightarrow \cdots \rightarrow {}^{208}Pb$

钍系:$^{232}Th \rightarrow {}^{228}Ra \rightarrow \cdots \rightarrow {}^{208}Pb$

锕系:$^{235}U \rightarrow {}^{231}Th \rightarrow {}^{231}Pa \rightarrow \cdots \rightarrow {}^{207}Pb$

镎系:$^{235}Np \rightarrow {}^{233}Pa \rightarrow \cdots \rightarrow {}^{200}Bi$

(3)半衰期(half-life)

放射性同位素衰变的快慢,通常用“半衰期”来表示。所谓半衰期即一定数量放射性同位素原子数目减少到其初始值一半时所需要的时间。如^{32}P 的半衰期是 14.3 天,即假使原来有 100 万个^{32}P 原子,经过 14.3 天后,只剩下 50 万个。半衰期越长,说明衰变得越慢;半衰期越短,说明衰变得越快。半衰期是放射性同位素的特征常数,不同的放射性同位素有不同的半衰期,衰变的时候放射出射线的种类和数量也不同。表 9-2 列出了常用的一些放射性同位素的基本特征参数。

(4)放射性强度(radioactivity)

放射性同位素不断地衰变,它在单位时间内发生衰变的原子数目叫做放射性强度,放射性强度的常用单位是居里(Curie),表示在 1 秒钟内发生 3.7×10^{10} 次核衰变,符号为 Ci。

表 9－2 常用放射性同位素基本特征参数

同位素	符号	半衰期	β射线能量(MeV)
氢-3	^{3}H	12.3 年	0.018
碳-14	^{14}C	5 730 年	0.156
磷-32	^{32}P	14.3 天	1.71
硫-35	^{35}S	87.1 天	0.167
碘-131	^{131}I	8.05 天	0.605

$$1\ \text{Ci} = 3.7\times 10^{10}\ \text{d/s} = 2.22\times 10^{12}\ \text{d/m} \tag{9-7}$$

$$1\ \text{mCi} = 3.7\times 10^{7}\ \text{d/s} = 2.22\times 10^{9}\ \text{d/m} \tag{9-8}$$

$$1\ \mu\text{Ci} = 3.7\times 10^{4}\ \text{d/s} = 2.22\times 10^{6}\ \text{d/m} \tag{9-9}$$

1977 年国际放射防护委员会(ICRP)发表的第 26 号出版物中,根据国际辐射单位与测量委员会(ICRU)的建议,对放射性强度等计算单位采用了国际单位制(SI),我国于 1986 年正式执行。在 SI 中,放射性强度单位用贝柯勒尔(Becquerel)表示,简称贝可,为 1 秒钟内发生一次核衰变,符号为 Bq。$1\ \text{Bq}=1\ \text{d/s}=2.703\times 10^{-11}\ \text{Ci}$,该单位在实际应用中减少了换算步骤,方便了使用。

2. 放射性同位素的应用

(1)放射性^{14}C纪年

自然界中的^{14}C是宇宙射线与大气中的氮通过核反应产生的。^{14}C不仅存在于大气中,随着生物体的吸收代谢,经过食物链进入活的动物或人体等一切生物体中。由于^{14}C一面在生成,一面又以一定的速率在衰变,致使^{14}C在自然界中(包括一切生物体内)的含量与稳定同位素^{12}C的含量的相对比值基本保持不变。

当生物体死亡后,新陈代谢停止,由于^{14}C的不断衰变减少,体内^{14}C和^{12}C含量的相对比值也相应不断减少。通过对生物体出土化石中^{14}C和^{12}C含量的测定,就可以准确算出生物体死亡(即生存)的年代。例如,某一生物体出土化石经测定含碳量为 M 克(或^{12}C的质量),按自然界碳的各种同位素含量的相对比值可计算出,生物体活着时,体内^{14}C的质量应为 m 克。但实际测得体内^{14}C的质量只有 m 克的$\frac{1}{8}$,根据半衰期可知,生物死亡已有 3 个 5 730 年了,即已死亡了 17 190 年。美国放射化学家 W. F. 利比因发明了放射性测年代的方法,为考古学做出了杰出的贡献,因而荣获 1960 年诺贝尔化学奖。

由于^{14}C含量极低,而且半衰期很长,所以用^{14}C只能准确测出 5～6 万年以内的出土文物,对于年代更久远的出土文物,如生活在 50 万年以前的周口店北京猿人，利用^{14}C测年法是无法测定出来的。

(2)作为示踪原子

一种放射性同位素的原子核跟这种元素其他同位素的原子核具有相同数量的质子(只是中子的数量不同)，因此核外电子的数量也相同，由此可知，一种元素的各种同位素都有相同的化学性质。这样，我们就可以用放射性同位素代替非放射性的同位素来制成各种化合物，这种化合物的原子跟通常的化合物一样参与所有化学反应，却带有“放射性标记”，用仪器可以探测出来，这种原子叫做示踪原子。

棉花在结桃、开花的时候需要较多的磷肥，把磷肥喷在棉花叶子上也能吸收。如果想知道什么时候的吸收率最高、磷在作物体内能存在多长时间、磷在作物体内的分布情况等，用通常的研究方法很难得到结果。用磷的放射性同位素制成肥料喷在棉花叶面，然后每隔一定时间用探测器测量棉株各部位的放射性强度，上面的问题就很容易解决。

(3)辐射加工

辐射加工是利用电离辐射作为一种先进的手段对物质和材料进行加工处理的一门技术。射线束作为一种高能的微观粒子流，既是能量的载体，又是物质的载体。当它们与材料相互作用时，会产生各种物理学上的和化学上的效应，从而引起材料在成分、结构和性能上的一系列变化。也就是说，可以在原来的材料的基础上制备出成分、结构和性能上不同于原来材料的新型材料。这种加工方式目前已在交联线缆、热缩材料、橡胶硫化、泡沫塑料、表面固化、中子嬗变掺杂单晶硅、医疗用品消毒、食品辐照保藏以及废水、废气处理等领域取得了显著成效，形成了一定的产业规模。

(4)辐射育种

生物体内的DNA(脱氧核糖核酸)在射线的作用下可能发生突变，使种子发生变异，培养出新的优良品种，这就是辐射育种。如浙江省培育成功的“原丰早”水稻，是一种早熟高产的优良稻种，比原本稻种早熟45天，增产10%左右。此项成果获得了国家发明一等奖。目前，我国已培育出513个新品种，占世界的$\frac{1}{4}$。每年增产粮、棉、油30～40亿kg，社会经济效益为60亿元。由此可见，辐射育种在实际生活中的重要性。

(5) 昆虫辐射不育

昆虫受到电离辐射照射可使昆虫丧失生殖能力，从而降低害虫的数量，进一步达到防治甚至根除害虫的目的。昆虫辐射不育是一种先进的生物防治方法，不存在农药的环境污染问题。国外使用该技术在大面积根除地中海果蝇以及抑制非洲彩蝇方面取得了重大成果。我国用此法对玉米螟、小菜蛾、柑桔大实蝇等害虫的辐射不育研究，也取得了较好的防治效果。

(6)食品辐照保藏

食品辐照保藏，就是利用电离辐射对食品进行照射，以抑制发芽、杀虫灭菌、延长货架期和检疫处理等，从而达到保存食品的目的。食品辐照保藏具有消毒灭菌、常温保鲜、低功率、无污染等优点。经辐照彻底灭菌的食品是宇航员和特种病人最为理想的食品。目前，食品辐照在有些海外国家已作为预防食源性疾病和开展国际农产品检疫的一种有效手段。

(7) 同位素电池

放射性同位素在进行核衰变时释放的能量，可以用作制造特种电源——同位素电池。这种电池是目前人类进行深空探索的唯一可用的能源。空间同位素电池(如钚-238电池)的特点是：不需对太阳定向，小巧紧凑，使用寿命长。

(8)核医学诊断与癌症放射性治疗

核医学诊断是根据放射性示踪原理对患者进行疾病检查的一种诊断方式。在临床上可分为体内诊断和体外诊断。体内诊断是将放射性药物引入体内，用仪器进行脏器显像或功能测定。体外诊断是采用放射免疫分析方法，在体外对患者体液中的生物活性物质进行微量分析。我国每年约有数千万人次进行核医学诊断。

放射性治疗的基本原理就是根据射线照射对病变细胞的抑制和杀伤作用，来达到治疗某些疑难疾病的目的。放射性治疗的主要应用是治癌，已经成为目前治癌的主要手段之一。射线治癌通常简称放疗。据国内外的统计资料表明，在癌症病人中约有70%进行不同程度的放疗，包括单纯放疗，术前、术后和术中的放疗以及与化疗相结合等。有的患者经过放疗后，癌症消失，有许多患者虽未能彻底治愈，但也起到了控制和缓解病情、减轻痛苦和延长寿命的治疗效果，因此放疗已被公认为一种有效的治癌新武器。1996年美国99mTc的销售额为5.31亿美元，2000年为7亿美元，2020年可能增长为60亿美元。目前，全世界共有医用电子直线加速器1万台，其中美国有900台，年产值180亿美元，我国400万癌症患者，仅有不到100台。

9.2.2　核裂变与核聚变

1. 核裂变

1938年，德国物理学家哈恩发现核裂变现象。哈恩和斯特拉斯曼发现了铁核受快中子轰击会发生裂变，因此，哈恩获得了1944年诺贝尔化学奖。

N个中子和Z个质子结合构成的某原子核X，其相对质量数(即核子数)$A=N+Z$，将该原子分解为A个单独核子时所需能量与核子数A之比为原子核X中每个核子的结合能。在原子核内,每个核子的结合作用是恒定的,与核子的大小无关,而受相邻核子的吸引(核力的短程特征)。然而,处于核内层和原子核表面层的核子所受结合力的情况却有所差异。对于 A 很小的原子核,其核子多处于表面,结合较为松弛;而 A 较大的核,多数核子处于内层,结合紧密,能量较高。当 A 大到一定程度后,每个核子的结合能达到 $7.72\times10^8\ kJ\cdot mol^{-1}$左右,然后保持不变。

带电核子(质子)之间存在长程的库仑力,当原子核较大时,这些带电核子之间的库仑力渐趋重要。质子数 Z 越大,库仑力的影响越突出。具体表现在使结合能随 Z 的增大而逐渐降低,核子结合能渐渐低于 $7.72\times10^8\ kJ\cdot mol^{-1}$。最终的综合效果是:最大的结合作用存在于 A 不是很大、也不是很小的区域内。

如上所述,中等大小的原子核具有更高的稳定性。如果将一个大的原子核分裂成为两个中等大小的碎片,即发生核裂变,不仅形成两个结合更紧密的稳定原子核,还会释放出能量。

启动核裂变的必不可少的条件是“中子捕获”,即向原子核添加能量以克服原子核的表面作用。所形成的新核的激发能量是捕获中子前原子核的能量与中子被束缚能量之和。

^{235}U 核捕获到能量仅为 $2.4\ kJ\cdot mol^{-1}$的慢中子就可以进行裂变,而^{238}U 需获得一个动能为 $145\times10^6\ kJ\cdot mol^{-1}$的快中子才能使裂变发生。

唯一天然存在能够裂变的核是^{235}U(同位素丰度 0.72%),它的裂变反应可表示为:

$$^{235}U+{}^1_0n\longrightarrow X+Y+Z\,{}^1_0n(Z=2\sim3)\qquad(9-10)$$

在裂变过程中,大核分裂成两个稳定的较小的核和若干个中子。核裂变的方式多种多样,多数裂变产物两部分的质量比是 3 ∶ 2。^{235}U 裂变的两组产物,X 轻组质量数为 72～117(如^{89}Sr,^{90}Sr,^{95}Zr 等),Y 重组质量数为 119～160(如^{140}La,^{141}La,^{144}Pr,^{147}Pm,^{123}Xe 等),其中大多数具有放射性。

裂变产生的中子如果数量足够、能量适中,这些中子就可以诱发新的裂变反应,造成一个能够自行维持的链式反应。

裂变的能量主要是由于裂变产物(碎片)以动能形式瞬间释放出来,裂变碎片与相邻原子碰撞时迅速变成热能,这些能量约为相同质量可燃物质(如煤、原油等)燃烧放出热能的 106 倍(如 1 kg 的^{235}U 全部裂变放出的能量与 2 700 t 标准煤相当),占核裂变总释能的 92%。裂变碎片放射性衰变的能量占总释能的 8%,在裂变反应后的几分钟至几天内的衰变过程中缓慢释放,将继续产生热量,如果缺乏立即停止放能的能力和手段则存在安全问题。核裂变是当前核电站工作的基础。

2. 核聚变

核子数很小的原子核由于核子间结合较为松弛,导致结合能低,如果两个很小的核能互相结合生成一个较大的核(核子间结合紧密)，将会释放出巨大的能量，这一能量被称为核聚变能。

4 个氢原子聚变为氦原子释放的核聚变能相当于 2.597×10^{12} kJ · mol^{-1}。以此推算，1 kg 氢聚合成氦将释放出 $6.389\times1\ 014^{6}$ J 的能量，相当于 25 000 t 优质煤的能源，可见氢核能之巨大。

进行核聚变反应需将小原子核紧密结合在一起，达到核力发挥作用的距离。为此，必须向处于起始状态的小原子核提供足够的能源，以克服贯穿核间的排斥作用(势能垒)。如所需能量由原子核热运动来提供，原子核必须加热到 $10^{7}\sim10^{8}$ K 数量级的温度范围。由于核聚变反应是在高温度下进行的，所以常被称之为热核反应。

核聚变能是资源无限、清洁安全的能源。氘氚核聚变反应的燃料是氘(从海水中提取)和锂(可产生氚)，在地球上藏量极为丰富。反应产物是没有放射性的氦，不存在温室气体排放问题，不污染环境。聚变反应堆本身是安全的，没有核泄露、核辐射等潜在威胁。核聚变能源是人类未来的永久能源。

一升海水中的氘通过聚变反应可释放出的能量相当于 300 升汽油的能量。地球上的水中含有约 40 万亿吨氘，足以满足人类未来几十亿年对能源的需求。聚变能源的开发和应用，被认为是人类科学技术史上所遇到的最具挑战性的特大科学技术工程。由于提高聚变反应条件的难度，该技术至今尚未成功应用，但鉴于科技的不断发展和无害于环境的核聚变能源的美好应用前景，许多科学家们确信，在 21 世纪，热核电站将出现在人类的生活中。

9.2.3　核电

核电是一种可以大规模使用的经济、可靠、清洁的新能源。从 20 世纪 50 年代以来，美国、法国、比利时、德国、英国、日本、加拿大等发达国家都建造了大量核电站，在这些国家，核电的发电成本已经低于煤电。

1. 核反应堆发电

核反应堆因用途不同而分为多种类型，可分为动力堆、生产堆、发电堆和研究性堆，其中发电用反应堆具有最大的服务市场。发电用的反应堆又可分为压水堆、沸水堆、重水堆、轻水堆、高温气冷堆和快中子堆。其中压水式反应堆应用最为广泛，占 61.3%，我国自行设计建造的第一代核电站就是此种类型的反应堆。

核裂变发电用反应堆有 40 余年的发展历史，已成为一种安全可靠、难以替代的能源生产技术，特别是在今天，化石燃料消耗殆尽，且过量使用，环境污染严重的形势下，在清洁的核聚变技术成熟之前，核裂变能将更加得以广泛的应用。

2. 全球核电现状及展望

2007 年 10 月 23 日，国际原子能机构(IAEA)发表了一份新报告：“直至 2030 年的能源、电力和核电。”该报告指出核电占全球电力生产的份额从 1960 年的不到 1%上升到 1986 年的 16%。这一比例自 1986 年以来基本保持不变，核发电量以与全球总发电量几乎同样的速度稳步增长。到 2006 年末，核电提供了全球总电量的约 15%。全世界运行中的核电机组有 435 台，另有 29 台正在建设之中。美国运行中的核电机组最多，达到 103 台。法国居次，有 59 台。日本紧随其后，有 55 台，另外还有一台在建。俄罗斯运行中的核电机组为 31 台，另有 7 台在建。在拥有核电的 30 个国家中，核电所占比例差别很大：法国高达 78%，比利时为 54%，韩国为 39%，瑞士为 37%，日本为 30%，美国为 19%，俄罗斯为 16%，南非为 4%，中国为 2%。核电厂的发展目前集中在亚洲，2006 年底在建的 29 台核电机组中有 15 台在亚洲。最近并网的 36 台核电机组中有 26 台在亚洲。

印度目前从核电获得的电力，在其总电力中所占份额不到 3%，但到 2006 年底却占到世界核电建设的$\frac{1}{4}$，即占世界在建的 29 座反应堆中的 7 座。印度计划到 2022 年增长 8 倍，在电力供应中所占比例达到 10%；到 2052 年增长 75 倍，在电力供应中所占比例达到 26%。

俄罗斯有 31 座运行中的反应堆和 5 座在建的反应堆，而且制订了大规模的发展计划。俄罗斯对成为全面的燃料服务供应国进行了广泛的讨论，这种服务包括租借燃料、为感兴趣的国家进行燃料后处理甚至租借反应堆等。

日本有 55 座运行中的反应堆和 1 座在建的反应堆，并计划在未来 10 年内将核电的电力份额从 2006 年的 30%提高到 40%以上。

韩国于 2006 年将其第 20 座反应堆并网，还有 1 座反应堆在建，另外 2 座反应堆也已破土动工建造。核电已经占其电力供应的 39%。

欧洲是“一种方案并不适用于所有情况”的一个很好的例子。欧洲总共有 166 座运行中的反应堆和 6 座在建的反应堆。但有若干禁核国家，如奥地利、意大利、丹麦和爱尔兰；有像德国和比利时这样逐步取消核电的国家；还有芬兰、法国、保加利亚和乌克兰的核电发展计划。芬兰于 2005 年开始了西欧 1991 年以来新建的第一台机组。法国计划于 2007 年开始建造下一台机组。

若干拥有核电的国家仍在考虑今后的计划。英国运行中的核电机组有 19 台，其中许多已经相当老化。尽管有关核电的最后政策有待目前正在进行的公众协商结果而定，但 2007 年 5 月发表的能源“白皮书”的结论是：“在对可得证据和资料进行审查后，我们认为新建核电站利大于弊，而且其弊端可以被有效克服。据此，政府的初步意见是，将投资新核电站的选择权交给私营部门，符合公众利益。”

美国有103座反应堆，提供该国19%的电力。过去几十年的主要发展是提高容量因子、增加现有电厂的功率和进行许可证延期。目前已有48座反应堆得到20年延期，因此其许可的使用寿期达到60年。美国总共有$\frac{3}{4}$的反应堆要么已经得到许可证延期，要么已经申请许可证延期，要么表明了提出申请的意向。

中国正在经历巨大的能源增长，并且正在努力扩大它能够扩大的一切能源，包括核电。中国有4座反应堆在建，并计划到2020年扩大近5倍。尽管中国正在如此迅速地发展，这种扩大仍仅占总发电量的4%。自1991年我国第一座核电站-秦山一期并网发电以来，我国有6座核电站共11台机组906.8万千瓦先后投入商业运行，8台机组790万千瓦在建(岭澳二期、秦山二期扩建、红沿河一期)。到2020年，核电运行装机容量争取达到4 000万千瓦；核电年发电量达到2 600～2 800亿千瓦时。在目前在建和运行核电容量1 696.8万千瓦的基础上，新投产核电装机容量约2 300万千瓦。考虑核电的后续发展，2020年末在建核电容量应保持1 800万千瓦左右。

9.2.4 核武器与舰船核动力

1. 核武器

美国军方在1945年8月6日向日本广岛投了第一颗原子弹，威力相当于20 000 t TNT，是普通最大炸弹的4 000倍。爆炸几乎炸毁了整个广岛市。该城当时约有30万人口，遭到轰炸形成的破坏区达60%，约有9万人死亡，另有5万人受伤。在8月9日，另一颗内爆型的钚弹从日本长崎9 000 m高空被投下，在城市上空600 m处爆炸。结果长崎市44%的地区被毁，35 000人死亡，6万人受伤。

目前，有核国家共进行了2 026次核试验，1964年10月16日15时，中国爆炸了一颗原子弹，成功地进行了第一次核试验。我国总共进行了45次地上和地下核试验。

2. 核动力舰船

核动力舰船可用于国防、交通、运输、生产、科研和贸易。核动力非常适合于需要长期海上航行、而不必更换燃料或者要求有力的水下推进力的舰船。目前，主要有核动力航空母舰、核潜艇和民用舰船。

航空母舰是一种以舰载机为主要作战武器的大型水面舰只。是国家军事、工业、科技水平与综合国力的象征。1958年美国第一艘、也是世界上第一艘核动力航空母舰“企业”号开工建造，于1961年11月25日建成服役。它的特点是：①没有烟囱，节省空间，降低高温废气影响飞机的着舰；②装载更多的航空燃油、武器弹药和补给品;③近乎无限的机动能力,核燃料更换一次即可连续航行数十万海里;④工作、生活条件大为改善。

在全世界已经服役的航空母舰中,只有 9 艘核航母,除了“企业”号以外,全部是“尼米兹”级航空母舰。其中“斯坦尼斯”号舰排水量高达 102 000 t,采用 2 座压水堆,总功率 191 000 kW,最高航速 30 节。该舰核反应堆燃料可持续使用 15 年,续航力可达 80～100 万海里,自持力 90 天。全舰人员近 6 000 人,俨然一座“海上城市”。

核潜艇具有续航力大、续航时间长、隐蔽性好和航速高等优点。1954 年 9 月,美国第一艘核动力潜艇“鹦鹉螺”号建成服役。世界上在役核潜艇约 247 艘,集中在美、俄、英、法、中五国,但主要由美、俄两国拥有,约 214 艘,其中弹道导弹核潜艇约 54 艘,攻击核潜艇约 160 艘。

核潜艇的排水量约 3 000～20 000 t,个别的达 26 500 t,水下航速多为 20～35 节,下潜深度一般为 300～500 m,自给力 60～90 昼夜。

1958 年,我国开始设计核潜艇,1968 年,中国第一艘攻击型核潜艇开工建造。1970 年 12 月 26 日,第一艘攻击型核潜艇下水。试航 3 年多后,1974 年 8 月 1 日,中央军委发布命令,将第一艘核潜艇命名为“长征一号”,正式编入海军序列。1982 年 5 月,我国建成导弹核潜艇。

正当核动力在军用舰艇上取得成功之时,造船师们也在研究核动力商船的应用。1955 年美国国会批准建造一核动力商船,命名为“萨凡娜”号。建造“萨凡娜”核动力商船将要解决世界造船事业和保险事业里的许多争论问题。它被设计成一艘很漂亮的客轮,具有优雅的船头,有流线形的上部结构和大型快船的船尾。最突出的一点是没有常规商船必不可少的冒烟的烟囱。该船在 1959 年 7 月 21 日下水,可容纳 9 400 t 货物和 110 名船员,排水量为 22 000 t,有 60 个客舱,航行速度为每小时 21 海里。

“萨凡娜”号核商船的强大动力是由一座热功率为 8 万千瓦的核反应堆提供。压水型反应堆,堆内采用平均浓度为 4.4% 的 ^{235}U 的核燃料,32 个燃料组件,初始装料 7 100 kg 的铀(含 ^{235}U 约 312 kg)。一次装料能在时速为 20 海里航行 30 万海里,相当于烧地球转 12 圈。

“萨凡娜”号核动力商船自 1962 年开始在海上航行经过 8 年共航行 50 万海里,相当于绕地球 23 圈。到过 27 个国家的 48 个港口,为核动力商船建造和航运积累了大量的经验。于 1970 年 7 月停航完成历史使命。现在“萨凡娜”号的核动力装置已全部拆除,它的船体因具有历史性和纪念性而公开展览。

此外,英国、法国、德国和加拿大等国也研究设计了各种吨位的核动力船。从各国研究的情况来看,适合于核动力的舰船有:高速集装箱船、大型油船,散装货船以及破冰船、发电船等。上述类型船正在研究设计，特别大型集装箱船和大型油船有着较大的发展前景。现在由于航运业不景气，核动力船经济竞争力尚需提高，从长远看，核动力用于大型船舶有广阔的前景。

9.3　放射性污染及控制技术

放射性污染通常是指对人体健康带来危害的人工放射性污染。二次世界大战后，随着原子能工业的发展，核武器试验频繁，核能和放射性同位素的应用日益增多，使得放射性物质大量增加，因此对放射性造成的环境污染及其控制技术愈来愈受到人们的重视。本节主要介绍放射性污染来源、特点及危害，放射性损害的生化机制，以及放射性"三废"的处理与防治技术。

9.3.1　放射性污染

1. 放射性污染源

(1)核试验的沉降物

核试验是全球放射性污染的主要来源，在大气层中进行核试验时，带有放射性的颗粒沉降物最后沉降到地面，造成对大气、海洋、地面、动植物和人体的污染，而且这种污染由于大气的扩散将污染全球环境。这些进入平流层的碎片几乎全部沉积在地球表面。其中未衰变完全的放射性，大部分尚存在于土壤、农作物和动物组织中。自 1963 年后美国、前苏联等国家将核试验转入地下，由于发生"冒顶"和其他泄漏事故，仍然对人类环境造成污染。

核电站的放射性逸出事故，也会给环境带来散落物而造成污染。比较著名的是 1979 年美国三里岛(Three Mile Island)核电站和 1986 年乌克兰的切尔诺贝利(Chernobyl)核电站事故。

1979 年 3 月 28 日凌晨 4 时，美国宾夕法尼亚州的三里岛核电站第 2 组反应堆的操作室里，红灯闪亮，汽笛报警，涡轮机停转，堆心压力和温度骤然升高，2 小时后，大量放射性物质溢出。6 天以后，堆心温度才开始下降，蒸气泡消失，引起氢爆炸的威胁免除了。100 t 铀燃料虽然没有熔化，但有 60%的铀棒受到损坏，反应堆最终陷于瘫痪。事故发生后，全美震惊，核电站附近的居民惊恐不安，约二十万人撤出这一地区。美国各大城市的群众和正在修建核电站的地区的居民纷纷举行集会示威，要求停建或关闭核电站。美国和西欧一些国家政府不得不重新检查发展核动力的计划。

1986 年 4 月 26 日，世界上最严重的核事故在苏联切尔诺贝利核电站发生。

乌克兰基辅市以北 130 km 的切尔诺贝利核电站的灾难性大火造成的放射性物质泄漏，污染涵盖了欧洲的大部分地区，国际社会广泛批评了苏联对核事故消息的封锁和应急反应的迟缓。在瑞典境内发现放射物质含量过高后，该事故才被曝光于天下。切尔诺贝利核电站是前苏联最大的核电站，共有 4 台机组。4 月，在按计划对第 4 机组进行停机检查时，由于电站人员多次违反操作规程，导致反应堆能量增加。26 日凌晨，反应堆熔化燃烧，引起爆炸，冲破保护壳，厂房起火，放射性物质源源泄出。用水和化学剂灭火，瞬间即被蒸发，消防员的靴子陷没在熔化的沥青中。1,2,3 号机组暂停运转，电站周围 30 km 被宣布为危险区，撤走居民。事故发生时当场死 2 人，遭辐射受伤 204 人。瑞典检测到放射性尘埃，超过正常数的 100 倍。西方各国赶忙从基辅地区撤出各自的侨民和游客，拒绝接受白俄罗斯和乌克兰的进口食品。原苏联官方四个月后公布，共死亡 31 人，主要是抢险人员，其中包括一名少将；得放射病的 203 人；从危险区撤出 13 万余人。1992 年乌克兰官方公布，已有 7 000 多人死亡于本事故的核污染。

灾后两年之中，26 万人参加了事故处理，为 4 号核反应堆浇了一层层混凝土，当成“棺材”埋葬起来。清洗了 2 100 万平方米的“脏土”，为核电站职工另建了斯拉乌捷奇新城，为撤离的居民另建 2.1 万幢住宅。这一切损失，包括发电减少的损失，共达 80 亿卢布(约合 120 亿美元)。乌克兰政府已作出永远关闭该电站的决定。同时，白俄罗斯共和国损失了 20%的农业用地，220 万人居住的土地遭到污染，成百个村镇人去屋空。乌克兰被遗弃的禁区成了盗贼的乐园和野马的天堂，所有珍贵物品均被盗走，也因此将污染扩散到区外。靠近核电站 7 km 内的松树、云杉凋萎，1 000 ha 森林逐渐死亡。30 km 以外的“安全区”也不安全，癌症患者、儿童甲状腺患者和畸型家畜急剧增加；即使 80 km 外的集体农庄，20%的小猪生下来也发现眼睛不正常。上述怪症都被称为“切尔诺贝利综合症”。

土地、水源被严重污染，成千上万的人被迫离开家园。切尔诺贝利成了荒凉的不毛之地。10 年后，放射性仍在继续危胁着白俄罗斯、乌克兰和俄罗斯约 800 万人的生命和健康。专家们说，切尔诺贝利事故的后果将延续 100 年。

(2)核工业的“三废”排放

原子能工业在核燃料的生产、使用与回收的核燃料循环过程中均会产生“三废”，对周围环境带来污染，以上各阶段对环境影响大致如下：① 产生放射性废物的核燃料生产过程包括铀矿开采，铀水法冶炼工厂，核燃料精制与加工过程。② 核反应堆运行过程产生的放射性废物包括生产性反应堆、核电站与其他核动力装置的运行过程。③ 核燃料处理过程产生的放射性废物，包括废燃料元件的切割、脱壳、酸溶与燃料的分离与净化过程。

(3)其他各方面的放射性污染

① 使用医用射线源对癌症进行诊断和医治过程中,患者所受的局部剂量差别较大,大约比通过天然源所受的年平均剂量高出几十倍,甚至上千倍。

② 一般居民消费用品,包括含有天然或人工放射性核素的产品,如放射性发光表盘、夜光表及彩电产生的照射等。

2. 放射性污染的特点

① 绝大多数放射性核素毒性,按致毒物本身重量计算,均远远高于一般的化学毒物。按辐射损伤产生的效应,可能影响遗传,给后代带来隐患。

②放射性剂量的大小,只有辐射探测仪器方可探测,非人的感觉器官所能感觉到。

③ 射线的辐照具有穿透性,特别是 γ 射线可穿过一定厚度的屏障层。

④放射性核素具有蜕变能力。当形态变化时,可使污染范围扩散。如^{226}Ra(镭)的衰变子体^{222}Rn(氡)为气态物,可在大气中逸散,而此物的衰变子体^{218}Po(钋)则为固态,易在空气中形成气溶胶,进入人体后会在肺内沉积。

⑤放射性活度只能通过自然衰变而减弱。

此外,放射性污染物种类繁多,在形态、射线种类、毒性、比活度、半衰期、能量等方面均有极大差异,在处理上相当复杂。

3. 放射性危害

(1)放射性作用途径

放射性核素释放的辐射能被生物体吸收以后(见图 9-1),要经历辐射作用的物理、物理化学、化学和生物学的四个阶段。当生物体吸收辐射能之后,先在分子水平发生变化,引起分子的电离和激发,尤其是生物大分子的损伤。有的发生在瞬间,有的需经物理的、化学的以及生物的放大过程才能显示所致组织器官的可见损

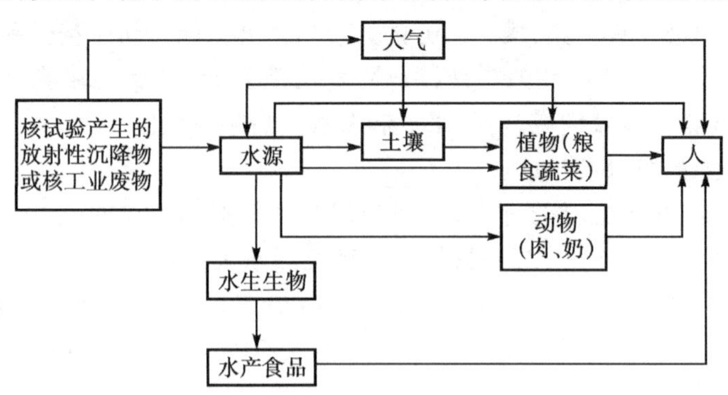

图 9-1 放射性物质进入人体的途径

伤，因此时间较久，甚至延迟若干年后才表现出来。人体对辐射最敏感的组织是骨髓、淋巴系统以及肠道内壁。

① 急性效应。大剂量辐射造成的伤害表现为急性伤害。当核爆炸或反应堆发生意外事故，其产生的辐射生物效应立即呈现出来。1945 年 8 月 6 日和 9 日，美国在日本的广岛和长崎分别投了两颗原子弹，造成几十万军民死伤。

② 远期效应。放射性核素排入环境后，可造成对大气、水体和土壤的污染，这是由于大气扩散和水流输送可在自然界稀释和迁移。放射性核素可被生物富集，使一些动物、植物，特别是一些水生生物体内放射性核素的浓度比环境浓度高许多倍。进入人体的放射性核素，不同于体外照射可以隔离、回避，这种照射直接作用于人体细胞内部，这种辐射方式称为内照射。内照射具有以下几个特点：

a. 单位长度电离本领大的射线损伤效应强，同样能量的 α 粒子比 β 粒子损伤效应强，如果是外照射的话，α 粒子穿透不过衣物和皮肤；

b. 作用持续时间长，核素进入人体内的持续作用时间要按 6 个半衰期时间计算，除非因新陈代谢排出体外；

c. 放射性核素进入人肌体后，不是均匀地分散于人体，而常显示其在某一器官或某一组织选择性蓄积的特点，这一特性造成内照射对某一器官或某几种器官的集中损伤。

综合放射性核素内照射的上述特点可以看出，一旦环境污染后，内照射难以早期觉察，体内核素难以清除，照射无法隔离，照射时间持久，即使小剂量，常年累月也会造成不良的后果。

(2) 放射性对人的危害

过量的放射性物质进入人体(即过量的内照射剂量)或受到过量的放射性外照射，会发生急性的或慢性的放射病。引起恶性肿瘤、白血病，或损害其他器官，如骨髓、生殖腺等。

放射性污染对生物的危害是十分严重的。如果人在短时间内受到大剂量的 X 射线、γ 射线和中子的全身照射，就会产生急性损伤。轻者有脱毛、感染等症状。当剂量更大时，会出现腹泻、呕吐等肠胃损伤症状。在极高的剂量照射下，会导致人群白血病和各种癌症发病率的增加。

9.3.2　放射性损害的生化机制

放射性对人体的损害是由辐射的电离和激发能力造成的。其中的生化机制，一般认为辐射线将辐照机体内的水分子，使水分子电离和激发，产生性质活泼的自由基、强氧化剂和活化分子。前两者与细胞的有机分子核酸、蛋白质、多糖、膜的不饱和脂、酶等相互作用，使之化学键断裂、组成遭受破坏，从而引起损害症状。

1. 机体内水的辐照产物

辐照初始，通过射线与体内水分子的非弹性碰撞，水分子被激发为活化分子 H_2O*（式 9－11），或由于其获得的辐射能而电离成阳离子 $H_2O^{\dot{+}}$ 和 e（式 9－12）。

$$H_2O \xrightarrow{\text{辐照}} H_2O^* \quad (9-11)$$

$$H_2O \longrightarrow H_2O^{\dot{+}} + e \quad (9-12)$$

生成的产物又引起一系列的反应，例如

$$H_2O^{\dot{+}} + H_2O \longrightarrow H_3O^+ + HO\cdot \quad (9-13)$$

$$H_2O^* \longrightarrow H + HO\cdot \quad (9-14)$$

$$e \xrightarrow{+nH_2O} e_{aq}\text{（水化电子）} \quad (9-15)$$

$$e_{aq} + H_3O^+ \xrightarrow{M} H + H_2O \quad (9-16)$$

$$H + H \longrightarrow H_2 \quad (9-17)$$

$$HO\cdot + HO\cdot \xrightarrow{M} H_2O_2 \quad (9-18)$$

而生成 H_2，H_2O_2，e_{aq}，$HO\cdot$，H_3O^+ 等在体内的辐照产物。另外，还有以 e_{aq} 和 $H\cdot$ 与体内水中溶解氧反应为主的形成数量较多的超氧自由基 $O_2^{\dot{+}}$：

$$e_{aq} + O_2 \longrightarrow O_2^{\dot{+}} \quad (9-19)$$

$$H\cdot + O_2 \longrightarrow O_2^{\dot{+}} + H^+ \quad (9-20)$$

其中，超氧自由基 $O_2^{\dot{+}}$，氢氧自由基 $HO\cdot$ 和 H_2O_2 化学性质活泼，统称为活化氧，在辐射损害的生化机制中起着重要的作用。

2. 辐射至生物膜脂质过氧化

机体生物膜上的聚不饱和脂质在辐照下，变成有害的膜脂质氢过氧化物的过程，称为辐射至膜脂质过氧化。它将引起机体细胞坏死或其他病变。

辐射至膜脂质过氧化的生化机制是辐射使体内产生活化氧。其中超氧自由基本身的毒性不大，但能和体内氧化氢反应形成氢氧自由基(见式 9－21)，它是很强的亲电试剂，从膜聚不饱和脂质 LH 抽氢，使之成为脂质自由基 $L\cdot$（见式 9－22)，后者接受体内的氧形成脂质过氧自由基 $LOO\cdot$，再从 LH 抽氢产生脂质氢过氧化物 LOOH 及 $L\cdot$（见式 9－24)，进一步导致链反应，使膜脂质继续过氧化，不断生成脂质氢过氧化物。可见，膜脂质过氧化是由超氧自由基和氢氧自由基引起的。

$$O_2^{\dot{+}} + H_2O_2 \longrightarrow O_2 + OH^- + HO\cdot \quad (9-21)$$

$$LH + HO\cdot \longrightarrow L\cdot + H_2O \quad (9-22)$$

$$L\cdot + O_2 \longrightarrow LOO\cdot \quad (9-23)$$

$$LOO\cdot + LH \longrightarrow LOOH + L\cdot \qquad (9-24)$$

针对这两个自由基引起的损害，机体内具有相应的防御机制，即以超氧化歧化酶和含硒谷胱甘肽酶来消除超氧自由基（见式 9－25），用含硒谷胱甘肽酶将脂质氢过氧化物还原为无害的脂醇（见式 9－26），或用抗氧化剂（如维生素 E）减少脂质自由基的连锁生成，以保护膜不饱和脂质不被过氧化。

$$O_2^{+}\!\!\cdot \xrightarrow{\text{超氧化物歧化酶}} H_2O_2 + O_2$$

$$H_2O_2 \xrightarrow{\text{含硒谷胱甘肽酶}} H_2O + O_2 \qquad (9-25)$$

$$LOOH \xrightarrow{\text{含硒谷胱甘肽过氧化物酶}} LOH + H_2O \qquad (9-26)$$

在正常情况下，由于上述生化保护功能，可使细胞内各部位的超氧自由基和氢氧自由基浓度维持低水平。只有在防御机制不良或缺乏的情况下，自由基浓度才有可能升高，造成膜脂质过氧化。

3. 辐射致癌

辐射致癌的引发机制可以认为是由辐照产生的超氧自由基通过式（9－21）反应转变成典型的氢氧自由基，后者加成于构成 DNA 的嘧啶或嘌呤碱基中电子密度较高的碳原子上，形成致突变产物，使 DNA 基因突变，受到损伤。

超氧自由基在体内还可以发生歧化反应生成过氧化氢：

$$O_2^{+}\!\!\cdot + O_2^{+}\!\!\cdot + 2H^+ \longrightarrow H_2O_2 + O_2 \qquad (9-27)$$

过氧化氢对多数生物有机化合物呈现惰性，但可对机体中各种酶和膜蛋白上的巯基起氧化作用，使其组成受到破坏，功能失常，最终导致病变，甚至可能致癌。

9.3.3　放射性“三废”的处理与防治

目前放射性“三废”的处理与防治主要采取以下措施和方法。

① 核工业厂址应选在周围人口密度较稀，气象和水文条件有利于废水废气扩散、稀释，以及地震烈度较低的地区。核企业工艺流程的选择和设备选型应考虑废物产生量少和运行安全可靠，严格防止泄露事故的发生。

② 加强对核企业周围可能遭受放射性污染地区的监护，经常检测环境介质中的放射水平的变化，保障居民和工作人员不受放射性伤害。

③ 对从事放射性工作的人员，应做好外照射防护工作。尽量减少外照射时间，增大人体与放射源的距离，进行远距离操作，在放射源与人体间设置屏蔽，阻挡或减弱射线对人体的伤害。常用的屏蔽材料有铁、铅、水泥、含硼聚乙烯等。

④ 加强对核工业废气、废水和废物的净化处理。对于放射性强度较低的废液可采用稀释分散的方法，不少国家均采用直接排入河流、海洋或地下。这种不加区别的处理，势必对人类环境造成严重影响。我国《放射防护规定》中规定：排入本单位下水道的废水浓度不得超过露天水源中的限制浓度的100倍，否则必须经过专门净化处理。

a. 对于放射性浓度较高的废液，可将其浓缩以便长期储存处理。例如，可采用蒸发法进行浓缩以减小体积，然后装入容器投入海洋或封存于地下，但这仅是权宜之计，因为它的体积仍然较大。而且随着原子能工业的发展，有待储存的量必然增多，长期储存有发生容器渗漏事故的可能。

b. 放射性固体废物可采用填埋、燃烧、再熔化等办法处理。填埋前应用水泥、沥青、玻璃固化。可燃固体废物多用燃烧法，金属固体废物多用熔化法。由于核工业的发展，放射性固体废物越来越多，因此核废物的处理是一个严重的问题。

c. 放射性废气的处理比起液体固体废料要简单些。对于含有粉尘、烟、蒸气的放射性废气的工作场所，一般可通过操作条件和通风来解决。如旋风分离器、过滤器、静电除尘器及高效除尘器等空气净化设备进行综合处理。对于难以处理的放射性废气可通过高烟囱直接排入大气。

习　题

9.1　区别下列概念：

(1) 核子/核素；(2) 裂变/聚变；(3) 核结合能/核平均结合能；(4) 活度/半衰期；(5) Bq / Ci。

9.2　写出下列核反应方程。

(1) α 粒子轰击 $^{239}_{92}U$ 产生 $^{239}_{94}Pu$；

(2) 中子轰击 $^{6}_{3}Li$ 产生 $^{3}_{1}H$；

(3) 两个氘核反应生成 $^{3}_{2}He$。

9.3　计算题

(1) ^{60}Co 的半衰期是5.3年。经过15.9年后，1.000 mg 的 ^{60}Co 样品剩余多少？

(2) 1.000 mg 的 ^{39}Cl 经过165分钟后剩余0.125 mg。问 ^{39}Cl 的半衰期是多少？

(3) 一个质子的质量为1.007 277 u，一个中子的质量为1.008 665 u；核素 $^{11}_{5}B$ 的质量为10.811u，$^{11}_{5}B$ 的核结合能是多少？

9.4　问答题

(1) 阐述质量亏损与和原子核结合能之间的关系;

(2) 叙述核衰变几种类型及特点;

(3) 简述放射性损害的生化机制;

(4) 论述核能应用的前景及潜在的危害。

参考文献

[1] 俞誉福.环境放射性概论.上海:复旦大学出版社,1993.

[2] 许兆义,李书坤,赵英杰,等.放射性废物地址处置.北京:地震出版社,1994.

[3] G.福尔迪阿克.放射性同位素的工业应用.北京:原子能出版社,1992.

[4] 谢式南.放射化学基础.青岛:青岛海洋大学出版社,1990.

[5] 常桂兰.放射性核素及其应用.北京:海洋出版社,2001.

[6] 娄性义.固体废物处理与利用.北京:冶金工业出版社,1996.

[7] 赵由才.危险废物处理技术.北京:化学工业出版社,2003.

[8] 傅铁城.核工业劳动卫生.北京:原子能出版社,1993.

[9] IAEA 报告:全球核电现状及展望.

[10] 秋穗正.核能科学与技术导论讲义.

[11] http://www.wst.net.cn/history/4.26/1.htm.

第 10 章　大气污染与大气化学

10.1　大气圈的基本结构及大气成分

10.1.1　大气层的基本结构

大气是指包围在地球表面并随地球旋转的空气层。它不仅是维持生物体中生命所必需的，而且参与地球表面的各种过程，如水循环、化学和物理风化、陆地上和海洋中的光合作用及腐败作用等，各种波动、流动和海洋化学也都与大气活动有关。

按气温垂直分布对大气分层(热分层)，如图 10－1 所示，可以分为以下几层。

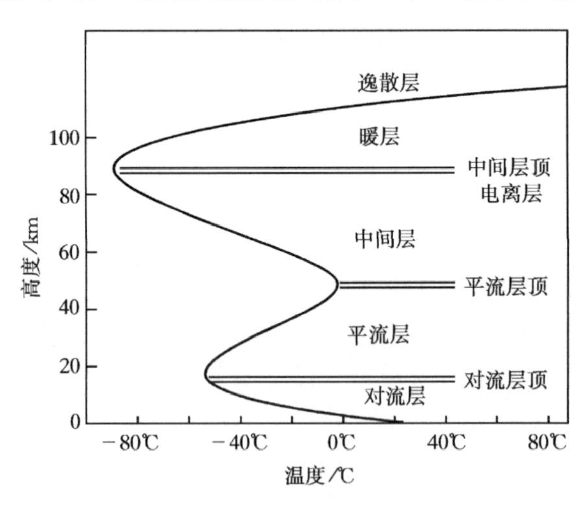

图 10－1　大气层的结构划分

1. 对流层 (troposphere)

对流层是大气的最低层，其厚度随纬度和季节而变化。在赤道附近为 16～18 公里；在中纬度地区为 10～12 公里，两极附近为 8～9 公里。夏季厚，冬季较薄。这一层的显著特点：一是气温随高度升高而递减，大约每上升 100 m，温度降低0.6℃，由于贴近地面的空气受地面反射的热量的影响而膨胀上升，上面冷空气下降，故在垂直方向上形成强烈的对流，对流层也正是因此而得名；二是密度大，大气总质量的$\frac{3}{4}$以上集中在此层。

在 1～2 公里以下，受地表的机械、热力作用强烈，通称摩擦层，或边界层，亦称低层大气，排入大气的污染物绝大部分活动在此层。在 1～2 公里以上，受地表影响变小，称为自由大气层，主要天气过程如雨、雪、雹的形成均出现在此层。对流层和人类的关系最密切。

2. 平流层 (stratosphere)

从对流层顶到约 50 公里的大气层为平流层。在平流层下层，即 30～35 公里以下，温度随高度变化较小，气温趋于稳定，所以又称同温层。在 30～35 公里以上，温度随高度升高而升高。

平流层的特点：一是空气没有对流运动，平流运动占显著优势；二是空气比下层稀薄得多，水汽、尘埃的含量甚微，很少出现天气现象；三是在高约 15～35 公里范围内，有厚约 20 公里的一层臭氧，臭氧具有吸收太阳光短波紫外线的能力，故使平流层的温度升高。

3. 中间层 (mesosphere)

从平流层顶到 80 公里高度称为中间层。这一层空气更为稀薄，温度随高度增加而降低。

4. 热层 (thermosphere)

从 80 公里到约 500 公里称为热层。这一层温度随高度增加而迅速增加，层内温度很高，昼夜变化很大，热层下部尚有少量的水分存在，因此偶尔会出现银白并微带青色的夜光云。

5. 逃逸层 (exosphere)

热层以上的大气层称为逃逸层。这层空气在太阳紫外线和宇宙射线的作用下，大部分分子发生电离；使质子的含量大大超过中性氢原子的含量。逃逸层空气极为稀薄，其密度几乎与太空密度相同，故又常称为外大气层。由于空气受地心引力极小，气体及微粒可以从这层飞出地球引力场进入太空。逃逸层是地球大气的最外层，目前对该层的上界没有一致的看法。实际上地球大气与星际空间并没有截然的界限。逃逸层的温度随高度增加而略有增加。

10.1.2 大气的成分

地球表面干洁空气是指在自然状态下的大气(由混合气体、水汽和杂质组成)除去水汽和杂质的空气,其主要成分是氮气,占 78.09%;氧气,占 20.94%;氩,占 0.93%;这些气体的浓度在大气中常年不变,除此之外,大气中还有一些含量不到 0.1%的微量气体(如氖、氦、二氧化碳、氪、臭氧和甲烷等)。大气组分通过地球的大气圈与其他三个圈层之间的物理、化学或生物化学过程,不断进行物质转化或转换,形成大气组分的循环。表 10-1 列出了地球表面大气气体的组成及循环方式。

表 10-1 地表空气的组成及循环

气体	平均体积分数/10^{-6}	近似停留时间	循环
Ar	9 340	—	无循环
Ne	18	—	
Kr	1.1	—	
Xe	0.09	—	
N_2	780 840	10^6 a	生物和微生物
O_2	209 460	10 a	
CH_4	1.65	7 a	生物活动和化学过程
CO_2	332	15 a	人类活动和化学过程
CO	0.05~0.2	65 d	人类活动和化学过程
H_2	0.58	10 a	生物活动和化学过程
N_2O	0.33	10 a	生物活动和化学过程
SO_2	10^{-5}~10^{-4}	40 d	人类活动和化学过程
NH_3	10^{-4}~10^{-3}	20 d	生物活动,化学过程,雨除
$NO+NO_2$	10^{-6}~10^{-2}	1 d	人类活动,化学过程,闪电
O_3	10^{-2}~10^{-1}	—	化学过程
HNO_3	10^{-5}~10^{-3}	1 d	化学过程,雨除
H_2O	变化	10 d	物理化学过程
He	5.2	10 a	物理化学过程

注:引自 Seinfeld,1986

但是随着人类活动的影响,地球大气成分正在发生变化,由于化石燃料的消耗及其他工业农业活动等导致的大气成分正在发生改变。政府间气候变化委员会在2007 年 5 月公布的气候变化第四次评估报告中明确指出，由于人类活动导致的温室气体排放量明显增大，全球气候变暖已成为不争的事实。

10.2 大气污染及其环境危害

随着工业化、城市化和现代化的迅速发展，人类对自然资源和能源的需求和消费飞速增长，人类活动造成的大气污染已成为无法回避的现实问题。目前全球面临的环境危机中，全球变暖、臭氧层破坏、酸沉降等问题都与大气污染密切相关。中国当前面临的环境问题可以归纳为生态环境、资源破坏和城市环境问题，其中由于生态环境破坏导致沙尘暴发生的强度和频度的变化、城市大气环境问题等都是重要的大气污染问题。

10.2.1 大气污染

1. 大气污染的定义

大气污染是指由于人类活动和自然过程引起某种物质进入大气中，其浓度及持续时间危害了人体的舒适、健康、福利，或危害环境的现象。造成大气污染的原因，既有火山爆发、森林自燃等自然因素，又有人为因素。尤其是人为因素，如工业废气、燃烧、汽车尾气、植被破坏造成沙尘暴和核爆炸等。随着人类经济活动和生产的迅速发展，在大量消耗能源的同时也将大量的废气、烟尘物质排入大气，严重影响了大气环境的质量，特别是在人口稠密的城市和工业区域。大气污染有较强的时间和空间分布特征，如中国北方城市采暖期和非采暖期的污染程度和污染物的性质有明显的差异，张仁健等(2002 年)对北京大气颗粒物的研究表明，冬季由于采暖燃煤和重油的消耗，大气中硫及铜的含量明显高于非采暖期。中国北方城市和南方城市大气主要污染及状况也有显著的不同，国家环保总局公布的 2008 年中国环境公报(http://www.zhb.gov.cn/plan/zkgb/)显示，北方城市颗粒物污染严重，而南方城市 SO_2 和 NO_2 污染问题突出。

2. 大气污染的分类

大气污染按污染地域范围的大小可以分为以下四类：

① 局部地区大气污染：工厂区内排放口(烟囱)造成的污染；

② 区域性大气污染：工业园区、城镇范围内的大气污染；

③ 广域性大气污染：地区性(流域、省域)或国家区域的大气污染；

④ 全球性大气污染：指引起全球范围的气候变暖、酸雨、臭氧层空洞等危害的

大气污染。

大气污染按污染产生源的类型可以分为四类。

① 工业污染：由工业生产过程、工业燃料的燃烧及工业气体的泄漏等引起的大气污染，如由火力发电厂、钢铁厂、化工厂及水泥厂等工矿企业在生产和燃料燃烧过程中所排放的煤烟、粉尘及无机或有机化合物等造成大气污染；

② 农业污染：由于农业生产活动引起的污染，如农田秸秆的焚烧、有机农药喷洒及化肥施用后部分物质的挥发造成的大气污染；

③ 生活污染：包括民用炉灶、生活取暖、垃圾焚烧等；

④ 交通污染：如机动车尾气排放引起的大气污染。

大气污染按照排放源的形式可以分为：

① 点源污染：如分散的工厂的烟气排放口（烟囱）；

② 面源污染：工业园区及居民生活炉灶；

③ 线源污染：交通污染源。

3. 主要的大气污染物

大气污染物按其来源可以简单分为两类：天然污染物和人为污染物。天然污染物如干旱和半干旱区土壤风蚀产生的沙尘，火山喷发向大气释放的火山灰、二氧化硫等，森林自燃产生的烟尘和二氧化碳、二氧化氮、二氧化硫及一些碳氢化合物等气体。人为污染物主要是由于人类生产和生活过程释放的污染物，如化石燃料燃烧（煤和石油）排放的颗粒物，SO_2，CO 和 NO_x 等。引起公害的往往是人为污染物，如欧洲工业革命以来出现的全球重大环境公害事件，很多是由于向大气恣意排放污染物的后果。

大气污染物按其形成的时间可以分为一次污染物和二次污染物。一次污染物是指从污染源直接排出的原始物质，进入大气后其成分和形态没有发生变化的污染物。二次污染物是由污染源排出的一次污染物与大气中原有成分，或几种一次污染物之间，发生了一系列的化学变化或光化学反应，形成与原污染物性质不同的新污染物。二次污染物如大气光化学反应过程产生的臭氧（O_3）及过氧乙酰硝酸酯（peroxyacetyl nitrate, PAN）等。目前较为常用的大气污染物的分类是按其存在状态分为固态污染物和气态污染物。

（1）固态污染物

固态污染物为我们常见的大气颗粒物，包括粉尘、烟、飞灰、黑烟、雾、煤烟尘等。颗粒物按其空气动力学直径可以分为：① 总悬浮颗粒物（TSP），指能悬浮在空气中，空气动力学直径≤100 μm 的颗粒；②可吸入颗粒物（PM_{10}），指悬浮在空气中，空气动力学直径≤10 μm 的颗粒物；③ 细粒污染物 $PM_{2.5}$，PM_1 以及纳米颗粒物（超细粒子），指悬浮在空气中，空气动力学直径≤2.5 μm，≤1 μm 及≤100 nm

的颗粒物。

(2) 气态污染物

包括硫氧化物(SO_2,SO_3),碳的氧化物(CO,CO_2),氮氧化物(NO,NO_2,N_2O_3,N_2O 等),硫化氢(H_2S),臭氧(O_3),挥发性有机化合物(volatile organic compounds,VOCs),氯气(Cl_2),氨气(NH_3)和温室气体(如:二氧化碳 CO_2,甲烷 CH_4,氯氟烃 CFCs)等。

10.2.2 大气污染对环境及健康的危害

空气中有污染物质不一定构成大气污染,但当大气中的有害物质浓度达到一定程度,就会对人体、动物、植物以及其他材料产生危害,甚至影响气候。大气中一次污染物与二次污染物的复合污染,有机污染物与无机污染物的混合污染和颗粒物、颗粒携带污染物与气态污染物的交织污染已直接或间接地威胁到了陆地生态系统和人类自身的健康与生存。

1. 大气颗粒物对环境及健康的主要危害

① 通过接触或刺激皮肤而进入到人体。其中通过呼吸而侵入人体是主要的途径,对人体呼吸道系统的危害也最大,其中不同粒径大小的颗粒物可以进入到呼吸系统不同的部位:粒径大于 10 μm 的颗粒污染物一般被鼻腔、咽喉部的纤毛所堵截,不会进入人体内部,但可以导致上呼吸道的病症;粒径小于 10 μm 的颗粒污染物可以通过呼吸道,进入肺部,导致下呼吸道的病变。

空气中的颗粒物随呼吸进入肺,可沉积于肺,引起人或动物呼吸系统的疾病。颗粒物上容易附着多种有害物质,有些有致癌性,有些会诱发花粉过敏症。大气颗粒物中的重金属如铅、镉、汞及砷对人体危害较大,其微粒可随呼吸进入人体,也可通过食物链进入到体内,进入到人体的重金属对人的健康危害较大,如铅能伤害人的神经系统,影响儿童的发育和智力;镉会影响骨骼发育,对孩子成长极为不利;汞对人体的危害主要累及中枢神经系统、消化系统及肾脏,此外对呼吸系统、皮肤、血液及眼睛也有一定的影响;砷作用于神经系统、刺激造血器官,长时期的少量侵入人体,对红血球生成有刺激性影响,长期接触砷会引发细胞中毒和毛细管中毒,还有可能诱发恶性肿瘤。

② 大气中厚重的颗粒物浓度会影响人和动物的呼吸系统,如采矿业工人的矽肺病就是由于长期在高浓度颗粒物污染环境下工作引起尘肺病。

③ 由于重力沉降颗粒物会沉积在绿色植物叶面,干扰植物吸收阳光和二氧化碳以及放出氧气和水分的过程,从而影响植物的健康和生长。

④ 杀伤生物,引起食物链改变,进而影响整个生态系统。

⑤ 由于颗粒污染物多为多孔状结构,对大气中的气态污染有一定的吸附作

用，因而可以与气态污染物一起进行协同迁移，扩大气态污染物的污染范围和停留时间。

⑥ 影响日照时间和地面的能见度(如雾和灰霾天气)，改变局部地区的小气候条件，进而影响生态系统。城市大气颗粒物的存在会形成城市热岛、混浊岛、干岛、湿岛和城市热岛环流。

城市是人类活动的中心，在城市里人口密集，下垫面变化最大。工商业和交通运输频繁，耗能最多，有大量温室气体、“人为热”、“人为水汽”、微尘和污染物排放至大气中。因此，人类活动对气候的影响在城市中表现最为突出。城市气候是在区域气候背景上，经过城市化后，在人类活动影响下而形成的一种特殊局地气候。在20世纪80年代初期，美国学者兰兹葆曾将城市与郊区各气候要素的对比总结如表10－2所示。

表10－2　城市与郊区气候对比

要素	市区与郊区比较
大气污染物	城区凝结核比郊区多10倍，微粒多10倍，气体混合物多5～25倍
辐射与日照	城区太阳总辐射少0～20%，紫外辐射：冬季少30%，夏季少5%，日照时数少5%～15%
云和雾	城区总云量多5%～10%，雾：冬季多1倍，夏季多30%
降水	城区降水总量多5%～15%，<5 mm雨日数多10%，雷暴多10%～15%
降雪量	城区少5%～10%，城区下风方多10%
气温	城区年平均高0.5～3.0℃，冬季平均最低高1～2℃，夏季平均最高高1～3℃
相对湿度	城区年平均小6%，冬季小2%，冬季小8%
风速	城区年平均小20%～30%，大阵风少10%～20%，静风日数少5%～20%

H. E. Landsberg. The Urban Climate. Academic Press. 1981

从大量观测事实看来，城市气候的特征可归纳为城市“五岛”效应(混浊岛、热岛、干岛、湿岛、雨岛)和风速减小、多变。

城市混浊岛效应

城市混浊岛效应主要有四个方面的表现。

首先城市大气中的污染物质比郊区多，仅就凝结核一项而论，在海洋上大气平均凝结核含量为940粒/cm^3，绝对最大值为39 800粒/cm^3；而在大城市的空气中平均为147 000粒/cm^3，为海洋上的156倍，绝对最大值竟达4 000 000粒/cm^3，也超出海洋上绝对最大值100倍以上。

其次，城市大气中因凝结核多，低空的热力湍流和机械湍流又比较强，因此，其低云量和以低云量为标准的阴天日数(低云量≥8 的日数)远比郊区多。据上海近十年(1980—1989 年)统计,城区平均低云量为 4.0,郊区为 2.9。城区一年中阴天(低云量≥8)日数为 60 天,而郊区平均只有 31 天;晴天(低云量≤2)则相反,城区为 132 天,而郊区平均却有 178 天。欧美大城市如慕尼黑、布达佩斯和纽约等亦观测到类似的现象。

第三,城市大气中因污染物和低云量多,使日照时数减少,太阳直接辐射(S)大大削弱,而因散射粒子多,其太阳散射辐射(D)比干洁空气中强。在以 D/S 表示的大气混浊度(又称混浊度因子 turbidity foctor)的地区分布上,城区明显大于郊区。根据上海近 27 年(1959—1985 年)观测资料统计计算,上海城区混浊度因子比同时期郊区平均高 15.8%。

第四,城市混浊岛效应还表现在城区的能见度小于郊区。这是因为城市大气中颗粒状污染物多,它们对光线有散射和吸收作用,有减小能见度的效应。城市中由于汽车排出废气中的一次污染物——氮氧化合物和碳氢化物,在强烈阳光照射下经光化学反应,会形成一种浅蓝色烟雾(称为光化学烟雾),能导致城市能见度恶化。美国洛杉矶、日本东京和我国兰州等城市均有此现象。

城市热岛效应

根据大量观测事实证明,城市气温经常比其四周郊区的高。特别是当天气晴朗无风时,城区气温 T_u 与郊区气温 T_r 的差值 ΔT_{u-r}(又称热岛强度)更大。由于热岛效应经常存在,大城市的月平均和年平均气温经常高于附近郊区。

城市干岛和湿岛效应

城市相对湿度比郊区小,有明显的干岛效应,这是城市气候中普遍的特征。城市对大气中水汽压的影响则比较复杂。以上海为例,据近 7 年(1984—1990 年)城区 11 个站水汽压(e_u)和相对湿度(RH_u)的平均值与同时期周围 4 个近郊站平均水汽压(e_r)和相对湿度(RH_r)相比较,都是城区低于郊区。

城郊水汽压和相对湿度都有明显的日变化。据实测 ΔRH_{u-r}的绝对值皆为负值,全天皆呈现出"城市干岛效应"。Δe_{u-r}的日变化则不同,如果按一天中 4 个观测时刻(02,08,14,20 时),分别计算其平均值,则发现在一年中多数月份夜间 02 时城区平均水汽压 e_u 却高于郊区的 e_r,出现"城市湿岛"。在暖季 4 月至 11 月有明显的干岛与湿岛昼夜交替的现象。

城市雨岛效应

城市对降水影响问题,国际上存在着不少争论。1971—1975 年美国曾在其中部平原密苏里州的圣路易斯城及其附近郊区设置了稠密的雨量观测网,运用先进技术进行持续 5 年的大城市气象观测实验(METROMEX),证实了城市及其下风方向确有促使降水增多的"雨岛"效应。这方面的观测研究资料甚多,以上海为例,根据本地区 170 多个雨量观测站点的资料，结合天气形势，进行众多个例分析和分类统计，发现上海城市对降水的影响以汛期(5—9 月)暴雨比较明显，城区的降水量明显高于郊区，呈现出清晰的城市雨岛。在非汛期(10 月至次年 4 月)及年平均降水量分布上则无此现象。

城市平均风速小　局地差异大　有热岛环流

城市下垫面粗糙度大，有减低平均风速的效应。以上海为例，百余年来，上海城市发展速度甚快，年平均风速逐年明显地变小。无论风速仪安装在何高度，其在同一高度所测得的风速，都是随着上海城市的发展风速逐时段递减。以距地面 12 m的风速而论，1986—1990 年的平均风速比一个世纪前(1894—1900 年)的平均风速要减小 34.2%。近年上海城中心区平均风速(2.5 m/s)要比远郊南汇(3.7 m/s)小 32.4%。

在大范围，气压梯度极小的天气形势下，特别是晴夜，由于城市热岛的存在，在城区形成一个弱低压中心，并出现上升气流。郊区近地面的空气从四面八方流入城市，风向热岛中心辐合。由热岛中心上升的空气在一定高度上又流向郊区，在郊区下沉，形成一个缓慢的热岛环流，又称城市风系，这种风系有利于污染物在城区集聚形成尘盖，有利于城区低云和局部对流雨的形成。上海、北京等城市都曾观测到城市热岛环流的存在。

2. 主要的气态污染物对环境及健康的危害

可按污染物种类分为五类，即二氧化硫、氮氧化物、气态有机物、光化学氧化物、有毒化学品造成的危害。

(1) 二氧化硫(SO_2)的危害

二氧化硫是目前最主要的大气污染物之一，危害也最广泛。它是各种含硫燃料燃烧时的产物之一，热电厂、有色金属冶炼厂、炼油厂、化肥厂、硫酸厂等都排放大量的二氧化硫。另外，家庭炉灶和各类内燃机排放的二氧化硫也有相当数量。中国目前能耗$\frac{2}{3}$来自燃煤，由此产生大量的二氧化硫。

大气中的 SO_2 通过植物叶面气孔进入叶肉细胞后，能降低细胞液的 pH 值，使叶绿素失去镁而形成去镁叶绿素，其光合作用受到抑制，尤其是在 SO_2 气体和空气湿度都较高的情况下，叶绿素被破坏更严重。SO_2 危害的症状是：开始时叶片略为失去膨压，有暗绿色斑点，然后叶色褪绿、干枯，直至出现坏死斑点。表 10－3 就是 SO_2 抑制黑麦草的分蘖和叶片的生长，以及干物质积累的情况。

二氧化硫是一种无色具有强烈刺激性气味的气体，易溶于人体的体液和其他黏性液中，二氧化硫进入呼吸道后，大部分被阻滞在上呼吸道，在湿润的黏膜上生成具有腐蚀性的亚硫酸、硫酸和硫酸盐，长期的影响会导致多种疾病，如上呼吸道

表10-3 SO_2对植物的影响

	分蘖数	活叶数	死叶数	活叶干重/g	残株干重/g	死叶干重/g	叶面积/cm^3
受SO_2抑制的植株	14.84	47.31	12.02	0.388	0.217	0.047	203.6
正常植株	25.18	85.61	6.39	0.791		0.027	417.2

感染、慢性支气管炎、肺气肿等，危害人类健康。SO_2在氧化剂、光的作用下，会生成使人致病、甚至增加病人死亡率的硫酸盐气溶胶。据有关研究表明，当硫酸盐年浓度在10 $\mu g \cdot m^{-3}$左右时，每减少10%的浓度能使死亡率降低0.5%。世界上有很多城市发生过二氧化硫危害的严重事件，使很多人中毒或死亡。我国一些城镇的大气中二氧化硫的危害普遍而又严重。

二氧化硫可被吸收进入血液，对全身产生毒作用，它能破坏酶的活力，从而明显地影响碳水化合物及蛋白质的代谢，对机体的免疫力及肝脏有一定损害。二氧化硫浓度为$10 \sim 15 \times 10^{-6}$，呼吸道纤毛运动和黏膜的分泌功能均受到抑制。浓度达20×10^{-6}时，引起咳嗽并刺激眼睛。浓度为100×10^{-6}时，支气管和肺部将出现明显的刺激症状，使肺组织受损。浓度达400×10^{-6}时可使人产生呼吸困难。

二氧化硫与飘尘一起被吸入，飘尘气溶胶微粒可把二氧化硫带到肺部，使毒性增加3～4倍。若飘尘表面吸附金属微粒，在其催化作用下，使二氧化硫氧化为硫酸雾，其刺激作用比二氧化硫增强约1倍。长期生活在大气污染的环境中，由于二氧化硫和飘尘的联合作用，可促使肺泡壁纤维增生，如果增生范围波及广泛，形成肺纤维性变，发展下去可使纤维断裂形成肺气肿。二氧化硫可以增强致癌物苯并芘的致癌作用。此外，长期接触二氧化硫对大脑皮质机能产生不良影响，使大脑劳动能力下降，不利于儿童智力发育。

大气中的二氧化硫可以对文物造成危害。二氧化硫几乎对所有物质均有不同程度的腐蚀作用。二氧化硫有酸性，它对石灰石、大理石、沙石等以碳酸钙为主要成分的物质产生严重的侵蚀作用。当空气中相对湿度较高时，SO_2将在铁器表面发生电化学作用，使铁生锈，在钢制雕塑表面常常会有一层硫酸铜绿锈($CuSO_4 \cdot Cu(OH)_2$)。大气中的SO_2对金属的腐蚀主要是对钢结构的腐蚀。据统计，发达国家每年因金属腐蚀而带来的直接经济损失占国民经济总产值的2%～4%。金属腐蚀造成的直接损失远大于水灾、风灾、火灾、地震造成损失的总和，而且金属腐蚀直接威胁到工业设施、生活设施和交通设施的安全。

二氧化硫对生态环境的影响是指大气中的SO_2形成的酸雨和酸雾对生态环境的危害。酸雨因pH小于5.6以下，造成土壤、岩石中的有毒金属元素溶解，流入河川或湖泊，严重时使得鱼类大量死亡。水生植物和以河川酸化水质灌溉的农作物，因累积有毒金属，将经由食物链进入人体，影响人类的健康。酸雨会影响土壤生态及农林作物的叶子，同时土壤中的金属元素因被酸雨溶解，造成矿物质大量流失，植物无法获得充足的养分，将枯萎、死亡。酸雨导致河流和湖泊酸化，可能使生态系改变，甚至导致湖中生物死亡，生态系活动因而无法进行，最后变成死湖。此外，大气中的 SO_2 会转变形成悬浮颗粒物，影响大气环境质量。

(2) 氮氧化物气体(NO_x)的环境危害

一氧化氮、二氧化氮等氮氧化物是常见的大气污染物质。大气中的氮氧化物主要来自煤炭及石油产品燃烧产生的废气，生产氮肥、有机中间体、金属冶炼时也会产生氮氧化物废气。汽车排出的氮氧化物(NO_x)有 95%以上是一氧化氮，一氧化氮进入大气后被氧化成二氧化氮。燃烧 1 t 煤能产生 3.6～9 kg 二氧化氮。此外，少量氮氧化物是由于自然界的火山爆发、雷击闪电等使大气中的氮和氧化合生成的。大气中氮氧化物含量达到一定程度时，在一定的天气条件下，可以与空气中其他污染物如碳氢化合物等发生一系列反应产生“光化学烟雾”，其主要成分是臭氧和高氧化性有机物，是一种氧化性烟雾。光化学烟雾会严重危害人类健康，如 20 世纪 40 年代发生在美国洛杉矶的光化学烟雾事件导致几百人死亡。

氮氧化物主要是对呼吸器官有刺激作用。由于氮氧化物较难溶于水，因而能侵入呼吸道深部细支气管及肺泡，并缓慢地溶于肺泡表面的水分中，形成亚硝酸、硝酸，对肺组织产生强烈的刺激及腐蚀作用，引起肺水肿。亚硝酸盐进入血液后，与血红蛋白结合生成高铁血红蛋白，引起组织缺氧。氮氧化物中的二氧化氮毒性最大，它比一氧化氮毒性高 4～5 倍。二氧化氮是一种毒性很强的棕色气体，有刺激性。在一般情况下，当污染物以二氧化氮为主时，对肺的损害比较明显，二氧化氮与支气管哮喘的发病也有一定的关系；当污染物以一氧化氮为主时，高铁血红蛋白症和中枢神经系统损害比较明显。表 10-4 为 NO_2 对人和其他生物的影响。

表 10-4　NO_2 对人和其他生物的影响

NO_2 浓度/$\times 10^{-6}$	影响
0.5	连续 3～12 月，患支气管炎部位有肺气肿出现
1.0	闻到臭味
2.5	超过 7 小时，西红柿等作物叶子变白
5.0	闻到强烈臭味
50	一分钟之内，人的呼吸异常，鼻子受刺激
80	3～5 分钟引起胸痛
100～150	人在 30～60 分钟，就因肺水肿而引起死亡

此外，二氧化氮也是酸雨的主要来源之一。氮氧化物中的氧化亚氮(N_2O)为大气中重要的温室气体，一个氧化亚氮分子的温室效应是一个二氧化碳分子的206 倍(见表 10－8)。

(3) 气态有机物的环境危害

大气中的气态有机物主要包括多环芳烃(polycyclic aromatic hydrocarbon，PAHs)，挥发性有机物(volatile organic compound，VOC)和醛类化合物，其中挥发性有机物是空气中这三种有机污染物中影响较大的一种。VOC 是指室温下饱和蒸气压超过了 133.32 pa 的有机物，其沸点在 50～250℃，在常温下可以蒸发的形式存在于空气中，它有毒性、刺激性、致癌性和特殊的气味性，会对人的各种黏膜刺激，最常见的是对眼、鼻、咽喉部位的刺激，对人体产生急性损害。长期接触这些有机物会对皮肤、呼吸道以及眼黏膜有所刺激，引起接触性皮炎、结膜炎、哮喘性支气管炎以及一些变应性疾病，而苯系物中有很多致癌、致畸、致突变的作用。

VOCs 是石油化工、制药、建材、喷涂等行业排放的最常见的污染物。主要成分为芳香烃、卤代烃、甲醛、氧烃、脂肪烃、氮烃等达 900 种之多。室内的 VOCs 主要是由建筑材料、室内装饰材料及生活和办公用品等散发出来的。如建筑材料中的人造板、泡沫隔热材料、塑料板材；室内装饰材料中的油漆、涂料、粘合剂、壁纸、地毯；生活中用的化妆品、洗涤剂等；办公用品主要是指油墨、复印机、打字机等；

家用燃料及吸烟、人体排泄物及室外工业废气、汽车尾气、光化学烟雾污染也是影响室内总挥发性有机物(TVOC)含有量的主要因素。

另外，漆酚(urushiol)可使人体皮肤腐蚀和中毒。一些家具特别是一些高档家具的油漆，是以生漆作为原料涂刷的，而生漆中含有漆酚。漆酚对人体皮肤具有腐蚀和中毒作用，易引起皮炎等过敏反应(也叫漆疮)。

对于患有哮喘和已有呼吸道疾病的个体，低浓度的 VOC 就会产生不良反应。在高浓度情况下，许多 VOC 有强的麻醉作用，可以抑制神经系统，接触高浓度的 VOC 能够引起眼睛和呼吸道的刺激作用以及眼睛、皮肤和肺过敏反应。在很高的浓度时，一些 VOC 会导致神经功能的衰减，许多 VOC 具有神经毒性、肾毒性、肝毒性或致癌性，或者损伤血液成分和心血管系统，引起胃肠道紊乱。如三氯甲烷($CHCl_3$)俗称氯仿，有特殊香甜味的无色、透明、易挥发液体，不易燃烧，密度为1.49(15 ℃)，难溶于水，易溶于醇、醚、苯、石油醚。在光作用下，$CHCl_3$ 能被空气氧化成氯化氢和剧毒的光气($COCl_2$)，三氯甲烷对皮肤、眼睛、黏膜和呼吸道有刺激作用。它是一种致癌剂，可损害肝和肾。

此外，大气中还有一些有毒微量有机污染物，如多环芳烃、多氯联苯、二噁英、甲醛等。其主要来源于燃烧过程、垃圾排放、家居装修等。主要危害包括致癌及对环境激素(也叫环境荷尔蒙)水平的影响，影响人的内分泌功能。

(4) 光化学氧化物的环境危害

光化学烟雾(如臭氧 O_3)是由汽车、工厂等污染源排入大气的碳氢化合物(HC)和氮氧化物(NO_x)等一次污染物,在阳光的作用下发生化学反应,生成臭氧(O_3)、醛、酮、酸、过氧乙酰硝酸酯(PAN)等二次污染物,参与光化学反应过程的一次污染物和二次污染物的混合物所形成的烟雾污染现象叫做光化学烟雾。

高空臭氧能吸收对生物有害的紫外线辐射,但低空臭氧却是一种污染气体,主要由汽车排放的氮氧化物经过光化学反应过程产生。如果老人、儿童及一些易过敏人群长时间暴露在臭氧浓度超过 180 $\mu g \cdot m^{-3}$ 的环境里,就容易出现皮肤刺痒、眼睛痛、呼吸不畅和咳嗽等症状。低空臭氧是一种最强的氧化剂,能够与几乎所有的生物物质产生反应,浓度很低时就能损坏橡胶、油漆、织物等材料。臭氧对植物的影响很大。浓度很低时就能减缓植物生长,高浓度时杀死叶片组织,致使整个叶片枯死,最终引起植物死亡,比如高速公路沿线的树木死亡就被分析与臭氧有关。臭氧对于动物和人类有多种伤害作用,特别伤害眼睛和呼吸系统,也会加重哮喘类过敏症。

(5) 有毒化学品(如氯气、氨气、硫化氢)的环境危害

氨气(NH_3)是一种无色气体。氨气易溶于水形成氢氧化铵。氨气可通过皮肤、呼吸道及消化道引起中毒。浓度在 100 $mg \cdot m^{-3}$ 时,人体可感到刺激作用;700 $mg \cdot m^{-3}$ 时,可危及生命。高浓度的氨接触黏膜和皮肤时,会造成组织溶解性坏死,溅入眼内可引起晶体混浊,严重可致失明。大量吸入可引起支气管炎和肺炎,可发生喉头水肿、呼吸抑制、昏迷和休克等。低浓度长期接触,可引起喉炎、声音嘶哑。氨对植物毒性较小,一般不致大面积危害植物,但在高浓度时,植物会沿叶脉两侧产生条状伤斑,并向叶脉浸润扩展。伤斑与正常组织间多界限分明。

氯气(Cl_2)具有强烈的刺激性,易溶于水。污染来源有食盐电解、制药工业、农药生产、光气制造、杀菌过程、合成纤维及造纸漂白工艺等。氯主要通过呼吸道和皮肤进入人体而致中毒。空气中氯气含量为 40～60 $mg \cdot m^{-3}$ 时,30～60 分钟即可使人严重中毒。中毒症状:轻者胸痛、干咳、呼吸困难、流泪等;重者发烧、水肿。吸入高浓度的氯,数分钟即窒息死亡。第一次世界大战中,德国就使用氯气作为毒气向英法联军发动了攻击,这是世界上第一次的毒气战。长期吸入低浓度氯会慢性中毒,其主要症状为鼻炎、慢性支气管炎、肺气肿、肝硬化。有的人接触高浓度氯气后可发生皮炎或湿疮。氯气进入植物组织后,能很快破坏叶绿素,使叶片产生褪色伤斑,严重时使全叶漂白、枯卷,甚至脱落。如氯气浓度达 0.46～4.67 $mg \cdot m^{-3}$ 时,可使许多敏感作物在不到 1 小时内出现症状;蔬菜比较嫩弱,一般在浓度为 0.5～0.8 mg/m^3 时,经 4 小时即严重受害。氯气的存在对许多金属制品存在腐蚀,尤其是铜制品,氯离子或盐酸气体会把铜器上面的碱式碳酸铜保护膜转化为氯化铜,继

而生成碱式氯化铜，此反应接连发生便导致所谓“青铜病”的腐蚀。

10.2.3　中国大气污染现状

伴随我国经济的迅速增长，工业化、城市化进程加速，能源消费量逐年增加，由此而产生的大气污染问题受到了广泛关注。

中国城市大气污染最为严重，影响范围最广的是可吸入颗粒物、大气污染物排放总量居高不下。2006 年全国二氧化硫排放总量为 2 594.4 万吨，烟尘排放量 1 088.8万吨，工业粉尘排放量 808.4 万吨，大气污染仍然十分严重。全国大多数城市的大气环境质量超过国家规定的标准。北方城市颗粒物污染较为严重，南方城市 SO_2，NO_x等污染加剧。全国 47 个重点城市中，约 70％以上的城市大气环境质量达不到国家规定的二级标准；参加环境统计的 338 个城市中，137 个城市空气环境质量超过国家三级标准，占统计城市的 40％，属于严重污染型城市。酸雨区污染日益突出。酸雨区由 20 世纪 80 年代的西南局部地区发展到现在的西南、华南、华中和华东 4 个大面积的酸雨区，酸雨覆盖面积已占国土面积的 30％以上，我国已成为继欧洲、北美之后的世界第三大重酸雨区。

我国大部分城市，可吸入颗粒物污染和二氧化硫污染严重超标，对人体乃至农产品质量产生极大的危害，并且正在向市郊蔓延。所有统计城市的二氧化氮浓度均达到国家二级标准(其中 87.4％的城市达到国家一级标准)，但广州、北京、乌鲁木齐、深圳、兰州等大城市二氧化氮浓度相对较高。二氧化氮的空气质量级别分布与上年相比变化很小。目前，控制和治理大气污染，维持和提高区域性和全球性环境质量，保障生态环境卫生和人体健康的迫切需要，也是社会经济可持续发展的重大需求。

10.3　大气含碳、氮和硫等化学成分的来源及其变化

10.3.1　大气含碳组分

大气中含碳物质主要包括二氧化碳(CO_2)、一氧化碳(CO)和甲烷(CH_4)，其次还有一些痕量有机气体和含碳颗粒物(主要化学成分是元素碳和有机碳)。

如碳循环章节所述，在大气中，二氧化碳是含碳的主要气体，也是碳参与物质循环的主要形式。但是，在大气条件下，二氧化碳是化学稳定的，它的循环是在源和汇之间的物理输送。2007 年 11 月 23 日，世界气象组织发布的《2006 年温室气体公报》指出，去年大气中的二氧化碳浓度为 381.2 ppm，比前一年上升了0.53％，是有记录以来的最高值。公报指出，自 18 世界晚期以来，大气中的二氧化碳含量

增加了 36%，这主要是由于燃烧化石燃料引起。

甲烷和一氧化碳是大气中的两种重要的化学活性含碳化合物，后面将会详细介绍。此外，大气中存在许多种非甲烷烃类化合物（简称 NMHC）。大气中还存在元素碳（黑碳）、颗粒态有机碳。由于黑碳能加热大气，近年来关于大气黑碳的研究越来越受到重视。

1. 大气甲烷(CH_4)

(1) 大气甲烷的浓度和分布

大气 CH_4 又是一种寿命较长的气体，在大气中的寿命约为 12 年。基于上述原因，估算和预测当前和未来大气 CH_4 的源与汇及其变化趋势已成为国内外研究的一个热点。由于人类活动的影响，自 1750 年以来，大气 CH_4 浓度已增长 150%（1.060 μL/L）。目前，大气 CH_4 在对流层的浓度约为 1.760 μL/L，增长速度年均为 0.007 μL/L；对温室效应的贡献仅次于 CO_2，占温室气体对全球变暖贡献总份额的 20%，每分子 CH_4 温室增温潜力是 CO_2 的 21 倍。

联合国政府间气候变化专门委员会（IPCC）第四次评估报告指出，2005 年全球地表大气甲烷平均浓度为 1.774 mL/m^3。近年来，分析南极冰岩芯气泡的结果证明，在距今 3 000 多年以前直到大约 150 年以前，大气甲烷的浓度一直保持在 0.6～0.8 mL/m^3。就是说，在过去 100～200 年里，大气甲烷浓度上升了约一倍以上。

(2) 大气甲烷的排放和去除

近十几年对大气甲烷中碳-14 的观测研究表明，大气中的甲烷大约 80%来自地表生物源。表 10-5 列出了综合的研究结果，表中所列每一种源的年排放率都有一个很大的变化范围，这正反映了我们当前对大气甲烷源的认识水平。

表 10-5 大气甲烷的源 （单位：10^6 t/a）

源	海洋	湖沼	苔原	森林	稻田	动物	白蚁	燃烧	其他
年排放率	5～20	100～200	1.3～13	10	35～50	65～100	0～150	30～110	20～90

在过去的几十年中，CH_4 的增长速率不是定常的，20 世纪 70 年代末至 80 年代初 CH_4 年增长率较大，但 80 年代后期有所减少，1992 年大气甲烷增长速率大幅度降低。徐柏青等通过达索普冰芯记录揭示了中低纬度大气 CH_4 含量与极地冰芯记录相同的变化趋势，并明确显示工业革命以来大气 CH_4 含量的增长。0～1 850 A.D. 中低纬度大气 CH_4 的平均含量为 782 nmol/mol，与格陵兰和南极大气

CH_4平均含量差分别达 66 nmol/mol 和 109 nmol/mol，并且其最大自然波动幅度超过 200 nmol/mol，这是极地冰芯记录从未有过的。达索普冰芯记录表明工业革命前中低纬度为全球大气重要的 CH_4 源区，但最近 1 000 年来，北半球中高纬度的排放有了显著的加强；过去 2 000 年来的自然变化时期，气候变化的纬向差异对北半球不同纬度带 CH_4 排放格局有着重要影响。

CH_4浓度的增长会导致大气中 OH 浓度的下降，OH 浓度的下降会引起大气中 CH_4的增长，这里存在一个正反馈过程。考虑到大气 CH_4 的最主要的汇是与 OH 自由基发生反应，在研究 CH_4 长期变化时，必须考虑 OH 自由基浓度的长期变化。张仁健等利用模式研究表明，对流层 OH 浓度在过去的 150 多年中是下降的，其数浓度自 1840 年的 7.17×10^5 分子数/cm^3 下降到 1991 年的 5.79×10^5 分子数/cm^3，降低了 19%，今后还将继续下降。大气中 CH_4 的增长一方面是由于 CH_4 排放源的增长，另一方面是由于 OH 浓度的下降。

在对流层中，大气甲烷的转化过程主要是被 OH 自由基氧化，生成 CH_3 自由基和水汽：

$$CH_4 + OH \longrightarrow CH_3 + H_2O \tag{10-1}$$

这一反应生成的 CH_3，一般会很快与氧气反应生成 CH_3O_2 自由基，即

$$CH_3 + O_2 + M \longrightarrow CH_3O_2 + M \tag{10-2}$$

CH_3O_2 自由基将继续反应，其具体过程与大气中的氮氧化物和臭氧的浓度密切相关。其反应过程通常可能分成三步进行，最终全部转化成二氧化碳和水。

第一步是把 CH_3O_2 自由基转化成甲醛(CH_2O)。反应过程中不仅发生二氧化氮(NO_2)对太阳紫外线的吸收和一氧化氮(NO)与二氧化氮之间的相互转化，同时还产生 OH 和 O_3。

$$\left.\begin{aligned}
&CH_3O_2 + NO \longrightarrow CH_3O + NO_2\\
&CH_3O + O_2 \longrightarrow CH_2O + HO_2\\
&HO_2 + NO \longrightarrow NO_2 + OH\\
&2[NO_2 + h\nu(\lambda < 0.4\ \mu m) \longrightarrow NO + O]\\
&2[O + O_2 + M \longrightarrow O_3 + M]
\end{aligned}\right\}$$

总效果：$CH_3O_2 + 3O_2 + 2h\nu \longrightarrow CH_2O + OH + 2O_3$　(10-3)

第二步是把甲醛转化成一氧化碳(CO)。这个反应可以有 3 个过程。

$$CH_2O + h\nu(\lambda < 0.36\ \mu m) \longrightarrow CO + H_2 \tag{10-4}$$

$$\left.\begin{array}{l} CH_2O + h\nu(\lambda < 0.36\ mm) \longrightarrow H + HCO \\ H + O_2 + M \longrightarrow HO_2 + M \\ HCO + O_2 \longrightarrow HO_2 + CO \\ 2[HO_2 + NO \longrightarrow OH + NO_2] \\ 2[NO_2 + h\nu \longrightarrow NO + O] \\ 2[O + O_2 + M \longrightarrow O_3 + M] \end{array}\right\}$$

总效果：$CH_2O + 4O_2 + 2h\nu \longrightarrow CO + 2O_3 + 2OH$　(10-5)

$$\left.\begin{array}{l} CH_2O + OH \longrightarrow HCO + H_2O \\ HCO + O_2 \longrightarrow CO + HO_2 \\ HO_2 + NO \longrightarrow OH + NO_2 \\ NO_2 + h\nu \longrightarrow O + NO \\ O + O_2 + M \longrightarrow O_3 + M \end{array}\right\}$$

总效果：$CH_2O + 2O_2 + h\nu \longrightarrow CO + H_2O + O_3$　(10-6)

CO 会被进一步氧化为 CO_2，即

$$\left.\begin{array}{l} CO + OH \longrightarrow CO_2 + H \\ H + O_2 + M \longrightarrow HO_2 + M \\ HO_2 + NO \longrightarrow OH + NO_2 \\ NO_2 + h\nu \longrightarrow O + NO \\ O + O_2 + M \longrightarrow O_3 + M \end{array}\right\}$$

总效果：$CO + 2O_2 + h\nu \longrightarrow CO_2 + O_3$　(10-7)

在平流层大气中，上述的甲烷氧化反应同样可以发生，这一过程每年可以大约消耗甲烷 0.5×10^8 t。另外，平流层中的甲烷可能与氟利昂光解产生的氯原子反应，生成较容易被湿沉降过程清除的氯化氢(HCl)。

$$CH_4 + Cl \longrightarrow CH_3 + HCl \tag{10-8}$$

这一反应抑制了氟利昂对平流层臭氧的破坏作用，在平流层臭氧光化学过程中起重要作用。但是它对甲烷消耗过程的贡献可能并不显著。

土壤氧化(吸收)CH_4 主要是 CH_4 氧化细菌作用的结果。此外，硝化细菌以及硫酸盐还原菌和产 CH_4 细菌本身也可以氧化少量的 CH_4。据初步估计，全球的土壤每年可以大约吸收 0.3×10^8 t 的大气甲烷。

这样，全球大气甲烷的总汇通量，即每年从大气中消失的甲烷估计大约为5×10^8 t。

2. 大气一氧化碳

直到 1949 年，人们才通过对太阳光谱的研究发现大气中存在一氧化碳。清洁对流层大气中，CO 是 OH 自由基最主要的汇，尽管 CO 本身并不是温室效应的直接贡献者，但它与 OH 自由基的化学反应控制着其他温室气体如 CO_2，CH_4，O_3 等的浓度分布与变化，进而对全球气候产生重大影响。一氧化碳的人为来源主要是化石燃料不完全燃烧，如汽车尾气。根据对全球化石燃料消耗量、燃烧条件以及对汽车排放状况的实际测量估计，表 10-6 综合给出了目前对大气一氧化碳各种源的贡献的估计，由于大气 CO 的观测数据较少，表中所列各种源的贡献都只有量级上的意义。

表 10-6　大气一氧化碳的源

源　种　类	年排放量/$\times 10^8$ t
汽车尾气和其他矿物燃料燃烧	3.0～5.5
海洋	0.2～2.0
生物质燃烧	3～7
非甲烷烃氧化	2～6
甲烷氧化	4～10
植物排放	0.6～1.6
合计	18～27

大气一氧化碳还有一种潜在的源是高温冶炼过程。在供氧不足的条件下，矿石中的二氧化硅可与碳发生反应，生成氧化硅(SiO)气和一氧化碳，即

$$SiO_2 + C \xrightarrow{1\ 500\ K} SiO + CO \qquad (10-9)$$

这一反应生成的氧化硅在大气中很快被氧化成二氧化硅(SiO_2)，并形成超细粒子。已有许多实验观测到这种超细粒子，但还不知道这种反应对全球大气一氧化碳的贡献。

大气一氧化碳最重要的汇是在大气中氧化转化成二氧化碳。一氧化碳在大气中很容易与 OH 自由基反应，最终生成二氧化碳。主要过程是：

$$\left.\begin{array}{l} CO + OH \longrightarrow CO_2 + H \\ H + O_2 + M \longrightarrow HO_2 + M \\ CO + HO_2 \longrightarrow CO_2 + OH \end{array}\right\}$$

总效果：$2CO + O_2 \longrightarrow 2CO_2$　　(10-10)

在这个化学转化过程中，OH 自由基起着重要作用，但整个过程最终并不消耗

OH 自由基。因此,一氧化碳转化为二氧化碳的速率并不直接与大气 OH 自由基的浓度相关。根据化学动力学计算,这一过程对大气一氧化碳的清除率约为 $14\times10^{8}\sim26\times10^{8}$ t/a。

大气一氧化碳的另一个汇是地表吸收。实验室的研究表明,有许多土壤种类能够有效地吸收一氧化碳,不同种类的土壤吸收率差别很大。对流层大气一氧化碳也会有一小部分被输送到平流层中, 在那里被氧化。

全球大气本地站瓦里关多年的观测数据显示,1992 年 1 月—2002 年 12 期间,瓦里关大气 CO 月平均体积分数本底范围$(90\sim190)\times10^{-9}$,年平均体积分数本底范围$(120\sim150)\times10^{-9}$,与北半球平均状况基本相符,11 年间平均增长值约1.2×10^{-9}/a。

3. 除甲烷以外的其他有机物

除了甲烷以外,大气中的有机物可以分成两大类,一类是除甲烷以外的气相碳氢化合物,也称非甲烷烃(non-methane-hydrocarbon, NMHC),另一类是颗粒态有机碳。非甲烷烃类(NMHCs)是指由自然界和人类活动释放到大气中的一类烃,如乙烷、丙烷、环丙烷、正丁烷、异丁烷等,通常分子量较低($C_1\sim C_{10}$),常温下以气态存在。与甲烷相比,非甲烷烃类有释放量小、活性较强和辐射较弱的特点。非甲烷烃类在大气中的体积浓度范围在 5×10^{-9}～检测限,参与大气光化学反应,影响着大气中氧化物的平衡。大气中非甲烷烃类能够参与大气光化学反应,其产物较复杂,包括一氧化碳、醛、酮、有机酸、醇以及有机自由基等。非甲烷烃类主要是能够和大气中的 OH 反应。大气中非甲烷烃类的来源包括人为源和自然源。人为源主要是化石燃料的燃烧、交通运输、涂料溶剂的使用等过程释放。自然源包括海洋、植物和土壤等释放。例如,异戊二烯和一系列单萜烯物质主要是由植物释放,其释放量不仅与植物自身种类有关,而且还强烈受到温度、光强等外界因素的影响。

大气颗粒态有机碳的浓度空间变化率很大。在海洋上空,颗粒态有机碳的浓度约为 0.5 $\mu g/m^3$,大陆背景地区大气中有机碳的浓度约为 3 $\mu g/m^3$,而在城市污染大气中其浓度可达 10 $\mu g/m^3$或更高。如对中国珠三角地区冬季大气有机碳的研究显示,可吸入颗粒物(PM_{10})和细粒子($PM_{2.5}$)中有机碳浓度分别为 19.7 $\mu g/m^3$和 14.7 $\mu g/m^3$,且颗粒态有机碳主要富存在粒径小于约 2.5 μm 的细粒子中。其来源主要是植物排放、化石燃料排放和 NMHC 的氧化过程。其去除过程主要是干、湿沉降过程。

大气中的另一类含碳有机物是氯氟碳化物(包括 CFCs 及 HCFCs)、氢氟碳化物(HFCs)以及全氟碳化物(PFCs)。这类物质在大气中本来是不存在的,是纯粹的工业合成物。这些物质具有极强的吸收红外热辐射的能力，尽管目前它们的正辐射强度(加热大气)还较小，但随着其大气浓度的持续增长，预计在本世纪内，这些物质的辐射强度将接近 10%。由于氟氯烃(CFCs)具有化学性能稳定、无毒、无臭、不可燃等特性，自 20 世纪 30 年代以来，就作为致冷剂、喷雾剂、泡沫塑料发泡剂、电子器件清洁剂、气溶胶推进剂、有机溶剂和灭火剂等而被广泛使用。人类所使用的 CFCs 最终几乎全部进入了对流层大气，由于 CFCs 类物质在对流层大气中的寿命都达到几十到几百年，短期内很难消解，致使其在对流层大气中的浓度迅速增长。据估计，到 1982 年大气中已存在 1 500 万吨氟氯烃，1996 年大气中 CFCs 的浓度达到极大值，随后开始出现缓慢下降趋势。由于 CFCs 氟氯烃对大气臭氧层的破坏作用，CFCs 的生产与使用越来越受到国际社会关注，并最终形成《关于消耗臭氧层物质的蒙特利尔议定书》及一系列修正案。

4. 二氧化碳

二氧化碳是大气的最主要的微量成分之一，也是最重要的温室气体之一，在地球气候的形成和变迁中起着重要作用。关于 CO_2 的自然循环过程在碳循环一章中进行了介绍。全球大气二氧化碳浓度已从工业化前 280 mL/m^3 上升到 2005 年 379 mL/m^3，这主要是由于森林遭到大规模的破坏，CO_2 的生物汇在不断减少，加之煤炭、石油和天然气等化石燃料的消费一直在增加，而海洋和陆地生物圈并不能完全吸收多少排放到大气中的 CO_2，从而导致大气中的 CO_2 浓度不断增加。全球变化研究的重要科学问题之一是大气 CO_2 的收支，化石燃料燃烧释放的 CO_2 约有一半停留在大气中，另一半则被海洋和陆地生物圈吸收，两种不同汇的分量是目前有待解决的焦点问题。

海洋是大气二氧化碳的主要源。在高纬度海域，海水温度较低，海洋从大气中吸收二氧化碳，而在低纬度海域，海洋却向大气释放二氧化碳。但就全球平均而言，二氧化碳是由海洋向大气输送的。在表层海水中，溶解碳酸盐部分会转化成气相二氧化碳释放到大气中，另一部分被生物吸收变成有机碳。海洋中的生物过程可能构成大气二氧化碳的一个重要汇。

大气二氧化碳最重要的去除过程是植物的光合作用。植物吸收大气 CO_2，通过光合作用生产含碳、氢、氧的有机物，释放氧气，这一过程的化学反应方程式为

$$CO_2 + H_2O \xrightarrow[\text{叶绿素}]{\text{阳光}} CH_2O + O_2 \tag{10-11}$$

陆地生物圈从大气中吸收的二氧化碳，一部分作为有机体长期保存下来，一部分在腐烂过程中变成可溶性无机碳，被输送到地面水体或地下水系中。相反，植物呼吸、死亡植物体的腐败过程也向大气释放二氧化碳。

大气二氧化碳的另一个重要去除过程是地表碳酸盐吸收大气二氧化碳和水

汽，然后生成水溶性的碳酸氢钙 $Ca(HCO_3)$，即

$$CaCO_3 + CO_2 + H_2O \longrightarrow Ca^{2+} + 2HCO_3^- \quad (10-12)$$

这类过程是可逆反应，可能很快达到平衡而不消耗大气二氧化碳。但是，如果有降水把反应产物带进河流和海洋，则反应可连续不断地向生成 $Ca(HCO_3)$ 的方向进行，从而构成大气二氧化碳的汇。

联合国政府间气候变化委员会(Intergovernmental Panel on Climate Change，IPCC)2007 年第四次评估报告指出，全球大气 CO_2 浓度已从工业化前约 280 mL/m³，增加到了 2005 年的 379 mL/m³。自工业化以来，化石燃料的使用是大气 CO_2 浓度增加的主要原因，也使二氧化碳浓度的空间分布发生了明显变化。由于人类活动排放主要集中在北半球中纬度大陆地区，这里二氧化碳浓度增加速度明显比其他纬度快。目前，大气二氧化碳浓度最高点已移到北半球中纬度，陆地最低点也从北极变成了南极。

10.3.2 大气中的含氮化合物

1. 概况

大气的最主要成分是氮气(N_2)，占大气成分总含量的 78%。由于氮气相当稳定，其寿命长达数百万年，所以在大气化学中研究较少。含量相对甚微的氮化合物，由于其化学活性和毒性，在大气化学中受到广泛关注。大气中的氮化合物包括 NO，NO_2，N_2O_5，N_2O_3，NO_3，HNO_2，HNO_3，HNO_4，PAN (peroxyacetyl nitrate，过氧乙酰基硝酸酯)，NH_3，NCN，N_2O，气溶胶中的 NO_3^-，NO_2^- 和 NO_4^+ 以及颗粒物中的有机氮化物。其中 N_2O_5 和 N_2O_3 在大气条件下容易分解成 NO 和 NO_2。

$$N_2O_5 \longrightarrow N_2O_3 + O_2 \;; \quad N_2O_3 \longrightarrow NO + NO_2 \quad (10-13)$$

所以，常把除了 NH_3 和 N_2O 以外的上述氮氧化物表述为奇氮化合物。其中，大气中浓度最高，在大气化学中研究最多的是 NO 和 NO_2，通称为 NO_x。

NO_x 在对流层臭氧和氢氧化物(H_xO_y)的光化学过程中起着决定性的作用，其反应过程是导致污染大气中臭氧高浓度的最主要原因，也是光化学烟雾形成最重要的前体物。城市大气中 NO_x 主要来自于机动车尾气排放，在日照强烈的条件下造成光化学复合污染，其显著的特点是近地面大气臭氧浓度升高，同时通过大气传输过程导致干净背景大气中臭氧浓度明显上升。进入 20 世纪 90 年代以来，对流层臭氧也被作为大气温室气体成分而受到关注。全球范围的对流层臭氧浓度增加可能影响地-气系统的辐射平衡而引起气候变化。

欧洲和北美地区由于城市大气污染主要来自于机动车尾气，导致大气中 NO_x 浓度较高，且形成了硝酸盐型的酸沉降。中国城市随着煤逐渐被清洁燃料替代，同

时机动车数量上升很快，导致大气中 NO_x 污染日趋严重，特别是在经济发达地区。2009 年统计显示，北京地区机动车数量突破 400 万辆，对北京及周边地区造成了巨大的环境压力。

NH_3 是大气中最主要的碱性气体成分，也是大气中重要的活性成分，NH_4^+ 是气溶胶和降水中的重要成分。NH_3 和 NH_4^+ 沉降是某些地区生态系统中养分的重要来源之一。N_2O 是大气中重要的温室气体，下面分别对这些氮的化合物进行介绍。

2. 氮氧化物的分布和变化

(1)奇氮化合物的浓度与分布

NO_2 是大气氮氧化物中的主要组分，是臭氧及其他光化学二次污染物(如 PAN 和二次气溶胶等)最重要的前体物之一，是形成硝酸性酸雨、酸雾以及光化学烟雾的主要污染物。大气中 NO_2 浓度的不断升高对大气环境、生态环境、人体健康具有很大的危害。对流层 NO_2 来源可以分为人为源和自然源两种，人为源主要有化石燃料燃烧、生物质燃烧等，自然源主要有氨的氧化、土壤排放、闪电、平流层输送等。近年来，在人类活动强烈的区域对流层 NO_2 垂直柱浓度的增加趋势日益明显。数值模拟显示，东部工农业发达区域明显高于西部地区，其中最大值在京津河北地区等地，高达 $112\times10^{16}\sim115\times10^{16}$ mol/cm^2；最小值在青藏区，大部分地区低于 3×10^{15} mol/cm^2。其中华北地区大部分区域、华中区的长江三角洲经济发达地区、四川盆地和华南区珠江三角洲也是对流层 NO_2 垂直柱浓度高值区。总体来看，我国区域内对流层 NO_2 垂直柱浓度分布与经济发展有较好的一致性，说明对流层 NO_2 浓度与人类活动密切相关。表 10－7 给出了含氮化合物的主要来源。从表 10－7 可以看出，人为排放源已在奇氮化合物的总来源中占了相当大的比重，人类活动已经在很大程度上改变了奇氮化合物的自然平衡。

表 10－7 全球奇氮化合物的源 (National Research Council, 1994)

源的类型	年产量(折合成 10^6 t 氮)
化石燃料燃烧	14～28
超音速飞机	0.15～0.3
平流层光化学	0.5～1.5
生物质燃烧	4～24
闪电	2～20
土壤排放	～8
NH_3 的氧化	<5
海洋 NO_2^- 的光解	0.5～1.5
合计	34～88

(2)奇氮化合物的化学转化过程及去除

在白天日照较为充足的大气条件下，N_2O_3，N_2O_4，N_2O_5 和 NO_3 发生分解或光致离解的反应速度都很快，其在大气中的寿命很短，浓度很低，主要反应过程有：

$$N_2O_3 \longrightarrow NO + NO_2 \tag{10-14}$$

$$N_2O_5 \longrightarrow N_2O_3 + O_2 \tag{10-15}$$

$$N_2O_4 \longrightarrow 2NO_2 \tag{10-16}$$

$$NO_3 + h\nu(\lambda \approx 0.541\ \mu m) \longrightarrow NO_2 + O \tag{10-17}$$

$$NO_3 + h\nu(\lambda < 10\ \mu m) \longrightarrow NO + O_2 \tag{10-18}$$

$$NO_3 + NO \longrightarrow 2NO_2 \tag{10-19}$$

从自然源和人为源排放的 NO_x，最初大多数是以 NO 的形式出现。由于 NO 寿命很短，一般只有数秒钟，在大气中极易被臭氧或 HO_2 自由基氧化成 NO_2。NO_2 吸收一定波长的太阳紫外辐射后再离解回到 NO，并同时生成 O 原子。O 原子与 O_2 结合即产生臭氧，即

$$NO + O_3 \longrightarrow NO_2 + O_2 \tag{10-20}$$

$$NO + HO_2 \longrightarrow NO_2 + OH \tag{10-21}$$

$$NO_2 + h\nu \longrightarrow NO + O(^3P) \tag{10-22}$$

$$O(^3P) + O_2 + M \longrightarrow O_3 + M \tag{10-23}$$

如果大气中这一反应体系达到光化学平衡态，NO 的浓度是很低的。例如，当 NO_2 浓度为 10 $\mu g/m^3$ 时，NO 的浓度只有 10^{-6} $\mu g/m^3$。但是，在实际大气中，对流层低层的 NO 和 NO_2 浓度之比约为 1∶1。这是因为 NO 不断从地面向大气排放，NO_x 又不断被转化和清除，使 NO 和 NO_2 不能达到光化学平衡状态。

NO_x 被转化和清除的主要化学反应过程如下。

① NO_2 被 OH 自由基氧化生成气相 HNO_3 或吸收水汽形成液态硝酸，即

$$NO_2 + OH \longrightarrow HNO_3(\text{气}) \tag{10-24}$$

$$3NO_2 + H_2O \longrightarrow 2HNO_3(\text{液}) + NO \tag{10-25}$$

HNO_3 与 NH_3 生成硝酸铵，即

$$NH_3 + HNO_3 \longrightarrow NH_4NO_3 \tag{10-26}$$

或者 OH 自由基也可直接与 NO 反应，生成气相亚硝酸(HNO_2)，即

$$NO + OH \longrightarrow HNO_2 \tag{10-27}$$

气相 HNO_3 或 HNO_2，液相硝酸及硝酸铵转化成颗粒物而被云和降水清除。

② 在有过氧乙酰自由基存在时，NO_2 与之反应生成 $CH_3COO_2NO_2$(PAN)，即

$$NO_2 + CH_3COO_2 \longrightarrow CH_3COO_2NO_2 \tag{10-28}$$

而 PAN 可以直接被干、湿沉降过程清除。PAN 是光化学烟雾的主要成分。在没有光照的条件下，NO_2 被臭氧氧化成 NO_3 及 NO_3 与 NO_2 作用生成 N_2O_5 的反应显

得更重要。

$$NO_2 + O_3 \longrightarrow NO_3 + O_2 \tag{10-29}$$

$$M + NO_3 + NO_2 \longrightarrow N_2O_5 + M \tag{10-30}$$

NO_x，HNO_2，HNO_3，HO_2NO_2，NO_3，N_2O_5，PAN 和颗粒物硝酸盐被统称为 NO_y。白天，NO_y的 15%～30%是以 HNO_3，PAN 和 NO_3^-（晶体）形态存在的。而在夜晚，则 90%以上的 NO_y是以 NO_x形态存在。白天硝酸占有较高的比例，这是 NO_x发生一系列光化学反应的结果。但在夜间有雾的情况下，40%的 NO_y是以硝酸盐的形式存在的。

大气降雨是 NO_2、硝酸、硝酸盐和有机硝酸酯的一个重要清除机制。东亚酸沉降监测网(EANET) 观测显示，东亚地区降水化学成分表现出明显的地域特征，滨海地区的日本降水含量中 Na^+（219 μmol/L），Cl^-（208 μmol/L）居东亚地区之首，而中国西北地区 Ca^{2+}，NO_3^-，NH_4^+，SO_4^{2-}，Mg^{2+}，K^+ 含量最高各为 755 μmol/L，168 μmol/L，260 μmol/L，768 μmol/L，59.3 μmol/L，53.6 μmol /L；降水酸度主要受阳离子 Ca^{2+}，NH_4^+和阴离子 SO_4^{2-}，NO_3^-的影响。

3. 氧化亚氮的大气化学过程

N_2O 作为大气的微量气体成分之一，在过去 100 年的时间中，N_2O 对温室效应的贡献约为 4%，1750—2000 年，大气中的 N_2O 浓度由 0.270 μmol/mol 上升到了 0.316 μmol/mol，增加了约 17%。虽然 N_2O 在大气中的浓度和年增长率低于 CO_2，但它的潜在增暖作用却约为 CO_2的 310 倍，为 CH_4的 4～21 倍，同时 N_2O 在大气中存留时间较长(约为 120 年)。因此，N_2O 在大气中浓度的增加更应引起重视。此外，平流层中 N_2O 的光解产物影响臭氧的光化学过程。表 10-8 给出的是两个时间尺度上 CH_4和 N_2O 相对于 CO_2的 GWP。可见，单位质量的 N_2O 具有比 CO_2和 CH_4大得多的 GWP。

表 10-8　几种主要痕量气体的全球增温潜势(GWP)(Shine,1990)

痕量气体		寿命/h	相对吸热能力（单位质量）	相对 GWP 20 年	50 年
CO_2		120	1	1	1
CH_4	直接	10	58	26	2
	间接			37	7
N_2O		150	206	270	190

(1)大气氧化亚氮的源

大气 N_2O 的主要源是包括施肥农田在内的生态系统中的生物过程以及已二

酸与硝酸的生产过程。能源领域的 N_2O 排放主要来自化石燃料燃烧和生物质燃烧过程，其 N_2O 排放约占全球 N_2O 源排放总量的 2%～3%，虽远小于自然土壤、水体等天然排放源，但它却是除人为干扰土壤和化工生产过程（如己二酸、硝酸生产等）等之外 N_2O 的主要人为排放源，并且在此领域进行 N_2O 减排较天然源调控相对见效更快。值得注意的是汽车上采用催化转化器后，虽然有效控制了尾气的 NO_x 排放，但同时却又促进了 N_2O 的排放。表 10－9 粗略地给出了大气 N_2O 的排放源强度各项数据。总体来说，中国对能源领域 N_2O 排放量研究较其 CO_2 和 CH_4 要薄弱得多。

表 10－9　大气 N_2O 的源（以氮计，单位为 $\times 10^6$ t/d）（据 IPCC，1992）

	主要来源	次级来源	排放量
总源			＞5.18～16.11
自然源			＞4.15～10.31
	海洋		1.4～2.6
	热带土壤	热带雨林和季雨林土壤	2.2～3.7
		热带稀树草原土壤	0.5～2.0
	温带土壤	温带森林土壤	0.05～2.01
		温带草原土壤	
人为源			1.03～5.8
	耕作土壤		0.03～3
	生物质燃烧		0.2～1.0
	固定燃烧源		0.1～0.3
	移动燃烧源		0.2～0.6
	己二酸生产		0.4～0.6
	硝酸生产		0.1～0.3
汇			＞7～13
	海洋吸收		
	土壤吸收		
	平流层光解		7～13
大气累积增加			3～4.5
收支不平衡	源不足		1.39～4.82

最新的政府间气候变化委员会(IPCC)2007 年 5 月发布的第四次气候变化评估报告指出,全球大气中 N_2O 浓度值也已从工业化前约 270 mL/m^3 增加到 2005 年的 319 mL/m^3,约超过$\frac{1}{3}$的 N_2O 源于人类活动,农业活动是主要的来源之一。

(2)大气氧化亚氮的去除

目前已知的大气氧化亚氮的主要汇为平流层光化学破坏、地面土壤吸收和海洋吸收,其中平流层光解的汇强稳定,但它被输送到平流层以后可能发生一系列的化学反应而被破坏。可能的反应途径有 3 条:

$$N_2O + O \longrightarrow N_2 + O_2 \tag{10-31}$$

$$N_2O + O \longrightarrow 2NO \tag{10-32}$$

$$N_2O + h\nu(\lambda \leqslant 0.337\mu m) \longrightarrow N_2 + O \tag{10-33}$$

①氧化亚氮与原子氧反应生成氢气和氧气,这一条反应途径不会对大气环境产生不良影响;②氧化亚氮与原子氧反应生成一氧化氮,该反应产生的一氧化氮也像在对流层中一样,会有一部分转变成二氧化氮,这一反应途径是平流层 NO_x(在平流层臭氧的光化学中,NO_x起着重要作用)的重要来源;③氧化亚氮吸收波长小于 0.337 μm 的太阳紫外辐射后光解为氮气和原子氧,原子氧的生成又将促进破坏氧化亚氮的化学反应。

土壤吸收 N_2O 主要有两种方式,微生物反硝化作用和土壤中粘土矿物的物理吸附,这些过程相对较为复杂,目前还没有明确的结论。

4. 氨的大气化学过程

氨是大气中唯一溶于水后显碱性的气体。大气中的氨(NH_3)对酸雨形成是非常重要的。由于它的水溶性,能与酸性气溶胶或雨水中的酸反应,起中和作用而降低酸度。大气中氨的来源主要是有机物的分解和农田施用的氮肥的挥发。土壤的氨的挥发量随着土壤 pH 值的上升而增大。京津地区土壤 pH 值为 7～8 以上,而重庆、贵阳地区则一般为 5～6,这是大气氨水平北高南低的重要原因之一。土壤偏酸性的地方,风沙扬尘的缓冲能力低。这两个因素合在一起,至少在目前可以解释我国酸雨多发生在南方的分布状况。可以通过技术手段来减少土壤氨的挥发,如改进施肥技术、改进肥料剂型、在尿素中添加脲酶抑制剂、使用表面膜和添加杀藻剂等措施,同时也可以提高肥料的利用率。

氨在大气中经酸碱中和反应和氧化反应,最终生成铵盐和硝酸盐而被干湿沉降过程清除。氨作为碱性气体可中和大气中的酸性物质,包括硫酸、硝酸、亚硫酸等,生成氨盐气溶胶。可能的反应有:

$$NH_3 + H_2O \longrightarrow NH_4OH \tag{10-34}$$

$$2NH_3 + H_2SO_4 \longrightarrow (NH_4)_2SO_4 \tag{10-35}$$

$$NH_3 + HNO_3 \longrightarrow NH_4NO_3 \tag{10-36}$$

$$2NH_3 + SO_2 + H_2O \longrightarrow (NH_4)_2SO_3 \tag{10-37}$$

此外，氨可以被 OH 自由基氧化，最终形成 NO_x，即

$$NH_3 + OH \longrightarrow NH_2 + H_2O \tag{10-38}$$

10.3.3 大气中含硫化合物的大气化学过程

1. 概况

硫化物是很重要的大气化学成分。进入大气的硫化物最初大部分是气相的，经过大气化学过程，这些气态的硫化物转变为颗粒态硫酸和硫酸盐。大气中的气态硫化物主要有二氧化硫（SO_2）、硫化氢（H_2S）、二甲基硫（DMS）及其衍生物（DMDS）、二硫化碳（CS_2）和氧硫化碳（COS）等。它们在大气中经过复杂的化学过程，最终转化成颗粒态硫酸或硫酸盐，然后被干、湿沉降过程清除。硫酸和硫酸盐是形成酸雨的又一个重要原因。

自然过程向大气排放的硫化物主要是还原态气体成分，它们在大气中被氧化成硫的氧化物和硫酸或亚硫酸。大气中含硫氧化物，大约有一半来自这种过程，另一半可能来自人为活动。人为活动已经明显冲击了硫循环过程，造成全球范围的大气酸沉降增加。

2. 主要硫化物的来源及其分布

(1)硫化氢 (H_2S)

硫化氢是有腐蛋臭味的无色气体，能溶于水、乙醇及甘油。化学性质不稳定，在空气中可氧化为二氧化硫，与空气混合燃烧时会发生爆炸。硫化氢主要来自地表生物源，此外，大气中硫化氢污染的来源还包括人造纤维、天然气净化、硫化染料、石油精炼、煤气制造、污水处理、造纸等生产工艺及有机物腐败过程。地表生态系统产生硫化氢的过程与甲烷的产生过程类似，但是目前缺乏对硫化氢来源的深入研究，仅有的研究显示 H_2S 主要产生于缺氧的环境。如果缺氧土壤中富含硫酸盐及有机物，则硫酸盐还原菌将会把它还原成硫化氢。土壤中产生的硫化氢，一部分重被氧化成硫酸盐，另一部分被排放到大气中。影响土壤硫化氢排放的因素包括光辐射强度、土壤温度、土壤化学成分和酸度等许多因子。目前关于全球 H_2S 浓度分布和总量还缺乏准确的观测数据。

(2)二甲基硫 $(CH_3)_2S$ (dimethyl sulfide,DMS)

二甲基硫是海水中含量最丰富的挥发性硫化物。大气二甲基硫的源是有机物含量丰富的海洋、海滨沼泽地和一些浅水水生生态系统。由海洋浮游植物产生的二甲基硫（CH_3SCH_3，dimethvIsulfide，DMS）是全球硫排放的重要天然源。在海

洋大气中，DMS 发生光化学氧化反应（白天与 OH 自由基，夜间与 NO_3 自由基），通过 SO_2 和甲磺酸（MSA）等中间产物最终生成非海洋硫酸盐（nss－SO_4^{2-}）。在海洋对流层内 MSA，nss－SO_4^{2-} 是天然降水酸性的主要贡献者。另一方面，nss－SO_4^{2-} 气溶胶对云的凝结核的数量有贡献，从而对全球气候变化发生影响。由于海域面积广阔，DMS 排放受多种因素控制，如海域纬度、海水环境、藻类物种等。加之 DMS 排放通量估算方法的局限性，为估算全球 DMS 排放带来约 2 倍的不确定性。海滨沼泽地的二甲基硫年排放量约为 0.006～0.66 g/m^2（以硫计，以下亦同）。全球平均的海洋二甲基硫年排放量约为 0.1 g/m^2，据估计，全球每年海洋产生的 DMS 折合成硫达 38 Tg(S)。

（3）二氧化硫（SO_2）

二氧化硫和氮氧化物一样，是大气环境酸化和酸雨形成的根源之一。大气 SO_2 的自然来源是陆地植物直接排放和还原态硫化物（如 H_2S 等）在大气中被氧化产生；人为来源是化石燃料（主要是煤）燃烧。还原态硫化物氧化的 SO_2 年产量约为 23×10^6 t 硫；地表自然源包括火山喷发和植物排放，年排放总量约为 2×10^6 t 硫；化石燃料燃烧的年排放量约为 65×10^6 t 硫。由于化石燃料燃烧排放的 SO_2 主要集中在北半球中纬度大陆地区，而且 SO_2 在大气中的寿命较短，所以其浓度分布很不均匀，在北半球中纬度地区最高，南半球较低。北半球中纬度地区的背景地区，大气中 SO_2 的浓度小于 10 μg/m^3，而在重污染城市，大气中 SO_2 的浓度可高达 150 μg/m^3 以上。20 世纪 80 年代以来，东亚地区是世界上经济发展和人口增加最快的地区之一，也是大气污染物（如 SO_2）的排放量增加较快的地区之一。据预测，2020 年的排放量可达 40～45 Tg/a。东亚地区 SO_2 排放量的增加一方面使中国大陆和台湾、香港以及日本、韩国等国家和地区成为世界上少有的重酸雨区之一；另一方面使大气中 SO_4^{2-} 增加，辐射强迫作用加强，最终影响亚洲乃至全球气候和生态环境。研究表明，中国大气 SO_2 的 87% 来自于燃煤排放，导致酸雨污染发生。

（4）硫酸盐粒子

硫酸盐粒子是大气气溶胶的最重要组分之一。大气硫酸盐的来源包括海盐硫酸盐和非海盐硫酸盐，其中非海盐硫酸盐主要来自于 SO_2 在大气中的转化。此外，大气中的还原态硫化物可能直接产生硫酸盐粒子。气相硫化物的化学和光化学过程可能首先产生硫酸，硫酸很快与其他物质反应生成硫酸盐。海盐粒子的年产量约为 44×10^6 t 硫；硫酸盐的光化学年产量约为 62×10^6 t 硫。

硫酸盐浓度在大气中有较大的空间变化。中纬度地区人为活动强烈，二氧化硫浓度高，大气中的硫酸盐粒子浓度也高；在赤道附近，由于二氧化硫转化较快和海盐粒子排放较多，大气中的硫酸盐粒子的浓度也较高。硫酸盐是城市大气颗粒物中水溶性离子浓度较高的组分,也是形成酸雨的主要因素之一。

3. 硫化物的化学转化和清除过程

含硫化合物在大气中基本的转化过程是低价态的含硫化合物在大气中被不断氧化,最终形成硫酸盐粒子;而高价态的含硫组分通过干、湿沉降的方式从大气中去除。

(1)SO_2的氧化

SO_2在大气中氧化的途径包括:①光氧化;②与自由基反应;③非均相化学过程。

SO_2有 3 个重要的光谱吸收带。原则上,SO_2能吸收所有这些波段内的辐射而激发光化学反应。第一个吸收带处在 340~400 nm 的光谱波长范围内,中心为 370 nm 左右。这是一个 SO_2的弱吸收带,最大光谱吸收系数仅为 0.095。第二个吸收带位于 240~330 nm 的光谱波长范围内,中心为 290 nm 左右。SO_2在这个吸收带内吸收较强,最大光谱吸收系数为 300。第三个吸收带位于 210~240 nm 的光谱范围内,中心为 220 nm 左右。这个带的二氧化硫吸收最强,最大光谱吸收系数大于 350。但是,在低层大气中,由于这一波段的紫外辐射很弱,第三个吸收带的 SO_2吸收非常弱。因此,第一个和第三个吸收带对 SO_2的光氧化都不重要,二氧化硫的光氧化主要是由 240~330 nm 光谱范围的辐射吸收激发的。SO_2分子吸收这一光谱范围的辐射后由基态跃迁到电激发态,激发态的 SO_2与大气中的氧气反应,生产三氧化硫(SO_3)。当有水汽存在时,可观察到硫酸微滴。反应过程是

$$SO_2 + h\nu(0.33 \sim 0.24\ \mu m) \longrightarrow SO_2^* \qquad (10-39)$$

$$SO_2^* + O_2 \longrightarrow SO_4 \qquad (10-40)$$

$$SO_4 + SO_2 \longrightarrow 2SO_3 \qquad (10-41)$$

$$SO_3 + H_2O \longrightarrow H_2SO_4 \qquad (10-42)$$

其中 * 表示分子处于电激发态。实验能够证明二氧化硫转化成了硫酸,但至今还不能证明其中间过程。电激态的二氧化硫分子与氧气分子碰撞有可能直接生成三氧化硫,即

$$2SO_2^* + O_2 \rightarrow 2SO_3 \qquad (10-43)$$

二氧化硫光氧化过程的复杂性还在于,三氧化硫也吸收 240~330 nm 光谱范围的辐射,这一辐射吸收过程导致二氧化硫光解而回到 SO_2,并同时生成基态氧原子,即

$$SO_3 + h\nu(0.33 \sim 0.24\ \mu m) \rightarrow SO_2 + O(^3P) \qquad (10-44)$$

这一过程产生的氧原子将会反过来氧化二氧化硫。

在有烃类化合物存在时,电激发态的二氧化硫分子可能与这些烃类化合物反应直接生成颗粒态物质。例如,与链烃的反应可能生成气溶胶粒子,反应方程式是

$$SO_2^* + RH \rightarrow HSO_2 + R \tag{10-45}$$

其中 R 代表大分子链烃基。电激发态 SO_2 与乙烯和丙烯类碳氢化合物也能发生反应，最终生成含硫的有机气溶胶粒子和一氧化碳，反应过程是

$$SO_2^* + C_3H_4 \rightarrow CO + C_2H_4 + SO \rightarrow CO + C_2H_4SO \tag{10-46}$$

$$C_2H_4SO + C_3H_4 \rightarrow C_5H_8SO \tag{10-47}$$

$$SO_2^* + C_2H_2 \rightarrow CO + CH_2SO \tag{10-48}$$

$$CH_2SO + C_2H_2 + SO_2 \rightarrow C_3H_4S_2O_3 \tag{10-49}$$

其中 C_5H_8SO 和 $C_3H_4S_2O_3$ 都是颗粒态气溶胶。先前的研究证明了这些反应的可能性，但它们在实际大气中的相对重要性还需要进行深入的研究。

此外，大气二氧化硫也可与大气中的自由基发生反应。当大气中的其他光化学过程产生足够的基态氧原子时，二氧化硫与基态氧原子直接反应生成三氧化硫就成为二氧化硫氧化的一条重要途径，反应方程式为

$$SO_2 + O(^3P) + M \rightarrow SO_3 + M \tag{10-50}$$

这个过程能否发生，取决于大气中基态氧原子的产率和三氧化硫与水汽的反应及随后的清除过程。大气中基态氧原子的主要来源是二氧化氮(NO_2)光解。在典型的大气温、压、湿和光照条件下，如果二氧化氮的浓度达到 0.2 mL/m^3 左右，二氧化硫直接与基态氧原子反应的重要性可能和电激发态二氧化硫分子与氧气的反应相当。但如果大气比较干燥，则二氧化硫与基态氧原子反应生成的三氧化硫可能再与基态氧原子反应而光解为二氧化硫，即

$$SO_3 + O(^3P) + M \rightarrow SO_2 + O_2 + M \tag{10-51}$$

这样一来，上述反应的相对重要性就差了。

一氧化氮的存在可能使二氧化硫的光氧化过程受到抑制，可能的反应是

$$SO_2^* + NO \rightarrow SO_2 + NO \tag{10-52}$$

$$SO_3 + NO \rightarrow SO_2 + NO_2 \tag{10-53}$$

即一氧化氮可能与电激发态的二氧化硫分子或其氧化产物三氧化硫发生反应而使其回到通常的二氧化硫分子。当大气一氧化氮浓度较高时，就不能完全忽视这类反应。

OH 和 HO_2 自由基可以与二氧化硫直接发生反应，并最终生成硫酸，如

$$SO_2 + OH + M \rightarrow HSO_3 + M \tag{10-54}$$

$$HSO_3 + OH \rightarrow H_2SO_4 \tag{10-55}$$

$$H_2O + SO_2 + M \rightarrow OH + SO_3 + M \tag{10-56}$$

$$SO_3 + H_2O \rightarrow H_2SO_4 \tag{10-57}$$

当然这些反应的重要性主要还取决于 OH 和 HO_2 自由基的浓度，以及 NO_x 与二氧化硫竞争 OH 和 HO_2 自由基的情况。

实验室研究还发现，大分子碳氢氧自由基也能有效地氧化 SO_2，例如

$$CH_3-C(=O)-O_2 + SO_2 \longrightarrow CH_3-C(=O)-O + SO_3 \tag{10-58}$$

$$CH_3O_2 + SO_2 \longrightarrow CH_3O + SO_3 \tag{10-59}$$

在城市污染大气中，这些反应是重要的，但在干净大气中，我们还不知道这类反应的重要性有多大。

(2)硫化氢的氧化

大气中 OH 自由基和臭氧可以氧化大气中的硫化氢(H_2S)，反应过程是

$$H_2S + OH \rightarrow SH + H_2O \tag{10-60}$$

OH 自由基氧化硫化氢而生成的 SH 自由基可能继续反应，最后生成二氧化硫和三氧化硫。我们还不了解中间过程的细节。但 SH 自由基与氧分子作用生成 SO 和 OH 自由基的反应是一条可能的途径，即

$$SH + O_2 \rightarrow OH + SO \tag{10-61}$$

另外，硫化氢可与氧原子反应生成 SH 和 OH 自由基，也可与臭氧反应生成二氧化硫和水汽，即

$$H_2S + O \rightarrow SH + OH \tag{10-62}$$

$$H_2S + O_3 \rightarrow SO_2 + H_2O \tag{10-63}$$

但这些反应在实际大气中的重要性都有待于进一步研究。

(3)其他硫化物的转化

海水中的 DMS 一旦生成，立即受种种作用而被转化、降解或排放到大气中。海洋 DMS 的去除主要有 3 个途径：光化学氧化、向大气排放及微生物降解。DMS 主要与 OH 自由基和 NO_3 自由基反应，与 OH 基的反应在海洋大气中占主导地位。因为 OH 自由基的形成与太阳辐射密切相关，DMS 在白天被清除得更快，而在夜间 DMS 与 NO_3 基的反应更重要。因此，海洋边界层的 DMS 浓度表现出昼夜循环，夜间最高，白天最低。DMS 的氧化是大气中甲烷磺酸的唯一来源，也是海洋大气中 SO_2 的主要来源。

综上所述，大气气态硫化物在大气中都会发生各种化学反应，生成二氧化硫或硫酸盐粒子。大气中的二氧化硫再经过一系列反应生成硫酸和硫酸盐。硫酸和硫酸盐粒子会很快被干、湿沉降过程清除。当然，气态硫化物(特别是二氧化硫)也会被干、湿沉降过程直接清除，但其清除速率比颗粒物要慢得多。

习　题

10.1　归纳主要的大气污染物类型及其对环境和健康的危害。

10.2　VOCs是石油化工、制药、建材、喷涂等行业排放的最常见的污染物。主要成分为芳香烃、卤代烃、氧烃、脂肪烃、氮烃等达900种之多。室内的VOCs主要是由吸烟、建筑材料、室内装饰材料及生活和办公用品等散发出来的。如建筑材料中的人造板、泡沫隔热材料、塑料板材；室内装饰材料中的油漆、涂料、粘合剂、壁纸、地毯；生活中用的化妆品、洗涤剂等；办公用品主要是指油墨、复印机、打字机等。试列举20种上面所提到的VOCs，以及减少或防范之法。

10.3　大气氮氧化物和SO_2的来源有什么差别？

10.4　总结主要的温室气体种类及其来源和汇。

10.5　大气中有哪些痕量的组分？

参考文献

[1]　Seinfeld JohnH, Spyros N P. Atmospheric chemistry and physics: from air pollution to climate change. Now York: Wiley, 1998.

[2]　张仁健，王明星，胡非，等. 采暖期前和采暖期北京大气颗粒物的化学成分研究. 中国科学院研究生院学报，2002，19(1):75－81.

[3]　刘艳菊，丁辉. 植物对大气污染的反应与城市绿化. 植物学通报，2001，18(5):577－586.

[4]　IPCC. Summary for Policymakers of Climate Change 2007: The Physical Science Basis. Contribution of Working Group I to the Fourth Assessment Report of the Intergovernmental Panel on Climate Change [M]. Cambridge: Cambridge University Press, 2007.

[5]　H. E. Landsberg. The Urban Climate. Academic Press. 1981.

[6]　王明星. 大气化学. 北京：气象出版社，2005.

[7]　唐孝炎，张远航，邵敏. 大气环境化学. 北京：高等教育出版社，2006.

[8]　徐柏青，姚檀栋，J. Chappellaz. 过去2000年大气甲烷含量与气候变化的冰芯记录. 第四纪研究，2006，(02):173－184.

[9]　张仁健. 150年来大气甲烷浓度的长期变化. 气象学报，2002，(05):620－624.

[10]　周凌晞，温玉璞，李金龙，张晓春. 瓦里关山大气CO本底变化. 环境科学学报，2004，24(4):637－642.

[11]　张芳，王新明，李龙凤，等. 近年来珠三角地区大气中痕量氟氯烃(CFCs)的浓度水平与变化特征. 地球与环境，2006，34(4):19－26.

[12]　张美根，徐永福，Itsushi Uno，Hajime Akimoto. 东亚地区春季二氧化硫的输送与转化过程研究 I. 模式及其验证. 大气科学，2004，28(3): 321－329.

[13] 李伟铿,王雪梅,张毅强. 珠江三角洲地区工业排放变化对 SO_2 和 NO_x 及其二次污染物浓度的影响. 环境科学研究，2009,22(2)：207－214.

[14] 王跃启,江洪,张秀英,等. 基于 OMI 卫星遥感数据的中国对流层 NO_2时空分布. 环境科学研究，2009,22(8)：932－937.

[15] 黄奕龙,王仰麟,张利萍,等. 深圳市大气降水化学组成演化特征分析：1980—2004 年. 生态环境，2008,17(1)：147－152.

[16] 叶小峰,王自发,安俊岭,等. 东亚地区降水离子成分时空分布及其特征分析. 气候与环境研究，2005,10(1)：115－123.

[17] 杨东贞,周怀刚,张忠华. 中国区域空气污染本底站的降水化学特征. 应用气象学报，2002,13(4)：430－439.

[18] 杨复沫,贺克斌,雷宇,等. 2001—2003 年间北京大气降水的化学特征. 中国环境科学，2004,24(5)：538－541.

[19] Cao J. J. , Lee S. C. , Ho K. F. , etal, 2003. Characteristics of Carbonaceous Aerosol in Pearl River Delta Region, China during 2001 Winter Period. Atmospheric Environment, 37：1451－1460.

[20] 马奇菊,胡敏,田旭东,等. 青岛近岸海域二甲基硫排放和大气中二甲基硫浓度变化. 环境科学,2004,25(1):20－27.

第 11 章　光化学与太阳能

11.1　光化学概念

光化学是研究光与物质相互作用所引起的永久性化学效应的化学分支学科。由于历史的和实验技术方面的原因，光化学所涉及的光的波长范围为 100～1 000 nm，即紫外光、可见光至近红外波段。

光化学过程是地球上最普遍、最重要的过程之一，绿色植物的光合作用，动物的视觉，涂料与高分子材料的光致变性，以及照相、光刻、有机化学反应的光催化等，无不与光化学过程有关。近年来，得到广泛重视的同位素与相似元素的光致分离、光控功能体系的合成与应用等，更体现了光化学是一个极活跃的领域。但从理论与实验技术方面来看，在化学各领域中，光化学还很不成熟。

光化学反应是由原子、分子、自由基或离子吸收光子所引起的化学变化。光化学反应不同于热化学反应：第一，光化学反应的活化主要是通过分子吸收一定波长的光来实现的，而热化学反应的活化主要是分子从环境中吸收热能而实现的，光化学反应受温度的影响小，有些反应甚至与温度无关；第二，一般而言，光活化的分子与热活化分子的电子分布及构型有很大不同，光激发态的分子实际上是基态分子的电子异构体；第三，被光激发的分子具有较高的能量，可以得到高内能的产物，如自由基、双自由基等；第四，光化学反应一般速度很快，反应很难发生平衡，故常用反应速率常数代替平衡常数来说明光化学反应的能力。

11.2　光化学定律

11.2.1　光化学第一定律

光化学第一定律又称 Grotthus-Draper 定律，其内容为：只有被体系内分子吸收的光，才能有效地引起该体系的分子发生光化学反应。

此定律虽然是定性的，但却是近代光化学的重要基础。例如，理论上只需

284.5 kJ/mol 的能量就可以使 H_2O 分解，这相当于 $\lambda=420$ nm 光子的能量，似乎只需可见光就可以了。但实际上，在通常情况下 H_2O 并不被光解，原因是 H_2O 不吸收波长为 420 nm 的光。H_2O 最大吸收在 $\lambda=5\ 000\sim8\ 000$ nm 和 $\lambda>20\ 000$ nm 的两个频段。因此，可见光和近紫外光都不能使 H_2O 分解。

11.2.2 Lambert-Beer 定律

这是单色光的光吸收定律，此定律给出了定量的关系，其数学表达式如下：

$$I=I_0\mathrm{e}^{-\varepsilon cl}\ ,\ I_a=\lg\frac{I_0}{I}=\frac{\varepsilon cl}{2.303}=kcl=E$$

式中：I_0 表示入射光的强度；I 是透射光的强度，I_a 是吸收光的强度(吸收光子数)；c 是吸光物质的浓度；l 是光经过介质的厚度；$k=\dfrac{\varepsilon}{2.303}$；$\varepsilon$ 是摩尔消光系数，与入射光的波长、温度以及溶剂性质有关，但与吸收质的浓度无关；E 是消光度，又称光密度。

11.2.3 光化学第二定律

此定律又称为 Einstein 光化当量定律，是爱因斯坦在 1905 年提出的，内容为：在光化学反应的初级过程中，被活化的分子数(或原子数)等于吸收光的量子数，或者说分子对光的吸收是单光子过程，即光化学反应的初级过程是由分子吸收光子开始的。

这个定律的基础是：电子激发态分子的寿命很短($\leqslant10^{-8}$ s)，在此期间再要吸收第二个光子的机率很小。然而激光的高通量光子流使多光子吸收成为光化学和光谱方面的常见现象。故第二定律对于激光化学不适用，但仍适用于发生在对流层大气中的光化学过程。

11.3 光子能量与化学键能的关系

只有当激发态分子(活化分子)的能量足够使分子内最弱的化学键断裂时，才能引起化学反应，即说明光化学反应中，旧键的断裂与新键的生成都与光子的能量有关。

根据 Einstein 公式，1 摩尔分子吸收 1 摩尔光子的总能量为：

$$E=N_0h\nu=N_0hc/\lambda=1.196\times10^5/\lambda\ \text{kJ/mol}$$

式中：N_0 为阿伏伽德罗常数 6.023×10^{23}；h 为普朗克常数 6.626×10^{-34} Js/光子；c 为光速，2.998×10^{10} cm/s。

利用此公式可以从化学键能计算其相应的波长。例如，比较强的 O—O 键能是 494.13 kJ/mol，则其相应的波长可求得为 242 nm。因此理论上氧分子吸收一个波长为 242 nm 的光子就可以使 O—O 键断裂。在有机分子中，通常遇到最弱的单键其强度约为 146 kJ/mol，显然是比较容易断裂的。

由于一般化学键的键能大于 167.4 kJ/mol，所以波长 $\lambda>700$ nm 的光子就不能引起光化学反应（激光等特强光源例外）。由于波长为 100 nm 的光子能量很高，可以引起分子、原子的放射性蜕变或衰变，属于放射化学的范畴，而不属于一般光化学范畴。所以能引发光化学反应的波长范围是 100～700 nm。

在地面上或在对流层，光化学反应并不普遍。但波长为 300 nm 的紫外线的能量约相当于 400 kJ/mol 的键能，这个能量理论上就能切断许多高聚物分子中的化学键，或者引发其光氧化老化过程。表 11－1 的数据表明，许多高聚物的光敏波长都在 300 nm 左右。

因为 C—H 键能为 335.1 kJ/mol，如果要断裂 C—H 键，理论上只需波长 $\lambda\leqslant$ 357 nm 的光子就可以了。这些事实表明，如果让波长 $\lambda<300$ nm 的辐射光到达地球表面，对生物以及对高分子材料的使用寿命都会有严重影响。幸好上层空气中的臭氧有效地吸收了 $\lambda<290$ nm 的太阳辐射，从而保护了地球上的生物，而较长波长的紫外光则有可能透过臭氧层进入大气对流层，以至地面。

表 11－1　几种高聚物的光敏波长

高聚物	最敏感波长/nm	高聚物	最敏感波长/nm
聚碳酸酯	285～305	聚酯	325
聚乙烯	300	聚甲醛	300～320
聚氯乙烯	320(均聚)	聚甲基丙稀酸甲酯	290～315
聚苯乙烯	318.5	氯乙烯-醋酸乙烯	327～364
聚丙烯	300		

注:引自夏立江《环境化学》,1995

11.4　光化学反应过程

11.4.1　光化学初级过程和次级过程

化学物种（分子、原子等）吸收光量子后，可产生光化学反应的初级过程和次级过程。

初级过程包括化学物种吸收光能形成激发态物种及该激发态可能发生的反应，其基本步骤为：

$$A + h\nu \rightarrow A^*$$

式中：A^* 为物种 A 的激发态；$h\nu$ 为光量子。

随后激发态 A^* 可能发生如下几种反应：

辐射跃迁　　$A^* \rightarrow A + h\nu$（荧光、磷光）　　(11－1)

碰撞去活化　　$A^* + M \rightarrow A + M$　　(11－2)

光解离　　$A^* \rightarrow B_1 + B_2 + \cdots$　　(11－3)

与其他分子反应　　$A^* + C \rightarrow D_1 + D_2 + \cdots$　　(11－4)

其中，式(11－1)，式(11－2)为光物理过程，前者为激发态物种通过辐射荧光或磷光而失活，后者为激发态物种通过与其他分子 M 碰撞，将能量传递给 M，本身又回到基态，亦即碰撞失活。

式(11－3)和式(11－4)为光化学过程，前者为光离解，即激发态物种离解成为两个或两个以上新物种。后者为 A^* 与其他分子反应生成新的物种。对大气环境化学来说，光化学过程更为重要。激发态物种会在什么条件下离解为新物种，以及与什么物种反应可产生新物种，对于描述大气污染在光作用下的转化规律尤为重要。

次级过程是指在初级过程中激发态物种分解而产生了自由基，自由基引发进一步的反应过程。如氯化氢的光化学反应过程：

$HCl + h\nu \rightarrow H + Cl$　　（激发——光离解）　　(11－5)

$H + HCl \rightarrow H_2 + Cl$　　（反应物与生成物反应）　　(11－6)

$Cl + Cl \rightarrow Cl_2$　　（生成物之间的反应）　　(11－7)

其中，式(11－5)为初级过程，式(11－6)、(11－7)、(11－8)为次级过程。

11.4.2 初级光化学过程的主要类型

在对流层气相中初级光化学过程的主要类型有六种。

1. 光解

一个分子吸收一个光量子的辐射能时，如果所吸收的能量等于或大于键的离解能，则发生键的断裂，产生原子或自由基，它们可以通过次级过程进行热反应。这类反应在大气中很重要，光解产生的自由基及原子往往是大气中 OH，HO_2 和 RO_2 等的重要来源。对流层清洁和污染大气中、平流层大气中的主要化学反应都与这些自由基或原子的反应有关。例如，在＜430 nm 波长的作用下，NO_2 光解离产生的是电子基态的产物：

$$NO_2 + h\nu \longrightarrow NO + O(^3P)$$

$O(^3P)$为三重态即基态原子氧，在一个大气压下的空气中$O(^3P)$会立即发生发应：

$$O(^3P) + O_2 \longrightarrow O_3$$

这个反应是对流层大气中唯一已知的O_3人为来源。

2. 分子内重排

在一定条件下，化合物在吸收光量子后能够引起分子内重排。例如，邻硝基苯甲醛在蒸气、溶液或固相中的光解：

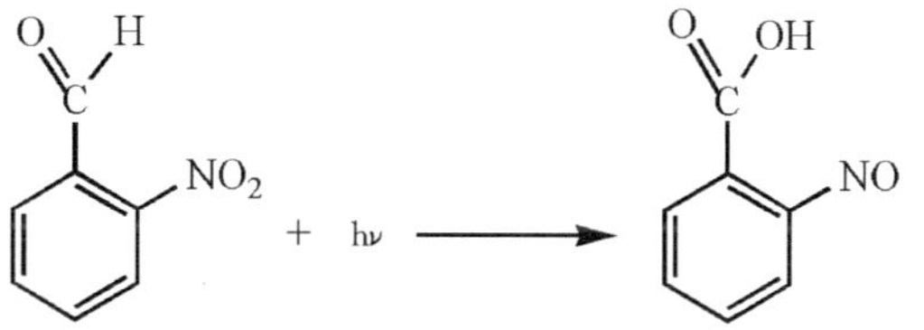

邻硝基苯甲醛（CHO，NO_2） + hν ⟶ 邻亚硝基苯甲酸（COOH，NO）

3. 光异构化

气相中的某些有机化合物吸收光能后，发生异构化反应，如

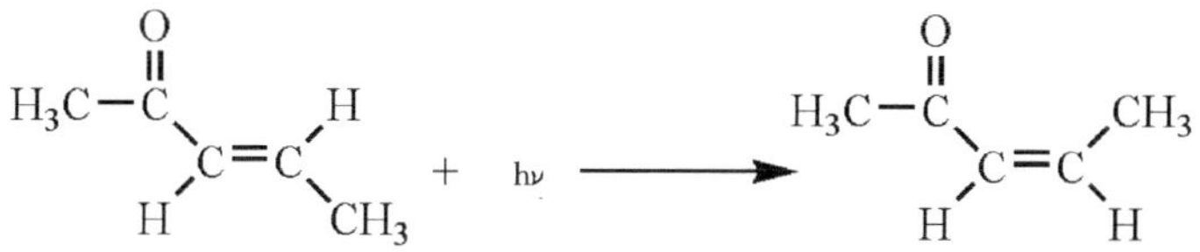

$$H_3C-CO-CH=CH-CH_3\ (\text{顺式}) + h\nu \longrightarrow H_3C-CO-CH=CH-CH_3\ (\text{反式})$$

4. 光二聚合

某些有机化合物在光的作用下发生聚合反应，生成二聚体。

5. 氢的提取

羰基化合物吸收光能形成激发态后，在有氢原子供体存在时，容易发生分子间氢的提取反应，如

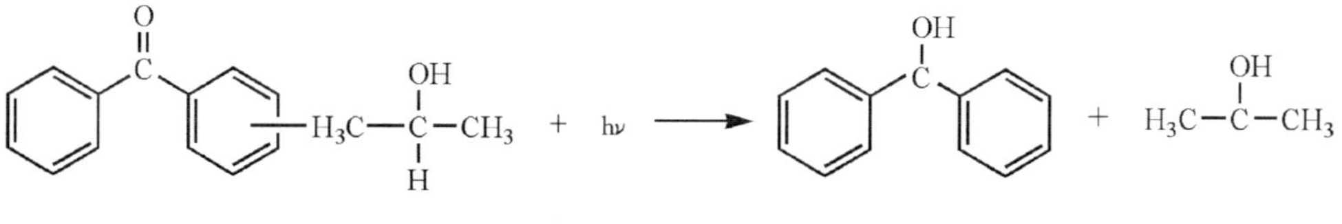

$$C_6H_5-CO-C_6H_5 + H_3C-CH(OH)-CH_3 + h\nu \longrightarrow C_6H_5-C(OH)-C_6H_5 + H_3C-\dot{C}(OH)-CH_3$$

在双分子的光化学过程中，氢提取是较为重要的反应，它们有可能发生在液相表面或水滴中。

6. 光敏化反应

光敏化反应是指有些化合物能够吸收光能，但自身并不参与反应，而把能量转移给另一化合物使之成为激发态参与反应。吸光的物质称为光敏剂(S)，接受能量的化合物称为受体(A)。光敏化反应可表示为：

$$S(S_0) + h\nu \longrightarrow S(S_1)$$

$$S(S_1) \longrightarrow S(T_1)$$

$$S(T_1) + A(S_0) \longrightarrow S(S_0) + A(T_1)$$

$$A(T_1) \longrightarrow \text{参与反应}$$

上述化学过程以光解最为重要，此过程可生成反应性极强的碎片，从而引发一系列的化学反应。

11.5 大气中重要气体的光吸收

由于高层大气中的氧和臭氧近乎完全吸收了波长 $\lambda<290$ nm 的紫外辐射，因此，低层大气中的污染物主要吸收波长 $\lambda=300\sim700$ nm(相当于 398～167 kJ/mol 能量)范围的光线。迄今为止，已知的比较重要的吸收光后能进行光解的污染物主要有：NO_2，O_3，SO_2，HONO，H_2O_2，$RONO_2$，RONO，RCHO，RCOR′等。

表 11－2 为主要气体的光吸收特征波段，下面就其中几种重要气体的光吸收特性作些介绍。

表 11－2 主要气体的光吸收特征波段

气体	主要的光吸收带
NO_2	290～410 nm
SO_2	340～400 nm，240～330 nm， 180～240 nm
O_3	200～300 nm，300～360 nm，最强吸收在 254 nm
HONO	300～400 nm
HCHO	290～360 nm

11.5.1 NO_2的光吸收特性

NO_2是城市大气中最重要的吸光物质。在低层大气中，它能吸收全部来自太阳的紫外光和部分可见光。NO_2在 290～410 nm 内有连续吸收光谱。

波长在 300～370 nm 之间有 90％的 NO_2吸收光子分解为 NO 和 O；波长 $\lambda>$

370 nm，光解反应就很快下降；$\lambda>420$ nm，就不再发生光解。这是因为 NO 和 O 之间的键能为 305.4 kJ/mol，相当于 400 nm 左右光波所提供的能量，即吸收光波长 $\lambda\leqslant400$ nm 时，NO_2 可发生光解：

$$NO_2 + h\nu \longrightarrow NO + O$$
$$O + O_2 \longrightarrow O_3$$

11.5.2　O_3 的光吸收特性

紫外区有两个吸收带 200～300 nm 和 300～360 nm，最强吸收在 254 nm，主要发生在平流层，由于臭氧的吸收，控制了到达对流层辐射的短波长极限。可见光区还有一个吸收带，波长为 450～850 nm，这个吸收是很弱的。O_3 吸收紫外光后发生光解反应：

$$O_3 + h\nu \longrightarrow O + O_2$$

当波长 $\lambda>290$ nm，O_3 对光的吸收就相当弱了。因此 O_3 主要吸收来自太阳波长 $\lambda<290$ nm 的紫外光，产物是否为激发态则取决于激发能（吸收光能）。在 200～320 nm 之间，O_3 光解生成的两个产物都处于激发态；而 320～440 nm 之间，O_3 光解反应发生了自旋跃迁（O 为 ^3P 态）；450～850 nm 之间，O_3 光解产物都为基态。

11.5.3　SO_2 的光吸收特性

在 SO_2 吸收光谱中有三条吸收带。第一条为 340～400 nm，于 370 nm 处有一强的吸收，但它是一个极弱的吸收区。第二条为 240～330 nm，是一个较强的吸收区。第三条从 240 nm 开始，随波长下降，吸收变得很强，直到 180 nm，是一个很强的吸收区。

SO 和 O 之间键能为 564.8 kJ/mol，相当于 218 nm 的光波能量。因此，240～400 nm 的光不能使其离解，即在对流层大气中，SO_2 的光吸收并不发生光解反应，而是形成两种激发态的 $SO_2{*}$（$^1SO_2$ 或 $^3SO_2$）。

$$SO_2 + h\nu \longrightarrow {}^3SO_2 \quad （三重态）$$

或

$$SO_2 + h\nu \longrightarrow {}^1SO_2 \quad （单重态）$$

$SO_2{*}$ 在污染大气中可参与许多光化学反应。

11.5.4　HONO 的光吸收特性

HONO 是对流层大气中除 NO_2 之外第二个重要的吸光物质，它可以强烈吸收 300～400 nm 范围的光谱，并发生光解，一个初级过程为：

$$HONO + h\nu \longrightarrow HO\cdot + NO$$

这是对流层大气中 HO· 自由基的主要来源。

另一个初级过程为：

$$HONO + h\nu \longrightarrow H\cdot + NO_2$$

次级过程为：

$$HO\cdot + NO \longrightarrow HNO_2$$

$$HO\cdot + HNO_2 \longrightarrow H_2O + NO_2$$

$$HO\cdot + NO_2 \longrightarrow HNO_3$$

11.5.5 HCHO 的光吸收特性

HCHO 也是对流层大气中的重要吸光物质，它能吸收 290～360 nm 波长范围内的光，并进行光解，初级过程为：

$$HCHO + h\nu \longrightarrow H\cdot + HCO\cdot$$

$$HCHO + h\nu \longrightarrow H_2 + CO$$

次级过程为：

$$HO\cdot + HCO\cdot \longrightarrow H_2 + CO_2$$

$$2H\cdot + M \longrightarrow H_2 + M$$

$$2HCO\cdot \longrightarrow H_2 + 2CO$$

在对流层中，由于 O_2存在，初级过程生成的 HCO· 和 H· 自由基很快与 O_2反应形成 $HO_2\cdot$，即

$$H\cdot + O_2 \longrightarrow HO_2\cdot$$

$$HCO\cdot + O_2 \longrightarrow HO_2\cdot + CO$$

其他醛类的光解也可以同样方式生成 $HO_2\cdot$ 自由基，如乙醛光解

$$CH_3CHO + h\nu \longrightarrow H\cdot + CH_3CO\cdot$$

$$H\cdot + O_2 \longrightarrow HO_2\cdot$$

所以，醛类的光解是大气中 $HO_2\cdot$ 自由基的主要来源。

11.5.6 过氧化物的光解

过氧化物 ROOR′在 300～700 nm 范围内有微弱吸收，过氧化物中 O—O 键能为 143 kJ/mol，C—O 键能为 350 kJ/mol，R 中的 C—C 键能为 344 kJ/mol，C—H 键能为 415 kJ/mol，所以，过氧化物发生的光解反应如下：

$$ROOR' + h\nu \longrightarrow RO\cdot + R'O\cdot$$

由此可见，大气中光化学反应(光解离)的产物主要为自由基。由于自由基的存在，使大气中化学反应活跃，它们能诱发或参与大量其他反应，使一次污染物转变成二次污染物。

11.6　光化学烟雾

大气中的烃和 NO_x 等为一次污染物，在太阳光中紫外线照射下能发生化学反应，衍生种种二次污染物。由一次污染物和二次污染物的混合物（气体和颗粒物）所形成的烟雾污染现象，称为光化学烟雾。NO_x 是这种烟雾的主要成分，又因其 1946 年首次出现在美国洛杉矶，因此又叫洛杉矶型烟雾，以区别于煤烟烟雾（伦敦型烟雾）。

20 世纪 50 年代以后，光化学烟雾事件在美国其他城市和世界各地相继出现，如日本、加拿大、前联邦德国、澳大利亚、荷兰等国的一些大城市都发生过。1974 年，中国兰州的西固石油化工区也发生过光化学烟雾。近年来，一些乡村地区也出现光化学烟雾污染的迹象。日益严重的光化学烟雾问题，逐渐引起人们的重视。世界卫生组织和美国、日本等许多国家已经把臭氧和光化学氧化剂（臭氧、二氧化氮、过氧乙酰硝酸酯及其他能使碘化钾氧化成碘的氧化剂的总称）的水平作为判断大气环境质量的标准之一，并据以发布光化学烟雾的预警。

这种洛杉矶型烟雾是由汽车的尾气所引起，而日光在其中起了重要作用。

$$2NO+O_2 \rightarrow 2NO_2; \qquad NO_2 \rightarrow NO+O; \qquad O+O_2 \rightarrow O_3$$

NO_2 光分解成 NO 和氧原子时，光化学烟雾的循环就开始了。原子氧会和氧分子反应生成臭氧（O_3），O_3 是一种强氧化剂，O_3 与烃类发生一系列复杂的化学反应，其产物中有烟雾和刺激眼睛的物质，如醛类、酮类等物质。在此过程中，NO_2 还会形成另一类刺激性强烈的物质如 PAN（硝酸过氧化乙酰）。另外，烃类中一些挥发性小的氧化物会凝结成气溶胶液滴而降低能见度。下列化学方程式表示光化学烟雾的主要成分和产物。

$$\text{汽车排气} + \text{阳光} + O_2 \rightarrow O_3 + NO_x + CO_2 + H_2O + \text{有机化合物}$$

总之，NO，烃的氧化，NO_2 的分解，O_3 和 PAN 等的生成，是光化学烟雾形成过程的基本化学特征，其反应机理极为复杂，至今还在研究之中。它对大气造成的严重污染不能轻视。O_3，PAN，醛类对动植物和建筑物伤害很大，对人和动物的伤害主要是刺激眼睛和黏膜，以及气管、肺等器官，引起眼红流泪、头痛、气喘咳嗽等症状，严重者也有死亡的危险。O_3，PAN 等还能造成橡胶制品老化、脆裂，使染料褪色并损坏油漆涂料，纺织纤维和塑料制品等等。光化学烟雾是名副其实的“健康杀手”。

目前对控制光化学烟雾的主要对策如下。

①控制污染源：即控制 NO_x 及烃的浓度，使其浓度符合大气质量标准的要求。如改善汽车发动机的结构与工作状态以降低燃料消耗、减少有害气体排放，安装尾

气催化转化器(catalytic converter)以使尾气无害化等等。

②采用清洁能源：如使用氢作为发动机燃料，利用氢氧燃料电池供电来驱动运输工具(电动车)，利用电磁感应的方法推动火车(超导悬浮列车)等。

③使用化学抑制剂：目的是消除自由基，以抑制链式反应的进行，从而控制光化学烟雾的形成。人们发现二乙基羟胺、苯胺、二苯胺、酚等对产生的自由基有不同程度的抑制作用，尤其是二乙基羟胺对光化学烟雾有较好的抑制作用。但抑制剂可能造成新的污染，许多科学家对此方法持有不同意见。

11.7　太阳能

11.7.1　太阳能概述

太阳能是太阳内部连续不断的核聚变反应过程产生的能量。尽管太阳辐射到地球大气层的能量仅为其总辐射能量(约为 3.75×10^{26} W)的二十二亿分之一，太阳每秒钟照射到地球上的能量相当于500万吨煤。地球上的风能、水能、海洋温差能、波浪能和生物质能以及部分潮汐能都来源于太阳；即使是地球上的化石燃料，(如煤、石油、天然气等)从根本上说也是远古以来储存下来的太阳能。

由于太阳内部持续进行着氢聚合成氦的核聚变反应，所以不断地释放出巨大的能量，并以辐射和对流的方式由核心向表面传递热量，温度也从中心向表面逐渐降低。由核聚变可知，氢聚合成氦在释放巨大能量的同时，每1 g质量将亏损0.007 29 g。根据目前太阳产生核能的速率估算，其氢的储量足够维持600亿年，因此，太阳能可以说是用之不竭的。

以下为有关太阳能的一些数据：

① 每年照射到地球表面的太阳能，估计为 1.78×10^{17} W/年，约为目前全世界每年所需能量的一万多倍；

② 其中有30%的太阳能被反射回太空；

③ 约有50%的太阳能被地球表面吸收后，再重新辐射出去，因此得以维持地球表面的温度；

④ 约20%的太阳能将地表的水蒸发成水蒸气，形成云、雨及空气的流动(水力和风力的由来)，同时也造成海洋表面和底层的温差。

⑤ 只有很小的比例(约0.06%)用于进行植物生长所需的光合作用，太阳能被转化为储存在植物体内碳氢化合物的化学能。

太阳能既是一次能源，又是可再生能源。它资源丰富，既可免费使用，又无需运输，对环境无任何污染。但太阳能也有两个主要缺点：一是能流密度低；二是其强度受各种因素(季节、地点、气候等)的影响,不能维持常量。这两大缺点大大限制了太阳能的有效利用。

目前,太阳能的利用有热能转换、电能转化、化学转化、氢能转化、生物质能转化和机械能转换等方式。

11.7.2 太阳能热利用

光热转换是目前广泛采用的太阳能利用方式。按照温度可区分为低温热利用($t<100$ ℃),用于热水、采暖、干燥、蒸馏等;中温热利用(100 ℃$\leqslant t \leqslant$250 ℃),用于工业用热、制冷空调、小型热动力等;高温热利用($t>250$ ℃),用于热发电、废物高温解毒、太阳炉等。太阳能热利用系统一般由集热、储热和供热三部分组成,有时还配备辅助能源。

太阳能集热器是通过对太阳能的采集和吸收将辐射能转换为热能的装置,分为平板型和聚焦型两类。

平板型集热器采集和吸收辐射能的面积相同,能收集太阳直射和散射的能量,由吸热体吸收,转换为热能。一般可获得 40～70 ℃的热水或热空气。

聚焦型集热器由集光器和接受器组成,有的还有阳光跟踪系统。集光器把照射在采光面上的太阳辐射能反射或折射汇聚到接受器上形成聚焦面,从而使接受器获得比平板型集热器更高的能量密度,使载热介质的工作温度提高。聚焦型太阳灶可获得 500 ℃以上的高温。聚焦型太阳灶是我国应用较广泛的一类聚焦型集热器,它对缓解农村生活用能源的不足发挥了重要作用。国内聚光灶多为抛物面反射型,结构简单,操作方便,聚光效率高于 50%,满足一般的炊事要求。

虽然地面上太阳辐射的能量密度低,但大面积集热的作用也不容低估。1913 年美国人 Shuman. F 建造了总面积 1 200 m^2的抛物面聚焦集热器,带动蒸汽机的输出功率 73.5 kW。1980 年末,由法国、德国和意大利等欧洲 9 个国家联合建造的世界首座并网运行的塔式太阳能热电站,在意大利西西里岛建成。这座电站建筑物高 50 m,占地 2 万平方米。由 70 个面积为 50 m^2 和 112 个面积为 23 m^2 的聚光镜组成。每个聚光镜部由两台电动机带动,可绕垂直轴旋转,并通过计算机控制,使镜面能够跟踪太阳转动。抛物状的镜面先把照射来的阳光聚集成光束射到塔顶,使那里设置的锅炉产生高达 500 ℃的水蒸汽,再用这种高温蒸气驱动汽轮发电机组发电。这座电站的额定功率为 1 000 kW。由于具有良好的储能设施,所以,无论是白天、黑夜、阴天下雨都能保证连续发电。从而使这里银光闪烁,被人们称作是西西里岛的“聚宝盆”。

1982 年,美国也在加利福尼亚州兴建了一座大型塔式太阳能热电站。这座电站占地 7 万多平方米,塔高 80 m,采用了 1 818 个聚光镜,发电能力达到 1 万千瓦。

紧随其后，中国、俄罗斯、美国又相继建造出10万千瓦、30万千瓦和100万千瓦的太阳能热电站。

进入20世纪90年代后，日本在进行上万千瓦级太阳能热电站实验的基础上，率先提出解决整个世界能源危机的庞大计划。并把地球赤道附近以瑙鲁为中心的太平洋海域作为选址，建立巨型浮体太阳能热电站群。通过海底电缆和卫星进行方式，向加入网络的国家输电。目前，这一计划已进入实验阶段。

现在人们又计划将太阳能热电站搬到宇宙空间。预计在不久的将来，太空电站便会兢兢业业地为人类服务。

11.7.3 太阳能的热储存

太阳能的热储存是将太阳的辐射能吸收后转变为热能加以储存。热储存的运行费用低，安全可靠，储存效率高，技术也最成熟。

①显热储存。显热储存是利用物质温度的升高或降低来吸收或释放热量。若显热储热材料为各向同性的均匀介质，温度由 T_1 变为了 T_2 时，其吸收或释放的热量为

$$Q = \int_{T_1}^{T_2} m \times C \times \mathrm{d}T = m \times C \times \Delta T$$

原则上说，任何物质都可用于显热储存，但气体的比热容小，不宜使用。在温度低于100 ℃的范围内，液体储热介质以水为最佳；固体储热介质以岩石和土壤最为适宜。因此，人们先后开发了水箱储热、岩石床（箱）储热、地下含水层储热和地下土壤储热等多种技术。岩石床储热以卵石或松散堆放的石块为储热介质，常用于空气供暖系统。地下含水层储热通过井孔将温度较高（或较低）的水灌入含水层来储热（或储冷），待需要用时再从井中抽出使用，能量回收可达70%左右，多用于区域供热（或供冷）。地下土壤储热已在一些国家和地区用于农作物和建筑物供暖。

②潜热储存。也称相变储热。储热材料主要有无机盐水合物、有机化合物和饱和盐水溶液。

11.7.4 太阳能电池

太阳能电池是通过光电效应或者光化学效应直接把光能转化成电能的装置。目前，以光电效应工作的薄膜式太阳能电池为主流。太阳光照在半导体PN结上，形成新的空穴/电子对。在PN结电场的作用下，空穴由P区流向N区，接通电路后形成电流，这就是光电效应太阳能电池的工作原理。太阳能电池按电池材料可分成硅薄膜型、化学物半导体薄膜型和有机薄膜型，化学物半导体薄膜型又可分为

非晶体型（α－Si：H，α－Si：H：F 等），以及结晶型，如Ⅲ－VA 族（CaAs，InP）II－VIA 族（CdS 系）和磷化锌（Zn_3P_2）等。

已经实用的化合物有 GaAs 晶体、InP 晶体、CuInSe 薄膜、CdTe 薄膜等。它们形成自由电子能量所需能量在 96～155 kJ/mol 之间，是制作太阳电池的优选材料。其中 GaAs 形成自由电子所需能量为 138 kJ/mol，理论效率近 30％，但材料昂贵，只限于高效电池和空间电池。为了提高电池效率，利用它良好的耐高温性能，专门设计了汇聚阳光强度高达几倍至几百倍条件下工作的聚光太阳电池，效率可达 15％～18％。将 GaAs 叠在 GaSb 上的叠层聚光太阳电池效率可达 35.8％。

在太阳电池的基础上，发展了太阳能发电系统，通称为光伏发电系统，属可再生能源发电系统。它们最初作为人造卫星和宇宙飞船的电源，20 世纪 70 年代以后逐渐应用于地面系统，如农村和偏远地区的供电系统、微波中继站、电话和电视卫星地面站和地震台站等。

11.8　光催化分解水制氢研究进展

目前为止，人们已知的通过光电过程利用太阳能分解水的途径有：①光电化学法，即通过光半导体材料吸收光能产生电子-空穴对，分别在两电极电解水；②均相光助络合法，利用金属配合物组成的氧化还原体系吸收光分解水；③半导体光催化法。其中以半导体光催化分解水制氢的方法最经济、清洁、实用，它是一种有前途的方法，引起了人们的强烈兴趣。

11.8.1　基本原理

光催化分解水就是在半导体粉末或胶体水溶液系统中，作为催化剂的半导体的价带中的电子受光激发转移到导带上，并在半导体和水溶液的界面处将氢离子还原为氢气，同时价带上的空穴将电子施主氧化的过程。其反应式如下：

$$H_2O \longrightarrow H_2 + \frac{1}{2}O_2, \quad \Delta G^0 = 1.23\ \text{eV}$$

其中，吸收的光子的能量必须大于或等于半导体的禁带隙能。光催化分解水的一般反应模式如图 11－1 所示。在该模式中 S 表示半导体催化剂，它吸收太阳光量子；D 代表电子施主；A 表示电子受主，在某些反应过程中也可以是电子中介化合物。

半导体催化剂受光激发，其价带中的电子跃迁到导带中，而在价带中产生相应数量的空穴，形成所谓的电子-空穴对。为了阻止半导体粒子表面和体相的电子再结合，水分子须先吸附在其表面上。当半导体导带的底边高于氢的还原能级

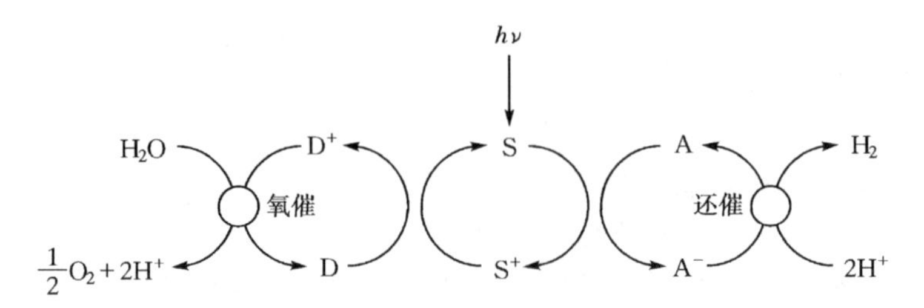

图 11－1 光催化分解水的反应的一般模式

H^+/H_2(更负)时,氢被还原,当半导体价带的顶边低于氧的氧化能级 OH^-/O_2,则相应的氧离子被氧化为氧气放出。理论上,半导体禁带宽度大于 1.23 eV 就能光解水,由于存在过电位,最适合的禁带宽度为 1.8 eV。对于导带不够高或价带不够低的半导体催化剂可以采用一定的措施,比如加入氧化还原催化剂、两种不同禁带宽度的半导体材料共用等,以提高产氢效率。

11.8.2 光催化剂及光催化体系

目前所研究的主要类型如下。

①过渡金属氧化物。主要有 TiO_2,WO_3,Ta_2O_5,Cu_2O 及 ATi_xO_{2x+1}($A=Sr$,K,Na,Ba;$x=1\sim6$)等,其中对 TiO_2 光催化剂的研究相对比较成熟。继 TiO_2 后,具有钙钛矿型结构的 $SrTiO_3$ 也被广泛研究。

②金属硫化物。主要有 CdS,ZnS,WS_2 及 RuS_2 等。其中 CdS 是研究比较多的催化剂,它的禁带隙能 E_g 为 2.4 eV,与 TiO_2 的 E_g(3.2 eV)相比,CdS 的带隙能较小,更适于产氢。而且 CdS 的平带电势更负,在太阳光谱的可见光区域有更好的吸收特性。

③复合催化剂。半导体复合是提高光催化反应效率的有效手段。通过半导体复合,可以提高系统的电荷分离效果,同时扩展其光谱响应范围。研究较多的有 CdS－ZnS,ZnS－CuS,NiO_x－TiO_2,Pt－RuO_2/TiO_2,CdS－TiO_2 等体系,其中以 CdS－TiO_2 体系研究最为广泛。

④层状结构催化剂。状结构氧化物的突出特点是能利用层状空间作为合适的反应点,使氢和氧在不同位置的反应点产生,从而抑制逆反应,提高反应效率。这类化合物目前仍是研究热点,具有代表性的化合物是离子交换层状铌酸盐(K_4NbO_7,Rb_4NbO_7)和离子交换层状钙钛矿型光催化剂($A[M_{n+1}Nb_nO_{3n+1}]$($A=$K,Rb,Cs;$M=$Ca,Sr,Na,Nb;$n=2\sim4$))。

⑤隧道结构光催化剂。$BaTi_4O_9$ 催化剂有五边形棱柱隧道结构,它在负载 RuO_2 后能有效地催化光解水产生氢和氧。

⑥主客体纳米半导体催化剂。主客体结构的 ZnS/β-环糊精半导体，在 β-环糊精的包覆下，客体 ZnS 的界面能带被钉住，可以高效率的光催化甲醇水溶液产氢。

⑦有机过渡金属化合物光催化剂。

⑧可见光催化剂。用波长大于 460 nm 的可见光照射时，Cu_2O 可将水光分解成氢与氧。Cu_2O 是一种 p 型半导体，禁带宽度为 2.0～2.4 eV，其导带与价带电位均适合于水的还原和氧化，用波长小于 600 nm 的光就能激发它。多晶 Cu_2O 被证明能长时间稳定，可用于光解水。具有层状结构的铜铁矿型 $CuFeO_2$ 也可光催化纯水产生氢与氧。表 11-3 为半导体催化剂在可见光条件下的光解水活性。

表 11-3　半导体催化剂在可见光条件下的光解水活性

催化剂	负载催化剂	能隙/eV	添加剂	活性/μmol · h^{-1}	
				氢	氧
CdS	Pt	2.4	Na_2SO_3	850	—
$RbPb_2Nb_3O_{10}$	—	2.6	$AgNO_3$	—	1.1
$HPb_2Nb_3O_{10}$	Pt	—	CH_3OH	3.2	—
Cu-ZnS	—	2.4	Na_2SO_3	450	—
$In_2O_3(ZnO)_3$	Pt	2.6	CH_3OH	1.1	—
	—		$AgNO_3$	—	1.3
Bi_2WO_6	—	2.8	$AgNO_3$	—	3

11.8.3　光催化分解水制氢体系

在提高光分解水产氢效率上，除了提高催化剂的催化性能，建立高效的光催化体系也是重要的一环。光催化分解水产氢体系主要有以下几类。

①纯水体系。一般情况下纯水体系光解产氢的效率很低。

②加入添加剂体系。添加剂一般分为电子给体或受体。前者存在下放氢，后者存在下放氧。常用的有醇类、硫化物、亚硫酸盐、EDTA、甲酸盐等。

③复合光催化体系。这类体系通常由光敏剂、电子给体、中继物和氧化还原催化剂组成，常用的光敏剂有三吡啶钌、卟啉化合物、染料等。

④光生物催化反应体系。光生物催化是一种将无机半导体和微生物酶(如氢化酶、固氮酶)偶合起来制氢的反应体系。用从微生物中分离出的氢化酶和硫氢化酶与 TiO_2 光催化剂偶合，可有效地光解水制氢，也可以直接用光合作用细菌作为产氢催化剂和 TiO_2 等光催化剂偶合放氢。

⑤可见光催化体系。它是以在可见光条件下具有光催化活性的半导体催化剂为基础建立的制氢系统。太阳能谱中可见光占到其中的95%，太阳能光解水制氢的最终目标是实现可见光条件下的高效分解水制氢。目前，人们已研制了一系列可见光催化剂。虽然这些光催化剂分解水制氢的效率还较低，但这些研究成果被有关专家誉为“利用太阳能的曙光”，预示着可见光催化制氢有可能在不远的将来有突破性的进展。

⑥Z型光催化反应体系。Z型光催化体系类似于植物的光合作用，是一个双光子反应过程，比普通的单光子光催化反应的效率高，是目前的一个研究热点。以Pt掺杂的锐钛矿型 TiO_2，金红石型 TiO_2，IO_3^-/I^- 组成两步激发的光催化分解水悬浮体系，在紫外光($\lambda>300$ nm)照射下，曾实现了化学计量的产氢和产氧。

⑦双床光催化体系。一种以Z型光催化体系为基础的双床反应体系。在两个反应床上采用不同的光催化剂，使在还原反应床上产氢，而在氧化床上产生氧，体系中加入一定的氧化还原介质，并使整个体系处于流动联通状态，保证体系的电中性，有效阻止了氢与氧的复合，也使光生电荷与空穴有效分离，在较长波长下实现了光分解水制氢，提高了太阳能的利用效率，也为新型光功能反应器的设计提供了新的思路。

在高效光催化体系的研究方面，实现可见光下的光催化制氢，建立Z型光催化体系，构建双床光催化系统是目前的研究热点。

11.8.4　问题与展望

实现高效低成本太阳能光分解水制氢的关键，是寻找稳定高效的光催化剂及建立高效的光催化体系，这需要在以下几个理论与技术难点上取得突破。

①可见光条件下光催化分解水制氢。由于催化剂条件的限制，目前的大部分研究多集中在紫外光分解水制氢。太阳光能谱中可见光能谱占95%，实现可见光条件下光分解水制氢，提高可见光条件下的制氢效率是充分利用太阳能，实现高效低成本制氢的前提和基础。

②建立基于控制反应机理的详细的化学动力学模型。

③对光催化制氢反应体系中太阳能到氢能的实际能量转化效率、影响因素及热力学过程的系统分析与研究。

④开展数值模拟求解。对于这种具有复杂的、多种可逆化学反应并存的光催化反应体系，在已公开发表的论文中尚未见到与实验结果相匹配的适当模型和数值模拟结果。但我们可通过相应地简化，开展一些这方面的工作，此项研究对于今后的工业化、规模化生产与推广具有指导意义。

总之，光催化光分解水制氢技术是一种新型、极具潜力的利用太阳能制氢的技术,也是一项富于挑战性的工作,目前研究虽取得了一定进展,但离实际应用仍有很长的距离,有许多的基础工作要做。

习　题

11.1　说明光化学的概念和光化学反应的特点。

11.2　举出太阳能利用的主要形式。

11.3　说明金属电化学腐蚀的概念和防护方法。

11.4　了解太阳光能制氢研究的现况及必要的突破。

参考文献

[1]　曹瑞军. 大学化学. 北京:高等教育出版社,2005.

[2]　宋心琦,周福添,刘剑波. 光化学:原理、技术、应用. 北京:高等教育出版社,2005.

[3]　唐孝炎,张远航,邵敏. 大气环境化学. 北京:高等教育出版社,2006.

附录 A　能量单位换算

焦耳 (J)	千瓦·时 (kW·h)	千卡 (kcal)	英热单位 (Btu)
1	2.778×10^{-7}	2.389×10^{-4}	9.478×10^{-4}
9.807	2.724×10^{-6}	2.342×10^{-3}	9.295×10^{-3}
2.648×10^{6}	0.735 5	632.5	2 510
2.685×10^{6}	0.745 7	641.2	2 544.4
3.6×10^{6}	1	859.8	3 412
4 187	1.163×10^{-3}	1	3.968
1 055	2.93×10^{-4}	0.252	1
1.356	3.768×10^{-7}	3.24×10^{-4}	1.285×10^{-3}

1 焦耳 (J)＝1 牛顿·米 (N·m)＝1 瓦·秒 (W·s)＝10^{7} 尔格 (erg)；1 尔格 (erg)＝1 达因·厘米 (dyn·cm)＝10^{-7}焦耳；1 摄氏热单位 (Chu)＝1.8 英热单位 (Btu)

英制能量和动力单位的定义及换算

Energy and Power Measurement

Energy: The metric unit for energy is "joule" (1 J)

1 joule = 1 watt (W) ×1 sec

1 GJ = Giga (10^{9}) Joule

1 EJ = Exa (10^{18}) Joule = 10^{9} GJ = 0.95 Quad

1 Btu (British thermal unit) = 1 055 J

1 kWh (Kilowatt-hour) = 3 412 Btu

1 quad (quadrillion Btu) = 10^{15} Btu = 1.055 EJ

1 toe ((metric) ton of oil equivalent) = 39.7 million Btu = 42 GJ

1 boe (barrels of oil equivalent) = 5.8 million Btu = 1 700 kWh

1 tce ((metric) ton of coal equivalent) =27.8 million Btu (mmBtu)

1 mcf nat. gas (LHV) = 10.26 therm = 1.026 mmBtu = 1.082 GJ

1 TW = Terra 10^12 (1 trillion) Watt = 31.5 EJ/year

1 mmBtu = 10^3 mBtu = 10^6 Btu

1.0 gigajoule (GJ) = 10^9 joules = 0.948 million Btu = 239 million calories
= 278 kWh

1.0 Quad = One quadrillion Btu (10^{15} Btu) = 1.055 exajoules (EJ), or approximately 172 million barrels of oil equivalent (boe)

1.0 watt = 1.0 joule/second = 3.413 Btu/hr

1.0 kilowatt (kW) = 3 413 Btu/hr = 1.341 horsepower

1.0 kilowatt-hour (kWh) = 3.6 MJ = 3 413 Btu

1.0 horsepower (hp) = 550 foot-pounds per second = 2 545 Btu per hour
= 745.7 watts = 0.746 kW

Other Terms:

1 bbl (barrel) = 42 gallons; L: Liter = 0.264 2 gal

Energy Content (Lower Heating Values)

Crude Oil = 6.119 GJ/bbl = 5.8 mmBtu/bbl = 39.7 mmBtu/ton
= 145.7 MJ/gal = 38.5 MJ/L = 41.868 MJ/kg (GJ/ton)

Gasoline = 121.8 MJ/gal = 32.2 MJ/L = 43.69 MJ/kg =115 mBtu/gal

Diesel = 135.5 MJ/gal = 35.6 MJ/L = 41.84 MJ/kg =128 mBtu/gal

Ethanol = 80.2 MJ/gal = 21.2 MJ/L = 26.86 MJ/kg = 76 mBtu/gal

Biodiesel = 124.8 MJ/gal = 33.0 MJ/L = 37.47 MJ/kg =121mBtu/gal

Hydrogen @ 35 MPa (HHV) = 10.22 MJ/gal = 2.7 MJ/L = 120 MJ/kg

UN Standard Coal = 30 GJ/ton

Bituminous/anthracite = 27～30 GJ/ton (MJ/kg) = 25～28 mmBtu/ton

Subbitum = 20～26 GJ/ton (MJ/kg) = 19～24 mmBtu/ton

Lignite = 10～19 GJ/ton (MJ/kg) = 9～18 mmBtu/ton

Natural Gas @ STP = 37 MJ/m^3 = 36 mBtu/m^3 = 1 025 Btu/ ft^3

CNG @ 20 MPa = 35.16 MJ/gal = 9.288 MJ/L = 50.04 MJ/kg

LPG@1.5 MPa = 88.1 MJ/gal=23.3MJ/L = 19.8 mBtu/lb = 84.5 mBtu/gal

Methanol = 63.3 MJ/gal = 16.71 MJ/L = 21.1 MJ/kg = 52.8 mBtu/gal

Air-Dried (20% Moisture Content) Wood = 15 GJ/ton

Uranium = 80 GJ/g fissioned = 400 GJ/kg mined

Fossil Fuels

Barrel of oil equivalent (boe) = approx. 6.1 GJ (5.8 million Btu), equivalent to 1 700 kWh

"Petroleum barrel" is a liquid measure equal to 42 U.S. gallons (35 Imperial gallons or 159 liters); about 7.2 barrels oil are equivalent to one tonne of oil (metric) = 42～45 GJ.

Gasoline: US gallon = 115 000 Btu = 121 MJ = 32 MJ/liter (LHV). HHV = 125 000 Btu/gallon = 132 MJ/gallon = 35 MJ/liter

Metric tonne gasoline = 8.53 barrels = 1 356 liter = 43.5 GJ/t (LHV); 47.3 GJ/t (HHV)

Gasoline density (average) = 0.73 g/mL

Petro-diesel = 130 500 Btu/gallon

Petro-diesel density (average) = 0.84 g/mL (= metric tonnes/m^3)

Natural gas: HHV = 1 027 Btu/ft^3 = 38.3 MJ/m^3;

LHV = 930 Btu/ft^3 = 34.6 MJ/m^3

Therm (used for natural gas, methane) = 100 000 Btu (= 105.5 MJ)

Some Common Units of Measure

1.0 U.S. ton (short ton) = 2 000 pounds

1.0 imperial ton (long ton or shipping ton) = 2 240 pounds

1.0 metric tonne (tonne) = 1 000 kilograms = 2 205 pounds

1.0 US gallon = 3.785 liter = 0.833 Imperial gallon

1.0 imperial gallon = 4.55 liter = 1.20 US gallon

1.0 liter = 0.264 US gallon = 0.220 imperial gallon

1.0 US bushel = 0.035 2 m^3 = 0.97 UK bushel = 56 lb, 25 kg (corn or sorghum) = 60 lb, 27 kg (wheat or soybeans) = 40 lb, 18 kg (barley)

1.0 hectare = 10 000 m^2 (an area 100 m×100 m, or 328×328 ft) = 2.47 acres

1.0 km^2 = 100 hectares = 247 acres　　1.0 acre = 0.405 hectares

Biomass Energy

Cord：a stack of wood comprising 128 cubic feet (3.62 m^3)；standard dimensions are 4 × 4 × 8 feet，including air space and bark. One cord contains approx. 1.2 U.S. tons (oven-dry) = 2 400 pounds = 1 089 kg.

1.0 metric tonne wood = 1.4 cubic meters (solid wood，not stacked)

Energy content of wood fuel (HHV，bone dry) = 18～22 GJ/t (7 600～9 600 Btu/lb)

Energy content of wood fuel (air dry，20% moisture) = about 15 GJ/t (6 400 Btu/lb)

Energy content of agricultural residues (range due to moisture content) = 10～17GJ/t (4 300～7 300 Btu/lb)

Metric tonne charcoal = 30 GJ (= 12 800 Btu/lb) (but usually derived from 6～12 t air-dry wood，i.e. 90～180 GJ original energy content)

Metric tonne ethanol = 7.94 petroleum barrels = 1 262 liters

Ethanol energy content (LHV) = 11 500 Btu/lb = 75 700 Btu/gallon = 26.7 GJ/t = 21.1 MJ/liter

HHV for ethanol = 84 000 Btu/gallon = 89 MJ/gallon = 23.4 MJ/liter

Ethanol density (average) = 0.79 g/mL (= metric tonnes/m^3)

Metric tonne biodiesel = 37.8 GJ (33.3～35.7 MJ/liter)

Biodiesel density (average) = 0.88 g/mL (= metric tonnes/m^3)

附录B 危险废弃物类型及其特性和处理方法

家庭用品废弃物（1）

化学产物	家用电池	烤箱清洁剂	卫生间清洁剂	照相相关化学物质	消毒剂	管道清洁剂
有害成分	汞、锌、银、锂、镉	氢氧化钾或氢氧化钠、氨水	盐酸或草酸、对二氯苯、次氯酸钙	银、乙酸、对二苯酚、亚硫酸钠	二乙基或亚甲基乙二醇、次氯酸钠、苯酚	次氯酸钠、次氯酸、石油蒸馏产物
弱毒性替换物	太阳能电池、风力手表、可充电交流适配器	趁热清理烤箱：使用小苏打水的糊状物，再用钢刷刮	卫生间刷和烘焙苏达或硼砂或在白醋中浸泡	尚未知	$\frac{1}{2}$杯硼砂与4公升沸水混合、未稀释的白醋	每周用沸水冲洗、倾倒$\frac{1}{4}$杯小苏打
有害物的性质	有毒	腐蚀性、毒性	腐蚀性、毒性	腐蚀性、毒性	腐蚀性、毒性	腐蚀性、毒性
废弃物处置方法	R	F，☆	☆，F	R，F	F，☆	☆，F

R　Recycle；

☆　Discharged to wastewater treatment system；

F　Fully use this product and minimize residue

家庭用品废弃物(2)

化学产物	地毯及室内装潢清洗剂	地板与家具抛光剂	漂白剂	樟脑丸	游泳池化学用品	氨－碱类清洗剂	煤、蜂窝煤（燃烧）
有害成分	卫生球、全氯乙烯、草酸、二乙基乙二醇	二乙基乙二醇、石油蒸馏物、硝基苯	氢氧化钠、次氯酸钠	卫生球、对二氯苯	盐酸、次氯酸钠、除海藻剂	氨水、乙醇	一氧化碳、二氧化碳、二氧化硫、二氧化氮
弱毒性替换物	用苏打水或小苏打糊马上清洗，后用真空吸尘器	1份柠檬汁＋2份亚麻油	含漂白的清洁剂	将雪松币、报纸或熏衣草一并储藏	消毒剂：臭氧或UV系统	在喷壶中放入未经稀释的白醋	天然气、LPG、电热
有害物的性质	腐蚀性、毒性	可燃性、毒性	腐蚀性、毒性	有毒	腐蚀性、毒性	腐蚀性、毒性、刺激性	有毒
废弃物处置方法	☆，F	☆，F	☆，F	F	☆，F	☆，F	通风

☆　Discharged to wastewater treatment system;

F　Fully use this product and minimize residue

废弃物类型:(1)涂料

化学产物	瓷釉或油性涂料	乳性或水性涂料	防锈涂料	稀释剂和松节油	涂料或油漆去除剂	木材防腐剂	污点或清漆
有害成分	脂肪族或芳香族碳水化合物、矿物质、色素	乙烯基乙二醇、苯基水银醋酸盐、色素、树脂	亚甲基氯化物、石油蒸馏物、甲苯、二甲苯、色素	酒精、丙酮、脂、酮、松节油、石油蒸馏物	二甲苯、甲苯、亚甲基氯化物	铜或锌的环烷酸盐、杂芬油、氟硅酸镁、石油蒸馏物、五氯酚	矿物质、酮、甲苯、二甲苯

化学产物	瓷釉或油性涂料	乳性或水性涂料	防锈涂料	稀释剂和松节油	涂料或油漆去除剂	木材防腐剂	污点或清漆
弱毒性替换物	乳性或水性涂料	乳性涂料不含上述成分或石灰石类的涂料(石灰水)	尚未知	在水性涂料中使用水	丙酮、酮、酒精、砂纸或刮刀	水性木材防腐剂	乳性或水性末道漆
有害物质的性质	可燃性、毒性	或许有毒	可燃性	可燃性、毒性	可燃性、毒性	可燃性、毒性	可燃性、毒性
废弃物处置方法	F，固化	固化，F	F	F	F	F	F

F　Fully use this product and minimize residue

废弃物类型:(2)杀虫及杀菌剂

(来源:http://mxd. sdo. com/homepage. htm)

化学产物	杀真菌剂	室内植物杀虫剂	含砷化合物	老鼠药	除蟑螂和蚂蚁杀虫剂	除跳蚤剂
有害成分	克菌丹(一种用硫醇酯的杀真菌剂和杀虫剂)、敌菌灵、铜/锌化合物	杀虫剂、胺菊酯、胺甲苯(接触性杀毒剂)	砷	香豆素(如杀鼠灵)	有机磷酸酯、氨基甲酸盐、除虫菊酯	氨基甲酸盐、除虫菊酯、有机磷酸酯
弱毒性替换物	不要见水或暴露在空气中,保持区域分离并且干燥	两汤匙洗碗液与两杯水混合喷洒在叶子上	在蚂蚁洞口喷洒具有杀虫作用的硼酸	随身携带,填埋于所有的洞里超音速波放射装置	顺着裂缝放硼酸(有毒!保持孩子和宠物远离)	桉树或迷迭香或酵母(向兽医要一些)
有害物质的性质	有毒	有毒	有毒	有毒	有毒	有毒
废弃物处置方法	F, S	F, S	F, S	F, S	F, S	F, S

S　Special collection and disposal;

F　Fully use this product and minimize residue

汽车用品及废弃物

化学产物	防冻剂	交换液	刹车液	废机油	电池
有害成分	乙烯基乙二醇	碳氢化合物、矿物质油	乙二醚、重金属	碳氢化合物（例如：苯、重金属）	浓硫酸、铅
弱毒性替换物	丙烯基乙二醇的毒性会稍弱些：可回收的防冻剂	可回收的交换剂（尽管可回收，但仍有毒性）	尚未知	尚未知	尚未知
有害物的性质	毒性	可燃性、毒性	可燃性、毒性	可燃性、毒性	腐蚀性、毒性
废弃物处置方法	☆，R	R	R	R	R

R　Recycle;

☆　Discharged to wastewater treatment system

燃烧极限(Vapor flammability limit)　可燃蒸气在空气中都有两个可燃极限。下限是可燃蒸气在空气中进行燃烧所需要燃气与空气的最小比例；上限是空气与蒸气的最大浓度。比上限更富的蒸气浓度只有与额外的空气保持接触才会燃烧。如，甲烷在空气中 5.3%～14.0%；丙烷为 2.2%～9.5%；汽油为 1.4%～7.6%。

爆炸极限 (Ignition limit)　可燃气体（或粉尘）与空气或其他气体混合后，在点火时能发生爆炸的浓度的上限和下限。在上下限之间的范围称爆炸范围。常用混合物中可燃气体（或粉尘）含量的百分数（或每立方米的克数）表示。氢气：18.3%～59%；气田天然气：1.6%～9.3%，此数由天然气的组份而定。

闪点 (Flash point)　将石油加热，随着温度的升高，燃油表面上蒸发的油气增多，当温度达到某一值时，油气与空气的混合物达到一定浓度，以明火与之相接触时，会发生短暂的闪光（一闪即灭），火种一离去即熄灭，这时的油温称为闪点。石油液体在容器中被加热到它的闪点温度以上时，都可以产生能够引燃的气体。挥发性强的可燃液体闪点低，挥发性弱可燃性液体则闪点高。防火规范中，按石油的闪点分级，闪点低于 22.8 ℃为 A 级；闪点在 22.8～65.6 ℃为 B 级；闪点在 65.6 ℃以上为 C 级。

实验室常用药品

类别	常见物质	有害性
苯类	苯、联苯、氯苯、偶氮苯、硝基苯、甲苯、二甲苯	②③④，苯为高毒性
胺类	甲胺(水溶液)、硫化胺、苯胺、苄胺(苯甲胺)	①②③④
醇类	甲醇、苯甲醇、乙醇、硫代乙醇、乙二醇、甲硫醇	②③④
烯类	苯乙烯、四氢呋喃	②③④
腈类	呋喃酰胺、砒啶、喹啉	大多具有高毒性
醚类	乙醚、二甲醚、苯甲醚、石油醚	②③④
酮类	丙酮、乙酰丙酮	②③④
脂类	苯甲酸甲酯、氯乙酸甲酯、丙烯酸甲酯、乙酸乙酯	②③④
醛类	甲醛、苯甲醛、呋喃甲醛(糠醛)、乙醛	②③④⑥
烷类	甲烷等	②
有机卤化物	氯仿、二氯甲烷、溴甲烷、溴乙烷、四氯化碳、四氯乙烯、三氯乙烯、氯乙烯、二溴乙烷及有关农药	大多具高毒性、③
氧化剂	高氯酸钾、高(过)锰酸钾、重铬酸钾、高氯酸、次氯酸钠、过氧化氢	①②③④⑥
还原剂	金属钠、镁屑、铅粉、赤(红)磷、黄磷	①②③④⑥
酸	硫酸、盐酸、硝酸、磷酸、冰醋酸、硫化氢	高腐蚀性、③④⑥
碱	氢氧化钾、氢氧化钠、氧化钙、氨水、石灰水、小苏打、苏打	①③④⑥
放射性物质	^{3}H，^{14}C，^{32}P，^{35}S，^{45}Ca，^{51}Cr，^{68}Ga，^{59}Fe，^{60}Co，^{86}Rb，^{125}I，^{131}I，^{137}Cs 等	④⑤

注：①腐蚀性 (corrosive)；②可燃性 (flammable)；③刺激性 (irritating)；④毒性 (toxic)；⑤放射性 (radioactive)；⑥反应性 (reactive)

Material Safety Data Sheet (MSDS)

(来源:http://www.ep.net.cn/msds/index.htm)

1. 苯(benzene)物质的理化常数

国标编号	32050		
CAS号	71－43－2		
中文名称	苯		
英文名称	benzene		
别名	纯苯;净苯;动力苯;溶剂苯;氢化苯		
分子式	C_6H_6	外观与性状	无色透明液体,有强烈芳香味
分子量	78.11	蒸气压	13.33 kPa/26.1℃ 闪点:－11℃
熔点	5.5 ℃ 沸点:80.1 ℃	溶解性	难溶于水,溶于醇、醚、丙酮等多数有机溶剂
密度	相对密度(水＝1)0.88;相对密度(空气＝1)2.77	稳定性	稳定
危险标记	7(易燃液体)	主要用途	用作溶剂及合成苯的衍生物、香料、染料、塑料、医药、炸药、橡胶

2. 苯对环境的影响

(1)健康危害

侵入途径:吸入,食入,经皮吸收。

健康危害:高浓度苯对中枢神经系统有麻醉作用,引起急性中毒;长期接触苯对造血系统有损害,引起慢性中毒。

急性中毒:轻者有头痛、头晕、恶心、呕吐、轻度兴奋、步态蹒跚等酒醉状态;严重者发生昏迷、抽搐、血压下降,以致呼吸和循环衰竭。

慢性中毒:主要表现有神经衰弱综合征,造血系统改变(白细胞、血小板减少);重者出现再生障碍性贫血;少数病例在慢性中毒后可发生白血病(以急性粒细胞性为多见)。皮肤损害有脱脂、干燥、皲裂、皮炎。可致月经量增多与经期延长。

(2)毒理学资料及环境行为

毒性:属中等毒性。

急性毒性:LD503306 mg/kg(大鼠经口);LC5048 mg/kg(小鼠经皮);人吸入 64 g/m^3 5～10 分钟,头昏、呕吐、昏迷、抽搐、呼吸麻痹而死亡;人吸入 24 g/m^3 0.5～1 小时,危及生命。

刺激性:家兔经眼:2 mg/m^3(24 小时),重度刺激。家兔经皮:500 mg(24 小时),中度刺激。

亚急性和慢性毒性:家兔吸入 10 mg/m^3,数天到几周,引起白细胞减少,淋巴细胞百分比相对增加。慢性中毒动物造血系统改变,严重者骨髓再生不良。

致突变性:DNA 抑制,人白细胞 2 200 μmol/L;姊妹染色单体交换,人淋巴细胞 200 μmol/L。

生殖毒性:大鼠吸入最低中毒浓度(TCL0),150 ppm(24 小时)(孕 7～14 天),引起植入后死亡率增加和骨骼肌肉发育异常。

致癌性:IARC 致癌性评论,人类致癌物质。

代谢和降解:苯在大鼠体内的代谢产物为苯酚、氢醌、儿苯酚、羟基氯醌及苯巯基尿酸。有人报道,苯在人体内可氧化为无毒的己二烯二酸和非常有毒的酚、邻-苯二酚、对-苯二酚和 1,2,4 -苯三酚。

残留与蓄积:进入人体的苯可迅速排出,主要通过呼吸与尿液排出。当人体苯中毒时,在尿中立即可发现上述酚类,其排泄极快,吸入苯后最多在 2 小时以内,尿中就可发现苯的代谢物。此外,一部分酚类也以有机硫酸盐类的形式排出。

迁移转化:苯从焦炉气和煤焦油分馏、裂解石油等制取,也可人工合成,如乙炔合成苯。苯广泛地应用在化工生产中,它是制造染料、香料、合成纤维、合成洗涤剂、聚苯乙烯塑料、丁苯橡胶、炸药、农药杀虫剂(如六六六)等的基本原料。它也是制造油基漆、硝基漆等的原料。它作为溶剂,在医药工业中用作提取生药,橡胶加工中用作粘合剂的溶剂,印刷、油墨、照相制版等行业也常用苯作溶剂。所有机动车辆汽油中,都含有大量的苯,一般在 5%左右,而特制机动车辆燃料中,含苯量高达 30%。在汽油加油站和槽车装卸站的空气中,苯平均浓度为 0.9～7.2 mg/m^3(加油站)和 0.9～19.1 mg/m^3(装汽油时)。苯主要通过化工生产的废水和废气进入水环境和大气环境。在焦化厂废水中,苯的浓度为 100～160 mg/L 范围内。由于苯微溶于水,在自然界也能通过蒸发和降水而循环,最后挥发至大气中被光解,这是主要的迁移过程。另外的转移转化过程包括生物降解和化学降解,但这种过程的速率比挥发过程的速率低。苯是一种应用极为广泛的化工原料。化工厂超标排放的废水、废气是造成环境中苯污染事故的主要根源。储运过程中的意外事故,如翻车、容器破裂、泄漏等,也会造成严重污染。苯还是机动车燃料的成分,汽车加油站和槽车装卸站是苯的另一个污染源。苯能与乙醇、乙醚、丙酮、氯仿、甲苯等许多有机溶剂互溶，在血液中的溶解度很大，在水中的溶解度很小，20 ℃时，仅为0.05%。进入人体的苯可迅速通过呼吸和尿液排出。苯能积蓄于鱼的肌肉与肝脏中，但一旦脱离苯污染的水体，鱼体内的苯排出也比较快。苯微溶于水，水中的苯可迅速挥发至大气，最后被光解。苯为易燃、易爆有机物，一量发生泄漏，遇明火极易发生爆炸起火。苯燃烧时，冒出浓烈的黑烟，伴有刺激性气味。因苯蒸气比空气重，火焰会沿地面燃烧。水中排入大量苯时，由于苯难溶于水，水面会出现漂浮液体，并有刺激性气味，还会出现鱼类及其他水生生物死亡。苯有毒，人员进入事故现场接触苯后，眼部黏膜受到刺激，会发红流泪，皮肤受到刺激会发红发痒。摄入、吸入或皮肤吸收大量苯后，会出现头痛、恶心、腹痛等麻醉症状，甚至死亡。

危险特性：易燃，其蒸气与空气可形成爆炸性混合物。遇明火、高热极易燃烧爆炸。与氧化剂能发生强烈反应。易产生和聚集静电，有燃烧爆炸危险。其蒸气比空气重，能在较低处扩散到相当远的地方，遇明火会引着回燃。

3. 应急处理处置方法

(1) 泄漏应急处理

迅速撤离泄漏污染区人员至安全区，并进行隔离，严格限制出入。切断火源。建议应急处理人员戴上自给正压式呼吸器，穿上防毒服。不要直接接触泄漏物。尽可能切断泄漏源，防止进入下水道、排洪沟等限制性空间。

小量泄漏：用活性炭或其他惰性材料吸收。也可以用不燃性分散剂制成的乳液刷洗，洗液稀释后放入废水系统。

大量泄漏：构筑围堤或挖坑收容；用泡沫覆盖，降低蒸气灾害。喷雾状水冷却和稀释蒸气、保护现场人员、把泄漏物稀释成不燃物。用防爆泵转移至槽车或专用收集器内。回收或运至废物处理场所处置。当苯泄漏进水体应立即构筑堤坝，切断受污染水体的流动，或使用围栏将苯液限制在一定范围内，然后再作必要处理；当苯泄漏进土壤中时，应立即将被沾溻土壤全部收集起来，转移到空旷地带任其挥发。

(2) 防护措施

呼吸系统防护：空气中浓度超标时，应该佩戴自吸过滤式防毒面罩(半面罩)；紧急事态抢救或撤离时，应该佩戴空气呼吸器或氧气呼吸器。

眼睛防护：戴化学安全防护眼镜。

身体防护：穿防毒渗透工作服。

手防护：戴橡胶手套。

其他：工作现场禁止吸烟、进食和饮水。工作毕，淋浴更衣。实行就业前和定期的体检。

(3) 急救措施

皮肤接触:脱去被污染的衣着,用肥皂水和清水彻底冲洗皮肤。

眼睛接触:提起眼睑,用流动清水或生理盐水冲洗;就医。

吸入:迅速脱离现场至空气新鲜处。保持呼吸道通畅。如呼吸困难,给输氧。如呼吸停止,立即进行人工呼吸。就医。

食入:饮足量温水,催吐,就医。

灭火方法:尽可能将容器从火场移至空旷处。喷水保持火场容器冷却,直至灭火结束。处在火场中的容器若已变色或从安全泄压装置中产生声音,必须马上撤离。灭火剂有雾状水、泡沫、干粉、二氧化碳、砂土。用水灭火无效。

附录 C　中英文名称对照表

中文名称	英文名称	备注
绝对温度	Absolute temperature	^{0}K
吸收	Absorption	
酸度	Acidity	As $CaCO_3$ in mg/l
活性炭	Activated carbon	吸附用
活性污泥法	Activated sludge process	Aerobic biotreatment
活化能	Activation energy	
吸附	Adsorption	
吸附等温线	Adsorption isotherm	
曝气	Aeration	For aerobic biotreatment
藻类	Algae	
藻类暴长	Algal blooms	Often caused by eutrification
碱度	Alkalinity	As $CaCO_3$ in mg/l
合金	Alloy	
氨基酸	Amino acid	Monomers of proteins
厌氧消化	Anaerobic digestion	Often producing methane
厌氧处理	Anaerobic treatment	Biotreatment without oxygen
抗生素	Antibiotic(s)	
抗原	Antigen(s)	
大(空)气污染	Air pollution	
不对称碳原子	Asymmetric carbon atoms	
自养生物	Autotroph(s)	
细菌	Bacterium，pl：bacteria	
生化需氧量	Biochemical Oxygen Demand	BOD

中文名称	英文名称	备注
生物富集因子	Bioconcentration factor	BCF
生物降解能力	Biodegradability	
生物地球化学循环	Biogeochemical cycle	
生物处理法	Biotreatment processes	
生物放大作用	Biomagnification	
生物质	Biomass	
生物圈	Biosphere	
生物技术	Biotechnology	
生物转化	Biotransformation	
锅炉水	Boiler water	
布朗运动	Brownian movement	
缓冲溶液	Buffer(s)，buffer solution	
碳水化合物	Carbohydrate(s)	
碳循环	Carbon cycle	
催化剂	Catalysis	
纤维素	Cellulose	
链反应	Chain reaction(s)	
螯合物	Chelated compound(s)	
化学平衡	Chemical equilibrium	
化学动力学	Chemical kinetics	
化学命名法	Chemical nomenclature	
化学需氧量	Chemical Oxygen Demand	COD
化学反应	Chemical reactions	
化学热力学	Chemical thermodynamics	
氯化作用	Chlorination	
氯	Chlorine	
色谱	Chromatography	
封闭系统	Closed system	Compare：Open system
凝聚	Coagulation	

中文名称	英文名称	备注
煤的汽化	Coal gasification	
煤的液化	Coal liquefaction	
耦合反应	Coupled reaction(s)	
胶体化学	Colloidal chemistry	
胶体	Colloids	
比色法	Colorimetry	
共代谢	Cometabolism	
同离子效应	Common ion effect	
络合作用	Complexation	
络合物	Complexes	
缩合反应	Condensation reaction(s)	
共轭酸和碱	Conjugate acid and base	
转化率	Conversion rate	
共价键	Covalent bonds	
临界压力(温度)	Critical pressure (temperature)	
居里(放射性强度单位)	Curie (unit)	
反硝化作用	Denitrification	Nitrate reduced to N_2
脱氧核糖核酸	Deoxyribonucleic acids	DNA
消毒	Disinfection	
分裂常数	Dissociation constant	
溶解氧	Dissolved oxygen	DO
溶剂的分配系数	Distribution coefficient for solvents	
饮用水标准	Drinking water standards	
生态平衡	Ecological balance	
生态学	Ecology	
电化学	Electrochemistry	
电极电势	Electrode potentials	
电渗析	Electrodialysis	
电解	Electrolysis	

中文名称	英文名称	备注
电负性	Electronegativity	
乳状液	Emulsions	
吸热性	Endothermic	
工程材料	Engineering material	
工程塑料	Engineering plastics	
焓	Enthalpy	H，ΔH
熵	Entropy	S，ΔS
环境	Environment	
环境污染	Environmental pollution	
环境科学	Environmental science	
酶	Enzymes	biocatalysts
平衡	Equilibrium	
平衡常数	Equilibrium constant	
当量	Equivalent weight	
富营养化	Eutrophication	
放热性	Exothermic	
入侵种	Exotic species	
灭绝	Extinction	
脂肪（脂）	Fat（ester）	
发酵	Fermentation	
化肥	Fertilizers	
指纹分析技术	Finger-print analytical technique	
一级反应	First-order reaction	
絮凝	Flocculation	
食物链	Food chain	
自由能	Free energy	G，or F
燃料电池	Fuel cell	
真菌	Fungus，plural fungi	
熔合	Fusion	

中文名称	英文名称	备注
γ射线	Gamma radiation	
气相色谱	Gas chromatography	GC
气体常数	Gas constant, universal	
基因工程	Genetic engineering	
中水	Grey water	
绿色化学	Green chemistry	
温室效应	Greenhouse effect	Causing global warming
洁净工艺	Green technology	
半反应	Half reaction	
半衰期	Half-life	
硬度	Hardness	
生成热(焓)	Heat of formation	
重金属	Heavy metals	
亨利定律	Henry's law	
亨利普遍气体常数	Henry's universal gas constant Henry's Law constant	
高能燃料	High-energy fuel	
氢键	Hydrogen bonding	
水圈	Hydrosphere	
离子交换	Ion exchange	
离子强度	Ionic strength	
电离	Ionization	
电离能	Ionization energy	
不可逆反应	Irreversible reaction	
孤立系统	Isolated system	
等温反应	Isothermal reaction	
激光材料	Laser material	
热力学定律	Laws of thermodynamics	
天然水中的配位体	Ligands in natural water	

中文名称	英文名称	备注
海洋生态学	Marine ecology	
海洋环境	Marine environment	
海洋生物	Marine life，marine organisms	
物质迁移	Mass transfer	
摩尔浓度	Molar concentration	
多相系统	Multi-phase system	
纳米材料	Nano-substance	
中子	Neutron	
氮循环	Nitrogen cycle	
氮固定	Nitrogen fixation	
氮氧化物	Nitrogen oxides	
非金属	Nonmetals	
核酸	Nuclear acid(s)	
核能	Nuclear energy	
核裂变	Nuclear fission	
核聚变	Nuclear fusion	
核能	Nuclear power	
核反应	Nuclear reactions	
开放系统	Open system	
有机化合物	Organic compounds	
渗透	Osmosis	
渗透压	Osmotic pressure	
氧化反应	Oxidation reaction	
氧化还原对	Oxidation-reduction couple	
氧化还原反应	Oxidation-reduction reaction	“Redox” reaction
氧化条件	Oxidation state	
氧化还原	Oxidation-reduction	“Redox”
臭氧	Ozone	
臭氧层的破坏	Ozone layer depletion	

中文名称	英文名称	备注
臭氧消毒	Ozone disinfection	
分压	Partial pressure	
分体积	Partial volume	
微粒	Particulate Matter	
分配作用	Partition	
分离系数	Partition coefficients	
相	Phase	
光化学	Photochemistry	
光合作用	Photosynthesis	
物理化学	Physical chemistry	
等离子体	Plasma	
多氯联苯	Polychlorinated biphenyl(s)	PCB(s)
多环芳烃	Polycyclic aromatic hydrocarbons	PAH
饮用水	Potable water	
优先污染物	Priority pollutants	
概率	Probability	
保护性胶体	Protective colloids	
蛋白质	Protein	
定量分析化学	Quantitative analytical chemistry	
量子数	Quantum number	
放射性衰变	Radioactive decay	
混乱度	Randomness	
吸热/放热反应	Endothermic reactions， Exothermic reactions	
反应级数	Reaction order	
反应速率常数	Reaction rate constant	
反应物，试剂	Reagent(s)	
可再充电电池	Rechargeable battery	
再循环	Recycling，recycle	

中文名称	英文名称	备注
还原剂	Reducing agent, reductant	
还原电位	Reduction potential	
还原反应	Reduction reaction	
可再生能源	Renewable energy	
呼吸作用	Respiration	
反(逆)渗透	Reverse osmosis	
可逆反应	Reversible reaction	
再利用	Reuse	e. g. water reuse
核糖核酸	Ribonucleic acid	RNA
取样(样品)	Sampling (samples)	
半导体	Semi-conductor	
自发(主)反应	Simultaneous reactions	
单相系统	Single-phase system	
污泥	Sludge(s)	
太阳能	Solar energy	
溶解度	Solubility	
溶解产物	Solubility product	
溶液	Solution(s)	
溶剂萃取	Solvent extraction	
比电导	Specific conductance	
比热	Specific heat	
比电阻	Specific resistance	Ω • m
稳定常数	Stability constant	
标准电动势	Standard electro-potential	
标准平衡常数	Standard equilibrium constant	
标准氢电极	Standard hydrogen electrode	
标准溶液	Standard solution(s)	
统计分析	Statistical analysis	
蓄电池	Storage battery	

中文名称	英文名称	备注
置换反应	Substitution reactions	
底物	Substrate	
超导	Super-conductivity	
表面化学	Surface chemistry	
表面张力	Surface tension	
表面活性剂	Surfactant	
悬浮固体	Suspended solids	
可持续发展	Sustainable development	
合成有机化学品	Synthetic organic chemical(s)	
滴定	Titration	
毒性极限	Toxicity threshold	
示踪物	Tracer(s)	Radioactive tracer: C 14, P－32
过渡元素	Transition elements	
混浊度	Turbidity	
紫外线	Ultraviolet light	UV
价电子	Valance electron	
液体蒸气压	Vapor pressure of liquids	
水污染	Water pollution	
零排放	Zero discharge	

附录 D　能源环境化学方面英语重要单词定义表

Term	Definition
Acid rain	Precipitation (rain, snow, sleet, etc) that is more acidic than normal caused by air pollutants; also known as acid precipitation
Acid-base titration	The determination of acid or base concentration by a titration method
Acidity	The amount of acid in water which requires certain amount of alkali to neutralize to a given pH, often pH 8.3 as defined in water chemistry
Acoustical materials	Sound-absorbing materials that can be used to reduce noise
Activated carbon	Specially produced carbon particles or granules which possess large inner surface area, effective in adsorbing solutes in water, or gaseous material
Activated sludge process	A controlled aerobic biological treatment process which can oxidize organic materials (BOD) and ammonia, etc, and makes the water more acceptable to discharge or reuse
Aeration	Exposing water to the air; often results in the release into the atmosphere of gaseous impurities found in polluted water
Agricultural waste, or residue	Large quantity of unused products such as rice straw, corn stalk, etc. Often can be converted to compost or other useful products
Agricultural chemicals	Chemicals used for agricultural purpose, such as fertilizers, insecticides, herbicides, etc
Alkaline	The opposite of acidic; basic. Alkaline oil or rock may neutralize acid rain
Alpha particles	A type of radiation essentially composed of energetic helium nuclei

Term	Definition
Alternative energy sources	Energy sources, such as solar power, wind power, and so forth, that are alternative to the fossil fuels, nuclear power, and large-scale hydroelectric power
Alum	Hydrated aluminum sulfate used as coagulant for water teatment
Atmosphere	The sphere or "layer" of gases that surrounds the Earth
Atomic number	The number of protons in an atomic nucleus
Bacterium, plural: bacteria	Microorgamisms of a size range about 0.2 to 10 microns, important for waste and wastewater treatament, but some may cause diseases (pathogens)
Beta particles	A type of radiation, essentially high-speed electrons
Biodegradable plastics	"Biodegradable" generally refers to a substance that can be degraded, decomposed by microorganisms into simple compounds such as water and carbon dioxide. A biodegradable plastic is a plastic that can be broken down in such a manner. However, most plastics are synthetic polymers that are not biodegradable
Biodegradability	Often refering to the susceptibility of an organic material or compound to microbial degradation
Biological oxygen demand (BOD)	The amount of oxygen used by organisms and chemical processes in a particular stream, lake, or other body of water to carry out decomposition
Biological treatment processes	Processes which use biological or microbiological transformation (biodegradation) to convert pollutants to less harmful products
Biosphere	The sphere or "layer" of living organisms on Earth
BTU, or British Thermal Unit	The amount of heat to raise one pound of water for one degree F of temperature under spedified condition, about 0.25 kilocalorie (kcal)
Kilocalorie	The amount of heat to raise one kilogram of water for one degree C of temperature under spedified condition
Carbon cycle	The biogeochemical cycle of carbon
Catalytic converter	A device that carries out a number of chemical reactions that convert air pollutants to less harmful substances, often used for treating vehicle exhaust

Term	Definition
Chain reaction	In a nuclear reactor, when the fissioning of one atom releases neutrons that induce the fissioning of other atoms, and so forth
Chemical Oxygen Demand (COD)	The amount of oxygen equivalent by an oxidizing chemical solution, often potassium dichromate in strong acidic condition, to carry out decomposition of mainly organic material in water
Chlorinated hydrocarbons	A group of synthetic organic pesticides that includes chlordane and DDT
Chlorofluorocarbons (CFCs)	Artificially produced compounds composed primarily of carbon, fluorine, and chlorine. CFCs have been implicated in the deterioration of the ozone layer
Clay	A fine-grained, firm earthy material that is plastic when wet and hardens when heated, consisting primarily of hydrated silicates of aluminum and widely used in making bricks, tiles, and pottery
Closed-loop recycling	The indefinite recycling of a material or substance without degradation or deterioration, such as the recycling of many metals and glasses
Coal-fired power plant	A electricity generation plant which uses coal burning for energy. (cf. gas-fired power plant, oil-fired power plant)
Cogeneration	A power plant produces several types of energy simultaneously, such as electricity and heat that can be used locally
Cometabolism	The product of composing, or transforming organic waste to farming and gardening materials, often referred as soil conditioner or organic fertilizer
Complexation	A sub-discipline of biology that draws on genetics, ecology, and other fields to find practical ways to save species from extinction and preserve natural habitats
Contaminated water	Water that is rendered unusable for drinking by contaminants or harmful material

Term	Definition
Criteria pollutants (in air)	The six basic criteria air pollutants are particulate matter, sulfur dioxide, nitrogen dioxide, ozone, lead, and carbon monoxide
Cultivable land	Land that can be successfully cultivated to grow crops
Cyclone	An intense storm that typically develops over a warm tropical sea. Some air pollution devices are also called cyclones because they use centrifugal force for particle separation
Deionization	Removal of ions from water
Desalination	Removal of salts from water, soil, or other matrix
Desertification	The spread of desert-like conditions due to human exploitation and misuse of the land
Dioxin	Combustion byproduct with aromatic rings and high toxicity
Dissolved oxygen	Often means the oxygen dissolved (concentration) in water
Drainage basin	The region drained by a particular network of rivers and streams
Ecology	The study of how organisms interact with each other and their environment
Eco-tourism	Tourism designed to appreciate natural beauty and to preserve natural environment
Effluent discharge	Water or wastewater discharged from a source
Element	A fundamental substance that cannot be broken down further into other elements by standard chemical means
Energy budget	The Earth's energy budget is, collectively, all of the various flow pathways of all energy on Earth
Energy conservation	Decreasing the demand for energy
Energy conversion efficiency	The % of energy converted to a different form
Energy farm	A farm that produces biomass to be used as an energy source
Energy minerals	The fossil fuels (oil, coal, and natural gas) and uranium ore
Energy storage	Storing energy in a form that is readily accessible to humans

Term	Definition
Entropy	The amount of of disorder and randomness, in a system
Environment	In the broadest sense, all aspects of the natural environment plus human manipulations and additions to the natural environment
Environmental equity	Treating all persons, regardless of color, creed, or social status, equally when developing environmental policies and enforcing environmental laws and regulations
Environmental law or regulations	Rules and limitations set by the government to control pollution, and to protect public health or property
Environmental science	The systematic study of all aspects of the environment and their interactions
Eutrophication	Over-feritilization and the overgrowth of plants in water bodies
Exotic species	A nonnative species that is artificially introduced to an area
Extirpation	The extinction of a species or other group of organisms in a particular local area
Fermentation	Biochemical transformation often carried out by microorganisms, such as wine making
Fissionable atom	An atom that is easily split by neutron penetration, such as U-235
Flocculation	Bridging of discrete particles through attraction forces between molecules
Fluidized bed combustion	A way to reduce air pollution by burning very small coal particles at very high temperatures in the presence of limestone particles
Food chain	The interrelationships by which organisms consume other organisms
Fossil fuels	Coal, oil, natural gas, and related organic materials that have formed over geologic time
Fungus, plural: fungi	A type of microorgamisms important for the decay of complex organic materials such as wood, straws, etc
Gamma rays	A type of radiation consisting of short-wavelength, high-energy electromagnetic radiation

Term	Definition
Grey water	Untreated or partially treated wastewater that is used for such purposes as watering golf courses and lawns or flushing toilets
Green products	Products that are environmentally friendly, recyclable, reusable, or not producing pollution
Green technologies	Environmentally friendly technologies, including technologies that promote sustainability via efficiency improvements, reuse/recycling, and substitution
Greenhouse effects	The warming up of the lower atmosphere due to the accumulation of greenhouse gases that trap heat near the surface of the Earth
Greenhouse gases	Gases, such as carbon dioxide, methane, and CFCs, that are relatively transparent to the higher-energy sunlight, but trap lower-energy infrared radiation
Half-life	The period of time of losing one half of a radioactive element due to decay
Hardness	The amount of calcium, magnesium, and certain other ions in water
Hazardous waste	Wastes that are particularly dangerous or destructive; specifically characterized by one or more of the following properties: ignitable, flammable, corrosive, reactive, toxic, radioactive
Heavy metals	Elements, such as lead, mercury, zinc, copper, cadmium, chromium, and so forth, that can cause damage when ingested or inhaled in larger quantities
Humic substances	A brown or black organic substance consisting of partially or wholly decayed vegetable or animal matter that provides nutrients for plants and increases the ability of soil to retain water
Humic acid	A group of residual materials from rotten biomass
Hydropower	The use of artificial or natural waterfalls to generate electricity
Hydrosphere	The liquid water sphere or "layer" on Earth; it includes the oceans, rivers, lakes, and so on
Incineration, incinerator	Controlled burning of materials or wastes to final ash product

Term	Definition
Industrial solid waste	Solid wastes produced by industries, including wastes from large-scale manufacturing, mining, material processing, etc
Isotopes	Atoms of the same element that differ from each other in weight because they have differing numbers of neutrons, e. g. C－14
Liquefied natural gas or LNG	Mainly liquefied methane
Liquefied petroleum gas or LPG	Mainly liquefied propane
Landfill and sanitary landfill	In the simplest sense, a hole in the ground where solid waste is deposited. In a modern sanitary landfill, the hole is lined so that materials will not escape, and it is covered with layers of dirt as it is progressively filled. When completely filled, it is capped and sealed with more dirt and topsoil. A well designed and controlled landfill which meets sanitary and environmental standards is called "sanitary landfill"
Leachate	A liquid solution that forms as water percolates through waste, such as refuse in a landfill or old mining tailings. Leachate may contain any chemicals that are water soluble, particles, and live microorganisms (and pathogens)
Lethal dose-50, or LD-50	The dose of a toxic substance that will kill 50% of a certain population. LD-50 has become the standard reference for summarizing the toxicity of substances
Mass defect	The amount by which the mass of an atomic nucleus is less than the sum of the masses of its constituent particles. Also called "mass deficiency"
Mass number	The sum of the number of neutrons and protons in an atomic nucleus
Methane	Natural gas, CH_4, a fossil fuel and potent greenhouse gas
Mineral	A naturally occurring inorganic solid that has a regular crystalline internal structure and composition—for instance, quartz
Mineral resources	Minerals and earth materials that form natural resources from which humans draw

Term	Definition
Multistage flash distillation	A method of distillation used to desalinate seawater; cold seawater is run through a series of coils in chambers that become progressively hotter
Municipal solid waste	The solid waste produced by the residents and business of a city, town, or other municipality; includes old newspapers, packaging materials, empty bottles, leftover foods, leaves and grass clippings, and so forth
Mutagen	A substance that cause genetic mutations in sperm or egg cells
Natural environment	The physical and biological environments independent of human technological intervention
Natural gas	Gas produced from underground formation, mainly methane, often mixed with hydrogen sulfide and carbon dioxide before purification
Neutron	A subatomic particle that has approximately the same mass as a proton, but does not bear an electric charge
Nitrogen fixation	The conversion of atmospheric nitrogen, usually by nitrogen-fixing bacteria, into forms such as ammonia that are more chemically reactive than atmospheric nitrogen and can also take a nongaseous form under various conditions found on the surface of Earth
Nitrogen cycle	The biogeochemical cycle of nitrogen
Nitrogen oxides	NO_x, important components of both lower atmospheric pollution and the upper atmospheric greenhouse gases that promote global warming
Nonmetallic minerals	Structural materials, such as sand, gravel, and building stone, and nonmetallic industrial minerals, such as salts, sulfur, fertilizer components, abrasives, gemstones, so forth
Nonrenewable resources	A resource, such as fossil fuels, that does not significantly regenerate itself on a human time scale

Term	Definition
Nuclear fission	A nuclear reaction in which the nucleus of an atom splits into smaller parts, often producing free neutrons and lighter nuclei, which may eventually produce photons (in the form of gamma rays). Fission of heavy elements is an exothermic reaction which can release large amounts of energy both as electromagnetic radiation and as kinetic energy of the fragments (heating the bulk material where fission takes place)
Nuclear fusion	The process by which multiple like-charged atomic nuclei join together to form a heavier nucleus. It is accompanied by the release or absorption of energy, which allows matter to enter a plasma state
Nuclide	A type of atom specified by its atomic number, atomic mass, and energy state
Nucleon	A proton or a neutron, especially as part of an atomic nucleus. See table at subatomic particle
Organic farming	Avoiding the use of synthetic chemicals, such as synthetic or artificial fertilizers, pesticides, and herbicides, when farming; many organic farmers also avoid the use of genetically modified or bioengineered organisms
Organic food	Food produced through organic farming
Ozone	An O_3 molecule. Ozone contributes to air pollution in the troposphere, but is an important natural component of the stratosphere, the "Ozone Layer"
Ozone disinfection	Using ozone to kill germs in water or in air
Petroleum	Mainly oil or liquid fossil fuel
Petrochemicals	Chemicals produced from petroleum processing
Photochemical pollutant	A pollutant produced when sunlight initiates chemical reactions among NO_x, volatile organic compounds, and other substances in air
Photosynthesis	The process by which green plants, algae, and photosynthetic microorganisms convert light energy to chemical energy and synthesize organic compounds from water and carbon dioxide

Term	Definition
Plutonium	An element with 94 protons. Fissionable isotopes of plutonium can be used as fuel in nuclear reactors and can also be manufactured into bombs
Pollutant Standards Index (PSI)	An index that measures air quality, ranging from 0 (best air quality) to over 400 (worst air quality)
Polycyclic aromatic hydrocarbons(PAH)	A group of air pollutant with the named structure with high toxicity
Polychlorinated biphenyls (PCBs)	A group of persistant biphenyls with multiple chorine substitution on their ring structure and high toxicity
Potable water	Water that is safe to drink
Primary pollutants	Pollutants that are directly emitted, such as SO_x by coal-burning power plants and other industries
Radioactivity	The emission of particles and rays from a nucleus as it disintegrates
Radioisotope	Isotopes of elements which are radioactive, e. g. Carbon－14
Radiotracers	Tracers which are radioactive
Refuse	Garbage, solid waste
Renewable energy	An energy source that, from an Earth perspective, is continually renewed
Renewable resource	A resource that will regenerate within a human time scale; for example, crops and energy received from the sun
Residence time, or retention time	The amount of time that a certain atom or molecule spends, on average, in a certain portion of its biogeochemical cycle, or in a confined space or vessel
Respiration	Biological combustion or the "burning" of food molecules in an organism. During respiration large organic molecules are broken down into simpler organic molecules, and energy is released
Sand	Small, loose grains of worn or disintegrated rock
Sea level rise	Worldwide rises in sea level, such as has been predicted as a result of global warming

Term	Definition
Secondary pollutants	Pollutants produced by reactions among other air pollutants, such as photochemical pollutants
Sewage	Municipal wastewater originated from kitchens, restrooms, baths, and often commercial and industrial sources
Sewage treatment plant	A plant that receives and treats sewage with physical separation, biological transformation, and chemical addition to reduce pollutants and pathogens
Sewer	A conduit that carries discharged wastewater or storm water, rain water to a treatment facility or a final receiving place such as ocean, river, or lakes
Sanitary sewer	A conduit that carries discharged wastewater
Silt	A sedimentary material consisting of very fine particles intermediate in size between sand and clay
Sinkhole	A type of land subsidence, taking the form of a large depression in the ground, caused by water withdrawal. A sinkhole occurs when a thin layer of rock overlying an underground cavern collapses
Smog	The mixture of smoke and fog. The substance formed by the photochemical reactions of primary air pollutants in foggy condition
Soil degradation	The damaging or destruction of natural soils; often due to overuse, abuse, and neglect by humans
Solar thermal technology	The use of the Sun's energy to eat substances such as water to produce steam that drives a turbine and generates electricity
Solid waste	Broadly defined, soil waste includes such items as household garbage, trash, refuse, and rubbish, as well as various solids, semisolids, liquid, and gases, that result from mining , agricultural, commercial, and industrial activities

Term	Definition
Species richness (diversity)	The number of different species that occur in at given area
Storm sewer	A conduit that carries storm water or rain water
Superconductivity	Superconductors are substances through which electrons can pass with virtually no friction or resistance, thus allowing almost 100% energy transmission
Sustainable development	Development that focuses on making social, economic, and political progress to satisfy global human needs, desires, aspirations, and potential without damaging the environment; sometimes known as sustainable growth
Sustainable economy	An economy that produces wealth and provides jobs for many human generations without degrading the environment
Tidal power	The harnessing of the tides to produce energy in a form that humans can readily utilize
Tokamak	A large machine that uses magnetic fields to confine and promote controlled fusion reactions
Total suspended solid (TSS)	Concentration of all particles (in a water sample) which are retained by a filter normally with 0.45 micron pore size
Total organic carbon (TOC)	Genetically transformed crops; crops that have been artificially engineered using bioengineering
Uranium	A heavy element that contains 92 protons. U－235 (^{235}U) is the main fuel source of nuclear power plants
UV disinfection	Using UV light to kill harmful microorganisms
Water-born disease	Germs transmittable through the contact of water
Water conservation	Conserving water for higher priorities
Water disinfection	Killing germs in water
Wastewater	Water discharged after certain use
Water recycle	Return water for further use in a production or cleaning cycle

Term	Definition
Water reuse	Water used over again before discharge
Water softening	A process that reduces water hardness, such as calcium, magnesium and iron
Water-soluble	Substance soluble in water
Weathering crust	Rocks exposed to the weather undergo changes in character and break down by any of the chemical or mechanical processes
Wind power	The harnessing of the wind's energy for human applications
Zero discharge	Often means no discharge of pollutants at all

附录 E 能源相关名词表

Atomic energy, nuclear energy	原子能,核能
Bagasse	蔗渣
Battery, electrochemical energy	电池,电化学能
Biodiesel	生物柴油
Bioethanol	生物乙醇
Biogas	沼气或甲烷
Biomass	生物质
Biosynthesis	生物合成
Boiler	锅炉
Carbon dioxide,carbon monoxide	二氧化碳,一氧化碳
Carbonyl sulfide (COS)	硫氧化碳
Cellulose,semicellulose	纤维素,半纤维素
Charcoal	焦炭
Coal, coal gasification, coal liquefaction	煤,煤的汽化,液化
Coal mine, coal mining	煤矿,煤矿开采
Coal mine drainage	矿场排水
Combustion	燃烧
Cooling water	冷却水
Cryogenic	制冷的
Diesel, diesel fuel	柴油机,柴油机燃料
Digester gas	消化槽气,(甲烷为主)
Electric energy	电能
Electrolysis of water	水的电解
Energy consumption per capita	每人能耗

Energy conversion	能量转化
Ethanol, alcohol	乙醇,酒精
Evaporative cooling	藉水挥发冷却
Fermentation	发酵
Fossil fuels	化石燃料
Fuel cells	燃料电池
Gasohol	添加乙醇的汽油
Gasoline	汽油
Geothermal energy	地热能
Greenhouse effect,greenhouse gases	温室效应,温室气体
Green plants	绿色植物
Green algae	绿藻
Heat of combustion	燃烧热
Heat of evaporation	蒸发热
Heat of reaction	反应热
Heat pollution	热污染
Hydroelectric power	水力发电
Hydrogen production and storage	氢气的生产与储藏
Incineration, incinerator	焚化,焚化炉
Insulation	绝缘(热、声)
Methane, natural gas	甲烷,天然气
Methanol	甲醇
Nitrogen oxides,nitrous oxide,nitrogen dioxide	氮氧化合物,一氧化氮,二氧化氮
Nuclear fission	核裂变
Nuclear fusion	核聚变
Nuclear power plant	核能电厂
Nuclear waste, radioactive waste	核废料,反射性废料
Oil, oil and gas exploration	油,油气勘测
Oxidation, oxidant, oxidative reation	氧化, 氧化剂,氧化反应
Petroleum, petroleum refining	石油,精炼石油
Photocatalysis,photocatalyst	光催化,光催化剂

Photosynthesis	光合作用
Pollution control, pollution prevention	污染控制,污染预防
Power and electricity generation	产能与发电
Pyrolysis	热解
Rechargeable batteries	可再生电池
Refrigeration	冷冻
Renewable fuels, renewable energy	可再生燃料,可再生能源
Solar energy	太阳能
Solar spectrum	太阳光谱
Solid waste	固体废物
Sulfur, sulfur oxides, sulfur dioxide	硫,硫氧化合物,二氧化硫
Syn-gas, syngas	合成气
Synthetic fuels	合成燃料
Tidal energy	潮汐能
Uranium	铀
Uranium mine tailing	铀矿残渣
Waste, energy from	废弃物,能量来源
Waste heat utilization	废热利用
Wind energy, wind power	风能,风力
Wood biomass	木料生物质

附录 F　标准还原电极电势(水溶液,25℃)

编号	电对	半电池反应	E^θ/V
1	$Li^+ \mid Li$	$Li^+ + e^- \rightleftharpoons Li$	−3.040 1
2	$K^+ \mid K$	$K^+ + e^- \rightleftharpoons K$	−2.931
3	$Cs^+ \mid Cs$	$Cs^+ + e^- \rightleftharpoons Cs$	−2.92
4	$Ba^{2+} \mid Ba$	$Ba^{2+} + 2e^- \rightleftharpoons Ba$	−2.912
5	$Sr^{2+} \mid Sr$	$Sr^{2+} + 2e^- \rightleftharpoons Sr$	−2.89
6	$Ca^{2+} \mid Ca$	$Ca^{2+} + 2e^- \rightleftharpoons Ca$	−2.868
7	$Na^+ \mid Na$	$Na^+ + e^- \rightleftharpoons Na$	−2.71
8	$La^{3+} \mid La$	$La^{3+} + 3e^- \rightleftharpoons La$	−2.522
9	$Mg^{2+} \mid Mg$	$Mg^{2+} + 2e^- \rightleftharpoons Mg$	−2.372
10	$Be^{2+} \mid Be$	$Be^{2+} + 2e^- \rightleftharpoons Be$	−1.847
11	$Al^{3+} \mid Al$	$Al^{3+} + 3e^- \rightleftharpoons Al$	−1.662
12	$Zr^{4+} \mid Zr$	$Zr^{4+} + 4e^- \rightleftharpoons Zr$	−1.53
13	$Mn^{2+} \mid Mn$	$Mn^{2+} + 2e^- \rightleftharpoons Mn$	−1.185
14	$Zn^{2+} \mid Zn$	$Zn^{2+} + 2e^- \rightleftharpoons Zn$	−0.761 8
15	$Cr^{3+} \mid Cr$	$Cr^{3+} + 3e^- \rightleftharpoons Cr$	−0.744
16	$Ga^{3+} \mid Ga$	$Ga^{3+} + 3e^- \rightleftharpoons Ga$	−0.560
17	$Fe^{2+} \mid Fe$	$Fe^{2+} + 2e^- \rightleftharpoons Fe$	−0.447
18	$Cd^{2+} \mid Cd$	$Cd^{2+} + 2e^- \rightleftharpoons Cd$	−0.403 0
19	$PbSO_4 \mid Pb$	$PbSO_4 + 2e^- \rightleftharpoons Pb + SO_4^{2-}$	−0.358 8
20	$In^{3+} \mid In$	$In^{3+} + 3e^- \rightleftharpoons In$	−0.338 2

编号	电对	半电池反应	E^θ/V
21	$Tl^+ \mid Tl$	$Tl^+ + e^- \rightleftharpoons Tl$	−0.336
22	$Co^{2+} \mid Co$	$Co^{2+} + 2e^- \rightleftharpoons Co$	−0.28
23	$Ni^{2+} \mid Ni$	$Ni^{2+} + 2e^- \rightleftharpoons Ni$	−0.257
24	$SO_4^{2-} \mid S_2O_6^{2-}$	$2SO_4^{2-} + 4H^+ + 2e^- \rightleftharpoons S_2O_6^{2-} + 2H_2O$	−0.22
25	$CO_2 \mid HCOOH$	$CO_2(g) + 2H^+ + 2e^- \rightleftharpoons HCOOH(aq)$	−0.199
26	$Sn^{2+} \mid Sn$	$Sn^{2+} + 2e^- \rightleftharpoons Sn$	−0.137 5
27	$Pb^{2+} \mid Pb$	$Pb^{2+} + 2e^- \rightleftharpoons Pb$	−0.126 2
28	$Fe^{3+} \mid Fe$	$Fe^{3+} + 3e^- \rightleftharpoons Fe$	−0.037
29	$H^+ \mid H_2$	$2H^+ + 2e^- \rightleftharpoons H_2$	0.000 0
30	$C \mid CH_4$	C(石墨)$+ 4H^+ + 4e^- \rightleftharpoons CH_4(g)$	+0.131 6
31	$Sn^{4+} \mid Sn^{2+}$	$Sn^{4+} + 2e^- \rightleftharpoons Sn^{2+}$	+0.151
32	$Cu^{2+} \mid Cu^+$	$Cu^{2+} + e^- \rightleftharpoons Cu^+$	+0.153
33	$SO_4^{2-} \mid SO_2$	$SO_4^{2-} + 4H^+ + 2e^- \rightleftharpoons SO_2 + 2H_2O$	+0.17
34	$Hg_2Cl_2 \mid Hg$	$Hg_2Cl_2 + 2e^- \rightleftharpoons 2Hg + 2Cl^-$	+0.268 08
35	$Cu^{2+} \mid Cu$	$Cu^{2+} + 2e^- \rightleftharpoons Cu$	+0.341 9
36	$SO_3^{2-} \mid S$	$SO_3^{2-} + 6H^+ + 4e^- \rightleftharpoons S + 3H_2O$	+0.357 2
37	$H_2SO_3 \mid S$	$H_2SO_3 + 4H^+ + 4e^- \rightleftharpoons S + 3H_2O$	+0.449
38	$O_2 \mid OH^-$	$O_2 + 2H_2O + 4e^- \rightleftharpoons 4OH^-$	+0.401
39	$Cu^+ \mid Cu$	$Cu^+ + e^- \rightleftharpoons Cu$	+0.522
40	$I_2 \mid I^-$	$I_2 + 2e^- \rightleftharpoons 2I^-$	+0.535 5
41	$C_2H_2 \mid C_2H_4$	$C_2H_2(g) + 2H^+ + 2e^- \rightleftharpoons C_2H_4(g)$	+0.731
42	$Fe^{3+} \mid Fe^{2+}$	$Fe^{3+} + e^- \rightleftharpoons Fe^{2+}$	+0.771
43	$Hg_2^{2+} \mid Hg$	$Hg_2^{2+} + 2e^- \rightleftharpoons 2Hg$	+0.797 3
44	$Ag^+ \mid Ag$	$Ag^+ + e^- \rightleftharpoons Ag$	+0.799 6
45	$NO_3^- \mid NO_2$	$NO_3^- + 2H^+ + e^- \rightleftharpoons NO_2 + H_2O$	+0.80
46	$Hg^{2+} \mid Hg$	$Hg^{2+} + 2e^- \rightleftharpoons Hg$	+0.851
47	$NO_3^- \mid HNO_2$	$NO_3^- + 3H^+ + 2e^- \rightleftharpoons HNO_2 + H_2O$	+0.934
48	$NO_3^- \mid NO$	$NO_3^- + 4H^+ + 3e^- \rightleftharpoons NO + 2H_2O$	+0.957
49	$HNO_2 \mid NO$	$HNO_2 + H^+ + e^- \rightleftharpoons NO + H_2O$	+0.983

编号	电对	半电池反应	E^θ/V
50	Br_2 | Br^-	$Br_2(l)+2e^- \rightleftharpoons 2Br^-$	+1.066
51	IO_3^- | I_2	$IO_3^- + 6H^+ + 5e^- \rightleftharpoons \frac{1}{2}I_2 + 3H_2O$	+1.195
52	O_2 | H_2O	$O_2(g) + 4H^+ + 4e^- \rightleftharpoons 2H_2O(l)$	+1.229
53	MnO_2 | Mn^{2+}	$MnO_2 + 4H^+ + 2e^- \rightleftharpoons Mn^{2+} + 2H_2O$	+1.224
54	Au^{3+} | Au^+	$Au^{3+} + 2e^- \rightleftharpoons Au^+$	+1.401
55	$Cr_2O_7^{2-}$ | Cr^{3+}	$Cr_2O_7^{2-} + 14H^+ + 6e^- \rightleftharpoons 2Cr^{3+} + 7H_2O$	+1.232
56	ClO_4^- | Cl_2	$ClO_4^- + 8H^+ + 7e^- \rightleftharpoons \frac{1}{2}Cl_2 + 4H_2O$	+1.39
57	Cl_2 | Cl^-	$Cl_2(g) + 2e^- \rightleftharpoons 2Cl^-$	+1.358 27
58	PbO_2 | Pb^{2+}	$PbO_2 + 4H^+ + 2e^- \rightleftharpoons Pb^{2+} + 2H_2O$	+1.455
59	Au^{3+} | Au	$Au^{3+} + 3e^- \rightleftharpoons Au$	+1.498
60	MnO_4^- | Mn^{2+}	$MnO_4^- + 8H^+ + 5e^- \rightleftharpoons Mn^{2+} + 4H_2O$	+1.507
61	BrO_3^- | Br_2	$BrO_3^- + 6H^+ + 5e^- \rightleftharpoons \frac{1}{2}Br_2(l) + 3H_2O$	+1.482
62	MnO_4^- | MnO_2	$MnO_4^- + 4H^+ + 3e^- \rightleftharpoons MnO_2(s) + 2H_2O$	+1.679
63	Au^+ | Au	$Au^+ + e^- \rightleftharpoons Au$	+1.692
64	PbO_2 | $PbSO_4$	$PbO_2 + SO_4^{2-} + 4H^+ + 2e^- \rightleftharpoons PbSO_4 + 2H_2O$	+1.691 3
65	H_2O_2 | H_2O	$H_2O_2 + 2H^+ + 2e^- \rightleftharpoons 2H_2O$	+1.776
66	Co^{3+} | Co^{2+}	$Co^{3+} + e^- \rightleftharpoons Co^{2+}$	+1.83
67	$S_2O_8^{2-}$ | SO_4^{2-}	$S_2O_8^{2-} + 2e^- \rightleftharpoons 2SO_4^{2-}$	+2.010
68	O_3 | O_2	$O_3 + 2H^+ + 2e^- \rightleftharpoons O_2 + H_2O$	+2.076
69	F_2 | F^-	$F_2(g) + 2e^- \rightleftharpoons 2F^-$	+2.866
70	F_2 | HF	$F_2(g) + 2H^+ + 2e^- \rightleftharpoons 2HF(aq)$	+3.053

附录G 常用工业化学品中英文名称

中文	英文	中文	英文
硝酸钙	Calcium nitrate	冰醋酸	Glacial acetic acid
对苯二酚	Hydroquinone	氢氧化钠	Sodium hydroxide
黄磷	Yellow phosphorus	叔丁基胺	Tert-butylamine
丙烯酸树脂	Acrylic resin	十六烷醇	Cetyl alcohol
乙二醇	Ethylene glycol	甘油	Glycerine or glycerol
过硫酸铵	Ammonium persulfate	硫酸铵	Ammonium sulfate
三聚磷酸钠	Sodium tripolyphosphate	氧化镁	Magnesium oxide
磷酸三钠	Trisodium phosphate	对苯二酚	Hydroquinone
月桂醇硫酸钠	sldium lauryl sulfate	对羟基苯甲酸	para-hydroxybenzoic acid
苯甲酸钠	Sodium benzoate	过氧化氢	Hydrogen peroxide
邻苯二甲酸酐	Phthalic anhydride	2,3 -二氨基甲苯	2,3 – diamino toluene
三苯基硼	Triphenyl borane	松油精	Dipentine
高锰酸钾	Potassium Permanganate	二环戊二烯	Dicyclopentadiene (DCPD)
金红石型氧化钛	Titanium dioxide (Rutile)	硼酸	Boric acid
氧化铅	Lead oxide	邻苯二甲酸酐	0 – Phthalic Anhydride
碳黑	Carbon black	粒状活性炭	Granular activated carbon
粉状活性炭	Powered activated carbon	磷酸	Phosphoric acid
硝酸铅	Lead nitrate	次硫酸钠	Sodium hydrosulfite
磷酸二氢铵	Ammonium dihydrogen phosphate	水合肼	Hydrazine hydrate
干酪素	Casein (food grade)	柠檬酸	Citric acid
硫代硫酸钠	Sodium thiosulfate	硝酸钙	Calcium nitrate
硫酸钾	Potassium sulfate	氯化钠	Sodium chloride

中文	英文	中文	英文
丙烯酰氯	Acrylyl chloride	苏打灰	Soda ash
间氯苯胺	m-chloroaniline	马来酐	Maleic anhydride
尿素	Urea	氧化铁黄	Iron oxide yellow
氧化铁红	Iron oxide red	1,1,1-三氯乙烷	1,1,1-Trichloroethane
氯化铵	Ammonium chloride	苯酚	Phenol
磷酸三钙	Tricalcium phosphate	碳酸氢钠	Sodium bicarbonate
碳酸钠	Sodium carbonate	山梨糖醇	Sorbitol Powder
一水葡萄糖	Dextrose monohydrate	碳化钙	Calcium carbide
酒石酸盐	Tartrate	铬酸铵	Ammonium chromate
甲酸铵	Ammonium formate	聚丙烯薄膜	Polypropylene (PP) sheet
土霉素盐酸	Oxytetracycline HCl,	氯四环素盐酸	Chlortetracycline HCl
三水合氨卡青霉素	Ampicillin trihydrate		

附录 H1　各种燃料、电池单位热值及二氧化碳释放量比较

（来源："Bioenergy Conversion Factors". Oak Ridge National Laboratory，USA）

Fuel type	Specific energy density (MJ/kg)	Volumetric energy density (MJ/L)	CO_2 gas made from fuel used (kg/kg)	Energy per CO_2 (MJ/kg)
化石燃料及核燃料				
Coal	29.3～33.5	39.85～74.43	～3.59	～8.16～9.33
Crude oil	41.868	28～31.4	～3.4	～12.31
Gasoline	45～48.3	32～34.8	～3.30	～13.64～14.64
Diesel	48.1	40.3	～3.4	～14.15
Natural gas (Liquefied)	38～50	25.5～28.7	～3.00	～12.67～16.67
Uranium－235 (^{235}U) (Pure)	77 000 000	1 470 700 000		(NETT) >12.67
Nuclear fusion (^2H, ^3H)	300 000 000	53 414 377.6		
燃料电池				
Direct-methanol	4.546 6	3.6	～1.37	～3.31
Proton-exchange	up to 5.68	up to 4.5	(IFF Fuel is recycled) 0.0	
Sodium hydride (R&D)	up to 11.13	up to 10.24	(Bladder for sodium oxide recycling) 0.0	

Fuel type	Specific energy density (MJ/kg)	Volumetric energy density (MJ/L)	CO_2 gas made from fuel used (kg/kg)	Energy per CO_2 (MJ/kg)
电池				
Lead-acid battery	0.108	～0.1	(200～600 Deep-cycle tolerance) 0.0	
Nickel-iron battery	0.048 7～0.112 7	0.065 8～0.177 2	(<40y Life) (2k～3k Cycle tolerance IF no memory effect) 0.0	
Nickel-cadmium battery	0.162～0.288	～0.24	(1k～1.5k Cycle tolerance IF no memory effect) 0.0	
Nickel metal hydride	0.22～0.324	0.36	(300～500 Cycle tolerance IF no memory effect) 0.0	
Super iron battery	0.33	(1.5,NiMH) 0.54	[9] (～300 Deep-cycle tolerance) 0.0	
Zinc-air battery	0.396～0.72	0.592 4～0.844 2	(Recyclable by smelting & remixing, not recharging) 0.0	
Lithium ion battery	0.54～0.72	0.9～1.9	(3～5 y Life) (500～1 000 Deep-cycle tolerance) 0.0	

Fuel type	Specific energy density (MJ/kg)	Volumetric energy density (MJ/L)	CO_2 gas made from fuel used (kg/kg)	Energy per CO_2 (MJ/kg)
Lithium-ion-polymer	0.65～0.87	(1.2,Li-Ion) 1.08～2.28	(3～5 y Life) (300～500 Deep-cycle tolerance) 0.0	
DURACELL Zinc-Air	1.058 4～1.591 2	5.148～6.321 6	(1～3 y Shelf-life) (Recyclable not rechargeable) 0.0	
Aluminum-air battery	1.8～4.788	7.56	(10～30 y Life) (3k + Deep-cycle tolerance) 0.0	

附录 H2　各种生物质燃料的单位热值及二氧化碳释放量比较

Fuel type	Specific energy density (MJ/kg)	Volumetric energy density (MJ/L)	CO_2 gas made from fuel used (kg/kg)	Energy per CO_2 (MJ/kg)
固体生物质燃料				
Bagasse（sugar cane stalks）	9.6		1.30	7.41
Chaff (seed casings)	14.6			
Animal dung/manure	10～15			
Dried plants $(C_6H_{10}O_5)_n$	10～16	1.6～16.64	1.84	5.44～8.70
Wood fuel $(C_6H_{10}O_5)_n$	16～21	2.56～21.84	1.88	8.51～11.17
Charcoal	30		3.63	8.27
液体生物质燃料				
Pyrolysis oil	17.5	21.35	0.84	20.77
Methanol	19.9～22.7	15.9	1.37	14.49～16.53
Ethanol	23.4～26.8	18.4～21.2	1.91	12.25～14.03

Fuel type	Specific energy density (MJ/kg)	Volumetric energy density (MJ/L)	CO_2 gas made from fuel used (kg/kg)	Energy per CO_2 (MJ/kg)
Butanol	36	29.2	2.37	15.16
Fat	37.656	31.68		
Biodiesel	37.8	33.3～35.7	～2.85	～13.26
Sunflower oil ($C_{18}H_{32}O_2$)	[4] 39.49	33.18	2.81	14.04
Castor oil ($C_{18}H_{34}O_3$)	[5] 39.5	33.21	2.67	14.80
Olive oil ($C_{18}H_{34}O_2$)	39.25～39.82	33～33.48	2.80	14.03
气体生物质燃料				
Methane	55～55.7	(Liquified) 23.0～23.3	(Methane: 23× greenhouse effect of CO_2) 2.74	20.05～20.30
Hydrogen	120～142	(Liquified) 8.5～10.1	(Hydrogen: slightly catalyzes ozone depletion) 0.0	0

附录Ⅰ 石油炼制工业简史及工艺介绍

（来源：http://en.citizendium.org/wiki/Petroleum_refining_processes）

Brief History of the Petroleum Industry and Petroleum Refining

Prior to the 19th century, petroleum was known and utilized in various fashions in Babylon, Egypt, China, Persia, Rome and Azerbaijan. However, the modern history of the petroleum industry is said to have begun in 1846 when Abraham Gessner of Nova Scotia, Canada discovered how to produce kerosene from coal. Shortly thereafter, in 1854, Ignacy LuKasiewicz began producing kerosene from hand-dug oil wells near the town of Krosno, now in Poland. The first large petroleum refinery was built in Ploesti, Romania in 1856 using the abundant oil available in Romania.

In North America, the first oil well was drilled in 1858 by James Miller Williams in Ontario, Canada. In the United States, the petroleum industry began in 1859 when Edwin Drake found oil near Titusville, Pennsylvania. The industry grew slowly in the 1800s, primarily producing kerosene for oil lamps. In the early 1900's, the introduction of the internal combustion engine and its use in automobiles created a market for gasoline that was the impetus for fairly rapid growth of the petroleum industry. The early finds of petroleum like those in Ontario and Pennsylvania were soon outstripped by large oil "booms" in Oklahoma, Texas and California.

Prior to World War II in the early 1940s, most petroleum refineries in the United States consisted simply of crude oil distillation units (often referred to as atmospheric crude oil distillation units). Some refineries also had vacuum distillation units as well as thermal cracking units such as visbreakers (viscosity breakers, units to lower the viscosity of the oil). All of the many other refining processes discussed below were developed during the war or within a few years after the war. They became commercially available within 5 to 10 years after the war ended and the worldwide petroleum industry experienced very rapid growth. The driving force for that growth in technology and in the number and size of refineries worldwide was the growing demand for automotive gasoline and aircraft fuel.

In the United States, for various complex economic reasons, the construction of new refineries came to a virtual stop in about the 1980's. However, many of the existing refineries in the United States have revamped many of their units and/or constructed add-on units in order to: increase their crude oil processing capacity, increase the octane rating of their product gasoline, lower the sulfur content of their diesel fuel and home heating fuels to comply with environmental regulations and comply with environmental air pollution and water pollution requirements.

Flow Diagram of a Typical Petroleum Refinery

The image below is a schematic flow diagram of a typical petroleum refinery that depicts the various refining processes and the flow of intermediate product streams that occurs between the inlet crude oil feedstock and the final end-products. The diagram depicts only one of the literally hundreds of different oil refinery configurations. The diagram also does not include any of the usual refinery facilities providing utilities such as steam, cooling water, and electric power as well as storage tanks for crude oil feedstock and for intermediate products and end products.

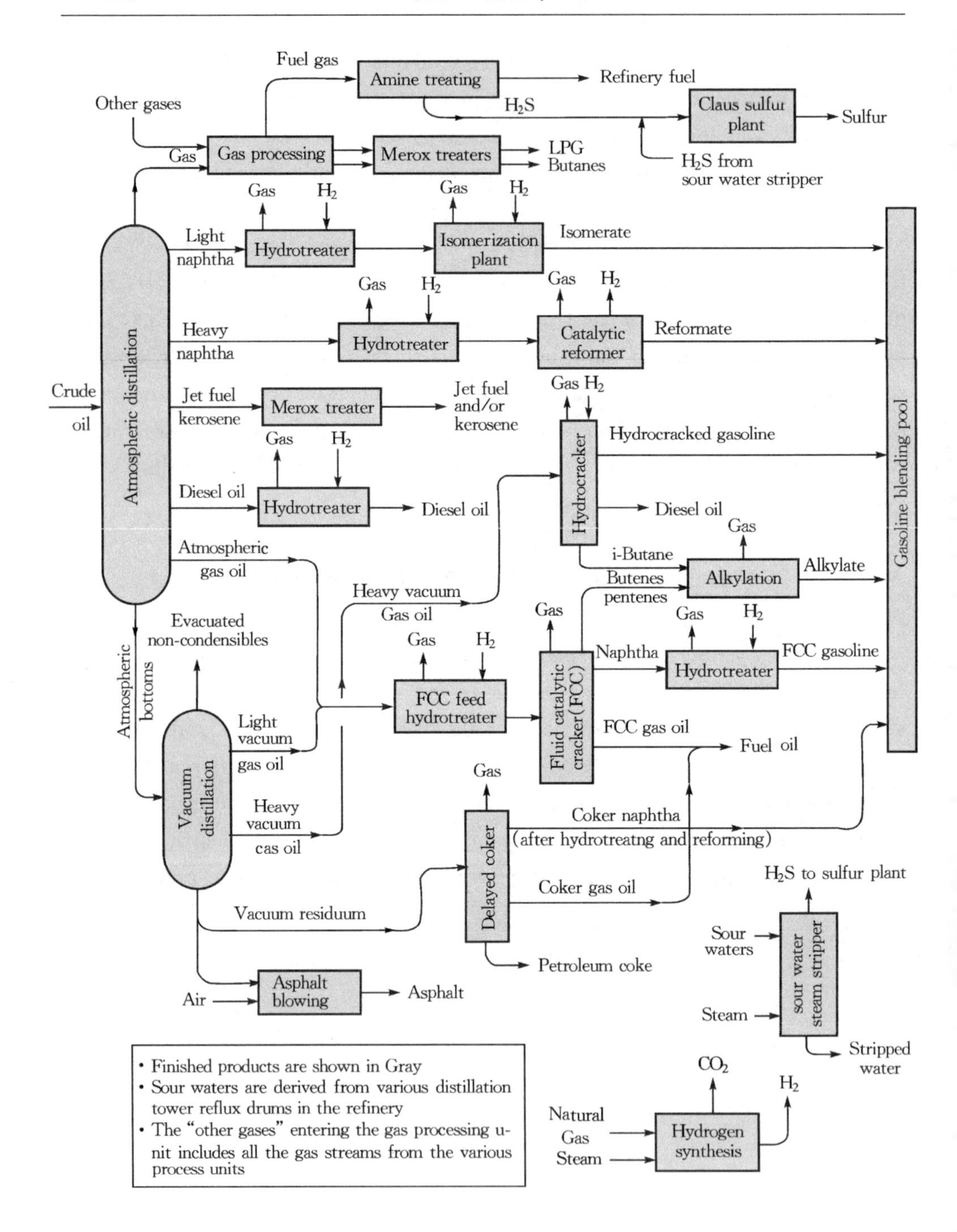

Fuel gas
Amine treating
Refinery fuel
Other gases
H2S
Claus sulfur plant
Sulfur
Gas
Gas processing
Merox treaters
LPG
Butanes
H2S from sour water stripper
Gas
H2
Gas
H2
Light naphtha
Hydrotreater
Isomerization plant
Isomerate
Gas
H2
Gas
H2
Heavy naphtha
Hydrotreater
Catalytic reformer
Reformate
Crude oil
Atmospheric distillation
Jet fuel kerosene
Merox treater
Jet fuel and/or kerosene
Gas H2
Gas
H2
Hydrocracked gasoline
Hydrocracker
Gasoline blending pool
Diesel oil
Hydrotreater
Diesel oil
Diesel oil
Gas
Atmospheric gas oil
i-Butane
Alkylation
Alkylate
Butenes pentenes
Heavy vacuum Gas oil
Evacuated non-condensibles
Gas
Gas
H2
Gas
H2
Naphtha
Hydrotreater
FCC gasoline
Atmospheric bottoms
FCC feed hydrotreater
Fluid catalytic cracker(FCC)
Light vacuum gas oil
FCC gas oil
Fuel oil
Gas
Vacuum distillation
Heavy vacuum cas oil
Coker naphtha
(after hydrotreatng and reforming)
Delayed coker
H2S to sulfur plant
Coker gas oil
Vacuum residuum
Sour waters
sour water steam stripper
Petroleum coke
Asphalt blowing
Asphalt
Air
Steam
Stripped water
• Finished products are shown in Gray
• Sour waters are derived from various distillation tower reflux drums in the refinery
• The "other gases" entering the gas processing unit includes all the gas streams from the various process units
CO2
H2
Natural Gas
Steam
Hydrogen synthesis

Processing Units Used in Refineries

• Crude oil distillation unit: Distills the incoming crude oil into various fractions for further processing in other units.

• Vacuum distillation unit: Further distills the residue oil from the bottom of the crude oil distillation unit. The vacuum distillation is performed at a pressure well below atmospheric pressure.

• Naphtha hydrotreater unit: Uses hydrogen to desulfurize the naphtha fraction from the crude oil distillation or other units within the refinery.

• Catalytic reforming unit: Converts the desulfurized naphtha molecules into higher-octane molecules to produce *reformate*, which is a component of the end-product gasoline or petrol.

• Alkylation unit: Converts isobutane and butylenes into *alkylate*, which is a very high-octane component of the end-product gasoline or petrol.

• Isomerization unit: Converts linear molecules such as normal pentane into higher-octane branched molecules for blending into the end-product gasoline. Also used to convert linear normal butane into isobutane for use in the alkylation unit.

• Distillate hydrotreater unit: Uses hydrogen to desulfurize some of the other distilled fractions from the crude oil distillation unit (such as diesel oil).

• Merox (mercaptan oxidizer) or similar units: Desulfurize LPG, kerosene or jet fuel by oxidizing undesired mercaptans to organic disulfides.

• Amine gas treater, claus unit, and tail gas treatment for converting hydrogen sulfide gas from the hydrotreaters into end-product elemental sulfur. The large majority of the 64,000,000 metric tons of sulfur produced worldwide in 2005 was byproduct sulfur from petroleum refining and natural gas processing plants.[7][8]

• Fluid catalytic cracking (FCC) unit: Upgrades the heavier, higher-boiling fractions from the the crude oil distillation by converting them into lighter and lower boiling, more valuable products.

• Hydrocracker unit: Uses hydrogen to upgrade heavier fractions from the crude oil distillation and the vacuum distillation units into lighter, more valuable products.

• Visbreaker unit upgrades heavy residual oils from the vacuum distillation unit by thermally cracking them into lighter, more valuable reduced viscosity products.

• Delayed coking and Fluid coker units: Convert very heavy residual oils into end-product petroleum coke as well as naphtha and diesel oil by-products.

Auxiliary Facilities Required in Refineries

• Steam reformer unit: Converts natural gas into hydrogen for the hydrotreaters and/or the hydrocracker.

• Sour water stripper unit: Uses steam to remove hydrogen sulfide gas from various wastewater streams for subsequent conversion into end-product sulfur in the Claus unit.

• Utility units such as cooling towers for furnishing circulating cooling water, steam generators, instrument air systems for pneumatically operated control valves and an electrical substation.

• Wastewater collection and treating systems consisting of API separators, dissolved air flotation (DAF) units and some type of further treatment (such as an activated sludge biotreater) to make the wastewaters suitable for reuse or for disposal.

• Liquified gas (LPG) storage vessels for propane and similar gaseous fuels at a pressure sufficient to maintain them in liquid form. These are usually spherical vessels or *bullets* (horizontal vessels with rounded ends).

• Storage tanks for crude oil and finished products, usually vertical, cylindrical vessels with some sort of vapor emission control and surrounded by an earthen berm to contain liquid spills.

The Crude Oil Distillation Unit

The crude oil distillation unit (CDU) is the first processing unit in virtually all petroleum refineries. The CDU distills the incoming crude oil into various fractions of different boiling ranges, each of which are then processed further in the other refinery processing units. The CDU is often referred to as the *atmospheric distillation unit* because it operates at slightly above atmospheric pressure.

Below is a schematic flow diagram of a typical crude oil distillation unit. The incoming crude oil is preheated by exchanging heat with some of the hot, distilled fractions and other streams. It is then desalted to remove inorganic salts (primarily sodium chloride).

Following the desalter, the crude oil is further heated by exchanging heat with some of the hot, distilled fractions and other streams. It is then heated in a fuel-fired furnace (fired heater) to a temperature of about 398 ℃ and routed into the bottom of the distillation unit.

The cooling and condensing of the distillation tower overhead is provided partially by exchanging heat with the incoming crude oil and partially by either an air-cooled or water-cooled condenser. Additional heat is removed from the distillation column by a pumparound system as shown in the diagram below.

As shown in the flow diagram, the overhead distillate fraction from the distillation column is naphtha. The fractions removed from the side of the distillation column at various points between the column top and bottom are called *sidecuts*. Each of the sidecuts (i. e. , the kerosene, light gas oil and heavy gas oil) is cooled by exchanging heat with the incoming crude oil. All of the fractions (i. e. , the overhead naphtha, the sidecuts and the bottom residue) are sent to intermediate storage tanks before being processed further.

Refining End-Products

The primary end-products produced in petroleum refining may be grouped into four categories: light distillates, middle distillates, heavy distillates and others.

Light distillates

- Liquid petroleum gas (LPG)
- Gasoline (also known as petrol)
- Kerosene
- Jet fuel and other aircraft fuel

Middle distillates

- Automotive and railroad diesel fuels
- Residential heating fuel

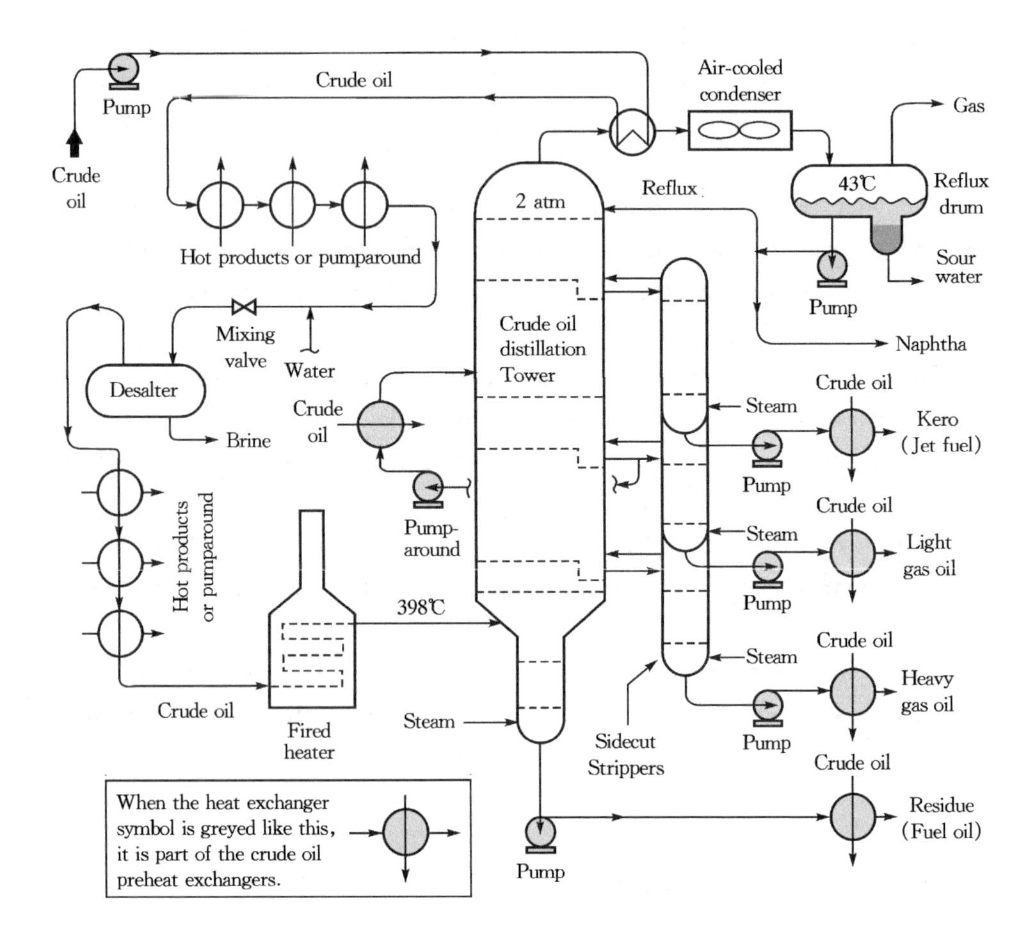

- Other light fuel oils

Heavy distillates

- Heavy fuel oils
- Bunker fuel oil and other residual fuel oils

Others

Some of these are not produced in all petroleum refineries:

- Specialty petroleum naphthas
- Specialty solvents
- Elemental sulfur (and sometimes sulfuric acid)
- Petrochemical feedstocks
- Asphalt and tar

- Petroleum coke
- Lubricating oils
- Waxes and greases
- Transformer and cable oils
- Carbon black